有机化学
学习参考

STUDY GUIDE AND
SOLUTIONS MANUAL FOR
ORGANIC CHEMISTRY

杨高升　编著

中国科学技术大学出版社

内 容 简 介

本书是与杨高升编著的普通高等教育本科规划教材《有机化学》（中国科学技术大学出版社）配套的学习参考书。全书由学习目标、主要内容、重点难点和练习及参考解答四部分组成。学习目标、主要内容、重点难点与课程教学大纲相匹配；练习及参考解答与教材的练习题配套，但不拘泥于教材内容；每一道题的题目与答案采用连续编排的方式。练习的目的是让读者巩固知识、加深理解、拓展思维，有机化学中一题多解普遍存在，所提供的答案不一定是最佳解，故称参考解答，意在抛砖引玉。

本书可供学习有机化学的读者以及教授有机化学课程的教师选用。

图书在版编目（CIP）数据

有机化学学习参考/杨高升编著.—合肥：中国科学技术大学出版社，2024.5
ISBN 978-7-312-05959-9

Ⅰ. 有… Ⅱ. 杨… Ⅲ. 有机化学—高等学校—教学参考资料 Ⅳ. O62

中国国家版本馆 CIP 数据核字（2024）第 077766 号

有机化学学习参考
YOUJI HUAXUE XUEXI CANKAO

出版	中国科学技术大学出版社
	安徽省合肥市金寨路 96 号，230026
	http://press.ustc.edu.cn
	https://zgkxjsdxcbs.tmall.com
印刷	合肥华苑印刷包装有限公司
发行	中国科学技术大学出版社
开本	787 mm×1092 mm 1/16
印张	17.5
字数	448 千
版次	2024 年 5 月第 1 版
印次	2024 年 5 月第 1 次印刷
定价	68.00 元

前　言

本书是与杨高升编著的《有机化学》（中国科学技术大学出版社）配套的学习参考书，既可以与教材配套使用，也可以单独使用。

编写本书旨在协助读者在学习过程中检验学习效果，及时的反馈有助于加深读者对有机化学基本规律的理解，找出不足、促进思考，巩固所学知识，提高发现问题、分析问题和解决问题的能力。因此，建议读者在阅读学习教材内容后，先回答相关练习题要求解决的问题，然后再去核对答案，思考不足。

本书的各章内容包括学习目标、主要内容、重点难点和练习及参考解答。引导读者明确各章的学习目标；利用图式概括各章的主要内容，注重归纳、整理；明晰重难点，分清主次、合理安排学习时间。章节内容的安排益于读者理解有机化合物的结构及表达，认识有机化学反应的基本规律，贯通各类有机化合物间的转换关系。

本书是编者对"有机化学"课程教学实践的经验积累。部分在校本科生、长期工作在教学一线的老师参与了初稿的审阅，提出了很多建设性的意见和建议，在此表示衷心的感谢。同时，感谢安徽省高峰学科建设计划（2018jxtd076）、安徽省高等学校省级质量工程项目（2020kfkc227）和安徽师范大学教材建设基金的经费支持。

由于作者水平有限，书中的疏漏在所难免，敬请读者批评指正，以便再版时得以完善。

杨高升

2023 年 8 月

目　　录

前言 ·· (i)
第1章　绪论 ·· (1)
第2章　烷烃 ·· (7)
第3章　环烷烃 ··· (17)
第4章　对映异构 ·· (22)
第5章　烯烃 ·· (29)
第6章　二烯烃 ··· (47)
第7章　炔烃 ·· (57)
第8章　芳烃 ·· (67)
第9章　卤代烃 ··· (82)
第10章　醇 ·· (103)
第11章　酚 ·· (122)
第12章　醚 ·· (132)
第13章　醛和酮 ·· (147)
第14章　羧酸 ··· (182)
第15章　羧酸衍生物 ·· (196)
第16章　含氮有机化合物 ·· (224)
第17章　芳香杂环化合物 ·· (250)
第18章　有机高分子化合物 ··· (265)

第1章 绪 论

 学习目标

通过本章学习，了解有机化学的产生过程、研究对象、任务及今后的发展趋势，明确有机化学的学科性质、基本内容和学习意义，培养人文情怀，提升学习兴趣，训练科学思维。复习巩固前期课程学习过的价键理论、反应热力学、反应动力学、酸碱理论等，掌握有机化学学习的重要基础及相关概念：有机化合物的结构表达，有机化合物的分类与命名原则，共价键的断裂与有机化学反应，有机化学反应的选择性及其控制，影响有机化合物性质的共轭效应、超共轭效应、诱导效应和场效应等取代基的电子效应等。

 主要内容

有机化学是研究有机化合物的化学。本章在认识有机化学产生和发展过程的基础上，重在熟悉有机化学学习所必需的预备知识。

```
                        有机化合物
      ┌──────────────────┼──────────────────┐
     结构                命名                性质
┌──────────────┐  ┌──────────────────┐  ┌──────────────────────────┐
│ 结构理论     │  │ 命名原则         │  │ 化学反应      电子效应   │
│  •经典有机   │  │  •主官能团的     │  │ 类型          •共轭效应  │
│   结构理论   │  │   优先次序       │  │ 选择性及其控制 •超共轭效应│
│  •价键的     │  │  •主链的选择，   │  │  •化学选择性  •诱导效应  │
│   电子学说   │  │   母体名称的确定 │  │  •区域选择性  •场效应    │
│  •价键理论   │  │  •取代基的名称   │  │  •立体选择性             │
│  •分子轨道   │  │  •取代基的排序   │  │  •速率控制               │
│   理论       │  │   原则：次序规则 │  │  •平衡控制               │
│ 结构表达     │  │  •编号原则：     │  │ 机理及其表达             │
│  •构造式     │  │   最低系列原则   │  │                          │
│  •构型式     │  │  •构型的标记     │  │                          │
│  •构象式     │  │  •书写原则       │  │                          │
│  •共振结构   │  │                  │  │                          │
└──────────────┘  └──────────────────┘  └──────────────────────────┘
```

 重点难点

杂化轨道理论；有机化合物命名的基本原则；有机化学反应的类型、选择性及选择性控制；取代基的电子效应。

练习及参考解答

【练习 1.1】 写出分子组成为 C_3H_6O 的所有合理的 Kekulé 结构式。

解答 分子组成为 C_3H_6O 的所有合理的 Kekulé 结构式如下：

[结构式图示：共9种 C_3H_6O 的 Kekulé 结构式，包括烯醇、醚、醛、酮、环氧化合物等]

【练习 1.2】 依据价键概念，写出二氯甲烷（CH_2Cl_2）和二氯代苯（$C_6H_4Cl_2$）的所有可能的 Kekulé 结构式。事实证明二氯甲烷和邻二氯苯都只有一种结构。有何感想？

解答 二氯甲烷（CH_2Cl_2）和二氯代苯（$C_6H_4Cl_2$）的所有可能的 Kekulé 结构式如下：

[二氯甲烷的2种 Kekulé 结构式及二氯代苯的多种 Kekulé 结构式]

[结构式] 与 [结构式] 相同，说明二氯甲烷不是平面结构的分子；

[结构式] 与 [结构式] 相同，说明苯环结构没有单键、双键之分；

二氯甲烷和邻二氯苯都只有一种结构的事实说明：Kekulé 结构式不能完全反映某些化合物的分子结构。

【练习 1.3】 依据碳原子的四面体构型学说，解释二氯甲烷分子只有一种结构的事实。

解答 依据碳原子的四面体构型学说，二氯甲烷分子中，碳原子位于四面体的中心，两个氢原子和两个氯原子位于四面体的四个顶点，两个碳氢键与两个碳氯键的相对关系完全相同。所以二氯甲烷分子只有一种结构。

[二氯甲烷的四面体结构式两种表示]

【练习 1.4】 用杂化轨道理论解释乙醇、二甲醚、甲醛和乙腈分子的成键情况。

解答 乙醇、二甲醚、甲醛和乙腈分子的成键情况如下：

乙醇分子中的碳原子和氧原子均取 sp^3 杂化，分别以 sp^3 杂化轨道沿着对称轴的方向重叠形成碳碳 σ 键和碳氧 σ 键；碳原子剩下的 sp^3 杂化轨道分别与氢原子的 $1s$ 轨道重叠形成碳氢 σ 键；氧原子以一个 sp^3 杂化轨道与氢原子的 $1s$ 轨道重叠形成氧氢 σ 键；氧原子剩下的两个 sp^3 杂化轨道各有一对未成键电子。

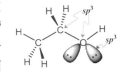

二甲醚分子中的碳原子和氧原子均取 sp^3 杂化，分别以 sp^3 杂化轨道沿着对称轴的方向重叠形成两个碳氧 σ 键；碳原子剩下的 sp^3 杂化轨道分别与氢原子的 $1s$ 轨道重叠形成碳氢 σ 键；氧原子剩下的两个 sp^3 杂化轨道各有一对未成键电子。

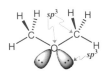

甲醛分子中的碳原子和氧原子均取 sp^2 杂化，分别以 sp^2 杂化轨道沿着对称轴的方向重叠形成碳氧 σ 键；碳原子剩下的 sp^2 杂化轨道分别与氢原子的 $1s$ 轨道重叠形成碳氢 σ 键；碳原子和氧原子未参与杂化的 $2p$ 轨道侧面重叠形成 π 键；氧原子剩下的两个 sp^2 杂化轨道各有一对未成键电子。

乙腈分子中的甲基碳原子取 sp^3 杂化，另一个碳原子和氮原子取 sp 杂化，碳原子和氮原子分别以 sp 杂化轨道沿着对称轴的方向重叠形成碳氮 σ 键；碳原子剩下的 sp 杂化轨道与甲基碳原子的 sp^3 杂化轨道重叠形成碳碳 σ 键；碳原子和氮原子未参与杂化的 $2p$ 轨道侧面重叠形成两个 π 键；氮原子剩下的 sp 杂化轨道有一对未成键电子。

【练习 1.5】 指出化合物 $CH_3—CH=C=CH_2$ 中各碳原子的杂化状态。

解答 $\overset{sp^3}{CH_3}—\overset{sp^2}{CH}=\overset{sp}{C}=\overset{sp^2}{CH_2}$。

【练习 1.6】 完成下列构象表达式之间的转换。

(a) 写出 [结构式] 的透视式和 Newman 投影式；

(b) 写出 [结构式] 的透视式和楔形式；

(c) 写出 [结构式] 的楔形式和 Newman 投影式。

解答 各构象表达式之间的转换如下：

(a) [结构图] 的透视式为 [结构图]、Newman 投影式为 [结构图];

(b) [结构图] 的透视式为 [结构图]、楔形式为 [结构图];

(c) [结构图] 的楔形式为 [结构图]、Newman 投影式为 [结构图]。

【练习 1.7】 将下列结构改写成 Fischer 投影式。

(a) [结构图]; (b) [结构图]; (c) [结构图]。

解答 (a) [Fischer 投影式]; (b) [Fischer 投影式]; (c) [Fischer 投影式]。

【练习 1.8】 下面哪对结构是共振结构？如是，请用弯箭头"⤴"表示一对电子的转移。

(a) $\overset{..}{O}=\overset{+}{C}-CH_3$ 和 $\overset{..}{O}\equiv C-CH_3$;

(b) $CH_3\overset{+}{C}H_2$ 和 $\overset{+}{C}H_2CH_3$;

(c) [环丁二烯结构] 和 [丁二烯结构];

(d) [结构图] 和 [结构图]。

解答 (a) 这对结构是共振结构，$\left[\overset{..}{O}=\overset{+}{C}-CH_3 \longleftrightarrow \overset{..}{O}\equiv C-CH_3\right]$。

【练习 1.9】 指出下列结构中各碳原子的杂化情况，并作简单说明。

(a) [结构图 $H_3C-CH=C=O$];   (b) $\left[\begin{array}{c}结构图\end{array} \longleftrightarrow \begin{array}{c}结构图\end{array}\right]$。

解答 按题意要求回答如下：

(a) [结构图 标注 sp^2, sp, sp^3];   (b) $\left[\begin{array}{c}标注 sp^2, sp^2\end{array} \longleftrightarrow \begin{array}{c}标注 sp^2, sp^2\end{array}\right]$。

【练习 1.10】 比较上述两题中属于共振结构的各共振式的稳定性，并简单说明理由。

解答 按题意要求回答如下：

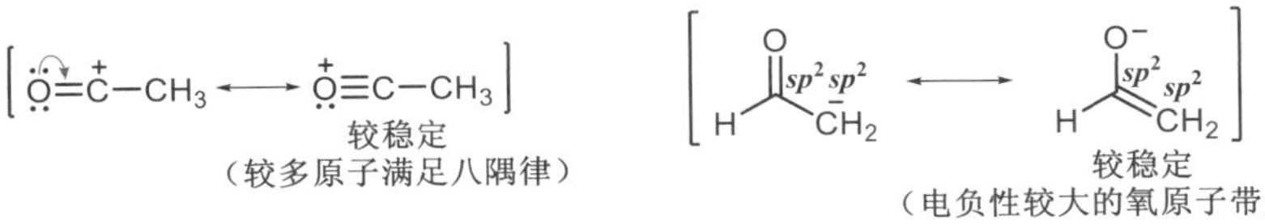

[Ö=C—CH₃ ⟷ Ö≡C—CH₃]
较稳定
（较多原子满足八隅律）

$$\begin{bmatrix} \underset{H}{\overset{O}{\underset{\|}{C}}}-CH_2 \longleftrightarrow \underset{H}{\overset{O^-}{\underset{\|}{C}}}=CH_2 \end{bmatrix}$$
较稳定
（电负性较大的氧原子带负电荷）

【练习 1.11】 依据共振论，解释邻二氯苯分子只有一种结构的事实。

解答 因为电子的共振离域化导致苯环结构中没有明显的单双键之分，邻二氯苯是这两种符合经典价键理论的 Kekulé 结构式的共振杂化体：

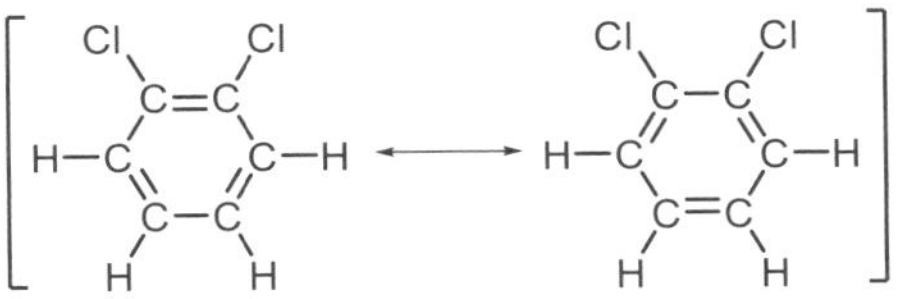

【练习 1.12】 指出青霉素（抗生素药物）、青蒿素（抗疟疾药物）、紫杉醇（抗癌药物）和辣椒素（用于食品、保健品、防暴装备和杀虫剂等）中的官能团及官能团的名称。

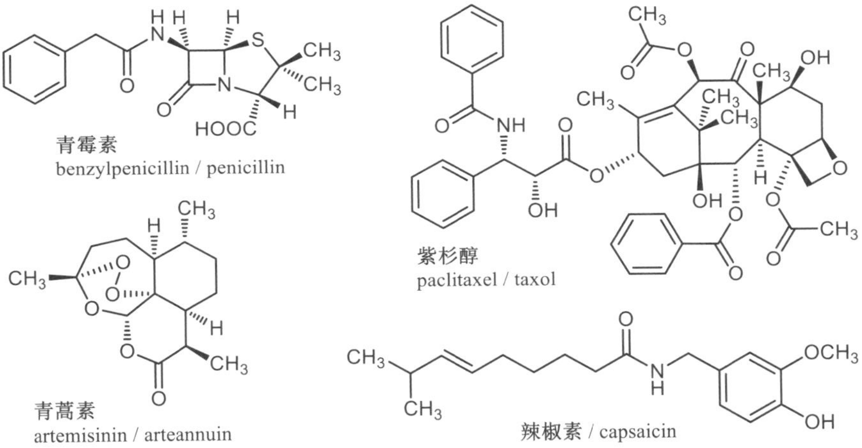

青霉素
benzylpenicillin / penicillin

紫杉醇
paclitaxel / taxol

青蒿素
artemisinin / arteannuin

辣椒素 / capsaicin

解答 按题意要求回答如下：

青霉素分子中的官能团及其名称：—CONR₂/酰胺基、—S—/硫醚键、—COOH/羧基；
青蒿素分子中的官能团及其名称：—O—O—/过氧键、—O—/醚键、—COOR/酯基；
紫杉醇分子中的官能团及其名称：—CONHR/酰胺基、—OH/醇羟基、—COOR/酯基、—CR=CR—/烯键、—CO—/酮羰基、—O—/醚键；
辣椒素分子中的官能团及其名称：—CH=CH—/烯键、—CONHR/酰胺基、—O—/醚键、—OH/酚羟基。

【练习 1.13】 为什么乙醇的羟基氧原子成键时采取 sp^3 杂化，而乙酸的羟基氧原子成键时采取 sp^2 杂化？

解答 乙醇的羟基氧原子成键时采取 sp^3 杂化，氧原子的两对未成键电子位于含 s 成分的 sp^3 杂化轨道，离原子核近，较为稳定；乙酸的羟基氧原子成键时采取 sp^2 杂化，羟基氧

原子未参与杂化的 $2p$ 轨道可与羰基形成 p-π 共轭体系，较为稳定。

【练习 1.14】 为什么乙炔（HC≡CH）水化生成的乙烯醇（CH_2=CHOH）很不稳定，非常容易异构成乙醛（CH_3CHO）？请用共轭效应或共振论的观点予以解释。

解答 按题意要求回答如下：

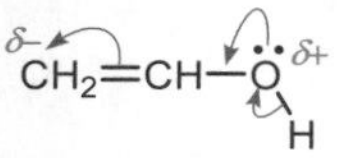

$$\overset{\delta-}{CH_2}=CH-\overset{\delta+}{\underset{H}{O}}$$

乙烯醇羟基氧取 sp^2 杂化，羟基氧与烯键构成 p-π 共轭体系，该 p-π 共轭效应导致氧原子核外电子云密度降低，氧氢键极性加大，接着发生分子间的质子转移，转化成乙醛；

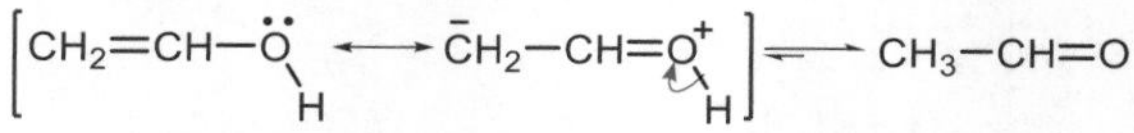

$$[CH_2=CH-\underset{H}{\ddot{O}} \longleftrightarrow \bar{C}H_2-CH=\overset{+}{\underset{H}{O}}] \Longleftrightarrow CH_3-CH=O$$

乙烯醇存在电荷分离的共振极限式，该极限式中负电性的碳有较强的碱性，正电性的氧加大氧氢键的极性，氧氢键的氢有较强的酸性，利于分子间的酸碱反应，转化成乙醛。

【练习 1.15】 解释下列羧酸的酸性强弱顺序。

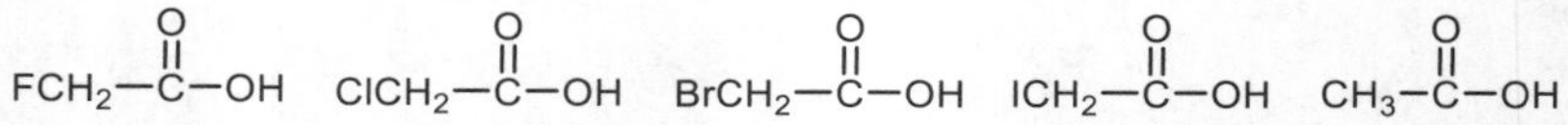

$$FCH_2-\overset{O}{\underset{}{C}}-OH \quad ClCH_2-\overset{O}{\underset{}{C}}-OH \quad BrCH_2-\overset{O}{\underset{}{C}}-OH \quad ICH_2-\overset{O}{\underset{}{C}}-OH \quad CH_3-\overset{O}{\underset{}{C}}-OH$$

pK_a　　2.59　　　　　　2.86　　　　　　2.90　　　　　　3.18　　　　　　4.74

解答 X 的电负性：F > Cl > Br > I，吸电子诱导效应：F > Cl > Br > I。X 的吸电子诱导效应越强，其取代的乙酸的酸性越强，与题给羧酸的酸性强弱顺序一致。

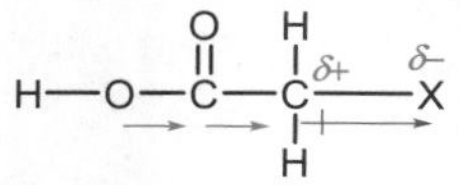

$$H-O\rightarrow \overset{O}{\underset{}{C}}\rightarrow \overset{\delta+}{\underset{H}{C}}\rightarrow \overset{\delta-}{X}$$

【练习 1.16】 分析下列羧酸的酸性，思考乙炔基、苯基、乙烯基和乙基的诱导效应，并给出合理的解释。

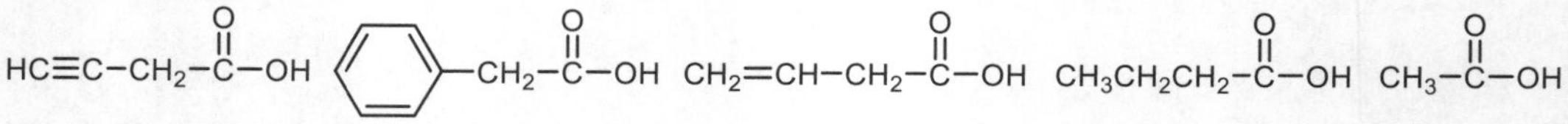

$$HC\equiv C-CH_2-\overset{O}{\underset{}{C}}-OH \quad Ph-CH_2-\overset{O}{\underset{}{C}}-OH \quad CH_2=CH-CH_2-\overset{O}{\underset{}{C}}-OH \quad CH_3CH_2-\overset{O}{\underset{}{C}}-OH \quad CH_3-\overset{O}{\underset{}{C}}-OH$$

pK_a　　3.32　　　　　　4.31　　　　　　4.35　　　　　　4.82　　　　　　4.74

解答 题中给出的羧酸均可看作是烃基取代的乙酸，烃基对相应羧酸酸性的影响归因于烃基的诱导效应：

$CH_3CH_2CH_2COOH$ 的酸性比 CH_3COOH 弱，说明乙基（CH_3CH_2-）是给电子的，具有给电子诱导效应；

其他羧酸的酸性比 CH_3COOH 强，说明乙烯基（CH_2=CH-）、苯基（Ph-）、乙炔基（HC≡C-）是吸电子的，具有吸电子诱导效应；烃基取代乙酸的酸性越强，烃基的吸电子诱导效应越强：乙炔基的吸电子诱导效应明显强于乙烯基，苯基与乙烯基具有相近的吸电子诱导效应。

各烃基诱导效应的差别归因于烃基碳原子的杂化状态不同。杂化轨道中 s 成分越高的碳原子的电负性越大：sp 杂化的碳的电负性 > sp^2 杂化的碳 > sp^3 杂化的碳。

第 2 章 烷 烃

学习目标

烷烃是脂肪族有机化合物的基础，通过本章学习，了解烷烃与人类生产、生活的关系，熟悉有机化学的学习方法，体会有机化合物的结构与性质间的关系。掌握烷烃的结构特征和性质特征；掌握构造、构型和构象的确切含义及构造式、构型式、构象式等表达方式；掌握烷烃、烷基的命名；熟练指出碳原子、氢原子的类型，熟练掌握异构体的推导方法；掌握烷烃卤代的自由基反应历程、自由基的稳定性及过渡状态理论解释。通过烷烃卤代反应机理研究的学习，培养探究精神、科学思维和职业素养。

主要内容

烷烃是最简单的碳氢化合物，分子中原子之间均以单键结合。本章学习烷烃的结构、命名、化学性质和制法。

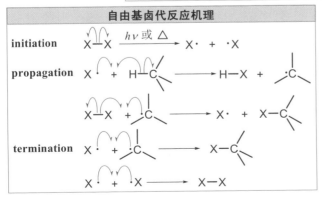

制法

重点难点

烷烃的构象及构象式；烷烃的命名；烷烃的卤代反应；自由基取代反应机理；烷基自由基的稳定性与烷烃卤代反应的选择性。

练习及参考解答

【练习 2.1】 写出分子组成为 C_7H_{16} 的所有构造异构体的键线式。

解答 先给出符合分子组成的直链烷烃异构体，再采取逐渐减少主链碳原子数，并将减少的碳原子作为支链接在主链上的办法，可以方便地推导出所有可能的构造异构体。分子组成为 C_7H_{16} 的所有构造异构体的键线式如下：

【练习 2.2】 指出下列分子中碳原子和氢原子的类型。

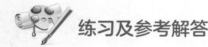

解答 只与一个碳原子键连的碳原子，称为一级（用 1º 表示）碳原子或伯碳原子；与两个碳原子键连的碳原子，称为二级（用 2º 表示）碳原子或仲碳原子；与三个碳原子键连的碳原子，称为三级（用 3º 表示）碳原子或叔碳原子；与四个碳原子键连的碳原子，称为四级（用 4º 表示）碳原子或季碳原子。与伯碳键连的氢原子，称为一级氢原子或伯氢原子；与仲碳键连的氢原子，称为二级氢原子或仲氢原子；与叔碳键连的氢原子，称为三级氢原

子或叔氢原子。该分子中碳原子和氢原子的类型如下：

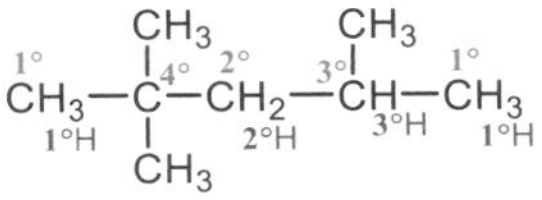

$$\begin{array}{c} \text{CH}_3 \quad \text{CH}_3 \\ \overset{1°}{\text{CH}_3} - \overset{4°}{\underset{\text{CH}_3}{\overset{|}{\text{C}}}} - \overset{2°}{\text{CH}_2} - \overset{3°}{\underset{\text{CH}_3}{\overset{|}{\text{CH}}}} - \overset{1°}{\text{CH}_3} \\ {}_{1°\text{H}} \quad {}_{2°\text{H}} \quad {}_{3°\text{H}} \quad {}_{1°\text{H}} \end{array}$$

【练习 2.3】 画出下列烷烃分子的极限构象，并分析它们的位能高低。

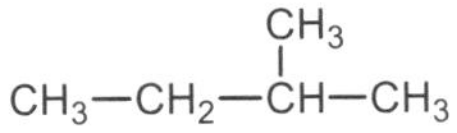

$$\text{CH}_3-\text{CH}_2-\underset{\underset{\text{CH}_3}{|}}{\text{CH}}-\text{CH}_3$$

解答 $\overset{4}{\text{CH}}_3-\overset{3}{\text{CH}}_2-\overset{2}{\underset{\underset{\text{CH}_3}{|}}{\text{CH}}}-\overset{1}{\text{CH}}_3$ 分子中四个碳碳单键，分为三类，各碳碳单键的旋转情况如下：

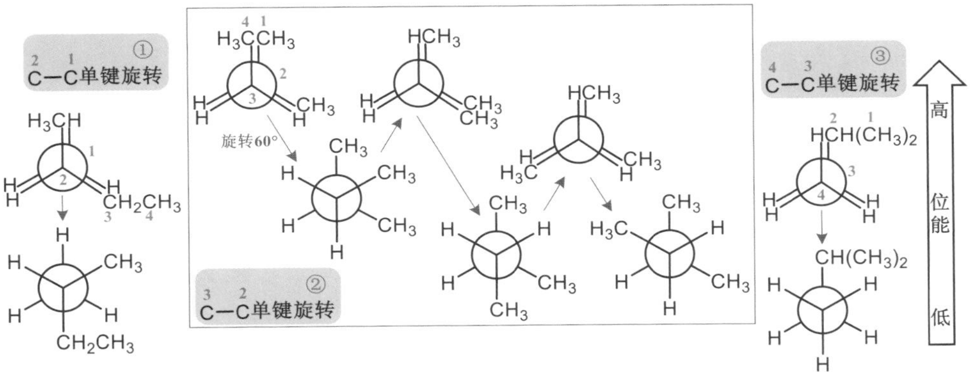

【练习 2.4】 用系统命名法命名 C_7H_{16} 的所有构造异构体。

解答 C_7H_{16} 所有构造异构体的系统命名依次为（按【练习 2.1】的**解答**顺序）：

庚烷（heptane）、2-甲基己烷（2-methylhexane）、3-甲基己烷（3-methylhexane）、3-乙基戊烷（3-ethylpentane）、2,2-二甲基戊烷（2,2-dimethylpentane）、3,3-二甲基戊烷（3,3-dimethylpentane）、2,3-二甲基戊烷（2,3-dimethylpentane）、2,4-二甲基戊烷（2,4-dimethylpentane）、2,2,3-三甲基丁烷（2,2,3-trimethylbutane）。

【练习 2.5】 写出下列烷基的结构及其 CCS 名称。
(a) methyl；
(b) ethyl；
(c) propyl (sometimes called the "*n*-propyl"，正丙基)；
(d) 1-methylethyl (sometimes called the "isopropyl"，异丙基)；
(e) butyl (sometimes called the "*n*-butyl"，正丁基)；
(f) 1,1-dimethylethyl (sometimes called the "*tert*-butyl"，叔丁基)；
(g) 2-methylpropyl (sometimes called the "isobutyl"，异丁基)；
(h) 1-methylpropyl (sometimes called the "*sec*-butyl"，仲丁基)；
(i) 1,1-dimethylpropyl (sometimes called the "*tert*-amyl"，叔戊基)；
(j) 3-methylbutyl (sometimes called the "isoamyl"，异戊基)。

解答 这些烷基的结构及其 CCS 名称如下：
(a) -CH₃，甲基； (b) -CH₂CH₃，乙基；
(c) -CH₂CH₂CH₃，丙基； (d) -CH(CH₃)₂，1-甲基乙基；
(e) -CH₂CH₂CH₂CH₃，丁基； (f) -C(CH₃)₃，1,1-二甲基乙基；
(g) -CH₂CH(CH₃)₂，2-甲基丙基； (h) -CH(CH₃)CH₂CH₃，1-甲基丙基；
(i) -C(CH₃)₂CH₂CH₃，1,1-二甲基丙基； (j) -CH₂CH₂CH(CH₃)₂，3-甲基丁基。

【练习 2.6】 用系统命名法（CCS 法和 IUPAC 法）命名下列烷烃。

(a) CH₃—CH₂—CH—CH₂—CH—CH₃
              | |
              CH—CH₃   CH₃
              |
              CH₃

(b) CH₃—CH₂—CH—CH—CH—CH₂—CH₂—CH₃
              | | |
              CH₃ CH—CH₃
                  |
                  CH₃ CH₃

解答 这些烷烃的系统命名如下：
(a) 3-乙基-2,5-二甲基己烷（3-ethyl-2,5-dimethylhexane）；
(b) 2,3,5-三甲基-4-丙基庚烷（2,3,5-trimethyl-4-propylheptane）。

【练习 2.7】 写出下列烷烃的结构。
(a) 3-ethyl-5-isobutyl-3-methylnonane； (b) 4-(*tert*-butyl)-2-methylheptane；
(c) 5-isopropyl-3,3,4-trimethyloctane； (d) 5-(1,2,2-trimethylpropyl)nonane；
(e) 4-(2,2-dimethylpropyl)-3,3-diethyloctane； (f) 2,3,5-三甲基己烷；
(g) 2,3,5-三甲基-4-丙基辛烷； (h) 4-异丁基-2,5-二甲基庚烷；
(i) 5-(1,2-二甲基丙基)-2-甲基癸烷。

解答 这些烷烃的结构如下：

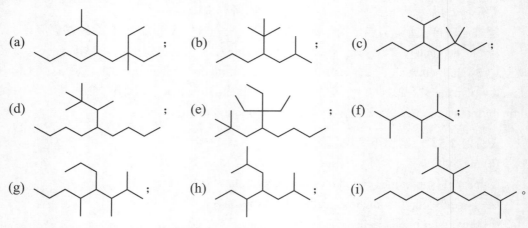

【练习 2.8】 请解释甲烷自由基氯代反应中氯仿和四氯化碳是如何形成的。
解答 甲烷自由基氯代反应中氯仿和四氯化碳形成的过程如下：

$$Cl-Cl \xrightarrow{h\nu \text{ 或 } \triangle} Cl\cdot + \cdot Cl$$
$$Cl\cdot + H-CH_3 \longrightarrow H-Cl + \cdot CH_3$$
$$Cl-Cl + \cdot CH_3 \longrightarrow Cl\cdot + Cl-CH_3$$
$$Cl\cdot + H-CH_2Cl \longrightarrow H-Cl + \cdot CH_2Cl$$
$$Cl-Cl + \cdot CH_2Cl \longrightarrow Cl\cdot + Cl-CH_2Cl$$

$$Cl\cdot + H-CHCl_2 \longrightarrow H-Cl + \cdot CHCl_2$$
$$Cl-Cl + \cdot CHCl_2 \longrightarrow Cl\cdot + Cl-CHCl_2$$
氯仿

$$Cl\cdot + H-CCl_3 \longrightarrow H-Cl + \cdot CCl_3$$
$$Cl-Cl + \cdot CCl_3 \longrightarrow Cl\cdot + Cl-CCl_3$$
四氯化碳

【练习 2.9】 甲烷的溴代与氯代相似，其链传递阶段的两步反应如下：

(1) $Br\cdot + H-CH_3 \longrightarrow H-Br + \cdot CH_3$

(2) $Br-Br + \cdot CH_3 \longrightarrow Br\cdot + Br-CH_3$

请回答：

(a) 计算链传递阶段两步反应的反应热：ΔH_1° 和 ΔH_2°；

(b) 已知两步反应的活化能：$E_{a1} = 75$ kJ/mol，$E_{a2} = 4$ kJ/mol，画出甲烷溴代反应的位能变化图；

(c) 判断反应的决速步骤。

解答 关于甲烷的溴代，回答如下：

(a) (1) $Br\cdot + H-CH_3 \longrightarrow H-Br + \cdot CH_3$　　$\Delta H_1^\circ = 435-368 = +67$ kJ/mol

　　(2) $Br-Br + \cdot CH_3 \longrightarrow Br\cdot + Br-CH_3$　　$\Delta H_2^\circ = 192-293 = -101$ kJ/mol；

(b) 甲烷溴代反应的位能变化图如下：

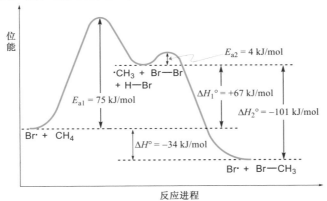

(c) 第一步反应的活化能（$E_{a1} = 75$ kJ/mol）比第二步反应的活化能（$E_{a2} = 4$ kJ/mol）高，第一步反应的速率比第二步反应慢，是反应的决速步骤。

【练习 2.10】 有机反应机理是人们根据已经掌握的实验事实，并结合现代有机结构理论所做出的理论推断。关于甲烷氯代反应的机理，请回答以下问题：

(a) 链引发阶段为什么是氯分子的 Cl—Cl 键先发生均裂，而不是甲烷分子中的 C—H 键？为什么 Cl—Cl 键的断裂是均裂，而不是异裂？

(b) 为什么氯原子与甲烷分子碰撞时，是夺取氢原子，形成氯化氢分子和甲基自由基；而不是夺取甲基，形成一氯甲烷和氢原子？

(c) 为什么氯原子能够促使甲烷分子中的 C—H 键发生均裂？

解答 甲烷氯代反应机理的有关问题，回答如下：

(a) Cl—Cl 键的解离能（242 kJ/mol）远小于甲烷分子中 C—H 键的解离能（435 kJ/mol），所以链引发阶段是氯分子的 Cl—Cl 键先发生均裂，而不是甲烷分子中的 C—H 键；甲烷氯代反应在非极性环境下发生，Cl—Cl 键是非极性共价键，均裂的解离能小于异裂。

(b) ① H—Cl 键的解离能（431 kJ/mol）远大于氯甲烷分子中 C—Cl 键的解离能（351 kJ/mol）；② 甲烷分子中的碳原子在内、氢原子在外，氯原子与氢原子碰撞的机会大于碳原子。因此，氯原子与甲烷分子碰撞时，是夺取氢原子，形成氯化氢分子和甲基自由基；而不是夺取甲基，形成一氯甲烷和氢原子。

(c) 氯原子与甲烷分子碰撞，H—Cl 键形成放出的能量有助于补偿甲烷分子中 C—H 键均裂所需的能量。

【练习 2.11】 以下甲烷氯代反应的实验事实说明什么问题。
(a) 甲烷和氯气的混合物在室温及暗处长期放置而不起反应；
(b) 先用紫外光照射甲烷，然后迅速在黑暗中与氯气混合，不发生反应；
(c) 先用紫外光照射氯气，然后迅速在黑暗中与甲烷混合，可以得到氯代甲烷；但用紫外光照射氯气后在黑暗中放置一段时间，再与甲烷混合，则不发生反应。

解答 甲烷氯代反应的实验事实说明：
(a) 甲烷的氯代反应需要一定的条件，如较高温度或紫外光照射等；
(b) 紫外光照射不足以导致甲烷分子中 C—H 键发生断裂；
(c) 紫外光照射氯气，可以导致 Cl—Cl 键断裂，形成的氯原子与甲烷分子发生有效碰撞，生成氯化氢和甲基自由基，接着甲基自由基与氯分子发生有效碰撞，生成氯甲烷和氯原子，似锁链般传递下去。紫外光照射的作用就是引发反应，反应一经引发就不需紫外光照射；若用紫外光照射氯气后在黑暗中放置一段时间，氯原子相互结合回到氯分子，反应不能发生。

【练习 2.12】 请根据甲烷氯代反应的机理解释以下实验事实。
(a) 用光引发反应时，量子产率很高，吸收一个光子就能产生几千个一氯甲烷分子；
(b) 在反应体系中检测到乙烷等高级烷烃；
(c) 当反应体系中有少量氧存在时，反应要推迟一段时间后才能正常进行。

解答 甲烷氯代反应的自由基机理可以解释：
(a) 反应一经引发，产生的自由基经链传递步骤，不断生成一氯甲烷分子，活泼自由基的浓度极低，相互碰撞的概率很低，所以量子产率很高；
(b) 反应体系中检测到的乙烷等高级烷烃是多条反应链中的甲基自由基相互碰撞形成的；
(c) 氧气是一种双自由基（·O—O·），可与甲基自由基反应形成活性很低的自由基 $CH_3O—O·$，抑制或终止链反应的传递。所以，当反应体系中有少量氧存在时，反应要推迟一段时间，直至氧气消耗完后才能正常进行。

【练习 2.13】 在光照或高温条件下，乙烷（ethane）可与氯气发生反应：

$$CH_3CH_3 \text{ (ethane)} + Cl_2 \xrightarrow{h\nu \text{ 或 } \Delta} CH_3CH_2Cl \text{ (chloroethane)} + HCl$$

请回答：
(a) 乙烷的一氯代产物为何只有一氯乙烷（chloroethane）一种？
(b) 写出乙烷可能的多氯代产物的结构式；
(c) 请建议乙烷一氯代反应的机理。

解答 乙烷与氯气反应的有关问题回答如下：
(a) 乙烷分子中的六个氢原子完全相同，所以乙烷的一氯代产物只有一氯乙烷一种；
(b) 乙烷的多氯代产物有：CH_3CHCl_2、$ClCH_2CH_2Cl$、CH_3CCl_3、$ClCH_2CHCl_2$、$ClCH_2CCl_3$、$CHCl_2CHCl_2$、$CHCl_2CCl_3$、CCl_3CCl_3；
(c) 乙烷一氯代反应的机理如下：

$$Cl-Cl \xrightarrow{h\nu \text{ 或 } \Delta} Cl\cdot + \cdot Cl$$
$$Cl\cdot + CH_3CH_3 \longrightarrow H-Cl + \cdot CH_2CH_3$$
$$Cl-Cl + \cdot CH_2CH_3 \longrightarrow Cl\cdot + Cl-CH_2CH_3 \text{ (chloroethane)}$$
$$\cdots\cdots$$

【练习 2.14】 请解释：光照条件下丙烷的氯代反应可以在室温进行，而溴代反应却要在 125 ℃ 进行。

解答 光照条件下丙烷的氯代反应决速步骤是放热的：

$$Cl\cdot + CH_3-CH_2-CH_3 \begin{cases} \longrightarrow H-Cl + \dot{C}H_2-CH_2-CH_3 & \Delta H° = -21 \text{ kJ/mol} \\ \longrightarrow H-Cl + CH_3-\dot{C}H-CH_3 & \Delta H° = -34 \text{ kJ/mol} \end{cases}$$

光照条件下丙烷的溴代反应决速步骤是吸热的：

$$Br\cdot + CH_3-CH_2-CH_3 \begin{cases} \longrightarrow H-Br + \dot{C}H_2-CH_2-CH_3 & \Delta H° = +42 \text{ kJ/mol} \\ \longrightarrow H-Br + CH_3-\dot{C}H-CH_3 & \Delta H° = +29 \text{ kJ/mol} \end{cases}$$

丙烷溴代的活化能较高，光照条件下的反应要在较高的温度下进行。

【练习 2.15】 请建议 2-甲基丙烷一溴代反应的机理。为何几乎得不到 1-溴-2-甲基丙烷？

解答 2-甲基丙烷一溴代反应的机理如下：

$$Br-Br \xrightarrow{h\nu \text{ 或 } \Delta} Br\cdot + \cdot Br$$

$$Br\cdot + CH_3-\underset{\underset{CH_3}{|}}{CH}-CH_3 \longrightarrow H-Br + CH_3-\underset{\underset{CH_3}{|}}{\dot{C}}-CH_3$$

$$Br-Br + CH_3-\underset{\underset{CH_3}{|}}{\dot{C}}-CH_3 \longrightarrow Br\cdot + CH_3-\underset{\underset{CH_3}{|}}{\overset{\overset{Br}{|}}{C}}-CH_3$$

依据 Hammond 假说，2-甲基丙烷的一溴代是吸热反应，过渡态来得晚，两种氢发生反应的活化能差与叔丁基自由基和异丁基自由基的位能差接近，约为 29 kJ/mol。

$$Br\cdot + CH_3-\underset{\underset{CH_3}{|}}{CH}-CH_3 \begin{cases} \longrightarrow H-Br + \dot{C}H_2-\underset{\underset{CH_3}{|}}{CH}-CH_3 & \Delta H° = +42 \text{ kJ/mol} \\ \longrightarrow H-Br + CH_3-\underset{\underset{CH_3}{|}}{\dot{C}}-CH_3 & \Delta H° = +13 \text{ kJ/mol} \end{cases}$$

两种反应途径的活化能差很大，反应选择性很高，几乎得不到 1-溴-2-甲基丙烷。

【练习 2.16】 请选择合适的卤代试剂（Cl_2 或 Br_2）完成下列制备，并说明理由。

(a) $CH_3-\underset{\underset{H}{|}}{\overset{\overset{CH_3}{|}}{C}}-CH_2-CH_3 \longrightarrow CH_3-\underset{\underset{X}{|}}{\overset{\overset{CH_3}{|}}{C}}-CH_2-CH_3$;

(b) $CH_3-\underset{\underset{CH_3}{|}}{\overset{\overset{CH_3}{|}}{C}}-CH_3 \longrightarrow CH_3-\underset{\underset{CH_3}{|}}{\overset{\overset{CH_3}{|}}{C}}-CH_2-X$。

解答 按题意要求回答如下：

(a) 选择 Br_2，溴代反应的选择性很高。2-甲基丁烷分子中有四种氢，该转化要制备 2-卤代-2-甲基丁烷，高选择性是关键；

(b) 选择 Cl_2。2,2-二甲基丙烷分子中只有一种氢，反应的选择性不是关键，廉价、高活性的氯气较为有利。

【练习 2.17】 请写出符合下列条件的烷烃的结构简式，并用系统命名法命名。
(a) 仅含有伯氢原子的 C_8H_{18}；   (b) 仅含有一个叔氢原子的 C_5H_{12}；
(c) 仅含有一个季碳原子的 C_6H_{14}；   (d) 一个异丙基和一个新戊基组成的烷烃；
(e) 仅生成三种一氯代产物的相对分子质量为 72 的烷烃；
(f) 不含仲氢原子的相对分子质量为 100 的烷烃。

解答 符合相应条件的烷烃的结构简式和系统命名如下：
(a) $(CH_3)_3C-C(CH_3)_3$，2,2,3,3-四甲基丁烷；
(b) $CH_3CH_2CH(CH_3)_2$，2-甲基丁烷；
(c) $CH_3CH_2C(CH_3)_3$，2,2-二甲基丁烷；
(d) $(CH_3)_2CH-CH_2C(CH_3)_3$，2,2,4-三甲基戊烷；
(e) $CH_3CH_2CH_2CH_2CH_3$，戊烷；
(f) $(CH_3)_2CHC(CH_3)_3$，2,2,3-三甲基丁烷。

【练习 2.18】 请将下列纽曼投影式改写成透视式和楔形式。

(a) ; (b) ; (c) ; (d) 。

解答 这些纽曼投影式改写成的透视式和楔形式如下：

透视式：(a) ; (b) ; (c) ; (d) 。

楔形式：(a) [结构式]；(b) [结构式]；(c) [结构式]；(d) [结构式]。

【练习 2.19】 请预测 25 ℃ 光照条件下，异戊烷与氯气反应生成一氯代产物的比例。

解答 依据叔、仲、伯三种氢发生氯代的相对反应活性：3°H : 2°H : 1°H ≈ 5 : 4 : 1，考虑到概率因素，生成四种一氯代产物的比例预测为

$$CH_3CH_2CH(CH_3)_2 \xrightarrow{Cl_2, h\nu, 25°C} \underset{(3\times 1)}{CH_2ClCH_2CH_2CH(CH_3)_2} + \underset{(2\times 4)}{CH_3CHClCH(CH_3)_2} + \underset{(1\times 5)}{CH_3CH_2CCl(CH_3)_2} + \underset{(6\times 1)}{ClCH_2CH_2CH_2CHCH_3}$$

$$\frac{3}{(3+8+5+6)} \times 100\% \quad : \quad \frac{8}{(3+8+5+6)} \times 100\% \quad : \quad \frac{5}{(3+8+5+6)} \times 100\% \quad : \quad \frac{6}{(3+8+5+6)} \times 100\%$$
$$= 13.6\% \quad\quad\quad = 36.4\% \quad\quad\quad = 22.7\% \quad\quad\quad = 27.3\%$$

【练习 2.20】 下列卤代烷烃中，哪些可由烷烃的卤代反应来制备？哪些不适合用烷烃的卤代反应来制备？为什么？

(a) [结构式 I]； (b) [结构式 F]； (c) [结构式 Br]； (d) [结构式 Cl]；

(e) [结构式 Cl]； (f) [结构式 Br]

解答 (d)和(f)可由相应烷烃的卤代反应来制备，(a)、(b)、(c)和(e)不适合用相应烷烃的卤代反应来制备。烷烃的碘代(a)不能发生；烷烃的氟代(b)不易控制；烷烃的溴代有高选择性，主要发生叔氢的溴代(f)，难以实现仲氢的溴代(c)；烷烃的氯代选择性较差，通过氯代生成(d)的烷烃分子中只有一种氢，选择性不是关键；通过氯代生成(e)的烷烃分子中有三种氢（两种伯氢和一种叔氢），三种一氯代产物的比例为(9×1) : (6×1) : (1×5) = 9 : 6 : 5，得到目标产物的选择性仅为 5/20。

【练习 2.21】 将下列自由基按稳定性由高到低排列成序。

(a) $\overset{CH_3}{CH_2-CH-CH_2-CH_3}$； (b) $\overset{CH_3}{CH_3-\overset{|}{C}-CH_2-CH_3}$； (c) $\overset{CH_3}{CH_3-\overset{|}{CH}-CH-CH_3}$。

解答 该题所示自由基按稳定性由高到低排列的顺序为 (b) > (c) > (a)。

【练习 2.22】 光照条件下，碘甲烷很容易与碘化氢反应生成甲烷和单质碘。该反应也是自由基反应，请建议其机理。

解答 光照条件下，碘甲烷与碘化氢反应生成甲烷和单质碘的可能机理如下：

$$I-CH_3 \xrightarrow{h\nu} I\cdot + \cdot CH_3$$
$$H-I + \cdot CH_3 \longrightarrow I\cdot + H-CH_3$$
$$I\cdot + I-CH_3 \longrightarrow I-I + \cdot CH_3$$
$$\cdots\cdots$$

【练习 2.23】 丙烷与部分卤素自由基发生的反应及其相应的反应焓变如下：

(1) Cl· + CH₃CH₂CH₃ ⟶ HCl + CH₃CH₂ĊH₂ $\Delta H° = -21$ kJ/mol
(2) Cl· + CH₃CH₂CH₃ ⟶ HCl + CH₃ĊHCH₃ $\Delta H° = -34$ kJ/mol
(3) Br· + CH₃CH₂CH₃ ⟶ HBr + CH₃CH₂ĊH₂ $\Delta H° = +42$ kJ/mol

(a) 当反应温度升高，上述反应的速率将： A. 都降低；B. 都升高；C. 反应(1)和(2)降低，反应(3)升高；D. 反应(1)和(2)升高，反应(3)降低。

(b) 已知 Cl· + CH₃CH₂CH₃ $\xrightarrow{25\ °C}$ HCl + CH₃CH₂ĊH₂ (43%) + CH₃ĊHCH₃ (57%)。请预测当反应温度升高而其他反应条件不变时，丙基自由基的比例将：A. 降低；B. 升高；C. 不变；D. 无法判断。

解答 按题意要求回答如下：

(a) 反应温度升高，上述反应的速率将：B. 都升高；

(b) 反应温度升高而其他反应条件不变时，丙基自由基的比例将：B. 升高。升高反应温度，达到或超过活化能的反应物分子数增加，各类反应的速率都加快，但活化能较大的反应速率增大较多，反应选择性降低。

【练习 2.24】 2-甲基丙烷与四氯化碳的混合物在 130~140 ℃ 时仍十分稳定，加入少量叔丁基过氧化物（Me₃C—OOH）后会发生反应，主要生成 2-氯-2-甲基丙烷和氯仿，同时还有少量的 2-甲基丙-2-醇（2-methylpropan-2-ol，其量与所加过氧化物相当）。请建议该反应的机理。

CH₃—CH—CH₃ + CCl₄ $\xrightarrow[\text{Me}_3\text{C—OOH}]{130\sim140\ °C}$ CH₃—C(Cl)(CH₃)—CH₃ + CHCl₃   [CH₃—C(OH)(CH₃)—CH₃]
    | 2-methylpropan-2-ol
   CH₃
2-methylpropane   2-chloro-2-methylpropane

解答 叔丁基过氧化物引发的 2-甲基丙烷与四氯化碳在 130~140 ℃ 下反应，生成 2-氯-2-甲基丙烷和氯仿的可能机理如下：

HO—O—C(CH₃)₃ $\xrightarrow{130\sim140\ °C}$ HO· + ·OC(CH₃)₃

CH₃—CH(CH₃)—CH₃ + ·O—C(CH₃)₃ ⟶ CH₃—Ċ(CH₃)—CH₃ + HO—C(CH₃)₃

CH₃—CH(CH₃)—CH₃ + ·OH ⟶ CH₃—Ċ(CH₃)—CH₃ + H₂O

CH₃—Ċ(CH₃)—CH₃ + CCl₄ ⟶ CH₃—C(Cl)(CH₃)—CH₃ + ·CCl₃

CH₃—CH(CH₃)—CH₃ + ·CCl₃ ⟶ CH₃—Ċ(CH₃)—CH₃ + CHCl₃

······

第 3 章 环 烷 烃

 学习目标

环烷烃是脂肪族环状有机化合物的基础，通过本章学习，了解自然界中存在的、与人类关系密切的环烷衍生物。了解拜耳张力学说，掌握小环、普通环、中环、大环的结构特征和性质特点。掌握环烷烃的构型异构和环己烷的构象异构；掌握环烷烃的命名，明晰环烷烃与烷烃在结构与性质上的相似性与差异，体会环结构中的美。

 主要内容

环烷烃指的是碳原子间以单键相互连接成环的烷烃。本章学习环烷烃的结构、命名和化学性质。

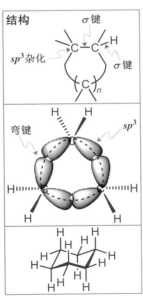

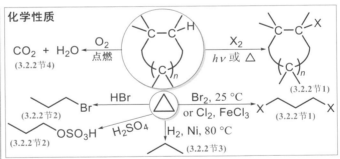

制法

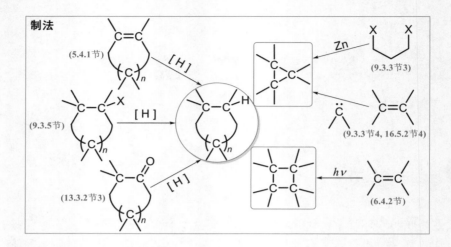

 重点难点

环烷烃的构型异构；螺环烷烃及桥环烷烃的命名；环丙烷的特殊性及碳碳弯键；环己烷的构象。

 练习及参考解答

【**练习3.1**】 写出环己烷的所有单环烷烃异构体的结构式和CCS命名及IUPAC命名。

解答 环己烷的所有单环烷烃异构体的结构式和CCS命名及IUPAC命名如下：

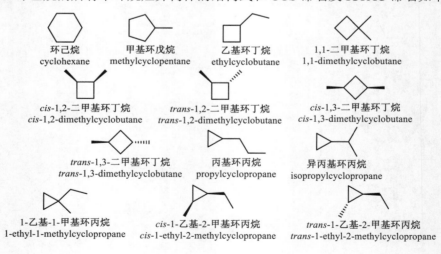

1,1,2-三甲基环丙烷　　　　r-1,cis-2,cis-3-三甲基环丙烷　　　　r-1,cis-2,trans-3-三甲基环丙烷
1,1,2-trimethylcyclopropane　　r-1,cis-2,cis-3-trimethylcyclopropane　　r-1,cis-2,trans-3-trimethylcyclopropane

【练习 3.2】 用系统命名法（CCS 命名法和 IUPAC 命名法）命名下列环烷烃。

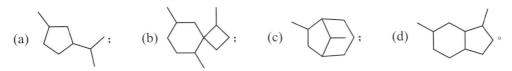

解答　这些环烷烃的系统命名如下：
(a) 1-异丙基-3-甲基环戊烷（1-isopropyl-3-methylcyclopentane）；
(b) 1,5,8-三甲基螺[3.5]壬烷（1,5,8-trimethylspiro[3.5]nonane）；
(c) 6,8-二甲基二环[3.2.1]辛烷（6,8-dimethylbicyclo[3.2.1]octane）；
(d) 3,9-二甲基二环[4.3.0]壬烷（3,9-dimethylbicyclo[4.3.0]nonane）。

【练习 3.3】 写出下列环烷基的结构及其 CCS 名称。
(a) cyclopropyl；　　(b) cyclobutyl；　　(c) cyclopentyl；　　(d) cyclohexyl。

解答　所列环烷基的结构及其 CCS 名称如下：

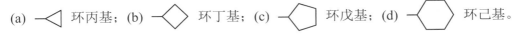

【练习 3.4】 写出下列环烷烃的结构式。
(a) 3-乙基-1,1-二甲基环己烷；　　　(b) cis-1-环丙基-3-甲基环戊烷；
(c) 2-甲基二环[3.2.1]辛烷；　　　　(d) 1,7,7-三甲基二环[2.2.1]庚烷；
(e) 2,6-二甲基螺[3.3]庚烷。

解答　这些环烷烃的结构式如下：

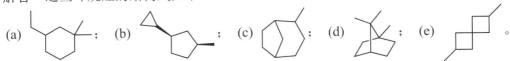

【练习 3.5】 指出下列分子中碳原子和氢原子的类型。

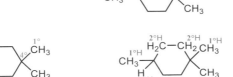

【练习 3.6】 用简单的化学方法鉴别环己烷和 1,1,2-三甲基环丙烷。

解答　环己烷 $\left(\bighexagon\right)$　　1,1,2-三甲基环丙烷 $\left(\triangle\right)$

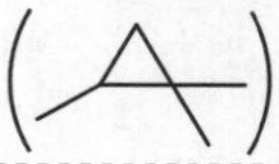

Br$_2$/CCl$_4$　　（−）　　　　　　　　　　（+）红棕色褪去

【练习 3.7】 请建议环己烷一氯代反应的机理。

$$\bighexagon + Cl_2 \xrightarrow{h\nu,\ 25\ °C} \bighexagon\!\!-Cl + HCl$$
chlorocyclohexane

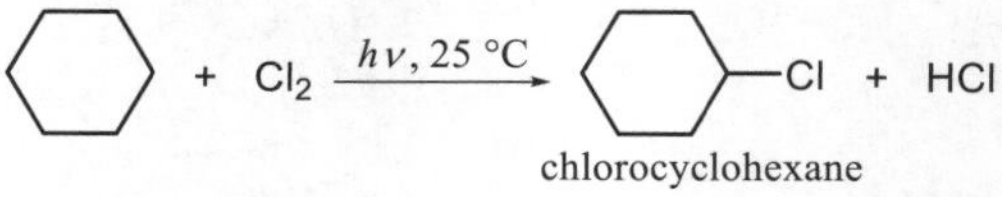

解答　环己烷一氯代反应的机理如下：

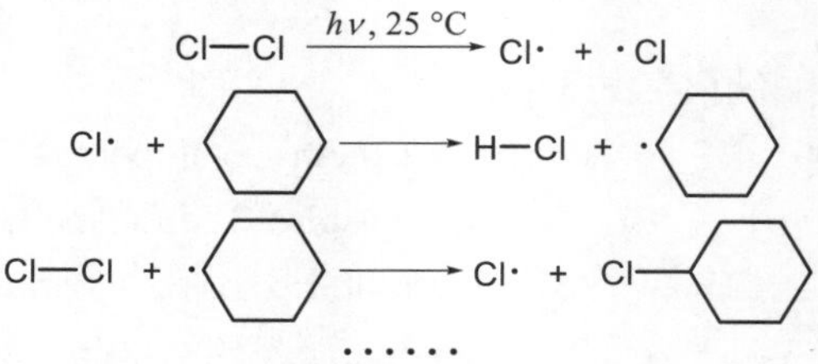

$$Cl-Cl \xrightarrow{h\nu,\ 25\ °C} Cl\cdot + \cdot Cl$$

$$Cl\cdot + \bighexagon \longrightarrow H-Cl + \cdot\bighexagon$$

$$Cl-Cl + \cdot\bighexagon \longrightarrow Cl\cdot + Cl-\bighexagon$$

······

【练习 3.8】 完成下列反应。

(a) 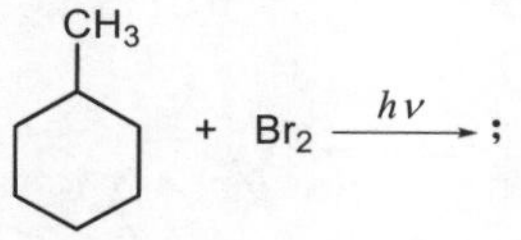 甲基环己烷 + Br$_2$ $\xrightarrow{h\nu}$ ；

(b) 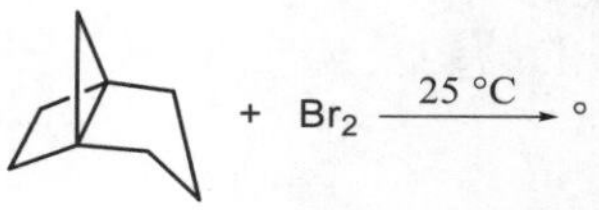 双环化合物 + Br$_2$ $\xrightarrow{25\ °C}$ 。

解答　(a) 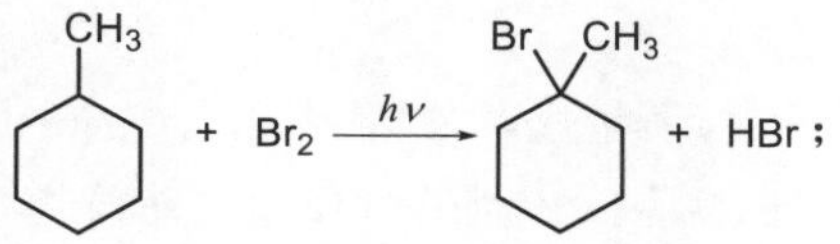 甲基环己烷 + Br$_2$ $\xrightarrow{h\nu}$ 1-溴-1-甲基环己烷 + HBr；

(b) 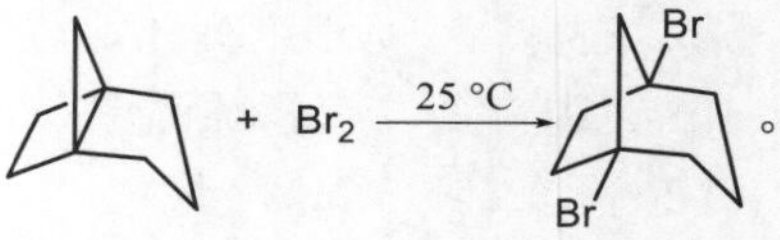 双环化合物 + Br$_2$ $\xrightarrow{25\ °C}$ 二溴化物。

【练习 3.9】 画出下列化合物所有可能的椅式构象，并指出优势构象。

(a) 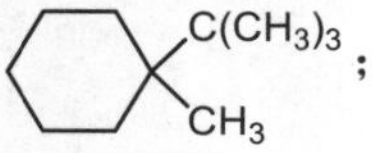 1-叔丁基-1-甲基环己烷；
(b) 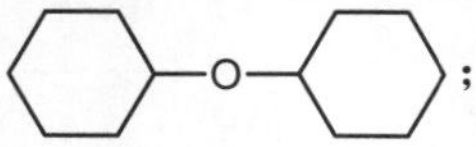 二环己基醚；
(c) 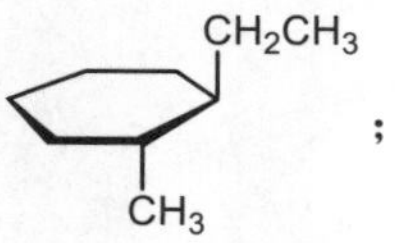 1-甲基-2-乙基环己烷；
(d) 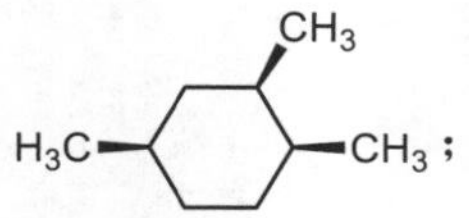 1,2,4-三甲基环己烷；
(e) 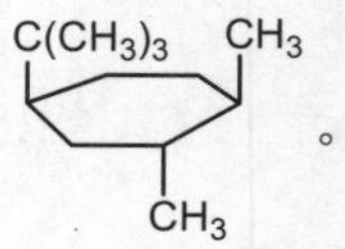 1-叔丁基-2,3-二甲基环己烷。

解答　这些化合物的所有可能椅式构象及优势构象如下：

(a) 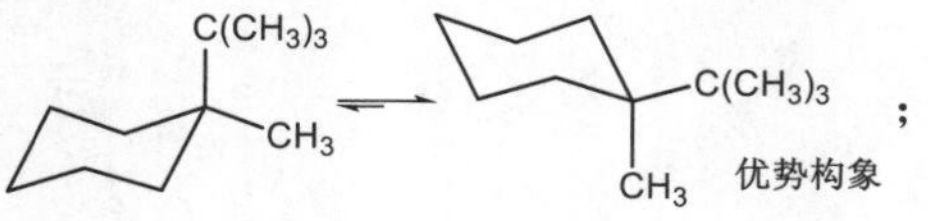 构象1 ⇌ 构象2（优势构象）；

(b) 【构象图】 优势构象 ;

(c) 【构象图】 优势构象 ; (d) 【构象图】 优势构象 ;

(e) 【构象图】 优势构象 。

【练习 3.10】 请按异戊二烯规则归类下列化合物（提示：紫杉醇主要考察其核心碳架）。

(a) 菊酸 chrysanthemic acid ; (b) 诱杀烯醇 grandisol ; (c) 紫杉醇 taxol 。

解答 按异戊二烯规则归类如下：

(a) 单环单萜 ; (b) 单环单萜 ; (c) 三环双萜 。

第4章 对映异构

学习目标

本章学习对映异构的基础知识。了解物质的旋光性与对映异构现象的发现，了解手性分子与人类的关系，理解分子的对称性与手性的关系、手性分子的种类；学习含手性碳原子化合物的对映异构，掌握 R, S 构型标记法，掌握对映体、非对映体、外消旋体、内消旋体等概念；掌握 Fischer 投影式、楔形式、透视式及 Newman 投影式等构型表达式间的相互转换；学习烷烃自由基卤代反应的立体化学，了解外消旋体的拆分和不对称合成的意义。

主要内容

互呈镜像对映关系的立体异构称为对映异构。本章主要学习含手性碳原子化合物的对映异构。

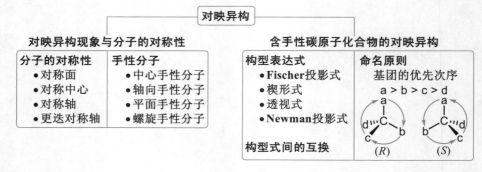

重点难点

分子的对称性与手性；含手性碳原子化合物的对映异构；R, S 构型标记；Fischer 投影式、楔形式、透视式及 Newman 投影式等构型表达式间的相互转换；烷烃自由基卤代反应的立体化学。

练习及参考解答

【练习 4.1】 浓度为 1 g/mL 的某样品溶液在 1 dm 长的样品池中所测得的旋光度为 +60º。如何证明其比旋光度确为+60º，而不是–120º、–300º，也不是+420º？

解答 若将浓度为 1 g/mL 的该样品溶液，在 0.5 dm 长的样品池中测得的旋光度为+30º；或将该样品溶液的浓度稀释为 0.5 g/mL，在 1 dm 长的样品池中测得其旋光度为+30º。上述方法都可以证明。

【练习 4.2】 用 "*" 标记下列结构中的手性碳原子。

(a) CH₃CH(CH₃)CH₂CHCH₃ ; (b) CH₃CHBrCH₂Br ; (c) CH₃CH₂C(CH₃)CHD(D) ;

(d) HO₂C-CH(OH)-CH₂-CO₂H ; (e) (纽曼式，Cl/H/CH₃ 前，CH₃/OH/H 后) ; (f) 4-甲基环己基-CH(OH)CH₃。

解答 这些结构中的手性碳原子标记如下：

(a) CH₃CH(CH₃)CH₂C*HCH₃ ; (b) CH₃C*HBrCH₂Br ; (c) CH₃CH₂C*(CH₃)CHD(D) ;

(d) HO₂C-C*H(OH)-CH₂-CO₂H ; (e) 同上，C*标记 ; (f) 4-甲基环己基-C*H(OH)CH₃。

【练习 4.3】 判断下列分子是否具有手性。如有手性，请指出其类型、并画出其对映异构体的结构。

(a) HO,H/CH₃, H₃C/H,OH 结构 ; (b) 茚满与环戊二烯基相连结构 ; (c) H₃C,CH₃螺环丁烷与CO₂H结构 ;

(d) H₃C-N⁺(CH₂Ph)-双环-酮 Br⁻ ; (e) 菲环带两个邻位CH₃及CH₂COOH（提示：两个甲基间的重叠导致菲环平面扭曲）

解答 按题意要求回答如下：

(a) 该分子存在对称中心，没有手性；

(b) 为轴向手性，其对映异构体为 ；

(c) 该分子存在对称面，没有手性；

(d) 该分子存在对称面，没有手性；

(e) 为螺旋手性。其对映异构体为 [结构式]。

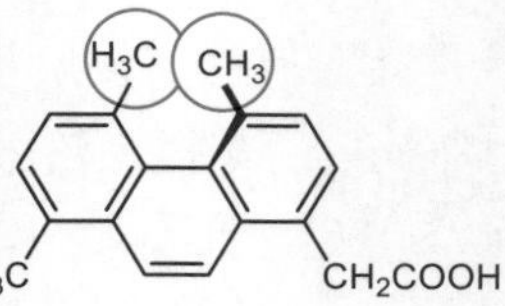

【练习 4.4】 请用 R, S 标记法标记下列各分子的构型。

(a) 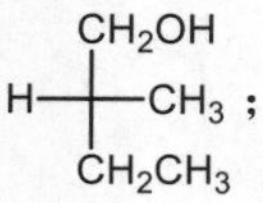 [结构式]； (b) 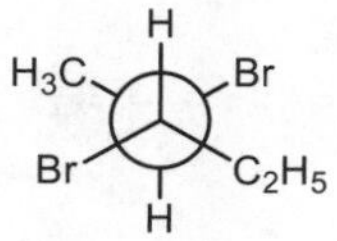 [结构式]； (c) 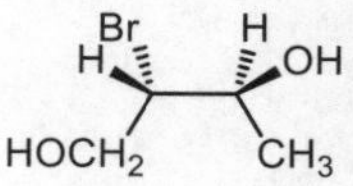 [结构式]；

(d) 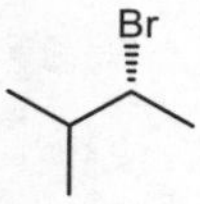 [结构式]； (e) 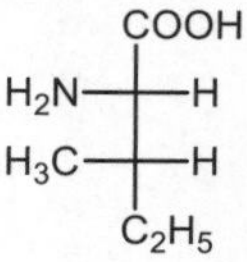 [结构式]。

解答 这些分子的构型标记如下：

(a) 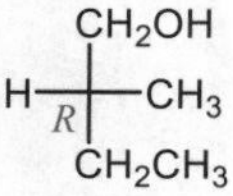 R； (b) 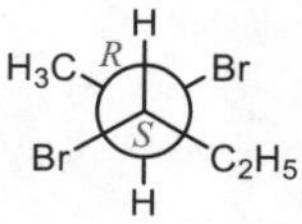 [结构式]； (c) 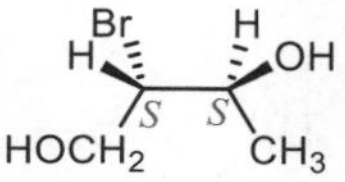 S,S； (d) 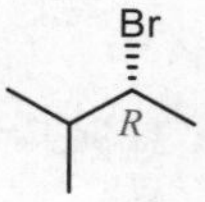 R； (e) 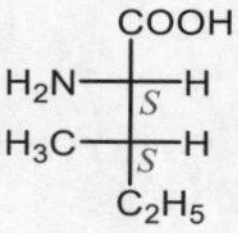 S。

【练习 4.5】 下列分子均含有手性碳原子，请给出各构型异构体的结构式，指出各构型异构体间的关系，并用 R, S 标记法来标记各构型异构体的构型。

(a) 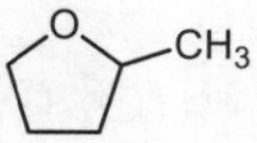 [结构式]； (b) 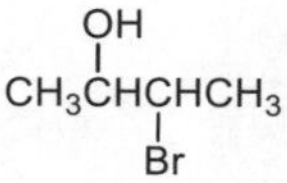 [结构式]； (c) 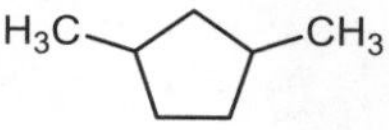 [结构式]； (d) 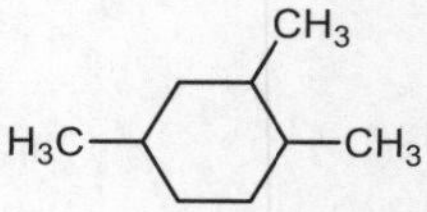 [结构式]；

(e) 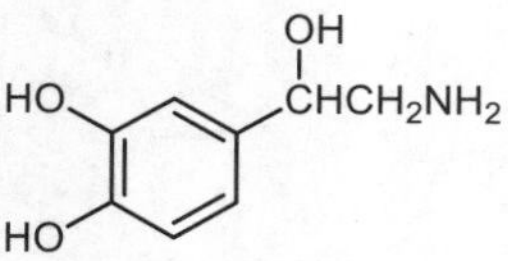 [结构式]； (f) 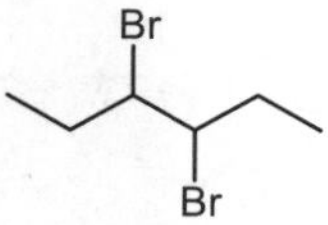 [结构式]； (g) 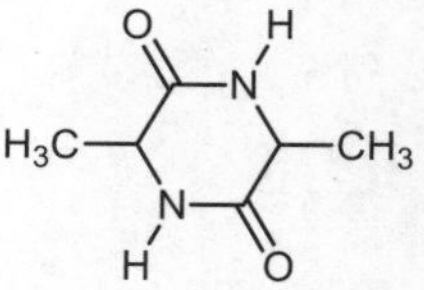 [结构式]。

解答 按题意要求回答如下：

(a) S 与 R ——对映体；

(b) 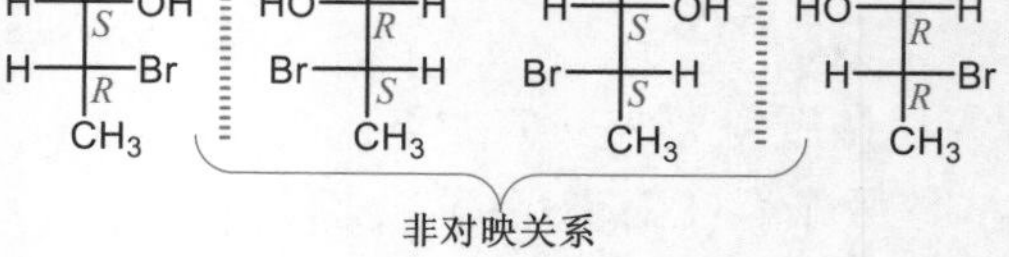 S,S 与 R,R 为一对对映体；S,R 与 R,S 为一对对映体；其他关系为非对映关系；

(c) 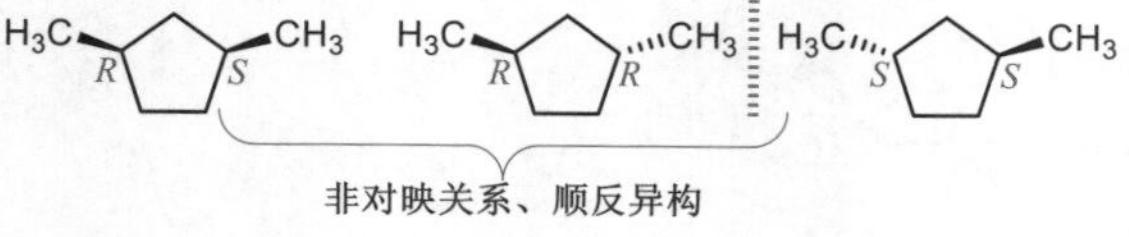 R,S（内消旋） 与 R,R、S,S——非对映关系、顺反异构；

(d) 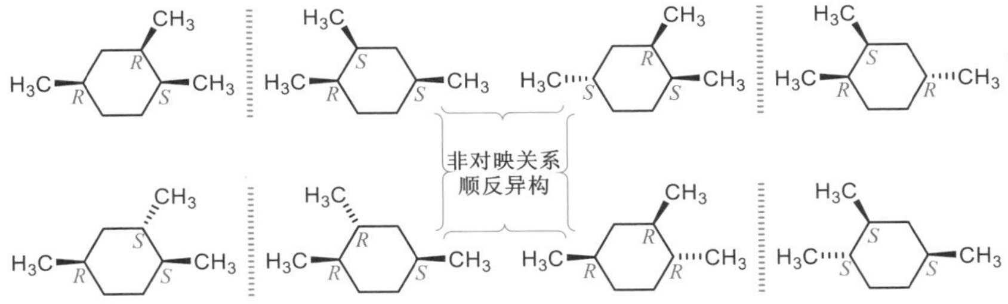 [结构图] ⧸ [结构图] [结构图] ⧸ [结构图] ;

非对映关系 顺反异构

[结构图] ⧸ [结构图] [结构图] ⧸ [结构图]

(e) 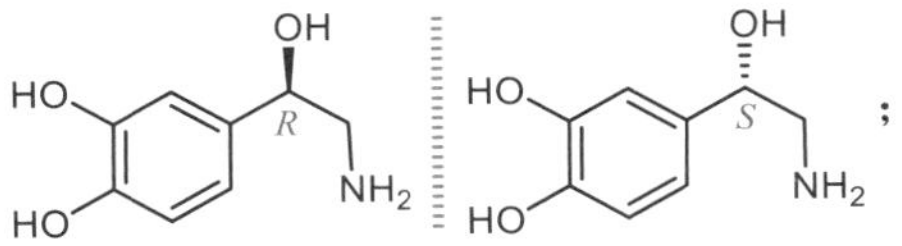 [结构图] ⧸ [结构图] ;

(f) 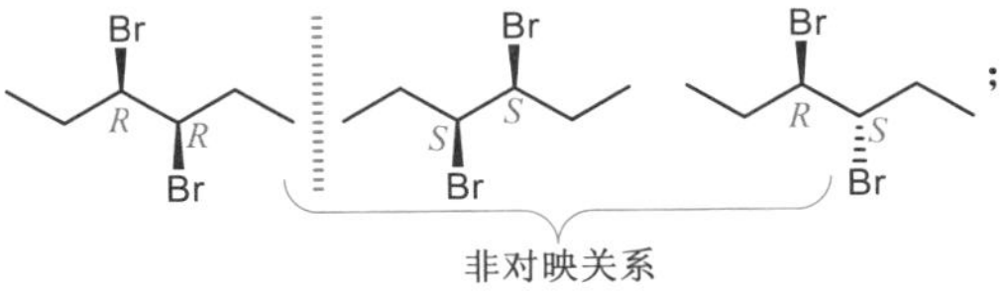 [结构图] ⧸ [结构图] [结构图] ;

非对映关系

(g) 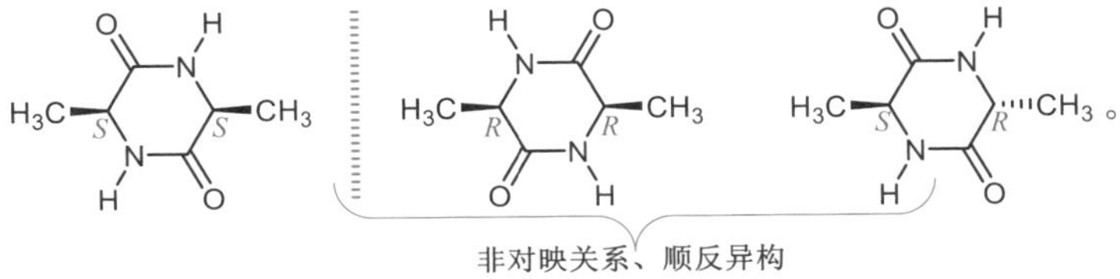 [结构图] ⧸ [结构图] [结构图] 。

非对映关系、顺反异构

【练习 4.6】 请将下列结构表达式转化为 Fischer 投影式。

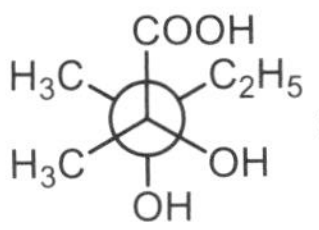

(a) 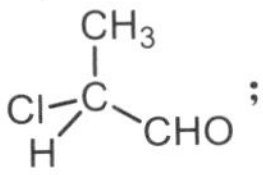 [结构图] ; (b) [结构图] ; (c) [结构图] ;

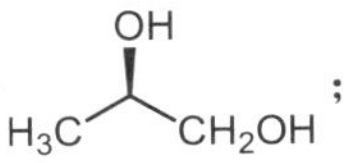

(d) 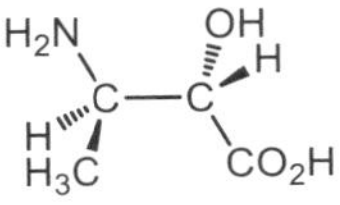 [结构图] ; (e) [结构图] 。

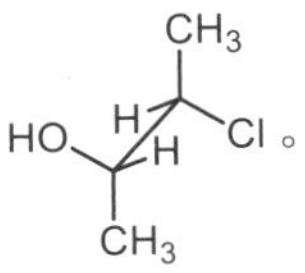

解答 所列结构表达式转化为 Fischer 投影式如下：

(a) 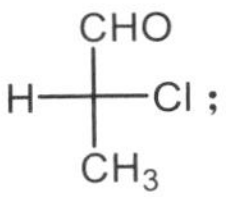 [Fischer 投影式] ; (b) [Fischer 投影式] ; (c) [Fischer 投影式] ; (d) [Fischer 投影式] ; (e) [Fischer 投影式] 。

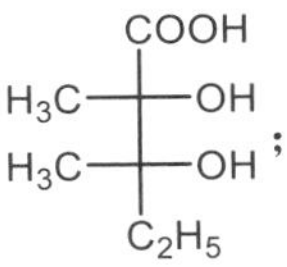

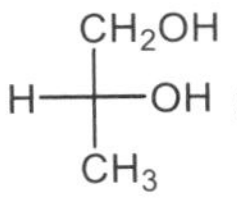

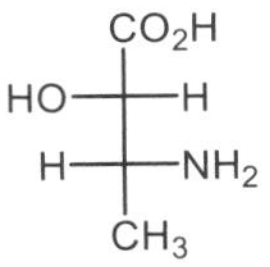

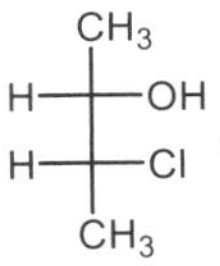

【练习 4.7】 请将下列 Fischer 投影式转化为楔形式。

(a) 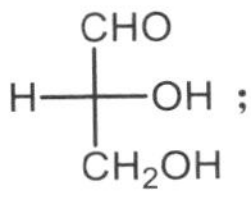 [Fischer 投影式] ; (b) [Fischer 投影式] 。

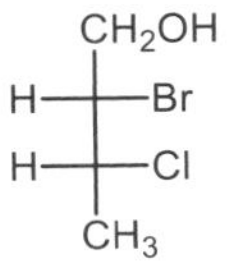

解答 (a) 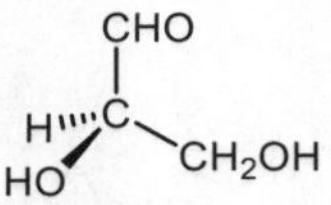 结构式 (S-甘油醛样); (b) 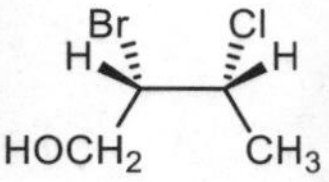 结构式。

【练习 4.8】 苧烯有两种异构体：一种存在于云杉的球果中（a），具有松节油气味；另一种存在于橙子中（b），具有芳香气味。请用 R, S 标记法来标记它们的构型。

(a) 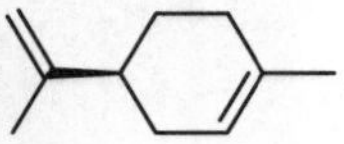 ; (b) 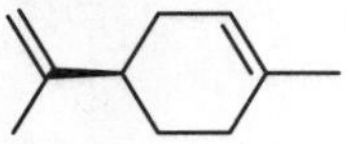 。

解答 (a) S； (b) R。

【练习 4.9】 请指出下列各对结构间的关系：对映体、非对映体、顺反异构体、构造异构体、构象异构体或相同。

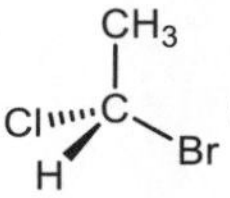

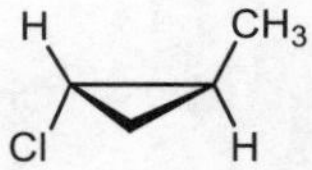

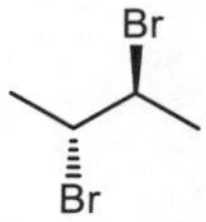

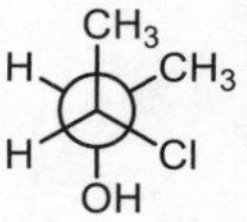

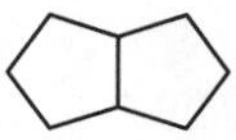

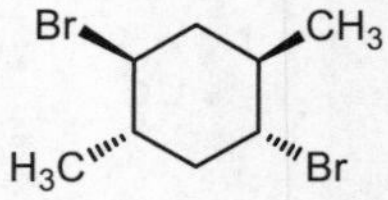

(a) 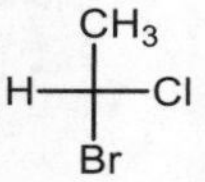 ; (b) 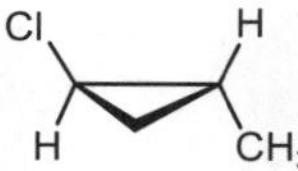 ;
(c) 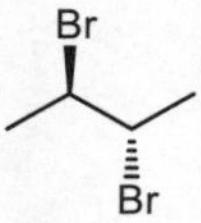 ; (d) 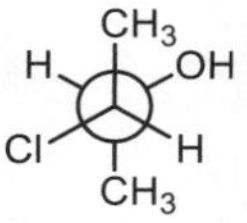 ;
(e)  ; (f) 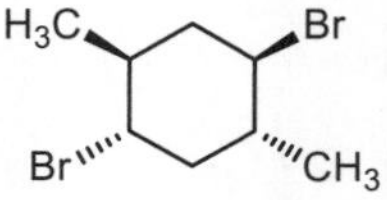 ;
(g) 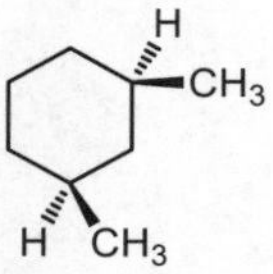 ; (h) 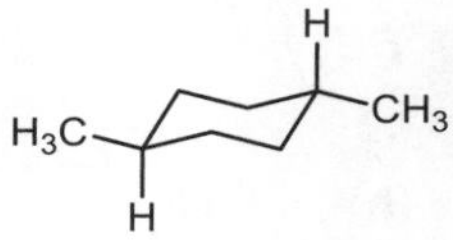 ;
(i) 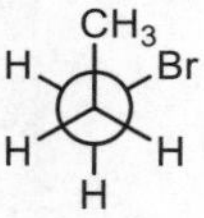 ; (j) 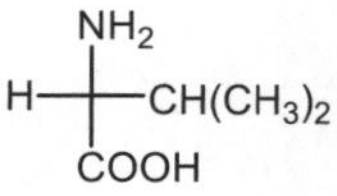 ;
(k) 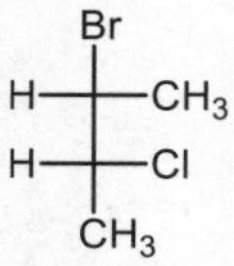 ; (l) 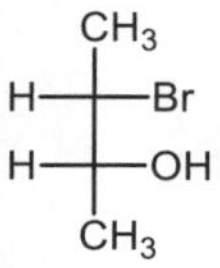 。

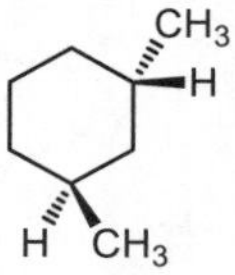

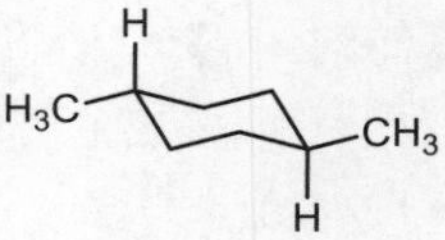

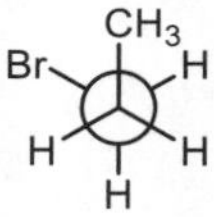

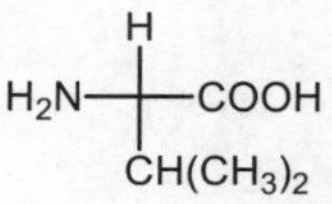

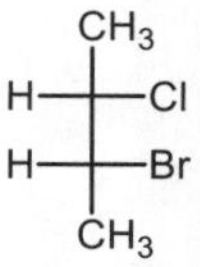

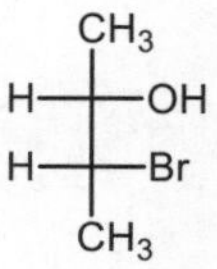

解答 对映体(a)、(b)、(d)、(l)，非对映体(g)、(k)，顺反异构体(g)，构造异构体(e)，构象异构体(i)，相同(c)、(f)、(h)、(j)。

【练习 4.10】 下列哪对化合物可以用蒸馏或重结晶方法分离？

(a) 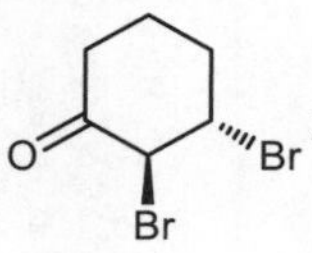 ;

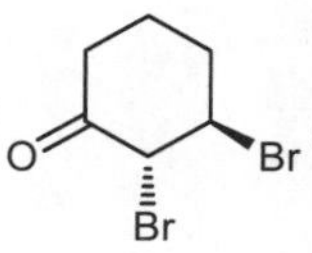

(b) [结构式] 和 [结构式];

(c) [结构式] 和 [结构式];

(d) *meso*-2,3-二溴丁烷 和 (±)-2,3-二溴丁烷。

解答 (a)的两个化合物互为对映体，对映体的沸点、溶解性等物理性质相同，不能用蒸馏或重结晶方法分离；(b)、(c)、(d) 的两个化合物互为非对映体，非对映体的沸点、溶解性等物理性质不同，可以用蒸馏或重结晶方法分离。

【练习 4.11】 下列烷烃在光照条件下发生氯代反应，其一氯代产物可以通过精密蒸馏分成几个馏分？（具有相同沸点的化合物构成一个馏分。）
(a) 2-甲基丁烷； (b) 3-甲基戊烷。

解答 (a) 2-甲基丁烷的一氯代产物可以通过精密蒸馏分成 4 个馏分；(b) 3-甲基戊烷的一氯代产物可以通过精密蒸馏分成 5 个馏分。

【练习 4.12】 已知(*R*)-CHBrClF 的旋光活性的符号可用(+)来表示，下列(a)~(d)所示的四个结构式中哪个是左旋的？

(a) [结构式]； (b) [结构式]； (c) [结构式]； (d) [结构式]。

解答 (a)是左旋的。

【练习 4.13】 2003 年 5 月有报道称，在石油中发现一种新的烷烃分子，因其结构类似于金刚石，被称为"分子钻石"，若能合成，有可能用作合成纳米材料的理想模板。右图是该分子的结构。

请回答以下问题：(a) 该分子的分子式；(b) 该分子有无对称中心？(c) 该分子有几种不同级的碳原子？(d) 该分子有无手性碳原子？(e) 该分子有无手性？

解答 (a) 该分子的分子式为 $C_{26}H_{30}$；(b) 该分子有对称中心；(c) 该分子有 3 种不同级的碳原子（仲、叔、季碳原子）；(d) 该分子有手性碳原子；(e) 该分子无手性。

【练习 4.14】 判断下列分子是否具有手性。

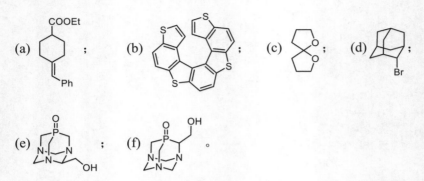

解答 (a)、(b)、(c)、(f)都有手性；(d)和(e)的分子存在对称面，没有手性。

【**练习 4.15**】 完成下列反应，写出该反应物的所有进一步单溴代产物，判断反应物的构型，讨论反应的立体化学。

解答 该反应物进一步单溴代反应如下：

C^1 为手性碳原子，反应物分子有手性，为 S-构型；C^1 上的 H 原子被溴原子取代，C^1 上有两个溴原子，产物①分子没有手性；C^1 上的 D 原子被溴原子取代，C^1 上有两个溴原子，产物②分子也没有手性；C^2 上的 H 原子被溴原子取代，没参与反应的 C^1 仍为手性碳原子，产物③分子有手性，也为 S-构型。

第5章 烯 烃

学习目标

通过本章学习,了解烯烃与人类生产和生活的关系;掌握烯烃的结构特征和性质特征,掌握烯烃结构测定和鉴别方法;加深对构型/构象、碳/氢原子类型、同分异构的认识;掌握烯烃、烯基的命名;学习并掌握烯烃的加成、氧化、α-氢卤代和聚合等反应及其用途;掌握氢化热与烯烃的稳定性,掌握烯烃的亲电加成反应机理、碳正离子及其稳定性和Markovnikov规则及重排的解释、鎓离子及其反应选择性,掌握烯烃自由基加成机理和烯烃α-氢卤代机理;了解烯烃的制备。

主要内容

烯烃是分子中含有碳碳双键的碳氢化合物。本章学习烯烃的结构、命名、化学性质和制法。

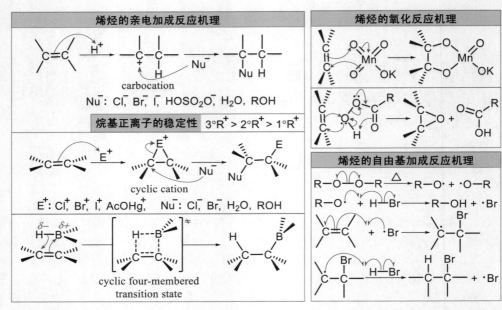

 重点难点

烯烃的结构和命名;烯烃的加成、氧化、α-氢卤代等主要化学性质;烯烃的亲电加成反应机理、碳正离子重排机理、自由基加成反应机理;烯烃主要反应的区域选择性和立体选择性及其规律。

 **练习及参考解答**

【练习 5.1】 指出下列分子中碳原子和氢原子的类型。

$$CH_3-CH-\underset{\underset{CH_3}{|}}{\overset{\overset{CH_3}{|}}{C}}-CH_2-\overset{\overset{CH_3}{|}}{C}=CH_2$$

解答
$$\underset{1°H}{\overset{1°}{CH_3}}-\overset{3°}{CH}-\underset{\underset{CH_3}{|}}{\overset{\overset{1°}{CH_3}\,\,1°H}{\overset{|}{\underset{4°}{C}}}}-\overset{2°}{CH_2}-\overset{\overset{1°}{CH_3}\,1°H}{\overset{|}{\underset{2°}{C}}}=CH_2\,\text{乙烯氢}$$

烯丙氢或α-氢

【练习 5.2】 写出分子组成为 C_6H_{12} 的所有构造和构型异构体的结构式。

解答 分子组成为 C_6H_{12}，不饱和度为 1。符合该通式的单烯烃构造和构型异构体的结构式如下（符合该通式的单环烷烃详见【练习 3.1】的解答）：

【练习 5.3】 什么样的烯烃没有顺反异构？

解答 一个烯键碳原子上接有两个相同原子或基团的烯烃没有顺反异构。

【练习 5.4】 用系统命名法命名 C_6H_{12} 的所有构造和构型异构体。

解答 符合该通式的单环烷烃的系统命名详见【练习 3.1】的解答；符合该通式的单烯烃构造和构型异构体的系统命名如下（依【练习 5.2】的解答顺序）：己-1-烯，(E)-己-2-烯，(Z)-己-2-烯，(E)-己-3-烯，(Z)-己-3-烯，2-甲基戊-1-烯，2-甲基戊-2-烯，(E)-4-甲基戊-2-烯，(Z)-4-甲基戊-2-烯，4-甲基戊-1-烯，(R)-3-甲基戊-1-烯，(S)-3-甲基戊-1-烯，(E)-3-甲基戊-2-烯，(Z)-3-甲基戊-2-烯，2-乙基丁-1-烯或 3-甲亚基戊烷，2,3-二甲基丁-1-烯，3,3-二甲基丁-1-烯，2,3-二甲基丁-2-烯。

【练习 5.5】 写出下列烯基的结构及其 CCS 名称。
(a) ethenyl (sometimes called the "vinyl"，乙烯基)；
(b) 2-propenyl (sometimes called the "allyl"，烯丙基)；
(c) 1-methylethenyl (sometimes called the "isopropenyl"，异丙烯基)；
(d) *cis*-propenyl； (e) *trans*-propenyl。

解答 (a) $-CH=CH_2$，乙烯基； (b) $-CH_2CH=CH_2$，丙-2-烯基； (c) $-C(CH_3)=CH_2$，丙-1-烯-2-基； (d) $\underset{H}{\overset{H}{C}}=\underset{H}{\overset{CH_3}{C}}$，*cis*-丙-1-烯基； (e) $\underset{H}{\overset{H}{C}}=\underset{CH_3}{\overset{H}{C}}$，*trans*-丙-1-烯基。

【练习 5.6】 写出下列烯烃的结构。

(a) 3-ethyl-2,2-dimethylhept-3-ene; (b) 4-*tert*-butylcyclohexene;
(c) 3,4-diisopropyl-2,5-dimethylhex-3-ene; (d) 5-methylspiro[3.4]oct-6-ene;
(e) (*E*)-4-异丙基-3-甲基庚-3-烯; (f) (5*R*,2*Z*)-5-甲基-3-丙基庚-2-烯。

解答 各烯烃的结构式如下：

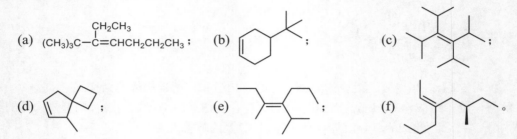

【练习 5.7】 用系统命名法（CCS 法和 IUPAC 法）命名下列烯烃。

解答 各烯烃的系统命名如下：
(a) 2,3-二甲基庚-2-烯（2,3-dimethylhept-2-ene）；
(b) 2-乙基己-1-烯（2-ethylhex-1-ene）或 3-甲亚基庚烷（3-methyleneheptane）；
(c) (*E*)-3,6-二甲基庚-2-烯（(*E*)-3,6-dimethylhept-2-ene）；
(d) 1,5-二甲基环戊-1-烯（1,5-dimethylcyclopent-1-ene）；
(e) 2,6,6-三甲基二环[3.1.1]庚-2-烯（2,6,6-trimethylbicyclo[3.1.1]hept-2-ene）；
(f) 3-环戊基丙-1-烯（3-cyclopentylprop-1-ene）或烯丙基环戊烷（allylcyclopentane）。

【练习 5.8】 写出下列反应主要产物的构型式。

【练习 5.9】 氯化氢与乙烯的反应非常慢，工业上以此反应合成氯乙烷时，要用无水 AlCl₃ 做催化剂。请解释 AlCl₃ 的催化作用。

解答 $AlCl_3$ 的催化作用如下图所示。Lewis 酸 $AlCl_3$ 与氯化氢反应,加大氯氢键极性,氯化氢的酸性(即亲电性)增强,乙烯与质子加成,生成乙基正离子,接着乙基正离子与 $[AlCl_4]^-$ 反应,生成氯乙烷并释出 $AlCl_3$。

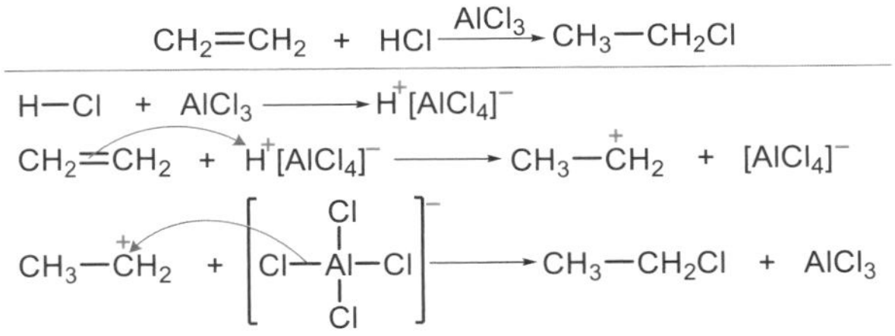

$$CH_2=CH_2 + HCl \xrightarrow{AlCl_3} CH_3-CH_2Cl$$

$$H-Cl + AlCl_3 \longrightarrow H^+[AlCl_4]^-$$

$$CH_2=CH_2 + H^+[AlCl_4]^- \longrightarrow CH_3-\overset{+}{C}H_2 + [AlCl_4]^-$$

$$CH_3-\overset{+}{C}H_2 + [Cl-AlCl_2-Cl]^- \longrightarrow CH_3-CH_2Cl + AlCl_3$$

【练习 5.10】 完成下列反应,写出反应的主要产物。

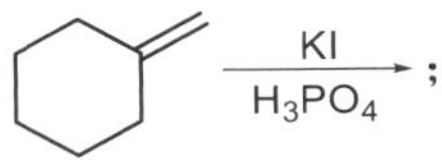

(a) 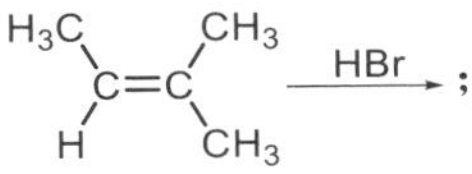 $(CH_3)_2C=CH(CH_3) \xrightarrow{HBr}$; (b) 亚甲基环己烷 $\xrightarrow[H_3PO_4]{KI}$; (c) 4-(1-丙烯基)-1-甲基环己烯 $\xrightarrow{HCl (1\ mol)}$ 。

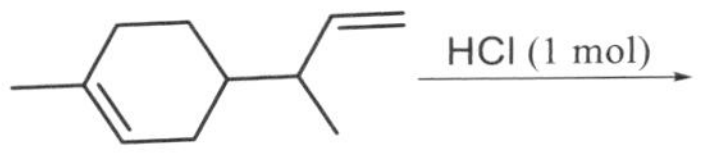

解答 (a) $CH_3CH_2CBr(CH_3)_2$; (b) 1-碘-1-甲基环己烷; (c) 相应的叔氯代环己烷产物。

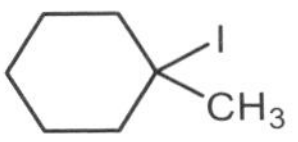

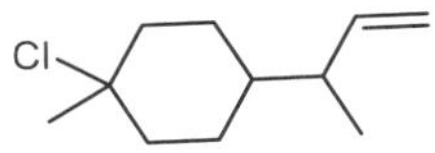

【练习 5.11】 解释下列反应:

$$CF_3CH=CH_2 + HBr \xrightarrow{AlBr_3} CF_3CH_2CH_2Br$$

解答 该反应需要做出解释的主要有两点:一是为何需要 $AlBr_3$ 催化,二是反应的选择性为何是反马氏规则。由于三氟甲基的强吸电子作用,$CF_3CH=CH_2$ 与 HBr 的加成反应活性很低,需要 $AlBr_3$ 的催化,反应机理如下:

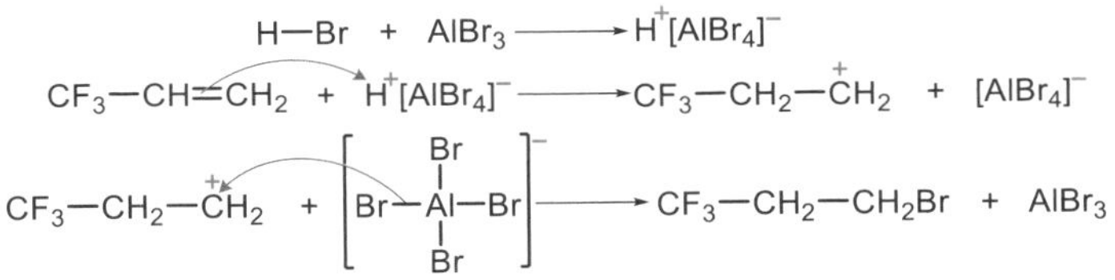

$$H-Br + AlBr_3 \longrightarrow H^+[AlBr_4]^-$$

$$CF_3-CH=CH_2 + H^+[AlBr_4]^- \longrightarrow CF_3-CH_2-\overset{+}{C}H_2 + [AlBr_4]^-$$

$$CF_3-CH_2-\overset{+}{C}H_2 + [Br-AlBr_2-Br]^- \longrightarrow CF_3-CH_2-CH_2Br + AlBr_3$$

$CF_3CH=CH_2$ 与 H^+ 的加成有两种选择:H^+ 与 C^2 键合形成碳正离子 a,H^+ 与 C^1 键合形成碳正离子 b;碳正离子 b 的正电性碳直接与三氟甲基键连,很不稳定,而碳正离子 a 的正电性碳与三氟甲基间隔一个饱和碳,三氟甲基吸电子诱导效应的影响较小。所以,相比较而言,碳正离子 a 比碳正离子 b 稳定。

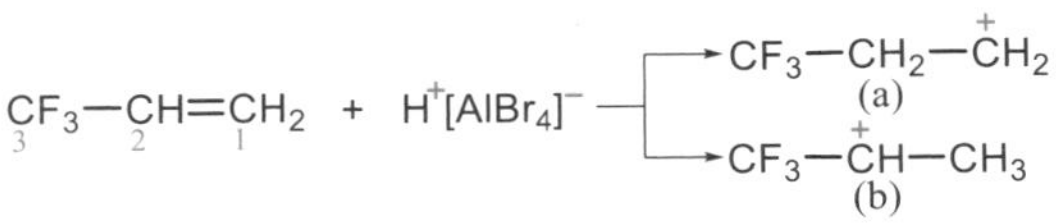

$$CF_3-\underset{3}{CH}=\underset{2}{CH}-\underset{1}{CH_2} + H^+[AlBr_4]^- \longrightarrow \begin{array}{l} CF_3-CH_2-\overset{+}{C}H_2 \quad (a) \\ CF_3-\overset{+}{C}H-CH_3 \quad (b) \end{array}$$

【练习 5.12】 写出下列反应的可能产物,并给出形成这些产物的机理解释。

(a) 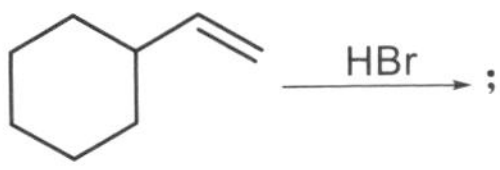 乙烯基环己烷 $\xrightarrow{HBr}$; (b) 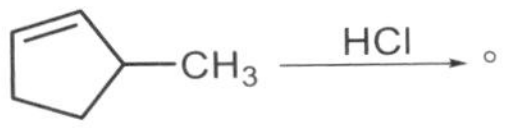 1-甲基环戊烯 $\xrightarrow{HCl}$ 。

解答 各反应的产物及机理解释如下：

(a) 环己基乙烯 + HBr → 1-溴-1-乙基环己烷

机理：环己基乙烯 + H—Br → 碳正离子中间体 → Br⁻进攻 → 1-溴-1-乙基环己烷

(b) 3-甲基环戊烯 + HCl → 1-氯-3-甲基环戊烷 + 1-氯-2-甲基环戊烷 + 1-氯-1-甲基环戊烷

机理经由两种碳正离子中间体分别被 Cl⁻进攻得到相应产物。

【练习5.13】 用反应机理解释烯键碳上烷基取代越多的烯烃与硫酸反应活性越大的原因。

解答 烯烃与硫酸反应的机理如下：

$$\text{C=C} + \text{H}^{\delta+}-\text{OSO}_2\text{OH}^{\delta-} \xrightarrow{\text{slow}} -\overset{\text{H}}{\underset{}{\text{C}}}-\overset{+}{\text{C}}- + {}^-\text{OSO}_2\text{OH} \xrightarrow{\text{fast}} -\overset{\text{H}}{\underset{}{\text{C}}}-\overset{}{\underset{\text{OSO}_2\text{OH}}{\text{C}}}-$$

烯键与酸反应形成碳正离子是整个反应的决速步骤，因为烷基的给电子作用，烯键碳上烷基取代较多的烯烃的烯键 π 电子易于给出，形成的碳正离子越稳定。所以，烯键碳上烷基取代越多的烯烃与硫酸反应的活性越大。

【练习5.14】 烯烃与水或醇在酸催化下的加成反应机理相似，请给出下列反应的机理。

(a) $\text{CH}_3-\underset{\underset{\text{CH}_3}{|}}{\text{C}}=\text{CH}-\text{CH}_3 \xrightarrow{\text{H}_2\text{SO}_4\ (50\%)} \text{CH}_3-\underset{\underset{\text{CH}_3}{|}}{\overset{\overset{\text{OH}}{|}}{\text{C}}}-\text{CH}_2-\text{CH}_3$；

2-methylbutan-2-ol

(b) HO—CH₂CH₂CH₂—CH=CH₂ (pent-4-en-1-ol) $\xrightarrow{\text{H}_2\text{SO}_4}$ 2-methyltetrahydrofuran

解答 各反应的机理如下：

(a) $\text{CH}_3-\underset{\underset{\text{CH}_3}{|}}{\text{C}}=\text{CH}-\text{CH}_3 \xrightarrow{\text{H}^+} \text{CH}_3-\underset{\underset{\text{CH}_3}{|}}{\overset{+}{\text{C}}}-\text{CH}_2\text{CH}_3 \xrightarrow{\text{H}_2\text{O}} \text{CH}_3-\underset{\underset{\text{CH}_3}{|}}{\overset{\overset{+}{\text{OH}_2}}{\text{C}}}-\text{CH}_2\text{CH}_3 \xrightarrow{-\text{H}^+} \text{CH}_3-\underset{\underset{\text{CH}_3}{|}}{\overset{\overset{\text{OH}}{|}}{\text{C}}}-\text{CH}_2\text{CH}_3$；

(b) HO—CH₂CH₂CH₂—CH=CH₂ $\xrightarrow{\text{H}^+}$ HO—CH₂CH₂CH₂—⁺CH—CH₃ → 环状氧鎓离子 $\xrightarrow{-\text{H}^+}$ 2-甲基四氢呋喃。

【练习 5.15】　酸催化下烯烃与水或醇的加成一般不用氢卤酸催化，请思考原因。

解答　由于氢卤酸的卤素负离子（X^-）具有较强的亲核性，卤素负离子比水或醇更容易与碳正离子反应。所以，酸催化下烯烃与水或醇的加成一般不用氢卤酸催化。

【练习 5.16】　烯键与氢正离子加成生成碳正离子的过程是可逆的，碳正离子失去 β-氢，释放氢正离子，又回到烯烃；碳正离子也是亲电试剂，也可与烯键发生亲电加成。请给出下列反应的机理解释。

(a) 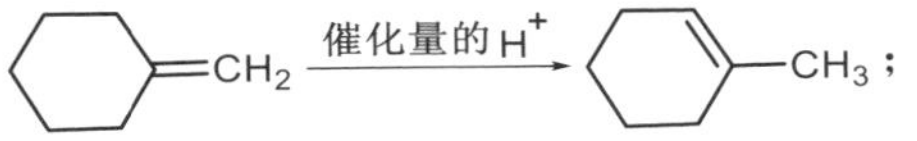

(b) 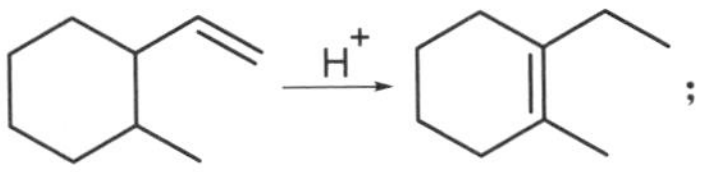

(c) 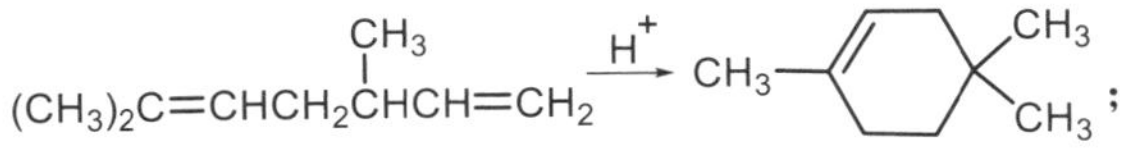

(d) $(CH_3)_2C{=}CH_2 \xrightarrow[D_2O]{D_2SO_4} (CD_3)_3COD$。

解答　各反应的机理如下：

(a) 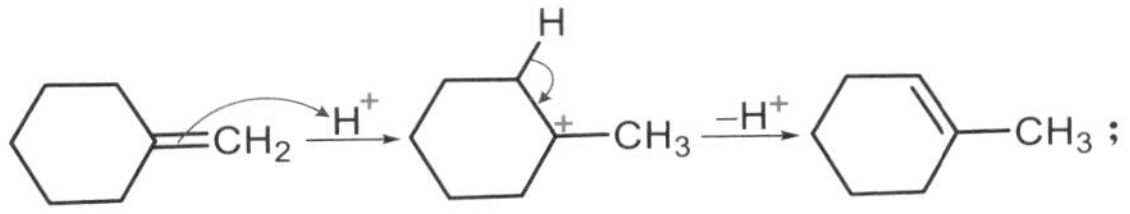

(b) 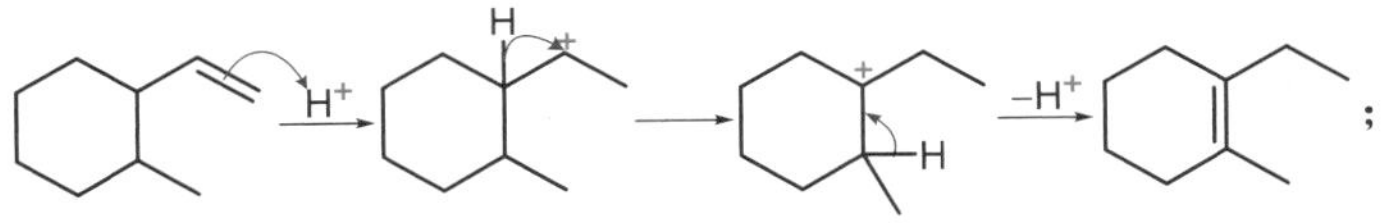

(c) 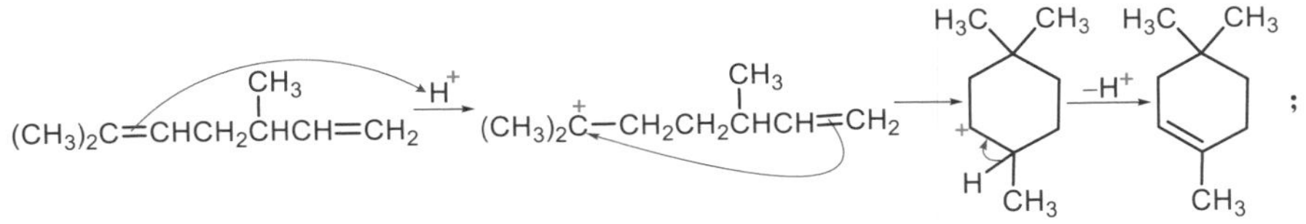

(d) 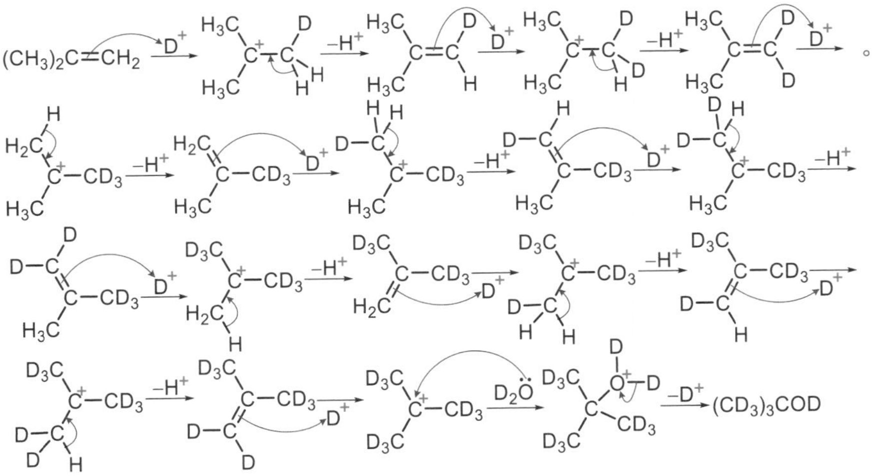

【练习 5.17】 完成下列反应。

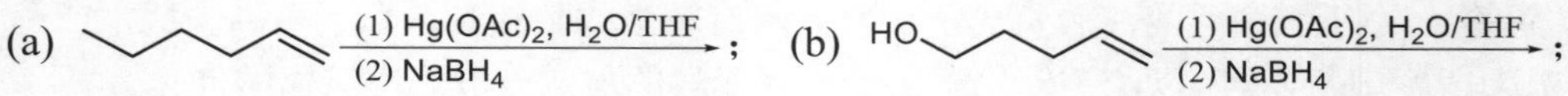

(a) CH₂=CHCH₂CH₂CH₂CH₃ $\xrightarrow{\text{(1) Hg(OAc)}_2, \text{H}_2\text{O/THF}}{\text{(2) NaBH}_4}$;

(b) HO-CH₂CH₂CH₂-CH=CH₂ $\xrightarrow{\text{(1) Hg(OAc)}_2, \text{H}_2\text{O/THF}}{\text{(2) NaBH}_4}$;

解答 (a) 2-己醇(CH₃CH(OH)CH₂CH₂CH₂CH₃); (b) 2-甲基四氢呋喃。

【练习 5.18】 实现下列转化。

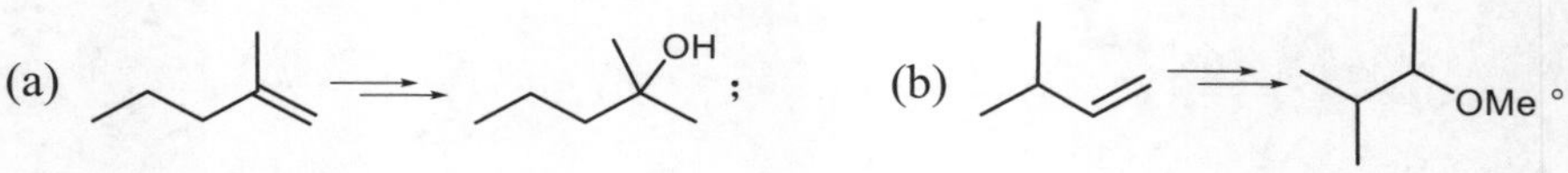

(a) (CH₃)₂C=CHCH₂CH₃ ⟹ (CH₃)₂C(OH)CH₂CH₂CH₃ ;

(b) (CH₃)₂CHCH=CH₂ ⟹ (CH₃)₂CHCH(OMe)CH₃ 。

解答 按题意要求回答如下：

(a) 烯烃 $\xrightarrow[\text{或 H}_2\text{O, H}_2\text{SO}_4]{\text{(1) Hg(OAc)}_2, \text{H}_2\text{O, (2) NaBH}_4}$ 醇 ;

(b) 烯烃 $\xrightarrow{\text{(1) Hg(OAc)}_2, \text{HOMe}}{\text{(2) NaBH}_4}$ 醚 。

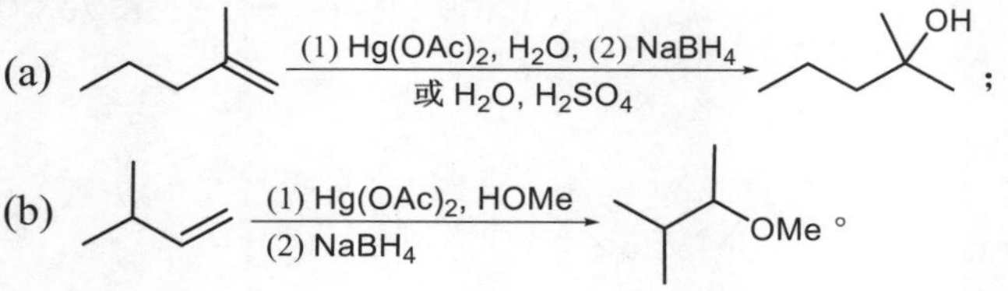

【练习 5.19】 反丁-2-烯加溴得到(2R,3S)-2,3-二溴丁烷，即内消旋体；顺丁-2-烯加溴得到(2R,3R)-2,3-二溴丁烷和(2S,3S)-2,3-二溴丁烷的等量混合物，即外消旋体。请予以解释。

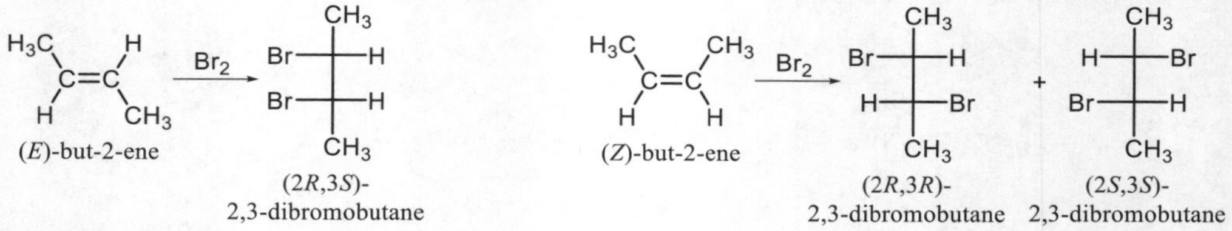

(E)-but-2-ene + Br₂ → (2R,3S)-2,3-dibromobutane

(Z)-but-2-ene + Br₂ → (2R,3R)-2,3-dibromobutane + (2S,3S)-2,3-dibromobutane

解答 按题意要求回答如下：

（反应机理图示：溴正离子桥中间体经反式加成得到相应构型产物）

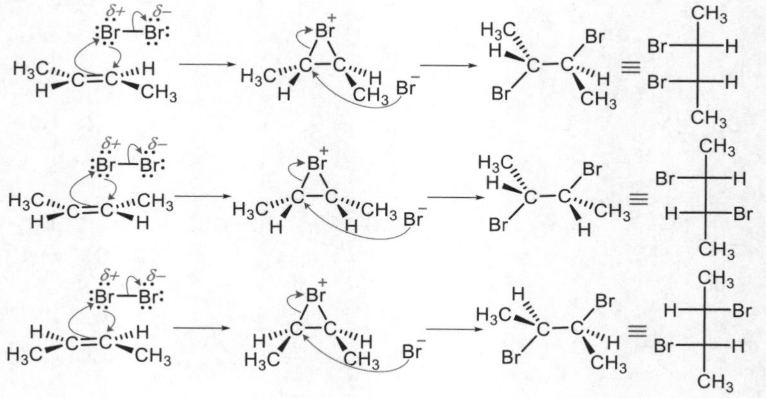

【练习 5.20】 完成下列反应，小题号右上角标有*的要写出产物或反应物的构型式。

(a) 亚甲基环己烷 + Cl₂ $\xrightarrow{\text{CH}_2\text{Cl}_2}$;

(b)* 1-甲基环己烯 + Cl₂ $\xrightarrow{\text{CH}_2\text{Cl}_2}$;

(c) $(CH_3)_3C-CH=CH_2 + Br_2 \xrightarrow{CH_2Cl_2}$; (d)* ? $\xrightarrow{Br_2}$ trans-decalin-2,3-dibromide 。

解答 (a) 1-chloro-1-(chloromethyl)cyclohexane ; (b)* trans-1-chloro-1-methyl-2-chlorocyclohexane (±) ; (c) $(CH_3)_3C-CHBr-CH_2Br$; (d)* trans-cyclodecene 。

【练习 5.21】 完成下列反应，小题号右上角标有*的要写出产物的构型式。

(a)* 1-methylcyclopentene $\xrightarrow[DMSO]{Br_2, H_2O}$; (b) $(CH_3)_2C=CH_2 + ICl \longrightarrow$;

(c) cyclohexylidenemethane $\xrightarrow{Cl_2, H_2O}$; (d) $HO-CH_2CH_2CH_2-CH=CH_2 \xrightarrow{Br_2}$ 。

解答 各反应产物的结构式如下：

(a)* 1-methyl-2-bromocyclopentan-1-ol (±) ; (b) $(CH_3)_2CCl-CH_2I$; (c) 1-(1-chloroethyl)cyclohexan-1-ol ; (d) 2-(bromomethyl)tetrahydrofuran 。

【练习 5.22】 完成下列反应，小题号右上角标有*的要写出产物的构型式。

(a) methylenecyclohexane $\xrightarrow[(2) H_2O_2, OH^-]{(1) BH_3 \cdot THF}$; (b)* 1-methylcyclohexene $\xrightarrow[(2) H_2O_2, OH^-]{(1) B_2H_6}$;

(c)* 2-methylnorbornene $\xrightarrow[(2) H_2O_2, OH^-]{(1) BH_3 \cdot THF}$; (d)* 1-methyl-octahydronaphthalene derivative $\xrightarrow[(2) H_2O_2, OH^-]{(1) B_2H_6}$;

(e)* 1-ethylcyclopentene $\xrightarrow[(2) CH_3COOD]{(1) B_2H_6}$ 。

解答 各反应产物的结构式如下：

(a) cyclohexyl-CH$_2$OH ; (b)* trans-2-methylcyclohexan-1-ol (±) ; (c)* exo-norbornanol ; (d)* decalin-diol ; (e)* trans-1-ethyl-2-deuterocyclopentane (±) 。

【练习 5.23】 用合适的烯烃和恰当的反应制备下列化合物。

(a) $CH_3CH(CH_3)CH_2CH_2OH$; (b) $(CH_3)_2CHCH(OH)CH_3$; (c) $CH_3CH_2CH_2CH(OH)CH_3$ 。

解答 按题意要求回答如下：

(a) $CH_3CH(CH_3)CH=CH_2 \xrightarrow[(2) H_2O_2, OH^-]{(1) BH_3 \cdot THF} CH_3CH(CH_3)CH_2CH_2OH$;

(b) $(CH_3)_2CHCH=CH_2$ $\xrightarrow[(2)\ NaBH_4]{(1)\ Hg(OAc)_2,\ H_2O}$ $(CH_3)_2CHCH(OH)CH_3$;

(c) $CH_3CH_2CH_2CH=CH_2$ $\xrightarrow[\text{或}\ H_2O,\ H_2SO_4]{(1)\ Hg(OAc)_2,\ H_2O,\ (2)\ NaBH_4}$ $CH_3CH_2CH_2CH(OH)CH_3$ 。

【练习 5.24】 用合适的烯烃和恰当的反应制备下列化合物。

(a) $CH_3CH(CH_3)CH_2CH_2Br$;   (b) $(CH_3)_2CHCHBrCH_3$;   (c) $(CH_3)_2C(Br)CH_2CH_3$ 。

解答 按题意要求回答如下：

(a) $CH_3CH(CH_3)CH=CH_2$ + HBr $\xrightarrow[\Delta]{R_2O_2}$ $CH_3CH(CH_3)CH_2CH_2Br$;

(b) $(CH_3)_2C=CHCH_3$ + HBr $\xrightarrow[\Delta]{R_2O_2}$ $(CH_3)_2CHCHBrCH_3$;

(c) $(CH_3)_2C=CHCH_3$ + HBr $\longrightarrow$ $(CH_3)_2C(Br)CH_2CH_3$ 。

【练习 5.25】 给下列反应建议一个合理的反应机理。

(a) $CH_3-CH=CH_2$ + $BrCCl_3$ $\xrightarrow[h\nu]{(PhCOO)_2}$ $CH_3-CHBr-CH_2CCl_3$;

(b) $CH_3-CH=CH_2$ + CH_3CH_2SH $\xrightarrow[h\nu]{Me_3COOCMe_3}$ $CH_3-CH_2-CH_2SCH_2CH_3$ 。

解答 各反应的机理如下：

(a) $PhCOO-OOCPh$ $\xrightarrow{h\nu}$ $2\ PhCOO\cdot$ $\longrightarrow$ $2\ Ph\cdot + 2\ CO_2$;

$Ph\cdot + Br-CCl_3 \longrightarrow Ph-Br + \cdot CCl_3$

$CH_3-CH=CH_2 + \cdot CCl_3 \longrightarrow CH_3-\dot{C}H-CH_2CCl_3$

$CH_3-\dot{C}H-CH_2CCl_3 + Br-CCl_3 \longrightarrow CH_3-CHBr-CH_2CCl_3 + \cdot CCl_3$

……

(b) $Me_3C-O-O-CMe_3$ $\xrightarrow{h\nu}$ $Me_3C-O\cdot + \cdot O-CMe_3$

$Me_3C-O\cdot + H-SCH_2CH_3 \longrightarrow Me_3C-O-H + \cdot SCH_2CH_3$

$CH_3-CH=CH_2 + \cdot SCH_2CH_3 \longrightarrow CH_3-\dot{C}H-CH_2SCH_2CH_3$

$CH_3-\dot{C}H-CH_2SCH_2CH_3 + H-SCH_2CH_3 \longrightarrow CH_3-CH_2-CH_2SCH_2CH_3 + \cdot SCH_2CH_3$

……

【练习 5.26】 分子式为 C_6H_{12} 的烯烃经臭氧化-还原分解分别得到下列产物，请写出各烯烃的结构。

(a) $CH_3CH_2\underset{\underset{O}{\|}}{C}H$； (b) $CH_3\underset{\underset{O}{\|}}{C}H + CH_3\underset{\underset{O}{\|}}{C}CH_2CH_3$； (c) $CH_3\underset{\underset{O}{\|}}{C}CH_3$； (d) $CH_3CH_2\underset{\underset{O}{\|}}{C}H + CH_3\underset{\underset{O}{\|}}{C}CH_3$。

解答 按题意要求回答如下：
(a) $CH_3CH_2CH=CHCH_2CH_3$；
(b) $CH_3CH=C(CH_3)CH_2CH_3$；
(c) $(CH_3)_2C=C(CH_3)_2$；
(d) $CH_3CH_2CH=C(CH_3)_2$。

【练习 5.27】 完成下列反应，小题号右上角标有*的要写出产物的构型式。

(a) [亚甲基环戊烷] $\xrightarrow[OH^-]{KMnO_4, H_2O}$；

(b)* [3-甲基环戊烯] $\xrightarrow[OsO_4 (cat.)]{H_2O_2}$；

(c)* [1,2-二甲基环己烯] $\xrightarrow[OH^-]{KMnO_4, H_2O}$；

(d) ? $\xrightarrow[\text{稀 } H_2SO_4]{KMnO_4}$ [环丙基甲基酮] $+ CO_2 + H_2O$；

(e)* [顺-2-戊烯结构] $\xrightarrow[OsO_4 (cat.)]{H_2O_2}$ （写 Fischer 投影式）。

解答 按题意要求回答如下：

(a) [1-(羟甲基)环戊醇]；
(b)* [顺-1,2-二醇-3-甲基环戊烷]；
(c)* [反-1,2-二甲基-1,2-环己二醇]；
(d) [异丙烯基环丙烷]；
(e)* Fischer 投影式（两种对映体）。

【练习 5.28】 用 $KMnO_4$ 碱性水溶液与顺丁-2-烯反应，得到一个熔点为 32 ℃ 的邻二醇，而与反丁-2-烯反应，得到的是熔点为 19 ℃ 的邻二醇。两个邻二醇都没有旋光性，熔点为 19 ℃ 的邻二醇可以拆分，而熔点为 32 ℃ 的邻二醇不能拆分。请写出这两种邻二醇的 Fischer 投影式，并解释反应的立体化学。

解答 按题意要求回答如下：

cis-but-2-ene $\xrightarrow[OH^-]{KMnO_4, H_2O}$ (2R,3S)-butane-2,3-diol m.p. 32 ℃ 无旋光性，不能拆分

trans-but-2-ene $\xrightarrow[OH^-]{KMnO_4, H_2O}$ (2R,3R)-butane-2,3-diol + (2S,3S)-butane-2,3-diol m.p. 19 ℃ 无旋光性，可以拆分

【练习 5.29】 思考下列反应的立体化学。

解答 烯烃的 OsO_4 氧化，实现烯键的顺式双羟基化。反应物为反式环辛烯，故产物为反式环辛-1,2-二醇。

【练习 5.30】 完成下列反应，小题号右上角标有*的要写出产物的构型式。

(a) 环庚烯 $\xrightarrow[CH_2Cl_2]{mCPBA}$ ；

(b) $\xrightarrow{CH_3CO_3H\ (1\ mol)}$ ；

(c)* $\xrightarrow[Na_2CO_3]{mCPBA}$ ；

(d)* $\xrightarrow[Na_2CO_3]{CH_3CO_3H}$ ；

解答 (a) 环庚烯环氧化物； (b) ； (c)* ； (d)* 。

【练习 5.31】 完成下列反应，写出产物的结构式。

(a) $CH_3CH=CHCH_3 \xrightarrow[\substack{CCl_4,\ r.t. \\ Cl_2 \\ 500\sim600\ ^\circ C}]{Cl_2}$ ；

(b) $\xrightarrow[CCl_4,\ \Delta]{NBS,\ (PhCOO)_2}$ ；

(c) $(CH_3)_2C=C(CH_3)_2 \xrightarrow[CCl_4]{NBS,\ h\nu}$ ；

(d) $CH_3CHCH=CHCH_2CH_3 \xrightarrow[CCl_4]{NBS,\ h\nu}$ （含 CH_3 取代基）。

解答 各反应产物的结构式如下:

(a) $\xrightarrow[\text{CCl}_4, \text{r.t.}]{\text{Cl}_2}$ CH$_3$CHClCHClCH$_3$ $\xrightarrow[\text{500~600 °C}]{\text{Cl}_2}$ CH$_3$CH=CHCH$_2$Cl;

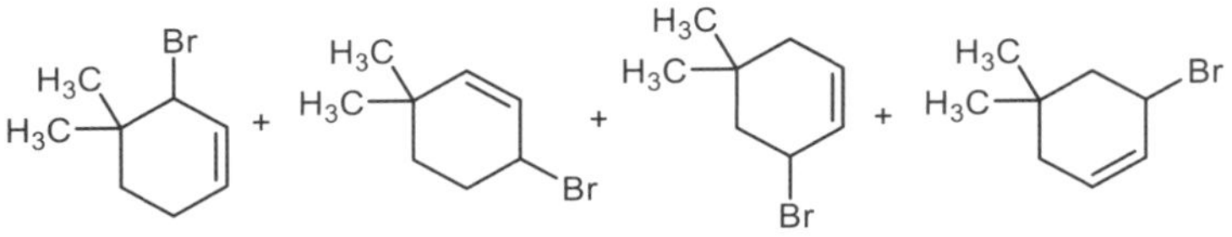

(b) [四个环己烯衍生物产物结构式]

(c) (CH$_3$)$_2$C=CHCH$_2$Br;

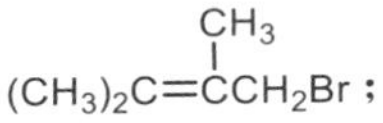

(d) 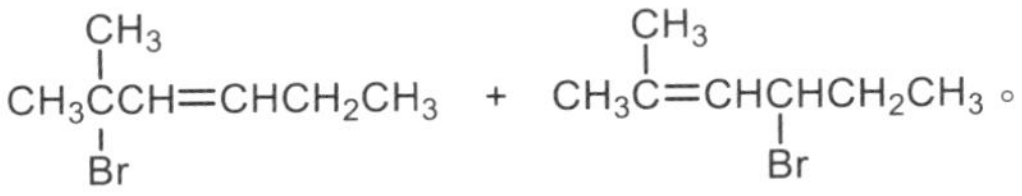 CH$_3$CH(Br)CH=CHCH$_3$ + CH$_3$C(CH$_3$)=CHCH(Br)CH$_3$。

【练习 5.32】 解释下列反应。

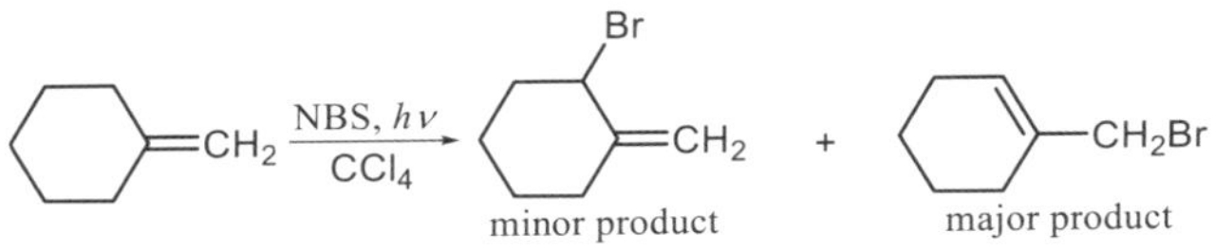

$$\text{亚甲基环己烷} \xrightarrow[\text{CCl}_4]{\text{NBS, }h\nu} \text{minor product} + \text{major product}$$

解答 [反应机理图示,包括]:

- NBS + HBr → 琥珀酰亚胺 + Br$_2$
- Br—Br $\xrightarrow{h\nu}$ Br· + ·Br
- 烯烃 + ·Br → 烯丙基自由基 + HBr
- 自由基 + Br—Br → 溴化产物 + ·Br

过渡态分析:
- 环外烯,二取代烯
- 环内烯,三取代烯
- 该过渡态位能较低
- 环己烯-CH$_2$Br 为主要产物

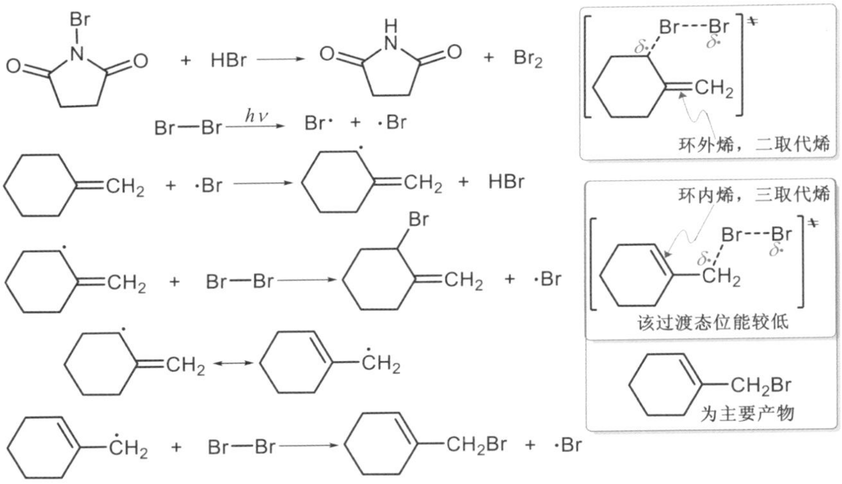

【练习 5.33】 NBS 其实是一个亲电试剂(由于氮原子与羰基的 p-π 共轭效应导致电子云向氧偏移,再加上氮的电负性比溴大,使得 N—Br 键的电子云向氮原子偏移,溴原子带正电),室温下,NBS 可以提供正电性的溴与烯烃反应。请推测并写出下列反应的机理。

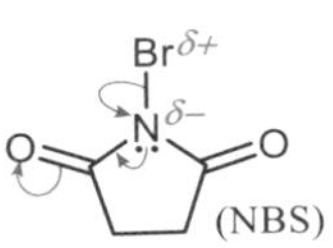

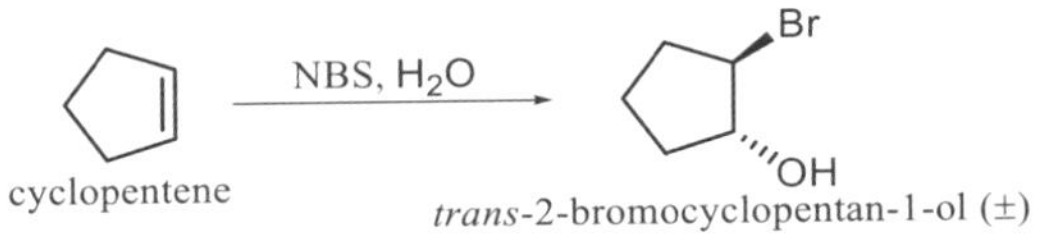

NBS (Br$^{\delta+}$, N$^{\delta-}$)

cyclopentene $\xrightarrow{\text{NBS, H}_2\text{O}}$ *trans*-2-bromocyclopentan-1-ol (±)

解答

【练习 5.34】 双环烯烃 car-3-ene 是松节油的一种组分，经过催化加氢，只得到两种可能的立体异构体中的一种。该产品俗称 cis-carane，甲基和环丙烷环在环己烷环的同一面。请解释这个立体化学结果。

解答 该加氢过程为异相催化过程，位阻较小的一面容易吸附于催化剂的表面，氢主要从烯键被吸附的一面与其发生加成。car-3-ene 的烯键平面不是分子的对称面，在环己烯环的环丙烷环一侧的位阻较大，另一侧被催化剂吸附，从该侧加氢。所以，产物 cis-carane 中甲基和环丙烷环在环己烷环的同一面。

【练习 5.35】 请写出下列反应中合理的、带电荷中间体和产物的结构简式。

(a) 环己基亚甲基 $\xrightarrow{HBr}$ 中间体 ⟶ 产物； (b) 环己烯 $\xrightarrow{CH_3SeCl}$ 中间体 ⟶ 产物。

解答 各反应的中间体和产物的结构简式如下：

【练习 5.36】 建议下列反应的机理。

(a) 1-甲基-1-乙烯基环戊烷 + HCl ⟶ 1-氯-1,2-二甲基环己烷；

(b) 降冰片烯羧酸 $\xrightarrow{Br_2 / NaOH}$ 溴代内酯 + NaBr + H_2O；

(c) [结构图: 含CO₂CH₃的链状化合物] $\xrightarrow{\text{Hg(OAc)}_2}$ [结构图: 双环产物含AcOHg和CO₂CH₃];

(d) [结构图: 双环烯烃] $\xrightarrow{\text{HCl}}$ [结构图: 含Cl的双环产物]。

解答 各反应的机理如下：

(a) [机理图: 烯烃 + H—Cl → 2°碳正离子 → 3°碳正离子 → Cl⁻加成产物];

(b) [机理图: Br—Br加成，经溴鎓离子，羧基参与环化形成内酯];

(c) [机理图: HgOAc⁺进攻，形成碳正离子中间体，−H⁺消除形成烯键];

(d) [机理图: HCl加成，经四元环和五元环碳正离子，Cl⁻进攻];

【练习 5.37】 家蝇的性引诱剂的分子式为 $C_{23}H_{46}$。用酸性高锰酸钾溶液处理这种信息素，得到 $CH_3(CH_2)_{12}COOH$ 和 $CH_3(CH_2)_7COOH$。推测这种性引诱剂的结构，解释哪部分结构不能确定。

解答 该家蝇性引诱剂的结构为 $CH_3(CH_2)_{12}CH=CH(CH_2)_7CH_3$。该家蝇性引诱剂的结构中，烯键的构型还不能确定。

【练习 5.38】 一未知化合物（unknown compound）能使溴的四氯化碳溶液褪色，它进行催化氢化还原得到十氢萘（decalin）。用酸性高锰酸钾溶液处理这种化合物得到顺环己烷-1,2-二羧酸（*cis*-cyclohexane-1,2-dicarboxylic acid）。推测该未知化合物的结构。

解答 （结构式：八氢萘的一个环带双键结构）。

【练习 5.39】 请写出下列反应中用分子式表示的反应物的结构式。

(a) C_7H_{12} $\xrightarrow{(1)\ O_3}{(2)\ CH_3SCH_3}$ （产物：戊二酮结构）；

(b) $C_{10}H_{18}$ $\xrightarrow{(1)\ O_3}{(2)\ CH_3SCH_3}$ （产物：丙酮 + 丁酮 + 丙二醛）；

(c) $C_{10}H_{18}$ $\xrightarrow{(1)\ O_3}{(2)\ CH_3SCH_3}$ （产物：异丙基酮醛）；

(d) C_8H_{12} $\xrightarrow{(1)\ O_3}{(2)\ CH_3SCH_3}$ （产物：环己烷-1,4-二甲醛）；

(e) $C_{10}H_{16}$ $\xrightarrow{(1)\ O_3}{(2)\ CH_3SCH_3}$ HC—CH + $CH_3COCH_2CH_2COCH(CH_3)_2$。
                                              ‖ ‖
                                              O O

解答 各反应的反应物的结构式如下：

(a) （1,2-二甲基环戊烯）；   (b) （二种烯结构） 或 （另一种烯结构）；

(c) （异丁基环己烯）；   (d) （降冰片烯）；   (e) （对异丙基甲苯的环己二烯结构）。

【练习 5.40】 一未知烯烃在铂催化下加 3 mol 氢气得到 1-异丙基-4-甲基环己烷。该未知烯烃经臭氧化还原分解，得如下产物：

H—CHO   H—CO—CH$_2$—CO—CH$_3$ CH$_3$—CO—CH$_2$—CHO

推测该未知烯烃的结构。

解答 该未知烯烃的结构为 （对异丙烯基甲苯类结构）。

【练习 5.41】 石竹烯（caryophyllene，$C_{15}H_{24}$）是一种含有双键的天然产物，其中一个双键的构型是反式的，丁香花气味主要是由它引起的。可从下面的反应推断石竹烯及其相关化合物的结构。

caryophyllene $\xrightarrow{H_2, Pd/C}$ A ($C_{15}H_{28}$) ································(i)

caryophyllene $\xrightarrow[(2) Zn, HOAc]{(1) O_3, CH_2Cl_2}$ B + HCHO ··········(ii)

caryophyllene $\xrightarrow[(2) H_2O_2, NaOH, H_2O]{(1) \text{One equivalent of } BH_3, THF}$ C ($C_{15}H_{26}O$) ···············(iii)

C ($C_{15}H_{26}O$) $\xrightarrow[(2) Zn, HOAc]{(1) O_3, CH_2Cl_2}$ D ································(iv)

异石竹烯（isocaryophyllene，石竹烯的异构体）经催化加氢（反应 i）和臭氧化还原分解（反应 ii）也分别得到产物 A 和 B，而经等当量的硼烷还原后氧化（反应 iii）却得到了产物 C 的异构体，但此异构体再经臭氧化还原分解（反应 iv）仍得到产物 D。

(a) 在不考虑反应生成手性中心的前提下，画出化合物 A、C 以及 C 的异构体的结构式；
(b) 画出石竹烯和异石竹烯的结构式；
(c) 指出石竹烯和异石竹烯的结构差别。

解答 反应(i)和反应(ii)说明石竹烯（caryophyllene）分子中有两个烯键；从题意可以明确石竹烯与异石竹烯（isocaryophyllene）互为烯键顺反异构体，产物 C 与产物 C 的异构体也互为烯键顺反异构关系。

(a) 在不考虑反应生成手性中心的前提下，化合物 A、C 以及 C 的异构体的结构式如下：

化合物 A　　　　化合物 C　　　　化合物 C 的异构体

(b) 石竹烯和异石竹烯的结构式如下：

石竹烯　　　　　　异石竹烯
caryophyllene　　　isocaryophyllene

(c) 石竹烯和异石竹烯的结构差别是：环内烯键构型不同，石竹烯的九元环内烯键为反式，异石竹烯的九元环内烯键为顺式。

【练习 5.42】 建议下列反应的机理。

解答

第6章 二 烯 烃

学习目标

通过本章学习，了解二烯及多烯类化合物与人类生产和生活的关系；掌握二烯烃的分类及各类二烯烃的结构特征和性质特征；掌握二烯烃及多烯烃的命名；学习并掌握共轭二烯的亲电加成和聚合反应；掌握氢化热与二烯烃的稳定性，掌握共轭二烯烃的亲电加成反应机理及其反应选择性控制；学习烯烃的电环化、环加成、σ 迁移等周环反应，掌握其规律，了解其用途。

主要内容

二烯烃是分子中含有两个碳碳双键的碳氢化合物，两个烯键的相对位置不同导致二烯烃与单烯烃在结构和性质上的差异。二烯烃是多烯烃的结构基础，本章学习二烯烃的结构、命名、化学性质和烯类化合物的重要反应：周环反应。

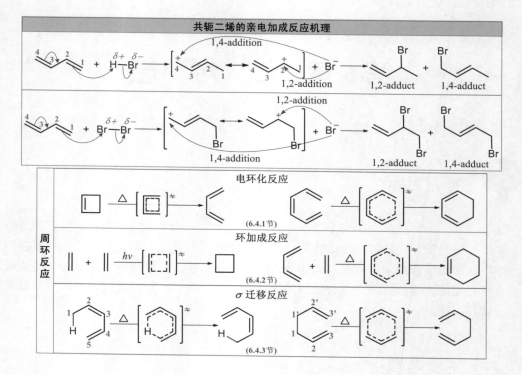

重点难点

二烯烃的结构；共轭二烯烃的亲电加成反应及其选择性控制；烯烃的电环化、环加成、σ迁移等周环反应。

练习及参考解答

【练习 6.1】 用系统命名法（CCS 法和 IUPAC 法）命名下列烯烃。

(a) ;   (b) 结构式 ;   (c) 结构式 ;

(d) 结构式 ;   (e) 结构式 ;   (f) 。

解答 各烯烃的系统命名如下：

(a) (2E,4E)-3,4,5-三甲基庚-2,4-二烯（(2E,4E)-3,4,5-trimethylhepta-2,4-diene）；

(b) (2E,4Z)-3-叔丁基己-2,4-二烯（(2E,4Z)-3-($tert$-butyl)hexa-2,4-diene）；

(c) (1E,5E)-环癸-1,5-二烯（(1E,5E)-cyclodeca-1,5-diene）；
(d) 2,5-二甲基环戊-1,3-二烯（2,5-dimethylcyclopenta-1,3-diene）；
(e) 7-甲基环庚-1,3,5-三烯（7-methylcyclohepta-1,3,5-triene）；
(f) (E)-己-1,3,5-三烯（(E)-hexa-1,3,5-triene）。

【练习 6.2】 写出下列烯烃的结构。
(a) (2E,4E)-hexa-2,4-diene； (b) 3-isopropyl-6-methylcyclohexa-1,4-diene；
(c) 2-甲基戊-1,4-二烯； (d) (4S,2Z,5E)-4-甲基庚-2,5-二烯。

解答 (a)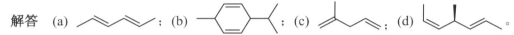

【练习 6.3】 按稳定性由高到低的顺序排列各组化合物。
(a) 己-1,2-二烯，己-1,3-二烯，己-1,4-二烯，己-1,5-二烯，己-2,4-二烯；
(b) 结构式如图。

解答 各组化合物按稳定性由高到低排列的顺序如下：
(a) 己-2,4-二烯 > 己-1,3-二烯 > 己-1,4-二烯 > 己-1,5-二烯 > 己-1,2-二烯；
(b) 结构式排序如图。

【练习 6.4】 判断下列化合物是否具有手性。

(a)～(f) 结构式如图。

解答 (a)、(e)、(f) 有手性；(b)、(c)、(d) 没有手性。

【练习 6.5】 完成下列反应，并标明 1,2-加成产物和 1,4-加成产物、动力学产物和热力学产物。请建议反应的机理。

(a) 环己烯基-CH₂ + HBr (1 mol) →；
(b) 环己二烯-CH₃ + HCl (1 mol) →；
(c) CH₃-CH=CH-CH=CH-CH₃ + HBr (1 mol) →。

解答 按题意要求回答如下：

(a) 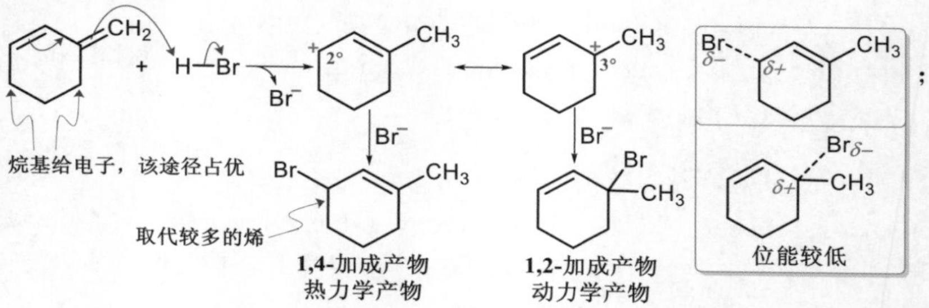 [反应机理图示：甲基环己二烯 + H—Br，烷基给电子，该途径占优；生成2°和3°碳正离子，经Br⁻进攻，得到1,4-加成产物（热力学产物，取代较多的烯）和1,2-加成产物（动力学产物，位能较低）]

(b) 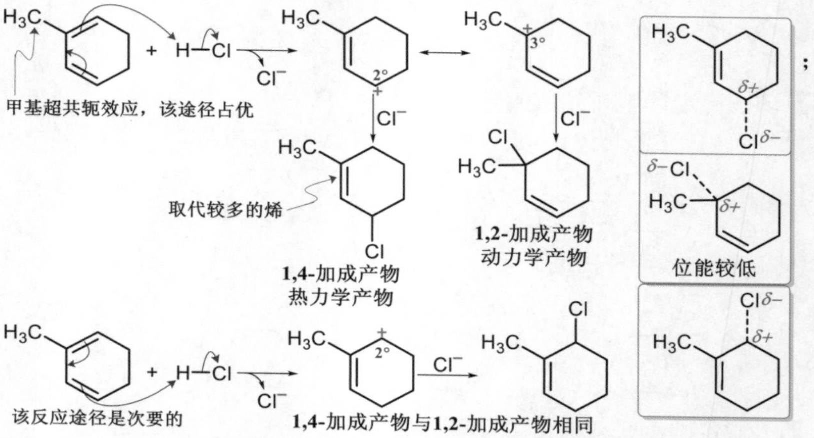 [反应机理图示：甲苯类二烯 + H—Cl，甲基超共轭效应，该途径占优；生成2°和3°碳正离子，得到1,4-加成产物（热力学产物，取代较多的烯）和1,2-加成产物（动力学产物，位能较低）]

[该反应途径是次要的：1,4-加成产物与1,2-加成产物相同]

(c) 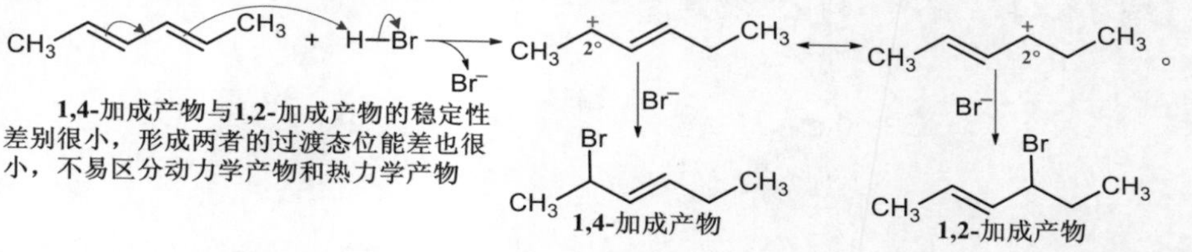 [1,3-己二烯 + H—Br → 得到1,4-加成产物与1,2-加成产物]

1,4-加成产物与1,2-加成产物的稳定性差别很小，形成两者的过渡态位能差也很小，不易区分动力学产物和热力学产物。

【练习6.6】 完成下列反应，并标明1,2-加成产物和1,4-加成产物、动力学产物和热力学产物。请建议反应的机理。

(a) 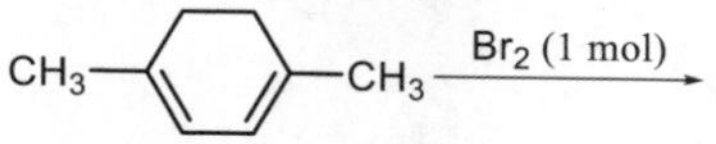 对二甲基环己二烯 $\xrightarrow{Br_2 \,(1\,mol)}$ ；

(b) 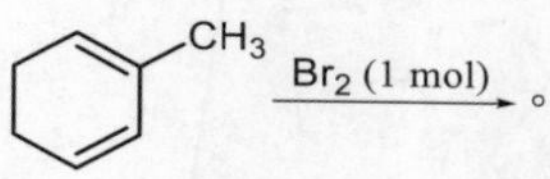 甲基环己二烯 $\xrightarrow{Br_2 \,(1\,mol)}$ 。

解答 按题意要求回答如下：

(a) 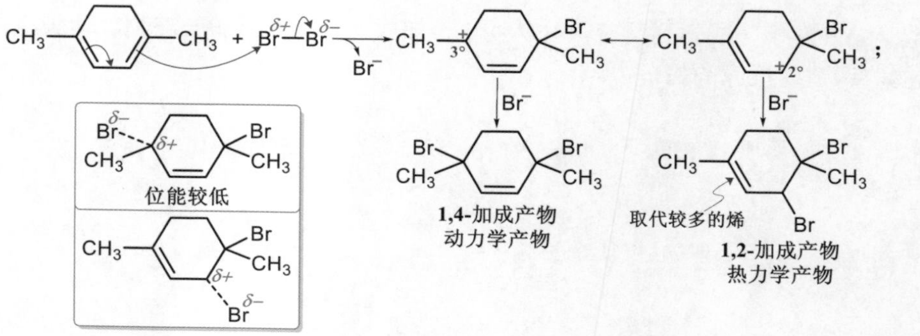 [反应机理图示：对二甲基环己二烯 + Br—Br → 经3°和2°碳正离子中间体，Br⁻进攻，得到1,4-加成产物（动力学产物）和1,2-加成产物（热力学产物，取代较多的烯），位能较低]

· 50 ·

(b)

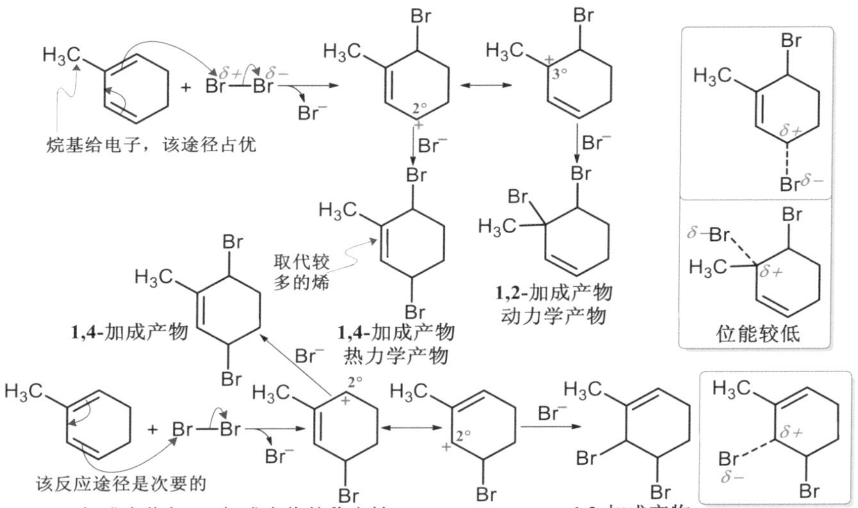

烷基给电子，该途径占优

取代较多的烯

1,4-加成产物

1,4-加成产物 热力学产物

1,2-加成产物 动力学产物

位能较低

该反应途径是次要的

1,4-加成产物与1,2-加成产物的稳定性差别很小，形成两者的过渡态位能差也很小，不易区分动力学产物和热力学产物

1,2-加成产物

【练习 6.7】 己-1,3,5-三烯与等摩尔量 Br_2 的反应如下，请标明 1,2-加成产物、1,4-加成产物和 1,6-加成产物，并建议反应的机理。

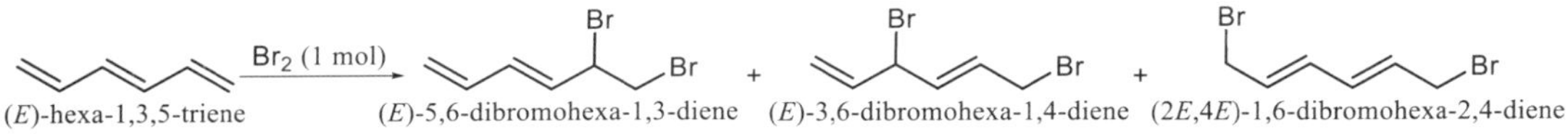

(E)-hexa-1,3,5-triene $\xrightarrow{Br_2 (1\ mol)}$ (E)-5,6-dibromohexa-1,3-diene + (E)-3,6-dibromohexa-1,4-diene + (2E,4E)-1,6-dibromohexa-2,4-diene

解答 按题意要求回答如下：

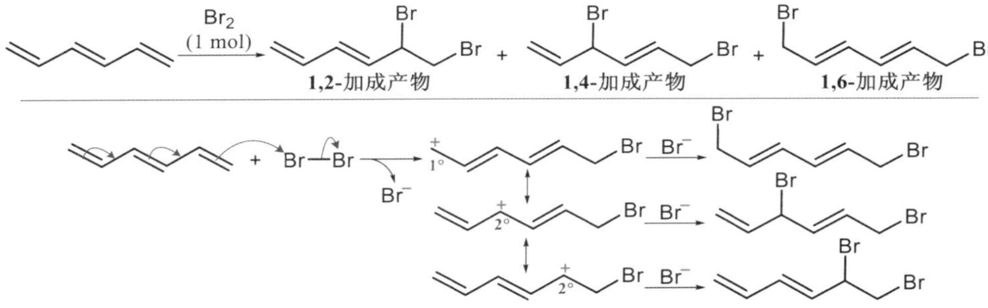

$\xrightarrow{Br_2 (1\ mol)}$ **1,2-加成产物** + **1,4-加成产物** + **1,6-加成产物**

【练习 6.8】 完成下列反应，并注明参与反应的电子数。

(a) 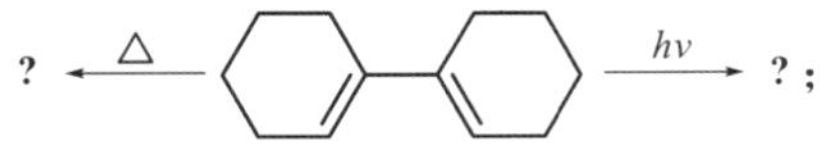 ? $\xleftarrow{\Delta}$ [联环己烯] $\xrightarrow{h\nu}$ ？；

(b)  [二甲基环丁烯] $\xrightarrow{\Delta}$? $\xrightarrow{h\nu}$ ？；

(c) [structure] → ? → [structure] → ? → [structure];

(d) [structure] ← ? ← [structure] → ? → [structure]。

解答 按题意要求回答如下：

(a) [structure] ←—Δ—— [structure] ——hν—→ [structure];
     顺旋环化   (4电子)   对旋环化

(b) [structure] ——Δ—→ [structure] ——hν—→ [structure];
     (4电子) 顺旋开环   对旋环化

(c) [structure] ——hν—→ [structure] ——Δ—→ [structure];
     顺旋开环   对旋环化
     (6电子)   (6电子)

(d) [structure] ←—hν—— [structure] ——Δ—→ [structure]。
     顺旋环化   对旋环化
     (6电子)   (6电子)

【练习 6.9】 完成下列反应，并注明环加成反应的类型。

(a) [norbornadiene] ——hν—→ ? ;   (b) ? ←—Δ—— 2 [butadiene] ——hν—→ ? ;   (c) [structure with N=N] ——200 °C—→ ? ;

(d) [cyclopentadiene with =CH₂] + [dimethyl acetylenedicarboxylate] ——?—→ [indene diester];

(e) [cycloheptatriene with =CH₂] + [dimethyl acetylenedicarboxylate] ——?—→ [azulene diester];

(f) [structure] —?→ [structure] ; (g) [structure] + [structure] —?→ [structure] 。

解答 按题意要求回答如下：

(a) [structure]，分子内[2+2]; (b) [structure]、[4+2]、[structure]、[4+4];

(c) [structure] + N₂，[4+2]; (d) 光照，[6+2]; (e) 加热，[8+2];

(f) 光照，分子内[2+2]; (g) 光照，[10+2]。

【练习 6.10】 请指出下列共轭双烯中不能发生 Diels-Alder 反应的双烯。

(a) [structure]; (b) [structure]; (c) [structure]; (d) [structure];

(e) [structure]; (f) [structure]; (g) [structure]。

解答 不能发生 Diels-Alder 反应的双烯是(d)，(e)，(g)。

【练习 6.11】 将下列共轭双烯或亲双烯按 Diels-Alder 反应活性由高到低排列。

(a) ① [structure], ② [structure], ③ [structure], ④ [structure];

(b) ① [structure], ② [structure], ③ [structure], ④ [structure], ⑤ [structure];

(c) ① [structure], ② [structure], ③ [structure], ④ [structure]。

解答 (a) ③ > ④ > ① > ②; (b) ① > ④ > ② > ⑤ > ③; (c) ① > ④ > ② > ③。

【练习 6.12】 完成下列反应，并注意反应的立体化学。

(a) [structure] + [structure] —Δ→ ?; (b) [structure] —Δ→ ? —Δ→ ?;

(c) [structure] + [structure] —Δ→ ?; (d) [structure] + H₃CO₂CC≡CCO₂CH₃ —Δ→ ?;

解答 各反应的产物如下：

(a) ; (b) ; (c) ; (d) 。

【练习 6.13】 利用 Diels-Alder 反应合成下列化合物。

(a) ; (b) ; (c) ;

(d) ; (e) 。

解答 按题意要求回答如下：

(a) $\diagup\!\diagdown$ + CN $\xrightarrow{\triangle}$ CN ;

(b) + $\xrightarrow{\triangle}$ $\xrightarrow[Pd/C]{H_2}$;

(c) + CO$_2$CH$_3$ $\xrightarrow{\triangle}$ CO$_2$CH$_3$ $\xrightarrow{Br_2}$;

(d) + CHO $\xrightarrow{\triangle}$ CHO $\xrightarrow[H_2SO_4]{KMnO_4}$ HO$_2$C—CH(CO$_2$H)—CO$_2$H ;

(e) + $\xrightarrow{\triangle}$ $\xrightarrow[(2)\ Zn/H_2O]{(1)\ O_3}$ 。

【练习 6.14】 解释下列反应过程。

(a) + $\xrightarrow{\triangle}$;

解答 按题意要求回答如下：

【练习 6.15】 完成下列反应，并注明反应的类型。

解答 按题意要求回答如下：

(b) [structure: 2H-pyran-2-one] + [structure: dimethyl acetylenedicarboxylate, CO₂CH₃ / C≡C / CO₂CH₃] —Δ, [4+2]环加成→ [bicyclic lactone intermediate with two CO₂CH₃ groups] —Δ, [4+2]环分解→ [dimethyl phthalate] + CO₂；

(c) [cyclopentadiene] + [p-benzoquinone] —Δ, [4+2]环加成→ [endo Diels–Alder adduct] —hν, 分子内[2+2]环加成→ [caged diketone]。

【练习 6.16】 请解释下列反应过程。

[starting structure with Me, D, H substituents] —Δ→ [product structure with Me, D, H substituents]

解答

[structure labeled positions 1,2,3,4,5 with Me, D, H] —Δ, [1,5]→ Me[...]H —Δ, [1,5]→ Me[...]≡D[...]H

热反应, [1,5]同面迁移   热反应, [1,5]同面迁移 。

【练习 6.17】 完成下列反应。

(a) [1-cyclohexenyl-C(CN)₂-allyl] —Δ→ ?；   (b) [3-methyl-3-vinyl-1,5-heptadiene type structure] —Δ→ ?；

解答 (a) [cyclohexane with =C(CN)₂ and allyl substituent]；   (b) [product of Cope rearrangement]。

第7章 炔烃

学习目标

通过本章学习,了解炔烃与人类生产和生活的关系;掌握炔烃的结构特征和性质特征,掌握炔烃结构测定和鉴别方法;掌握炔烃、炔基的命名;学习并掌握炔烃的加成、还原、氧化、末端炔烃的特性和乙炔的聚合等反应及其用途;掌握炔烃的亲电加成反应机理及其反应选择性,掌握炔烃部分还原的立体选择性;学习并掌握炔烃的制备。

主要内容

炔烃是分子中含有碳碳叁键的碳氢化合物。本章学习炔烃的结构、命名、化学性质和制法。

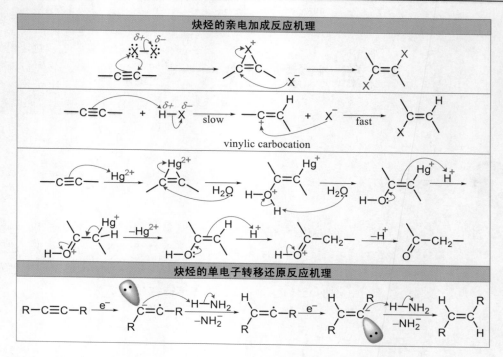

重点难点

炔烃的结构和命名；炔烃的加成、还原等主要化学性质；炔烃的亲电加成反应机理；炔烃主要反应的区域选择性和立体选择性。

练习及参考解答

【练习 7.1】 写出分子组成为 C_6H_{10} 的所有炔烃异构体的结构式。

解答 分子组成为 C_6H_{10}，不饱和度为 2。符合该通式的所有炔烃异构体的结构式如下：

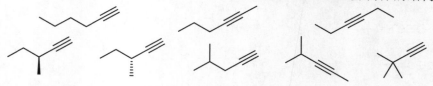

【练习 7.2】 按稳定性减小的顺序排列下列的炔烃异构体。

(a) ；   (b) —C≡CCH$_3$ ；   (c) —CH$_2$C≡CH 。

解答 稳定性从高到低的顺序为 (b) > (c) > (a)。

【练习 7.3】 用系统命名法命名 C_6H_{10} 的所有炔烃异构体。

解答 依【练习 7.1】的**解答**顺序：己-1-炔，己-2-炔，己-3-炔，(S)-3-甲基戊-1-炔，(R)-3-甲基戊-1-炔，4-甲基戊-1-炔，4-甲基戊-2-炔，3,3-二甲基丁-1-炔。

【练习 7.4】 写出下列炔基的结构及其 CCS 名称。

(a) ethynyl； (b) 1-propynyl； (c) 2-propynyl。

解答 (a) —C≡CH，乙炔基；(b) —C≡CCH₃，丙-1-炔基；(c) —CH₂C≡CH，丙-2-炔基。

【练习 7.5】 写出下列化合物的结构。

(a) cyclohexylacetylene； (b) 5-methyloct-3-yne； (c) hepta-1,4-diyne；
(d) (E)-6-ethyloct-2-en-4-yne； (e) (S)-3-methylpent-1-en-4-yne；
(f) 异丙基仲丁基乙炔； (g) (Z)-5-异丙基壬-5-烯-1-炔； (h) 己-1-烯-3,5-二炔。

解答 各化合物的结构式如下：

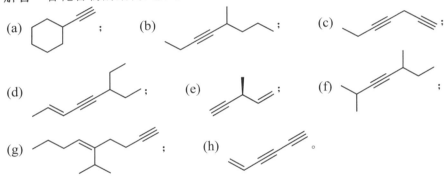

【练习 7.6】 用系统命名法（CCS 法和 IUPAC 法）命名下列化合物。

(a) (CH₃)₃C—C≡C—CH(CH₃)CH₂CH₃；

解答 题给各化合物的系统命名如下：
(a) 2,2,5-三甲基庚-3-炔（2,2,5-trimethylhept-3-yne）；
(b) 辛-2,6-二炔（octa-2,6-diyne）；
(c) 5-甲基己-2-炔（5-methylhex-2-yne）；
(d) (E)-3-甲基庚-2-烯-4-炔（(E)-3-methylhept-2-en-4-yne）；
(e) (R)-3-甲基戊-1-烯-4-炔（(R)-3-methylpent-1-en-4-yne）。

【练习 7.7】 完成下列反应。

(a) HC≡C—CH₂(CH₂)₂CH₃ $\xrightarrow{Cl_2 \text{（过量）}}$； (b) $\xrightarrow{Br_2 \text{(1 mol)}}$。

解答 各反应的产物如下：

(a) 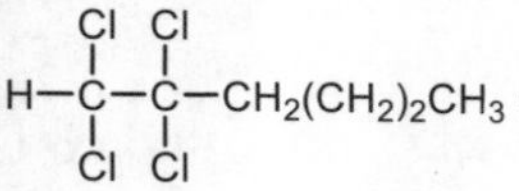 $CCl_2H-CCl_2-CH_2(CH_2)_2CH_3$；

(b) 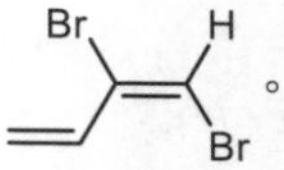 (Z)-1,2-二溴乙烯结构：$BrHC=CHBr$（2,3-二溴代构型，如图所示）。

【练习 7.8】 如果要实现己-1-炔只与 1 mol 溴加成，操作时是将己-1-炔往溴溶液里加，还是将溴溶液往己-1-炔里加？请说明理由。

解答 要实现己-1-炔只与 1 mol 溴加成，操作时应该将溴溶液往己-1-炔里加。因为，卤素的电负性比碳大，卤原子是吸电子的，邻二卤代烯进一步加卤素的反应活性比炔低，易于实现己-1-炔只与 1 mol 溴加成。

【练习 7.9】 以合适的炔烃为原料，选择合适的反应合成下列化合物。

(a) 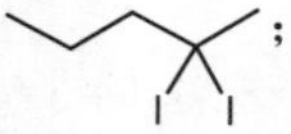 2,2-二碘戊烷； (b) 2-溴-2-氯丁烷； (c) (2R,3R)-和(2S,3S)-2-溴-2,3-二氯丁烷的外消旋混合物。

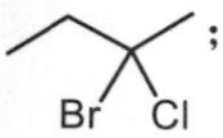

解答 按题意要求回答如下：

(a) 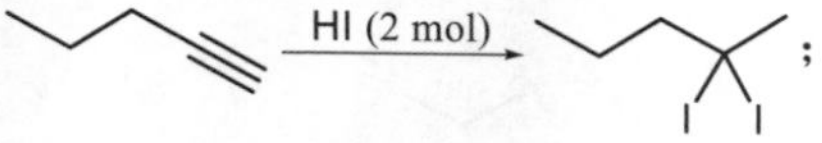 $CH_3CH_2CH_2C\equiv CH \xrightarrow{HI\ (2\ mol)}$ 2,2-二碘戊烷；

(b) 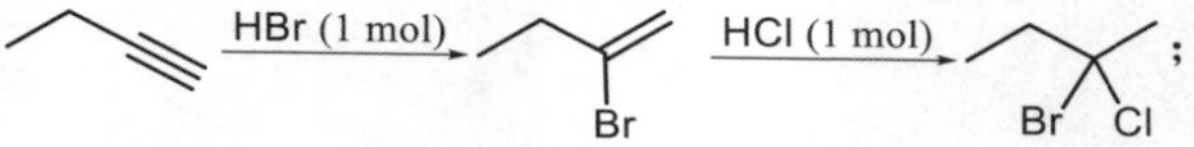 $CH_3CH_2C\equiv CH \xrightarrow{HBr\ (1\ mol)} CH_3CH_2C(Br)=CH_2 \xrightarrow{HCl\ (1\ mol)}$ 2-溴-2-氯丁烷；

(c) 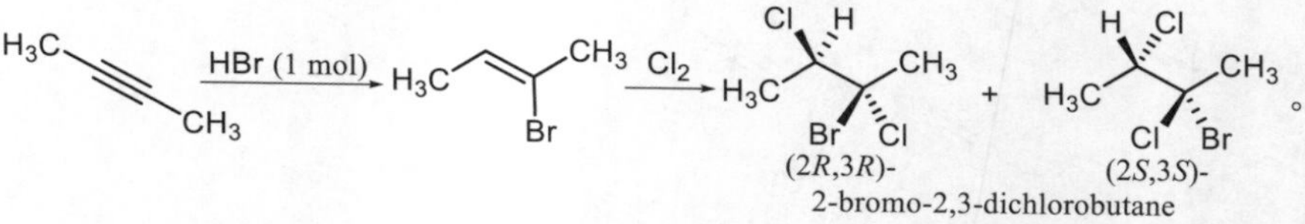 $CH_3C\equiv CCH_3 \xrightarrow{HBr\ (1\ mol)} CH_3C(Br)=CHCH_3 \xrightarrow{Cl_2}$ (2R,3R)- 和 (2S,3S)-2-bromo-2,3-dichlorobutane。

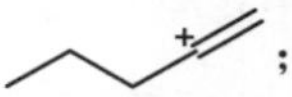

【练习 7.10】 按稳定性减小的顺序排列下列碳正离子。

(a) 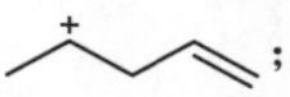 $CH_2=CH-CH_2-\overset{+}{C}H_2$； (b) $CH_2=CH-\overset{+}{C}H-CH_3$（炔丙基型）； (c) $CH_2=CH-\overset{+}{C}H-CH_3$（烯丙基型）。

解答 碳正离子稳定性从高到低的顺序为 (c) > (a) > (b)。

【练习 7.11】 按与氢卤酸加成活性减小的顺序排列下列炔烃。

(a) $HC\equiv CH$； (b) $CH_3C\equiv CCH_2CH_3$； (c) $HC\equiv CCH_2CH_3$。

解答 与氢卤酸加成活性从高到低的顺序为 (b) > (c) > (a)。

【练习 7.12】 用反应机理解释下列反应。

$$CH_2=CH-C\equiv CH + HCl \longrightarrow CH_2=CH-CCl=CH_2$$

解答 $CH_2=CH-C\equiv CH + H-Cl \longrightarrow CH_2=CH-\overset{+}{C}=CH_2 + Cl^- \longrightarrow CH_2=CH-CCl=CH_2$。

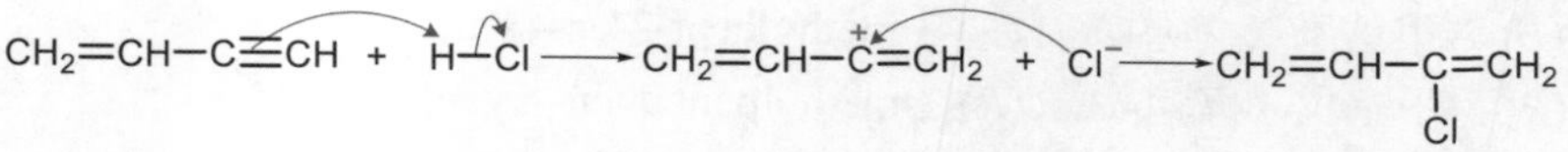

【练习 7.13】 完成下列反应。

(a) $HC\equiv C-CH_3 + H_2O \xrightarrow{HgSO_4,\ H_2SO_4}$； (b) $CH_2=CH-C\equiv CH + H_2O \xrightarrow{HgSO_4,\ H_2SO_4}$；

(c) 环己基-C≡CH $\xrightarrow{Br_2, H_2O}$ 。

解答 (a) $H_3C-\overset{O}{\underset{\|}{C}}-CH_3$； (b) $CH_2=CH-\overset{O}{\underset{\|}{C}}-CH_3$； (c) 环己基-$\overset{O}{\underset{\|}{C}}$-CH$_2$Br。

【练习 7.14】 完成下列反应，小题号右上角标有*的要写出产物的构型式。

(a) 环己基-C≡C-环己基 $\xrightarrow[(2) H_2O_2, OH^-]{(1) B_2H_6}$； (b) 环戊基-C≡CH $\xrightarrow[(2) H_2O_2, OH^-]{(1) Sia_2BH}$；

(c)* 环己基-C≡C-CH$_3$ $\xrightarrow[(2) CH_3CO_2H, 0\ °C]{(1) BH_3·THF}$ 。

解答 (a) 环己基-$\overset{O}{\underset{\|}{C}}$-CH$_2$-环己基； (b) 环戊基-CH$_2$-CHO； (c)* 环己基与CH$_3$顺式(H,H同侧)烯烃。

【练习 7.15】 以合适的炔烃为原料，合成下列化合物。

(a) 戊-2-酮； (b) 戊醛； (c) 丁-2-酮； (d) 1-(1-羟基环己基)乙酮。

解答 按题意要求回答如下：

(a) 戊-1-炔 $\xrightarrow[HgSO_4, H_2SO_4]{H_2O}$ 戊-2-酮；

(b) 戊-1-炔 $\xrightarrow[(2) H_2O_2, OH^-]{(1) B_2H_6}$ 戊醛；

(c) 丁-1-炔 $\xrightarrow[HgSO_4, H_2SO_4]{H_2O}$ 丁-2-酮；

(d) 1-乙炔基环己-1-醇 $\xrightarrow[HgSO_4, H_2SO_4]{H_2O}$ 1-(1-羟基环己基)乙酮。

【练习 7.16】 完成下列反应，建议相应的反应机理，思考反应的立体化学。

1-溴环己-1-烯 $\xrightarrow[ROOR]{HBr}$?

解答 按题意要求回答如下：

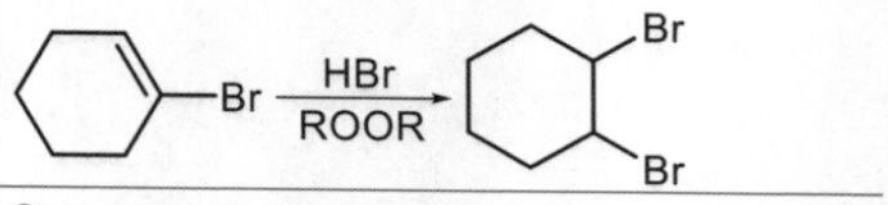

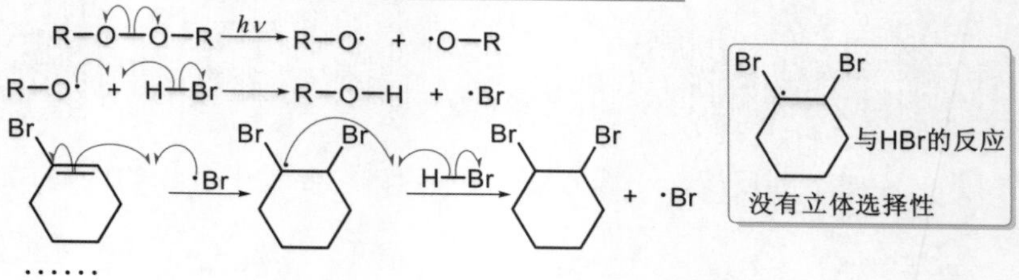

有机化学学习参考

[反应机理图示：溴代环己烯 + HBr/ROOR → 二溴环己烷，自由基机理]

R—O—O—R $\xrightarrow{h\nu}$ R—O· + ·O—R

R—O· + H—Br → R—O—H + ·Br

与HBr的反应没有立体选择性

【练习 7.17】 请用适当的方法分离戊-1-炔和戊-2-炔的混合物。

解答

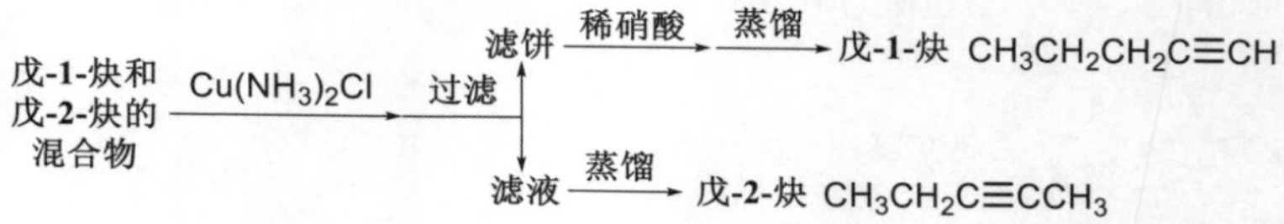

戊-1-炔和戊-2-炔的混合物 $\xrightarrow{Cu(NH_3)_2Cl}$
- 滤饼 $\xrightarrow{\text{稀硝酸}}$ $\xrightarrow{\text{蒸馏}}$ 戊-1-炔 $CH_3CH_2CH_2C\equiv CH$
- 滤液 $\xrightarrow{\text{蒸馏}}$ 戊-2-炔 $CH_3CH_2C\equiv CCH_3$

【练习 7.18】 请用简便的化学方法鉴别下列各组化合物。

(a) 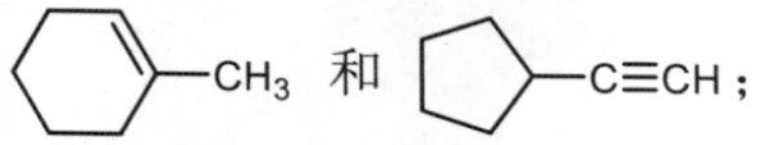 [1-甲基环己烯] 和 [环戊基乙炔]；

(b) 戊-1-炔 和 戊-2-炔。

解答 按题意要求回答如下：

(a) 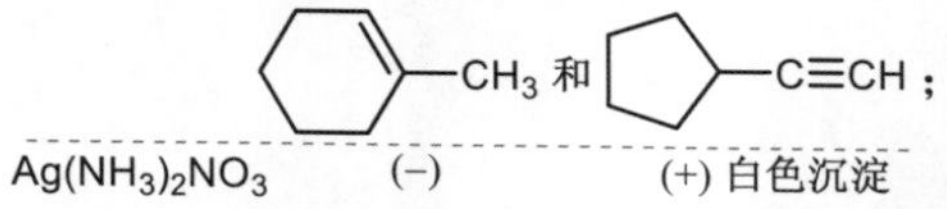 [1-甲基环己烯] 和 [环戊基乙炔]；
$Ag(NH_3)_2NO_3$ (−)   (+) 白色沉淀

(b) 戊-1-炔 和 戊-2-炔。
$Cu(NH_3)_2Cl$ (+) 砖红色沉淀   (−)

【练习 7.19】 写出下列反应主要产物的构型式。

(a) $CH_3-C\equiv C-CH_2CH_2CH_3 \xrightarrow{H_2}{Ni_2B}$；

(b) 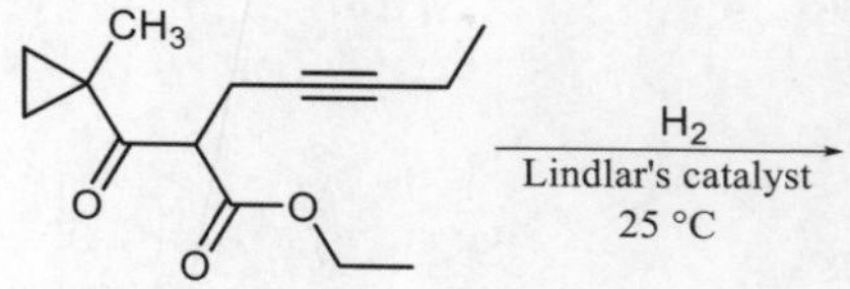 [环丙基甲基酮取代的炔酸乙酯] $\xrightarrow{H_2}{\text{Lindlar's catalyst, 25 °C}}$；

(c) $CH_3(CH_2)_7C\equiv C(CH_2)_7CO_2H \xrightarrow{H_2}{\text{Lindlar Pd}}$；

(d) $CH_2=CHCH_2-C\equiv CH \xrightarrow{H_2}{\text{Lindlar Pd}}$；

(e) $CH_2=CH-C\equiv CH \xrightarrow{H_2}{\text{Lindlar Pd}}$。

解答 各反应主要产物的构型式如下：

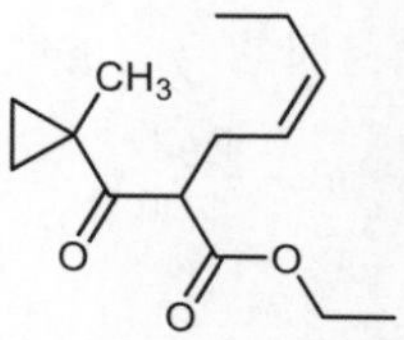

(a) 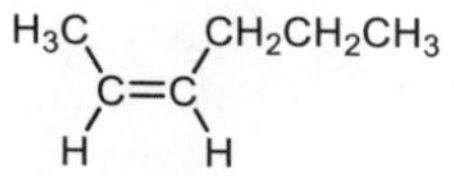 顺式 H_3C—C=C—CH_2CH_3 (cis)；

(b) [产物结构：环丙基甲基酮与顺式烯基取代的乙酯]；

(c) $\begin{array}{c} H \quad H \\ C=C \\ CH_3(CH_2)_7 \quad CH_2(CH_2)_6CO_2H \end{array}$；

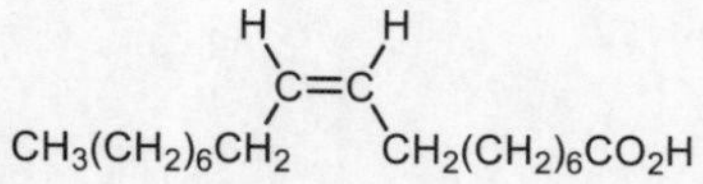

(d) $CH_2=CHCH_2-CH=CH_2$；

(e) $CH_2=CH-CH=CH_2$。

【练习 7.20】 在液氨中用钠和氨基钠的混合物处理十一碳-1,7-二炔时，生成 *trans*-十一碳-7-烯-1-炔，末端叁键没有被还原。请解释。

解答 $\ce{HC#C-CH2CH2CH2CH2-C#C-CH2CH2CH3}$ →[Na, liquid NH3][NaNH2] 末端炔保留，内炔变为反式烯烃

液氨中的钠或氨基钠具有强碱性，末端叁键（RC≡CH）可与氨基钠反应转化成炔基钠（RC≡C⁻Na⁺），炔基负离子（RC≡C⁻，带负电荷）比内炔叁键（RC≡CR）难接受电子。所以，存在于同一分子中的内炔叁键可被钠和液氨还原，而末端叁键不被还原。

【练习 7.21】 某未知炔烃经臭氧化-分解反应，得到以下三元羧酸和一当量丙酸。请推断该未知炔烃的结构。

未知炔烃 →[(1) O₃][(2) H₂O] HO₂C—(CH₂)ₙ—CH(CO₂H)—CO₂H + CH₃CH₂CO₂H

解答 该未知炔烃的结构为环辛烷上连有两个炔基的结构。

【练习 7.22】 请用简便的化学方法鉴别下列各组化合物。
(a) 1-乙基-1-甲基环丙烷、甲基环戊烷、4-甲基戊-1-炔、4-甲基戊-2-炔；
(b) 2-甲基丁烷、3-甲基丁-1-炔、3-甲基丁-1-烯。

解答 (a)   1-乙基-1-甲基环丙烷   甲基环戊烷   4-甲基戊-1-炔   4-甲基戊-2-炔；
Br₂/CCl₄ 溶液：   (+)红棕色褪去   (−)   (+)红棕色褪去   (+)红棕色褪去
KMnO₄/H₂SO₄ 溶液：   (−)   /   (+)紫红色褪去   (+)紫红色褪去
Cu(NH₃)₂Cl 溶液：   /   /   (+)砖红色沉淀   (−)

(b)   2-甲基丁烷   3-甲基丁-1-炔   3-甲基丁-1-烯。
Br₂/CCl₄ 溶液：   (−)   (+)红棕色褪去   (+)红棕色褪去
Cu(NH₃)₂Cl 溶液： /   (+)砖红色沉淀   (−)

【练习 7.23】 以乙炔为原料合成：(a) 2-氯丁-1,3-二烯；(b) 丁-1,3-二烯。

解答 按题意要求回答如下：

(a) $2\ce{HC#CH} \xrightarrow{\text{CuCl/NH4Cl}} \ce{CH2=CH-C#CH} \xrightarrow{\text{HCl}} \ce{CH2=CH-CCl=CH2}$；

(b) $2\ce{HC#CH} \xrightarrow{\text{CuCl/NH4Cl}} \ce{CH2=CH-C#CH} \xrightarrow[\text{Lindlar Pd}]{\text{H2}} \ce{CH2=CH-CH=CH2}$。

【练习 7.24】 实现下列转化。

CH₂=CH—CH₂CH₂—CH=CH₂ ⟶ HC≡C—CH₂CH₂—C≡CH

解答 CH₂=CH—CH₂CH₂—CH=CH₂ →[Br₂] CH₂Br—CHBr—CH₂CH₂—CHBr—CH₂Br →[NaNH₂/NH₃(l)][H₂O] HC≡C—CH₂CH₂—C≡CH。

【练习 7.25】 以乙烯、丙烯为碳源，合成下列化合物。

(a) CH₃(CH₂)₃CH₂—C≡C—CH₂CH₃；　(b) CH₂=CH—CH=CH₂；　(c) CH₃CH₂CH₂CH₂CH₂CHO；

(d) CH₃CH₂CH₂COCH₃；　(e) CH₃CH₂CH₂COCH₂CH₃；　(f) CH₂=CCl₂；　(g) (±)-2,3-环氧戊烷 (CH₃ 与 CH₂CH₃ 反式环氧)；

(h) (Z)-2-戊烯 (CH₃CH₂ 与 CH₂CH₃ 同侧)；　(i) (E)-2-戊烯；　(j) 环己-3-烯基甲腈；　(k) 1-(环己-3-烯基)乙酮；

(l) *meso*-CH₃CH₂CH(OH)CH(OH)CH₂CH₃。

解答 按题意要求回答如下：

(a) $H_2C=CH_2 \xrightarrow{Br_2} \xrightarrow[NH_3(l)]{NaNH_2} \xrightarrow{H_2O} HC\equiv CH \xrightarrow[(2) CH_3CH_2Br]{(1) NaNH_2} HC\equiv C-CH_2CH_3$

$\xrightarrow[(2) BrCH_2(CH_2)_3CH_3]{(1) NaNH_2} CH_3(CH_2)_3CH_2-C\equiv C-CH_2CH_3$ ；

$H_2C=CHCH_3 \xrightarrow[R_2O_2]{HBr} BrCH_2CH_2CH_3 \xrightarrow{HC\equiv CNa} HC\equiv C-CH_2CH_2CH_3 \xrightarrow{H_2}_{Lindlar\ Pd}$

$CH_2=CH-CH_2CH_2CH_3 \xrightarrow[R_2O_2]{HBr} BrCH_2(CH_2)_3CH_3$

$H_2C=CH_2 \xrightarrow{HBr} BrCH_2CH_3$

(b) $H_2C=CH_2 \xrightarrow{Br_2} \xrightarrow[NH_3(l)]{NaNH_2} \xrightarrow{H_2O} HC\equiv CH \xrightarrow[(2) CH_2=CHCH_2Br]{(1) NaNH_2}$ ；

$CH_2=CHCH_2-C\equiv CH \xrightarrow{H_2}_{Lindlar\ Pd} CH_2=CH-CH=CH_2$

$CH_2=CHCH_3 \xrightarrow[(PhCOO)_2]{NBS} CH_2=CHCH_2Br$

(c) $H_2C=CH_2 \xrightarrow{Br_2} \xrightarrow[NH_3(l)]{NaNH_2} \xrightarrow{H_2O} HC\equiv CH \xrightarrow[(2) CH_3CH_2Br]{(1) NaNH_2} HC\equiv C-CH_2CH_3$ ；

$\xrightarrow{H_2}_{Lindlar\ Pd} CH_2=CH-CH_2CH_3 \xrightarrow[R_2O_2]{HBr} BrCH_2CH_2CH_2CH_3 \xrightarrow{HC\equiv CNa}$

$HC\equiv C-CH_2CH_2CH_2CH_3 \xrightarrow[(2) H_2O_2, OH^-]{(1) B_2H_6} CH_3CH_2CH_2CH_2CH_2CHO$

(d) $H_2C=CH_2 \xrightarrow{Br_2} \xrightarrow[NH_3(l)]{NaNH_2} \xrightarrow{H_2O} HC\equiv CH \xrightarrow[(2) CH_3CH_2CH_2Br]{(1) NaNH_2} CH_3CH_2CH_2C\equiv CH$ ；

$\xrightarrow[HgSO_4, H_2SO_4]{H_2O} CH_3CH_2CH_2COCH_3$ $\left(H_2C=CHCH_3 \xrightarrow[R_2O_2]{HBr} BrCH_2CH_2CH_3 \right)$

(e) $H_2C=CH_2 \xrightarrow{Br_2} \xrightarrow[NH_3(l)]{NaNH_2} \xrightarrow{H_2O} HC\equiv CH \xrightarrow[(2) 2CH_3CH_2Br]{(1) 2NaNH_2} CH_3CH_2C\equiv CCH_2CH_3$ ；

$\xrightarrow[HgSO_4, H_2SO_4]{H_2O} CH_3CH_2CH_2COCH_2CH_3$ $\left(H_2C=CH_2 \xrightarrow{HBr} BrCH_2CH_3 \right)$

(f) $H_2C=CH_2 \xrightarrow{Br_2} \xrightarrow[NH_3(l)]{NaNH_2} \xrightarrow{H_2O} HC\equiv CH \xrightarrow[HgCl_2]{HCl} CH_2=CHCl \xrightarrow{Cl_2}$ ；

$ClCH_2-CHCl_2 \xrightarrow[C_2H_5OH]{NaOH} CH_2=CCl_2$

(g) $CH_3CH=CH_2 \xrightarrow{Br_2} \xrightarrow[NH_3(l)]{NaNH_2} \xrightarrow{H_2O} CH_3C\equiv CH \xrightarrow[(2)\ CH_3CH_2Br]{(1)\ NaNH_2} CH_3C\equiv C-CH_2CH_3$

$\xrightarrow[NH_3(l)]{Na}$ (E)-CH₃CH=CHCH₂CH₃ $\xrightarrow[CH_2Cl_2]{mCPBA}$ (±)-环氧化物 ($H_2C=CH_2 \xrightarrow{HBr} BrCH_2CH_3$)

(h) $H_2C=CH_2 \xrightarrow{Br_2} \xrightarrow[NH_3(l)]{NaNH_2} \xrightarrow{H_2O} HC\equiv CH \xrightarrow[(2)\ 2CH_3CH_2Br]{(1)\ 2NaNH_2} CH_3CH_2C\equiv CCH_2CH_3$;

$\xrightarrow[NH_3(l)]{Na}$ (E)-CH₃CH₂CH=CHCH₂CH₃ ($H_2C=CH_2 \xrightarrow{HBr} BrCH_2CH_3$)

(i) $CH_3CH=CH_2 \xrightarrow{Br_2} \xrightarrow[NH_3(l)]{NaNH_2} \xrightarrow{H_2O} CH_3C\equiv CH \xrightarrow[(2)\ CH_3CH_2CH_2Br]{(1)\ NaNH_2} CH_3C\equiv C-CH_2CH_2CH_3$;

$\xrightarrow[Lindlar\ Pd]{H_2}$ (Z)-CH₃CH=CHCH₂CH₂CH₃ ($H_2C=CHCH_3 \xrightarrow[R_2O_2]{HBr} BrCH_2CH_2CH_3$)

(j) $2HC\equiv CH \xrightarrow[NH_4Cl]{CuCl} CH_2=CH-C\equiv CH \xrightarrow[Lindlar\ Pd]{H_2} CH_2=CH-CH=CH_2$;

丁二烯 + 丙烯腈 $\xrightarrow{\Delta}$ 4-氰基环己烯 ($HC\equiv CH + HCN \xrightarrow[70\ ^\circ C]{CuCl_2(aq)}$ CH₂=CHCN)

(k) $2HC\equiv CH \xrightarrow[NH_4Cl]{CuCl} CH_2=CH-C\equiv CH \xrightarrow[Lindlar\ Pd]{H_2} CH_2=CH-CH=CH_2$;

$CH_2=CH-C\equiv CH \xrightarrow[HgSO_4, H_2SO_4]{H_2O}$ CH₂=CH-COCH₃ $\xrightarrow{\Delta}$ 环己烯基COCH₃

(l) $H_2C=CH_2 \xrightarrow{Br_2} \xrightarrow[NH_3(l)]{NaNH_2} \xrightarrow{H_2O} HC\equiv CH \xrightarrow[(2)\ 2CH_3CH_2Br]{(1)\ 2NaNH_2} CH_3CH_2C\equiv CCH_2CH_3$。

$\xrightarrow[Lindlar\ Pd]{H_2}$ (Z)-CH₃CH₂CH=CHCH₂CH₃ $\xrightarrow[OsO_4]{H_2O_2}$ meso-CH₃CH₂CH(OH)CH(OH)CH₂CH₃

【练习 7.26】 相对分子质量同为 82 的化合物 A 和 B，经催化氢化后生成 2-甲基戊烷。A 与硝酸银氨溶液反应产生白色沉淀，而 B 无此反应。B 与顺丁烯二酸酐反应产生白色沉淀，而 A 无此反应。试推测化合物 A 和 B 的结构，并写出相应的反应式。

解答 按题意要求回答如下：

(A) 4-甲基-1-戊炔 $\xrightarrow{Ag(NH_3)_2NO_3}$ 炔银（白色沉淀）

(A) $\xrightarrow[cat.]{H_2}$ 2-甲基戊烷

(B) 4-甲基-1,3-戊二烯 或 2-甲基-1,3-戊二烯 + 顺丁烯二酸酐 $\xrightarrow{\Delta}$ Diels-Alder 加成物（白色沉淀）

【练习 7.27】 某烃类化合物 C 分子式为 C_8H_{12}，有光学活性。C 经铂催化氢化后得到无光学活性的化合物 D（C_8H_{18}）。在 Lindlar Pd 催化下 C 加氢得到 E（C_8H_{14}），E 有光学活性。而 C 被 Na-液氨还原，则得到无光学活性的化合物 F。试推测化合物 C、D、E 和

F 的结构，并写出相应的反应式。

解答 按题意要求回答如下：

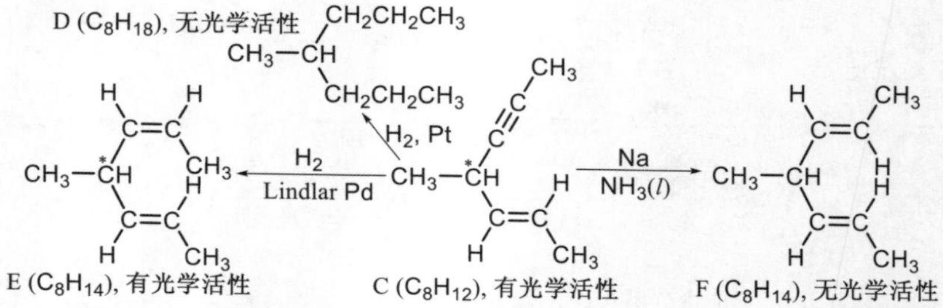

D (C_8H_{18}), 无光学活性

E (C_8H_{14}), 有光学活性 ←[H_2, Lindlar Pd] C (C_8H_{12}), 有光学活性 →[Na/$NH_3(l)$] F (C_8H_{14}), 无光学活性

（↑ H_2, Pt 生成 D）

【练习 7.28】 某烃经臭氧化-还原分解，发生如下反应。请推测该烃的结构，并思考还有怎样的结构问题没有解决。

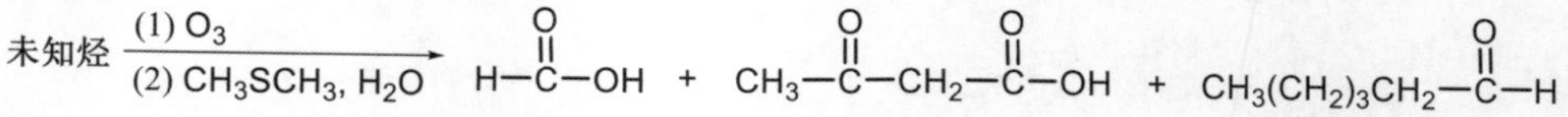

未知烃 →[(1) O_3; (2) CH_3SCH_3, H_2O] H—COOH + CH_3—CO—CH_2—COOH + $CH_3(CH_2)_3$CHO

解答 该烃的结构为 $CH_3(CH_2)_3CH_2CH=C(CH_3)CH_2C\equiv CH$。烯键的构型问题没有解决。

【练习 7.29】 判断下列化合物与 HBr 加成的相对活性。
(a) 乙烯； (b) 丁-2-烯； (c) 乙炔； (d) 丁-1,3-二烯； (e) 戊-1,3-二烯。

解答 相对活性为 (e) > (d) > (b) > (a) > (c)。

【练习 7.30】 在少量硝酸银存在下，末端炔烃于丙酮溶液中与 NBS（N-溴代丁二酰亚胺）反应，炔氢被溴原子取代，体系中有溴化银生成。请给该反应建议一个合理的机理。

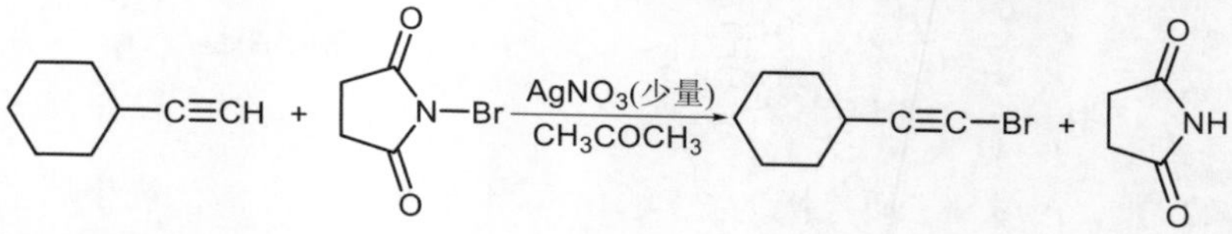

环己基—C≡CH + N-溴代丁二酰亚胺 →[$AgNO_3$(少量) / CH_3COCH_3] 环己基—C≡C—Br + 丁二酰亚胺

解答 合理的反应机理如下：

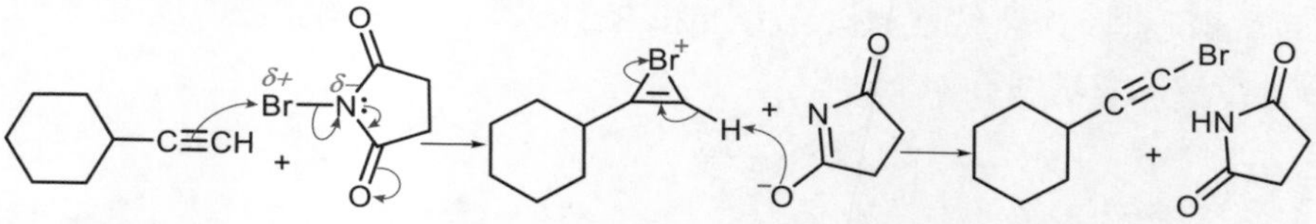

少量硝酸银的作用是除去体系中存在的少量负电性的溴，以抑制副反应。

第8章 芳　烃

学习目标

通过本章学习，了解芳烃与人类生产和生活的关系；掌握芳烃的结构特征和性质特征；掌握休克尔规则，熟悉芳香性、了解反芳香性和非芳香性等概念，掌握含苯芳烃、芳烃衍生物和芳基的命名；学习并掌握芳烃及其衍生物的卤化、硝化、磺化、烷基化、酰基化和氯甲基化等亲电取代反应及其用途；了解芳环的加成、氧化、还原和侧链烃基的反应及其用途；掌握芳环上亲电取代反应的机理、取代基对苯环上亲电取代反应的影响，芳环对烃基侧链反应的影响。

主要内容

芳烃是具有芳香性的环状碳氢化合物，分子中含有苯环等具有芳香性的碳环。本章学习芳烃的结构、命名和化学性质。

苯环上的亲电取代反应机理

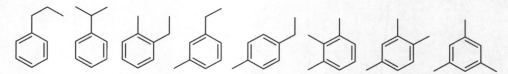

重点难点

芳烃的结构和命名，芳香性和休克尔规则；芳烃的卤化、硝化、磺化、烷基化、酰基化和氯甲基化等亲电取代反应，苯环上亲电取代历程，定位规律及其在合成上的应用；芳环对烃基侧链反应的影响。

练习及参考解答

【练习 8.1】 写出分子组成分别为 C_9H_{12} 和 C_9H_{10} 的所有单环芳烃异构体的结构式。

解答 分子组成为 C_9H_{12}，不饱和度为 4。符合该通式的所有单环芳烃异构体的结构式如下：

分子组成为 C_9H_{10}，不饱和度为 5。符合该通式的所有单环芳烃异构体的结构式如下：

【练习 8.2】 判断下列分子是否有手性。

解答 (a) 没有手性； (b) 没有手性； (c) 有手性。

【练习 8.3】 写出下列芳基的结构及其 CCS 名称。

(a) *o*-nitrophenyl； (b) *m*-chlorophenyl； (c) 3-bromophenyl；
(d) *p*-methoxyphenyl (sometimes called the "*p*-anisyl")。

解答 芳基的结构及其 CCS 名称如下：

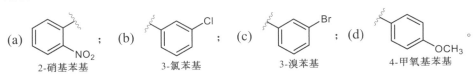

【练习 8.4】 写出下列芳烃的结构。

(a) *trans*-1-(4-bromophenyl)-2-methylcyclohexane； (b) *p*-nitrostyrene；
(c) 4-methylphenol (sometimes called the "*p*-cresol")； (d) 2-phenylethan-1-ol；
(e) (*E*)-2-苯基丁-2-烯； (f) (*R*)-4-苯基环己烯； (g) 对溴苯胺。

解答 各芳烃的结构式如下：

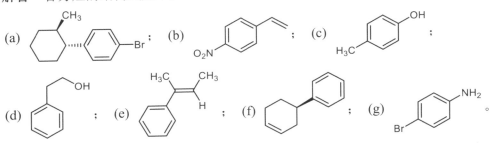

【练习 8.5】 用系统命名法（CCS 法和 IUPAC 法）命名下列芳烃及其衍生物。

解答 各芳烃及其衍生物的系统命名如下：

(a) 1,5-二溴-3-甲基-2-硝基苯（1,5-dibromo-3-methyl-2-nitrobenzene）；
(b) 1-甲氧基-3-甲基-2,4-二硝基苯（1-methoxy-3-methyl-2,4-dinitrobenzene）；
(c) 8-氯萘-1-甲酸（8-chloro-1-naphthoic acid）；
(d) 4-甲基-2-硝基苯磺酸（4-methyl-2-nitrobenzenesulfonic acid）；
(e) (*E*)-1-苯基丁-2-烯（(*E*)-1-phenylbut-2-ene）；
(f) 4-硝基苯胺（4-nitroaniline）。

【练习 8.6】 判断下列化合物是否具有芳香性。

解答 (a)、(b)、(d)、(i)、(j)、(l) 有芳香性；(c)、(e)、(f)、(g)、(h)、(k) 没有芳香性。

【练习 8.7】 比较下列各对化合物或离子的稳定性，并说明理由。

解答 按题意要求回答如下：

(a) □ < ◁ 前者没有芳香性，且有较大的环张力；(b) 环戊二烯负离子 > 开链负离子 前者有芳香性；

(c) 环戊二烯正离子 < 开链正离子 前者没有芳香性，且有较小的环张力；

(d) 苯 > 环己二烯 前者有芳香性；

(e) 环庚三烯正离子 > 开链正离子 前者有芳香性，虽存在一定的环张力。

【练习 8.8】 某些极性的卤化试剂（如 ICl，CH$_3$COOI，CF$_3$COOI，HOBr，CH$_3$COOBr，HOCl，CH$_3$COOCl 等）亦可直接与苯发生亲电取代，实现苯的卤化。例如：

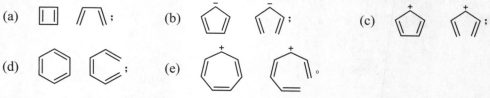

请建议上述反应的机理。

解答 ICl 的键为强极性共价键（I$^{\delta+}$—Cl$^{\delta-}$），正电性的碘具有很强的亲电性。ICl 与苯发生亲电取代的反应机理如下：

【练习 8.9】 除了浓硝酸和浓硫酸的混合酸可作为硝化试剂外，还有 CH_3COONO_2（源于 HNO_3-CH_3COOH，HNO_3-$(CH_3CO)_2O$ 等）和 NO_2BF_4 等。混酸具有强酸性，不适合一些对酸敏感的芳香化合物的硝化，而 CH_3COONO_2 和 NO_2BF_4 可以。芳环硝化反应的亲电试剂都是硝基正离子，请给出 CH_3COONO_2 和 NO_2BF_4 产生硝基正离子的过程。

解答 CH_3COONO_2 和 NO_2BF_4 产生硝基正离子的过程如下：

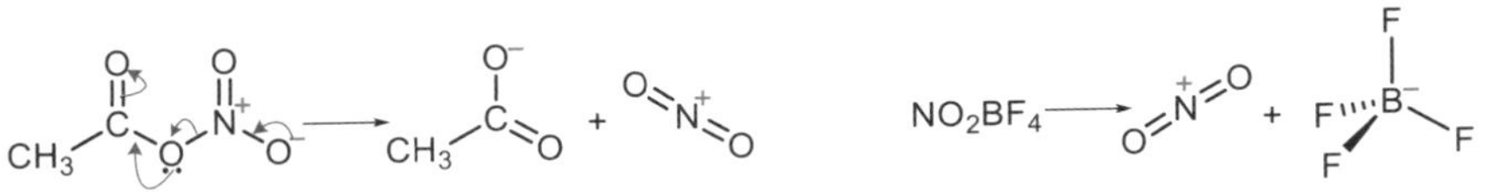

【练习 8.10】 苯的磺化反应是可逆的，将苯磺酸通过热的水蒸气或将苯磺酸与稀硫酸共热可水解，脱除磺酸基。该反应可用于苯环上特定位置的占据。请建议苯磺酸在稀硫酸中加热回到苯的反应机理。

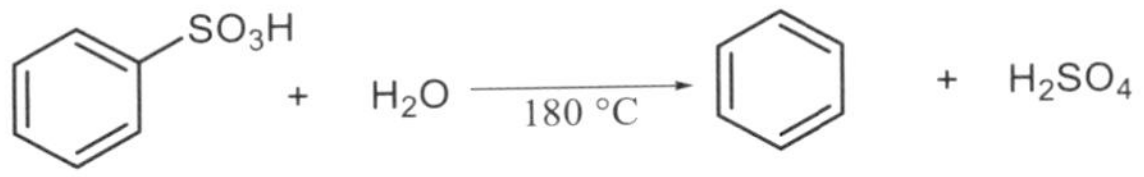

解答 苯磺酸在稀硫酸中加热回到苯的反应机理如下：

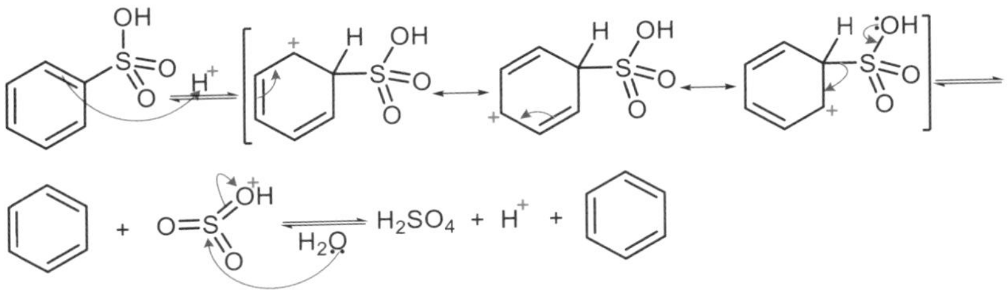

【练习 8.11】 写出下列反应主要产物的结构式。

(a) 间二甲苯 $\xrightarrow{Br_2 / FeBr_3}$ ； (b) 间溴硝基苯 $\xrightarrow{H_2SO_4, \Delta}$ ； (c) 间硝基苯甲酸 $\xrightarrow{HNO_3/H_2SO_4, \Delta}$ 。

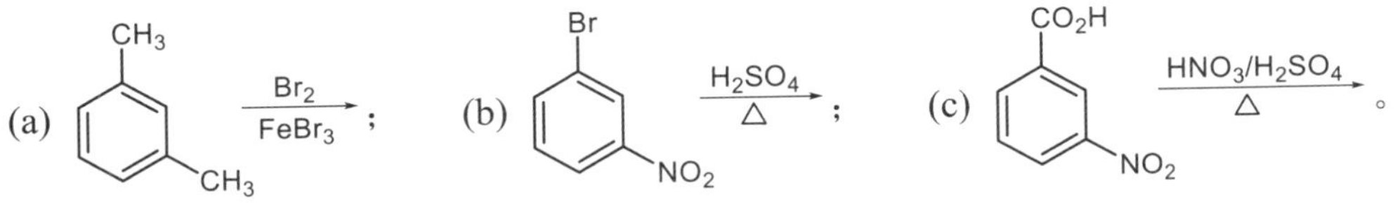

解答 各反应主要产物的结构式如下：

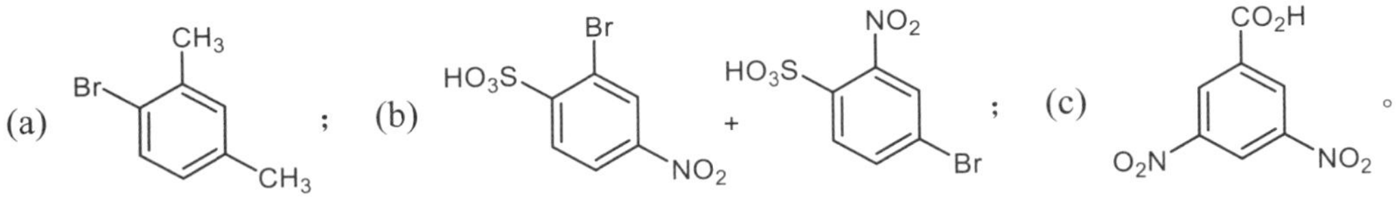

【练习 8.12】 用箭头标出下列化合物发生一元硝化反应的位置（主要产物）。

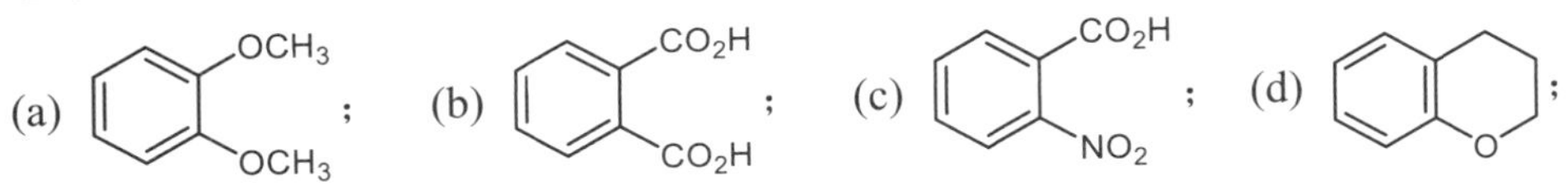

(a) 邻二甲氧基苯； (b) 邻苯二甲酸； (c) 邻硝基苯甲酸； (d) 色满；

(e) 4-chloro-1-methylbenzene ; (f) 4-bromo-1-chlorobenzene ; (g) 4-NHCOCH₃-1-methylbenzene ; (h) 4-tert-butyltoluene ; (i) 4-bromobenzoic acid ;

(j) 3-nitrotoluene ; (k) 2-methyl-5-nitrobenzaldehyde ; (l) 2,5-dimethoxy-1-methylbenzene ; (m) phenyl benzoate ;

(n) 3-methoxyphenyl phenyl ether ; (o) 4-methylphenol ; (p) 3-nitrobenzophenone 。

解答 按题意要求回答如下：

(a) 2,3-dimethoxybenzene (↓较少, ←) ; (b) phthalic acid (↓较少) ; (c) 2-nitrobenzoic acid (↓较少, ←) ; (d) chroman (←, ↑) ;

(e) 4-chlorotoluene (←) ; (f) 4-bromochlorobenzene (←) ; (g) 4-acetamidotoluene (←) ; (h) 2,5-dimethyl (←) ; (i) 4-bromobenzoic acid (←) ;

(j) 3-nitrotoluene (←, ↑) ; (k) 2-methyl-5-nitrobenzaldehyde (←) ; (l) 2,5-dimethoxytoluene (↓较少, ←) ; (m) phenyl benzoate (←, 较少) ;

(n) 2-methoxy diphenyl ether (↓较少, ←, ←) ; (o) 4-methylphenol (←) ; (p) 3-nitrobenzophenone (←, ←) 。

【练习 8.13】 以叔丁基苯或甲苯为原料合成下列化合物。

(a) 4-nitro-tert-butylbenzene ; (b) 2-nitro-tert-butylbenzene ; (c) 2-chlorotoluene 。

解答 按题意要求回答如下：

(a) 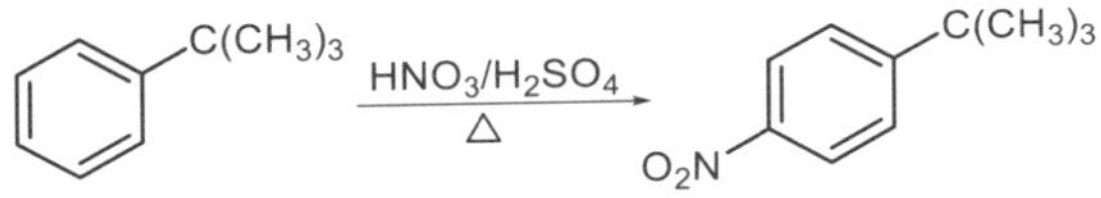 苯-C(CH₃)₃ $\xrightarrow[\triangle]{HNO_3/H_2SO_4}$ 4-叔丁基硝基苯（NO₂在对位）；

(b) 苯-C(CH₃)₃ $\xrightarrow[\triangle]{H_2SO_4}$ HO₃S-C₆H₄-C(CH₃)₃ $\xrightarrow[\triangle]{HNO_3/H_2SO_4}$ HO₃S-C₆H₃(NO₂)-C(CH₃)₃ $\xrightarrow[\triangle]{H_2O/H_2SO_4}$ 邻硝基叔丁基苯；

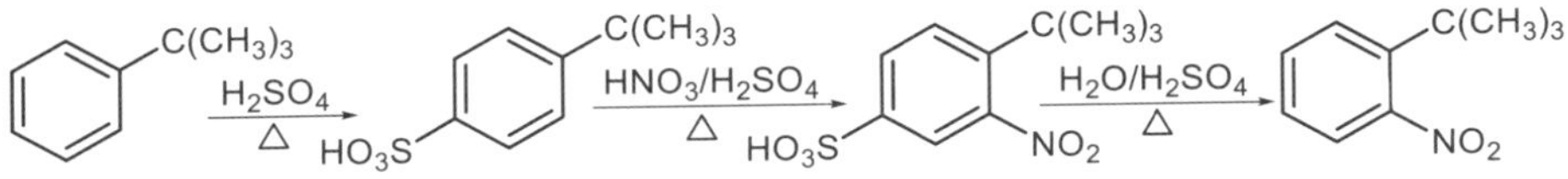

(c) 甲苯 $\xrightarrow[\triangle]{H_2SO_4}$ HO₃S-C₆H₄-CH₃ $\xrightarrow{Cl_2/Fe}$ HO₃S-C₆H₃(Cl)-CH₃ $\xrightarrow[\triangle]{H_2O/H_2SO_4}$ 邻氯甲苯。

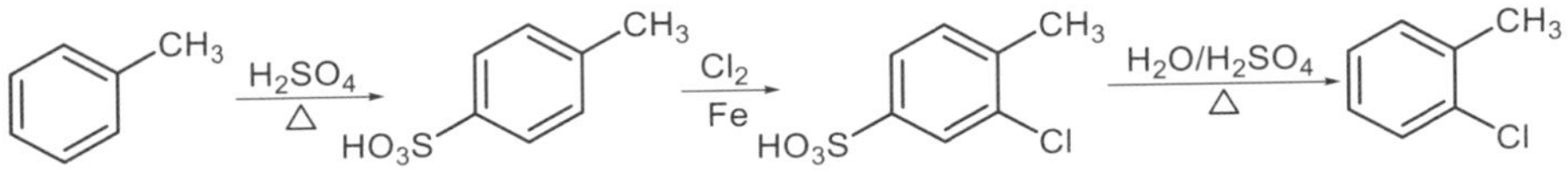

【练习 8.14】 完成下列反应。

(a) 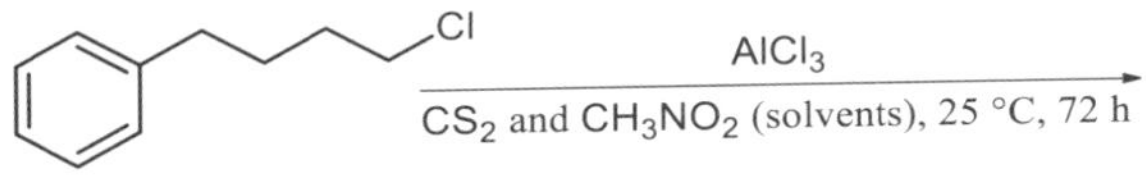 PhCH₂CH₂CH₂CH₂Cl $\xrightarrow{AlCl_3}{CS_2\ and\ CH_3NO_2\ (solvents),\ 25\ ^\circ C,\ 72\ h}$ ；

(b) 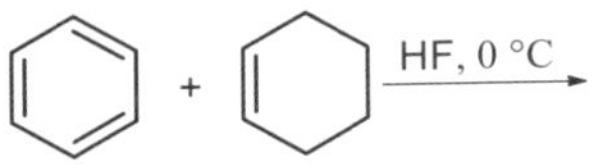 苯 + 环己烯 $\xrightarrow{HF,\ 0\ ^\circ C}$ 。

解答 (a) 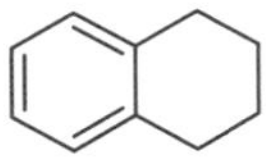 四氢萘； (b) 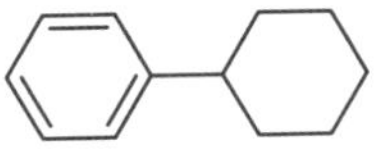 环己基苯。

【练习 8.15】 异丁基苯是合成药物布洛芬的原料，有人希望以 1-氯-2-甲基丙烷为烷基化试剂、无水三氯化铝为催化剂，利用苯的 Friedel-Crafts 烷基化反应来制备，但没有成功，请解释原因。

解答 按题意要求回答如下：

苯 + (CH₃)₂CHCH₂Cl (1-氯-2-甲基丙烷) $\xrightarrow{AlCl_3}$ PhCH₂CH(CH₃)₂ 异丁基苯（没有得到） + PhC(CH₃)₃ 叔丁基苯（主要产物）

CH₃CHCH₂—Cl̈: + AlCl₃ ⟶ CH₃CHCH₂⁻⁺—Cl···⁻AlCl₃ ⟶ CH₃CHCH₂⁺ + AlCl₄⁻
     | | |
    CH₃   CH₃   CH₃

CH₃—C⁺—CH₂ ⟶ CH₃—C⁺—CH₃ + 苯 ⟶ [环己二烯正离子中间体] $\xrightarrow{-AlCl_3}$ C(CH₃)₃-苯
  | H | HCl + AlCl₃
  CH₃   CH₃
  (1°)   (3°)
重排的推动力很大

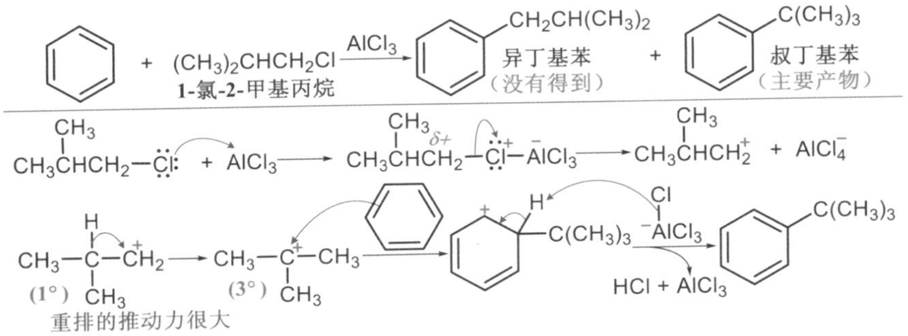

【练习 8.16】 完成下列反应。

(a) 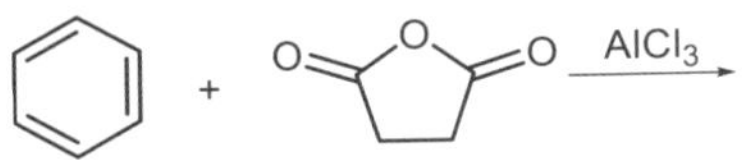 苯 + 丁二酸酐 $\xrightarrow{AlCl_3}$ ； (b) 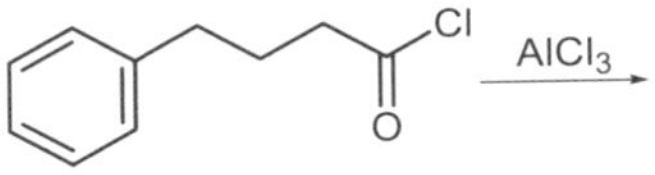 PhCH₂CH₂CH₂COCl $\xrightarrow{AlCl_3}$ ；

(c) [isobutylbenzene] $\xrightarrow[\text{AlCl}_3]{(CH_3CO)_2O}$; (d) [benzyl-(3,4-dimethoxybenzyl)-acetyl chloride] $\xrightarrow{\text{AlCl}_3}$ 。

解答 各反应的产物如下：

(a) PhCOCH₂CH₂CO₂H ; (b) α-tetralone ; (c) 4-isobutylacetophenone ;

(d) 2-benzyl-5,6-dimethoxy-1-indanone 。

【练习 8.17】 利用 Friedel-Crafts 酰基化反应，以合适的原料合成下列化合物。

(a) 3-bromo-phenyl tert-butyl ketone ; (b) 4-bromoacetophenone ; (c) 3-bromo-5-nitrobenzaldehyde ;

(d) 4-nitrobenzophenone ; (e) 3-nitrobenzophenone 。

解答 按题意要求回答如下：

(a) PhH $\xrightarrow[\text{AlCl}_3]{[(CH_3)_3CCO]_2O}$ PhCOC(CH₃)₃ $\xrightarrow[\text{FeBr}_3]{Br_2}$ 3-Br-C₆H₄-COC(CH₃)₃ ;

(b) PhH $\xrightarrow[\text{FeBr}_3]{Br_2}$ PhBr $\xrightarrow[\text{AlCl}_3]{(CH_3CO)_2O}$ 4-Br-C₆H₄-COCH₃ ;

(c) PhH $\xrightarrow[\text{AlCl}_3/\text{CuCl}]{CO, HCl}$ PhCHO $\xrightarrow{NO_2BF_4}$ 3-NO₂-C₆H₄-CHO $\xrightarrow[\text{FeBr}_3]{Br_2}$ 3-Br-5-NO₂-C₆H₃-CHO ;

(d) PhCH₃ $\xrightarrow[\Delta]{HNO_3/H_2SO_4}$ 4-NO₂-C₆H₄-CH₃ $\xrightarrow[\Delta]{KMnO_4/H_2SO_4}$ 4-NO₂-C₆H₄-COOH $\xrightarrow[\Delta]{PCl_5}$ 4-NO₂-C₆H₄-COCl $\xrightarrow[\text{AlCl}_3]{PhH}$ 4-NO₂-C₆H₄-CO-Ph ;

(e) 甲苯 $\xrightarrow[\Delta]{KMnO_4/H_2SO_4}$ 苯甲酸 $\xrightarrow[\Delta]{PCl_5}$ 苯甲酰氯 $\xrightarrow{AlCl_3}$ 二苯甲酮 $\xrightarrow[\Delta]{HNO_3/H_2SO_4}$ 3-硝基二苯甲酮。

【练习 8.18】 完成下列反应。

(a) 4-甲氧基联苯 $\xrightarrow{HNO_3, H_2SO_4}$; (b) N-(6-甲基-2-萘基)乙酰胺 $\xrightarrow{HNO_3, H_2SO_4}$;

(c) 2,3-二氢-1H-菲 $\xrightarrow{HNO_3, H_2SO_4}$; (d) 9,10-二氢菲 $\xrightarrow{HNO_3, H_2SO_4}$;

(e) 2-甲基萘 $\xrightarrow[CCl_4]{Br_2, Fe}$; (f) 2-甲基萘 + 丁二酸酐 $\xrightarrow[PhNO_2, \Delta]{AlCl_3}$;

(g) 1-萘甲醛 $\xrightarrow{Cl_2, FeCl_3}$; (h) 1-氯-2-甲氧基萘 + 己酰氯 $\xrightarrow{AlCl_3, CH_2Cl_2, 20°C}$。

解答 各反应的产物如下：

(a) 3-硝基-4-甲氧基联苯; (b) N-(1-硝基-6-甲基-2-萘基)乙酰胺; (c) 硝基取代物;

(d) 2-硝基-9,10-二氢菲; (e) 1-溴-2-甲基萘; (f) 4-(6-甲基-2-萘基)-4-氧代丁酸;

(g) 5-氯-1-萘甲醛; (h) 1-(5-氯-6-甲氧基-2-萘基)己-1-酮。

【练习 8.19】 1,2,3,4,5,6-六氯环己烷有多少个构型异构体？有几个异构体具有旋光性？

解答 1,2,3,4,5,6-六氯环己烷有 9 个构型异构体，有 2 个异构体具有旋光性。

【练习 8.20】 分子式同为 C_9H_{12} 的三种芳烃 A、B 和 C。用酸性高锰酸钾溶液处理 A 得到一元羧酸，处理 B 得到二元羧酸，处理 C 得到三元羧酸。但经硝化处理 A 和 B 分别得到两种一硝基化合物，而 C 只得到一种一硝基化合物。试推测 A、B 和 C 这三种芳烃的结构。

解答 A: 苯丙烷 ($C_6H_5CH_2CH_2CH_3$) 或异丙苯 ($C_6H_5CH(CH_3)_2$)；B: 对甲基乙苯；C: 1,3,5-三甲基苯。

【练习 8.21】 建议下列反应的机理。

$$\text{甲苯} \xrightarrow[\text{CCl}_4]{\text{NBS}, h\nu} \text{苄基溴 (benzyl bromide)}$$

解答 反应的机理如下：

NBS + HBr ⟶ 丁二酰亚胺 + Br_2

$Br-Br \xrightarrow{h\nu} Br\cdot + \cdot Br$

$Br\cdot + H-CH_2-C_6H_5 \longrightarrow H-Br + \cdot CH_2-C_6H_5$

$Br-Br + \cdot CH_2-C_6H_5 \longrightarrow Br\cdot + Br-CH_2-C_6H_5$

【练习 8.22】 完成下列反应，写出产物的结构式。

环己基苯 $\xrightarrow[\text{FeBr}_3]{\text{Br}_2}$? $\xrightarrow{\text{Br}_2, h\nu}$?

解答 环己基苯 $\xrightarrow[\text{FeBr}_3]{\text{Br}_2}$ 对溴环己基苯 $\xrightarrow{\text{Br}_2, h\nu}$ 1-(4-溴苯基)-1-溴环己烷。

【练习 8.23】 某芳香烃 A，分子式 C_9H_{12}。在光照下用 Br_2 溴化 A 得到两种一溴衍生物（B_1 和 B_2），产率约为 1:1。在铁催化下用 Br_2 溴化 A 也得到两种一溴衍生物（C_1 和 C_2）；C_1 和 C_2 在铁催化下继续溴化则总共得到四种二溴衍生物（D_1、D_2、D_3、D_4）。请写出 A、B_1、B_2、C_1、C_2、D_1、D_2、D_3、D_4 的结构简式。

解答 A、B_1、B_2、C_1、C_2、D_1、D_2、D_3、D_4 的结构简式如下：

A: 对甲基乙苯（4-甲基-1-乙基苯）

B_1 或 B_2: 对甲基苯基-CHBrCH$_3$ 和 对（溴甲基）乙苯

C_1 或 C_2: 2-溴-4-甲基乙苯 和 2-溴-1-甲基-4-乙基苯

D_1、D_2、D_3 或 D_4: 四种二溴代对甲基乙苯衍生物。

【练习 8.24】 比较下列烯烃与 HBr 加成的反应活性。

(a) 苯乙烯；(b) 对甲基苯乙烯；(c) 对氯苯乙烯；(d) 对甲氧基苯乙烯；(e) 对硝基苯乙烯。

解答 本题所列各烯烃与 HBr 加成的反应活性为 (d) > (b) > (a) > (c) > (e)。

【练习 8.25】 间二甲苯的卤代反应比邻二甲苯或对二甲苯的卤代反应要快 100 倍，为什么？

解答 间二甲苯分子中两个甲基的活化作用一致，两个甲基对苯环的卤代共同起作用；邻二甲苯或对二甲苯分子中两个甲基的活化作用不一致，只有一个甲基对苯环的卤代起活化作用。

（间二甲苯：既是一个甲基的邻位，也是另一个甲基的对位；邻二甲苯：只是一个甲基的邻位，只是一个甲基的对位；对二甲苯：只是一个甲基的邻位）

【练习 8.26】 请以亲电取代反应的反应活性递减的顺序排列下述各组化合物，并说明理由。

(a) PhCCl₃，PhCH₃，PhCHCl₂，PhCH₂Cl；
(b) PhCH₂CH₃，PhCH₂CCl₃，PhCH₂CF₃，PhCF₂CH₃；
(c) 对甲基甲苯、对苯二甲酸、对甲基苯甲酸；
(d) 1,4-二氢萘二酮、α-四氢萘酮、四氢萘。

解答 按题意要求回答如下：

(a) PhCH₃ > PhCH₂Cl > PhCHCl₂ > PhCCl₃，原因是氯原子的吸电子作用、氯原子的数目；

(b) PhCH₂CH₃ > PhCH₂CCl₃ > PhCH₂CF₃ > PhCF₂CH₃，原因是氯、氟原子的吸电子作用，氟强于氯，离苯环越近影响越大；

(c) 对甲基苯 > 对甲基苯甲酸 > 对苯二甲酸 原因是羧基的吸电子作用、羧基的数目、甲基的给电子作用、甲基的数目；

(d) 四氢萘 > 1-四氢萘酮 > 1,4-四氢萘二酮 原因是羰基的吸电子作用、羰基的数目，烷基的给电子作用、烷基的数目。

【练习 8.27】 以苯或甲苯为原料合成下列化合物。

(a) 4-硝基苯甲酸； (b) 4-甲基异丙苯； (c) 4-溴-3-硝基苯甲酸；

(d) 4-溴苄氯； (e) 2,6-二溴-4-硝基甲苯； (f) 3-氯苯甲酸；

(g) 2-氯-4-硝基苯甲酸； (h) 3-溴-5-硝基苯甲酸； (i) 3-硝基苯乙酮。

解答 按题意要求回答如下：

(a) 甲苯 $\xrightarrow{HNO_3/H_2SO_4, \Delta}$ 对硝基甲苯 $\xrightarrow{KMnO_4/H_2SO_4, \Delta}$ 对硝基苯甲酸；

(b) 甲苯 $\xrightarrow[AlCl_3]{(CH_3)_2CHCl}$ 对甲基异丙苯；

(c) 甲苯 $\xrightarrow[FeBr_3]{Br_2}$ 对溴甲苯 $\xrightarrow{KMnO_4/H_2SO_4, \Delta}$ 对溴苯甲酸 $\xrightarrow{HNO_3/H_2SO_4, \Delta}$ 4-溴-3-硝基苯甲酸；

(d) 甲苯 $\xrightarrow[FeBr_3]{Br_2}$ 对溴甲苯 $\xrightarrow{Cl_2, h\nu}$ 4-溴苄氯；

或 苯 $\xrightarrow[HCl, ZnCl_2]{HCHO}$ 苄氯 $\xrightarrow[FeBr_3]{Br_2}$ 4-溴苄氯

(e) 苯-CH₃ →[HNO₃/H₂SO₄, Δ] 对硝基甲苯 →[Br₂(过量)/FeBr₃] 3,5-二溴-4-甲基硝基苯；

(f) 甲苯 →[KMnO₄/H₂SO₄, Δ] 苯甲酸 →[Cl₂/FeCl₃] 3-氯苯甲酸；

(g) 甲苯 →[HNO₃/H₂SO₄, Δ] 对硝基甲苯 →[Cl₂/FeCl₃] 3-氯-4-甲基硝基苯 →[KMnO₄/H₂SO₄, Δ] 2-氯-4-硝基苯甲酸；

(h) 甲苯 →[KMnO₄/H₂SO₄, Δ] 苯甲酸 →[HNO₃/H₂SO₄, Δ] 3-硝基苯甲酸 →[Br₂/FeBr₃] 3-溴-5-硝基苯甲酸；

(i) 苯 →[(CH₃CO)₂O/AlCl₃] 苯乙酮 →[HNO₃/H₂SO₄, Δ] 3-硝基苯乙酮。

【练习 8.28】 根据下列反应所示的立体化学，请用机理解释产物的形成过程。

解答　（反应机理图示）

【练习 8.29】 环戊-1,3-二烯可与金属钠发生如下反应，而环己-1,3-二烯则不与金属钠反应。请给出合理的解释。

解答　环戊-1,3-二烯基负离子有芳香性，比较稳定，故其共轭酸环戊-1,3-二烯有一定的酸性；而环己-1,3-二烯基负离子不是闭合的环状共轭体系，没有芳香性，很不稳定，故其共轭酸环己-1,3-二烯的酸性很弱，不能与金属钠反应。

【练习 8.30】 3-氯环丙-1-烯（3-chlorocycloprop-1-ene）在路易斯酸 SbCl₅ 作用下，脱

去氯负离子，生成碳正离子，这是因为环丙烯基正离子具有芳香性。

请解释：5-氯环戊-1,3-二烯（5-chlorocyclopenta-1,3-diene）不发生上述反应，而3,4-二氯-1,2,3,4-四甲基环丁烯（3,4-dichloro-1,2,3,4-tetramethylcyclobutene）可发生类似反应。

解答 5-氯环戊-1,3-二烯不发生反应，是因为环戊-1,3-二烯基正离子没有芳香性；3,4-二氯-1,2,3,4-四甲基环丁烯可发生反应，是因为 1,2,3,4-四甲基环丁烯二价正离子具有芳香性。

【练习 8.31】 某烃类化合物 A 的分子式为 C_9H_8，能使 Br_2 的 CCl_4 溶液褪色，在温和的条件下就能与 1 mol 的 H_2 加成，生成分子式为 C_9H_{10} 的化合物 B；在高温高压下，A 能与 4 mol 的 H_2 加成，生成化合物 C；剧烈条件下氧化 A 可得到一个邻位的二元芳香羧酸 D。试推测化合物 A、B、C 和 D 的结构。

解答

【练习 8.32】 建议下列反应的机理。

(d) 4-CH₃O-C₆H₄-CH₂-C(O)Cl + CH₂=CH₂ —AlCl₃→ 6-methoxy-2-tetralone ;

(e) C₆H₆ + CH₃OCHCl₂ —SnCl₄→ C₆H₅CHO + CH₃Cl + HCl。

解答 各反应的机理如下：

(a) [mechanism showing styrene + H⁺ → benzylic cation, attack by second styrene, cyclization to indane-type cation, loss of H⁺ to give 1-methyl-3-phenylindane];

(b) [mechanism for p-methoxycinnamyl type + Br₂ showing bromonium ion, anchimeric assistance from p-MeO group, paths a and b leading to two dibromide products];

(c) [γ-butyrolactone + AlCl₃ activates C=O, benzene attacks acylium, followed by intramolecular Friedel–Crafts giving α-tetralone];

(d) [p-MeO-C₆H₄CH₂COCl + AlCl₃ → acylium; ethylene adds to give new cation; intramolecular cyclization onto ring, loss of H⁺ (as HCl + AlCl₃) gives 6-methoxy-2-tetralone];

(e) CH₃OCHCl₂ —SnCl₄→ CH₃O-C(H)(Cl)–Cl···SnCl₄ → CH₃O⁺=CHCl (+ SnCl₅⁻) → benzene attacks → Ph-CH(OCH₃)Cl (−HCl, SnCl₄) → PhCH(OCH₃)Cl → PhCH=O⁺CH₃ + Cl⁻ → PhCHO + CH₃Cl

第 9 章 卤 代 烃

学习目标

通过本章学习，了解卤代烃与人类生产和生活的关系；掌握卤代烃的结构特征和性质特征，熟悉卤代烃的分类和命名，掌握卤代烃的鉴别方法；学习并掌握卤代烃与金属的反应及金属有机化合物的反应、亲核取代反应、消除和还原等反应及其用途；掌握卤代烃的亲核取代反应历程、消除反应历程，影响亲核取代反应、消除反应活性的因素，掌握并控制取代与消除的竞争；了解卤代烃在有机合成上的重要性；了解卤代烃的制备。

主要内容

卤代烃是分子中含有碳卤键（C—X σ键）的有机化合物。本章学习卤代烃的结构、命名、化学性质和制法。

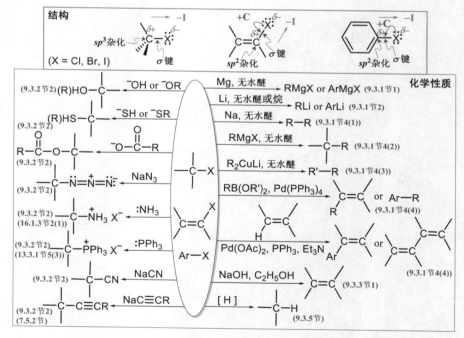

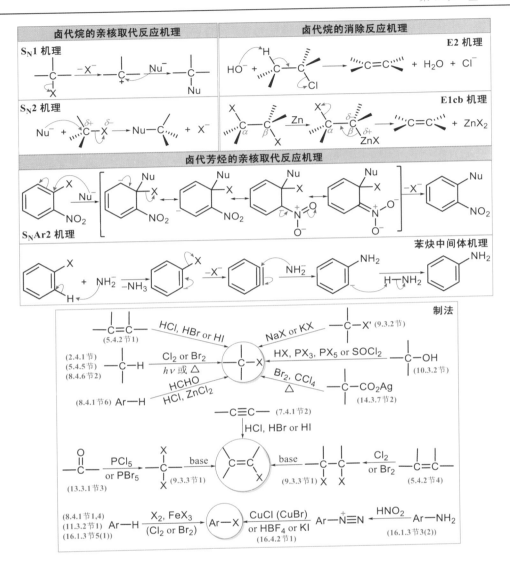

重点难点

卤代烃的命名；卤代烃与金属的反应及金属有机化合物的反应、亲核取代反应、消除和还原等反应；卤代烃的亲核取代反应机理、消除反应机理；卤代烃亲核取代和消除反应的立体选择性及其规律。

【练习 9.1】 写出溴代烃 $C_6H_{13}Br$ 的所有异构体的构造式，并用系统命名法命名之。

解答 分子组成为 $C_6H_{13}Br$，不饱和度为 0。符合该通式的所有异构体的构造式和系统命名如下：

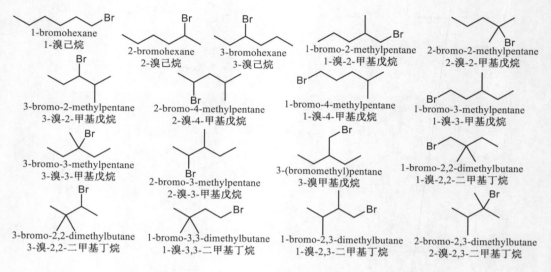

【练习 9.2】 用系统命名法（CCS 法和 IUPAC 法）命名下列卤代烃。

(a) CH₃CH₂CH(CH₂Br)CH₂CH₂CH₃；

(b) CH₃—C≡C—CH₂—C(Br)=CH₂；

(c) 结构式； (d) 结构式； (e) 结构式；

(f) 结构式； (g) 结构式； (h) 结构式。

解答 各卤代烃的系统命名如下：

(a) 3-(溴甲基)庚烷（3-(bromomethyl)heptane）；

(b) 2-溴己-1-烯-4-炔（2-bromohex-1-en-4-yne）；

(c) (E)-4-溴-5-氯辛-2-烯（(E)-4-bromo-5-chlorooct-2-ene）或 trans-4-溴-5-氯辛-2-烯（trans-4-bromo-5-chlorooct-2-ene）；

(d) (1R,3S)-1-氟-3-(氟甲基)环己烷（(1R,3S)-1-fluoro-3-(fluoromethyl)cyclohexane）或 cis-1-氟-3-(氟甲基)环己烷（cis-1-fluoro-3-(fluoromethyl)cyclohexane）；

(e) (2S,4E)-2-溴-4-乙基-7-甲基辛-4-烯（(2S,4E)-2-bromo-4-ethyl-7-methyloct-4-ene）；

(f) (1R,3R)-1-氯-3-甲基环戊烷（(1R,3R)-1-chloro-3-methylcyclopentane）或 trans-1-氯-3-甲基环戊烷（trans-1-chloro-3-methylcyclopentane）；

(g) 2-溴-1-甲基萘（2-bromo-1-methylnaphthalene）；

(h) 2,2',4,4',6-五氯-1,1'-联苯（2,2',4,4',6-pentachloro-1,1'-biphenyl）。

【练习 9.3】 写出下列卤代烃的结构。

(a) 1-bromo-3-chloro-4-methylpentane； (b) 3,3-dichloro-2-methylhexane；

(c) 6-bromo-3,3-dimethylcyclohexene； (d) (*S*)-2-bromo-4-methylpentane；

(e) (*E*)-4-bromo-3,4-dimethylpent-2-ene； (f) (*R*)-4-bromocyclohexene；

(g) 5,6-二氯-1,2,3,4-四氢萘； (h) 1-氯-6,7-二甲基二环[3.2.1]辛烷；

(i) 2-氯丁-1,3-二烯；

(j) (1*R*,2*S*)-1-氯-2-苯基环己烷（最稳定的构象式）。

解答 各卤代烃的结构式如下：

(a) 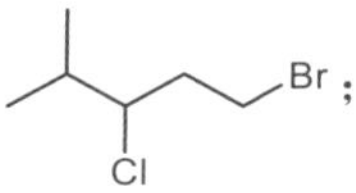；(b) 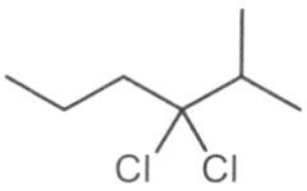；(c) 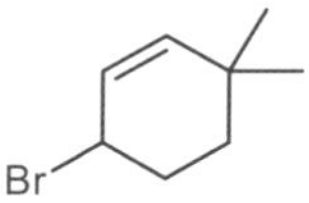；(d) 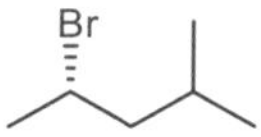；

(e) 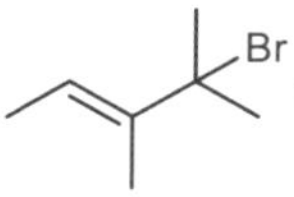；(f) 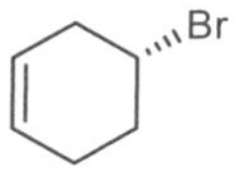；(g) 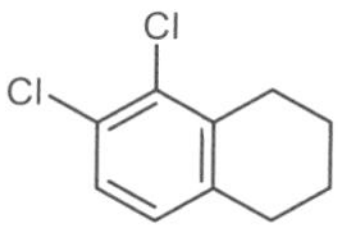；(h) 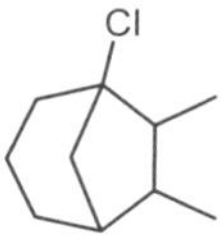；

(i) 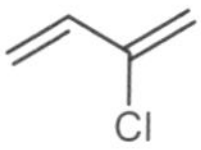；(j) 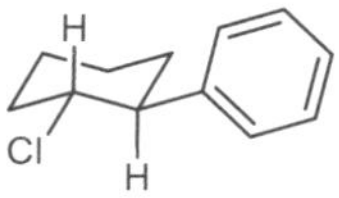。

【练习 9.4】 将下列一氯代丁烷异构体按沸点由高到低排列，并说明理由。

(a) $CH_3CH_2CH(Cl)CH_3$； (b) $(CH_3)_3CCl$； (c) $CH_3(CH_2)_2CH_2Cl$。

解答 按沸点由高到低排列的顺序为 (c) > (a) > (b)。一氯代丁烷异构体的相对分子量相同，支链不利于分子间靠近，分枝越多的异构体分子间作用力越弱。

【练习 9.5】 用适当的化学反应实现下列转化。

(a) 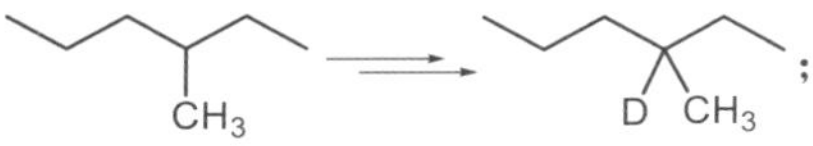； (b) 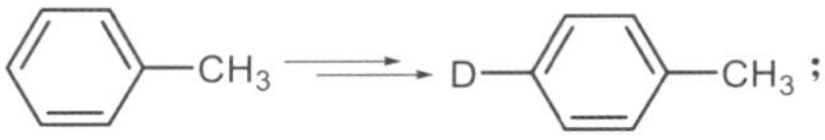；

(c) $CH_3CH{=}CH_2 \longrightarrow CH_3CH_2CH_2CH_2CH{=}CH_2$ 和 $(CH_3)_2CHCH_2CH_2CH_3$。

解答 按题意要求回答如下：

(a) 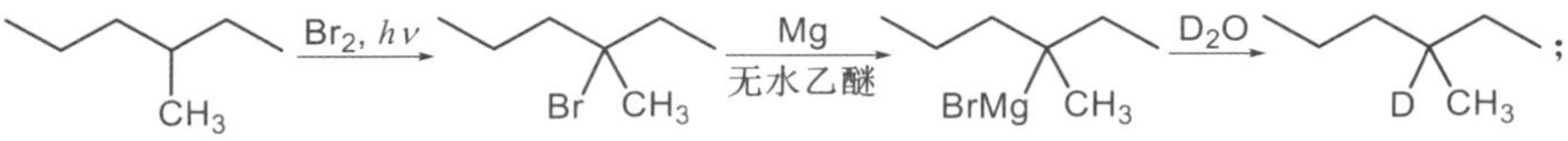；

(b) 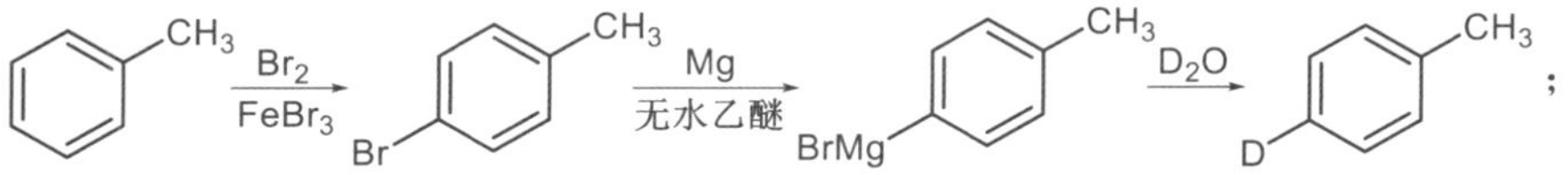；

(c) $CH_3CH{=}CH_2 \xrightarrow[R_2O_2]{HBr} CH_3CH_2CH_2Br \xrightarrow[无水乙醚]{Mg} CH_3CH_2CH_2MgBr \xrightarrow{BrCH_2CH{=}CH_2} CH_3CH_2CH_2CH_2CH{=}CH_2$。

$CH_3CH{=}CH_2 \xrightarrow{HBr} (CH_3)_2CHBr \xrightarrow[无水乙醚]{Mg} (CH_3)_2CHMgBr \xrightarrow{BrCH_2CH{=}CH_2}$

$(CH_3)_2CHCH_2CH{=}CH_2 \xrightarrow[Pd/C]{H_2} (CH_3)_2CHCH_2CH_2CH_3$ $\left(CH_2{=}CHCH_3 \xrightarrow[(PhCOO)_2]{NBS} CH_2{=}CHCH_2Br\right)$

【练习 9.6】 用不超过六个碳的卤代烃合成下列化合物。

(a) 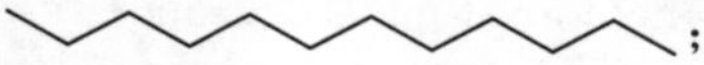；

(b) ；

(c) 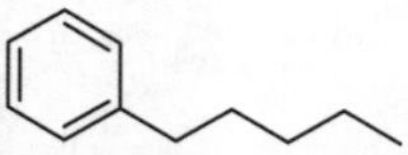；

(d) 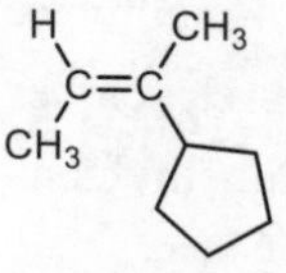。

解答 按题意要求回答如下：

(a) ；

(b) 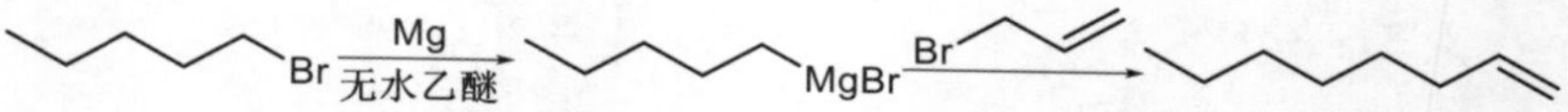；

(c) 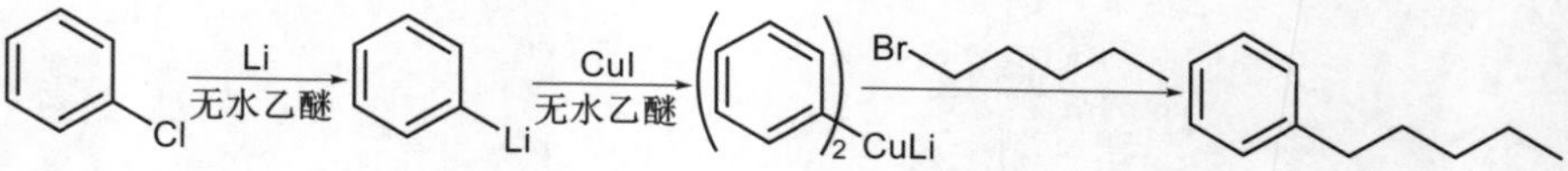；

(d) 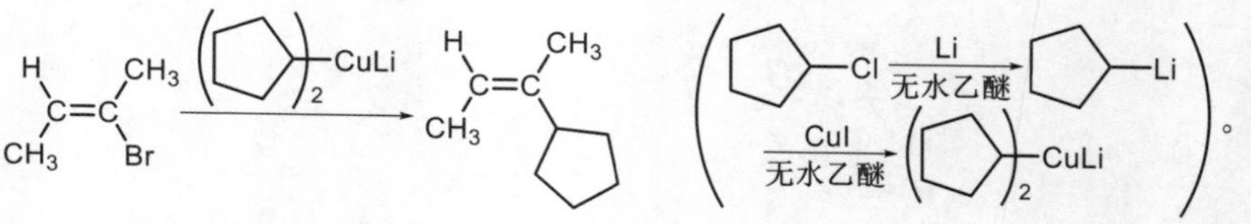。

【练习 9.7】 用简单的化学方法鉴别下列化合物。

(a) $(CH_3)_3CCl$，$(CH_3)_3CBr$，$(CH_3)_3CI$；

(b) 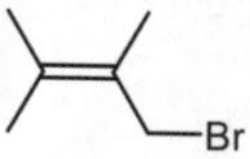，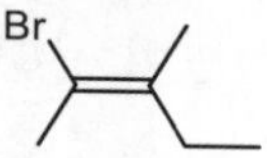，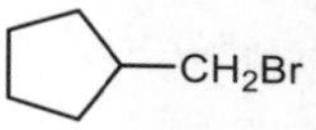，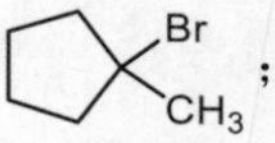；

(c) 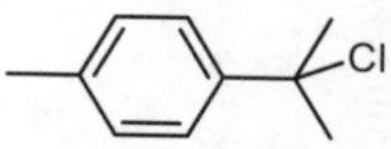，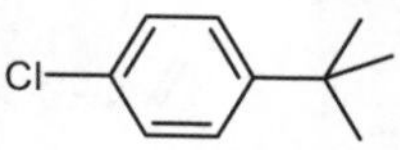，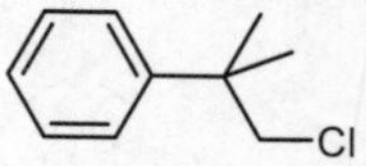。

解答 按题意要求回答如下：

(a)

	$(CH_3)_3CCl$	$(CH_3)_3CBr$	$(CH_3)_3CI$；
$AgNO_3/C_2H_5OH$	(+) AgCl↓ 白色沉淀	(+) AgBr↓ 浅黄色沉淀	(+) AgI↓ 黄色沉淀

(b)

	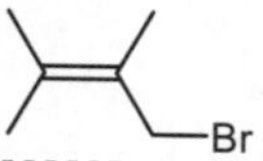	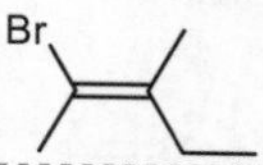	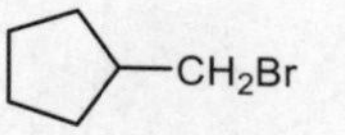	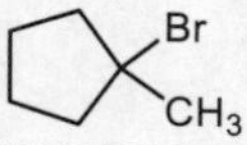；
$KMnO_4/H_2SO_4$溶液	(+)紫红色褪去	(+)紫红色褪去	(−)	(−)
$AgNO_3/C_2H_5OH$, r.t.	(+) AgBr↓ 浅黄色沉淀	(−)	(−)	(+) AgBr↓ 浅黄色沉淀

(c)

	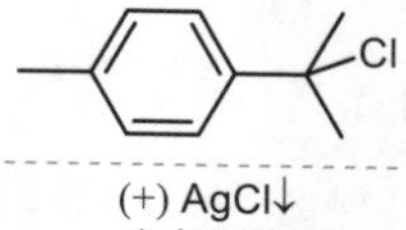	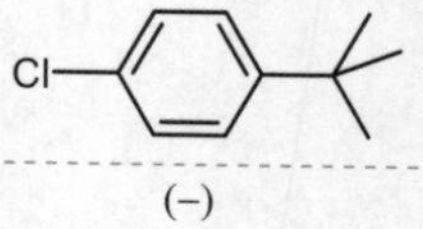	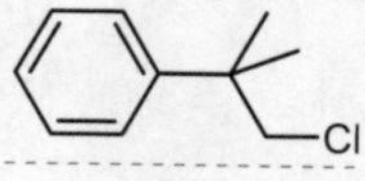。
$AgNO_3/C_2H_5OH$, r.t.	(+) AgCl↓ 白色沉淀	(−)	(−)
$AgNO_3/C_2H_5OH$, △	/	(−)	(+) AgCl↓ 白色沉淀

【练习 9.8】 将下列各组化合物按照与 AgNO₃/C₂H₅OH 反应，从易到难的顺序排列。

(a) CH₃CH=CHBr，(CH₃)₂CHBr，CH₃CH₂CH₂Br，环丁基-C(CH₃)₂Br；

(b) 2-甲基-2-溴丙烷，2-溴丙-1-烯，2-溴丁烷，2-苯基-2-溴丙烷；

(c) 1-溴丁烷，1-氯戊烷，1-碘丙烷；

(d) CH₂=CH-C(Cl)(CH₂CH₃)，CH₂=CH-CH(Cl)-CH₃，环戊二烯基-Cl。

解答 按题意要求回答如下：

(a) 环丁基-C(CH₃)₂Br > (CH₃)₂CHBr > CH₃CH₂CH₂Br > CH₃CH=CHBr；

(b) 2-苯基-2-溴丙烷 > 2-甲基-2-溴丙烷 > 2-溴丁烷 > 2-溴丙-1-烯；

(c) 1-碘丙烷 > 1-溴丁烷 > 1-氯戊烷；

(d) CH₂=CH-C(Cl)(CH₂CH₃) > CH₂=CH-CH(Cl)-CH₃ > 环戊二烯基-Cl。

【练习 9.9】 将下列各组碳正离子按照稳定性从大到小的顺序排列。

(a) 环丙烯基⁺，环戊二烯基⁺，环己二烯基⁺；

(b) 降冰片基⁺，金刚烷基⁺，双环[2.2.2]辛基⁺，环己基⁺。

解答 (a) 环丙烯基⁺ > 环己二烯基⁺ > 环戊二烯基⁺；

(b) 环己基⁺ > 金刚烷基⁺ > 双环[2.2.2]辛基⁺ > 降冰片基⁺。

【练习 9.10】 完成下列反应。

(a) HOCH₂CH₂Cl $\xrightarrow[\text{丙酮}]{\text{KI}}$；

(b) Cl-C₆H₄-CHCl-CH₃ $\xrightarrow[\text{NaHCO}_3]{\text{H}_2\text{O}}$；

(c) (CH₃)(H)(D)C-Br $\xrightarrow[\text{C}_2\text{H}_5\text{OH}]{\text{NaCN}}$；

(d) ClCH₂CH₂CH(Cl)CH₃ $\xrightarrow[\text{丙酮}]{\text{KI}}$。

解答 (a) HOCH₂CH₂I； (b) Cl-C₆H₄-CH(OH)-CH₃； (c) NC-C(CH₃)(H)(D)； (d) ICH₂CH₂CH(Cl)CH₃。

【练习 9.11】 将下列各组化合物按照与 NaOH/H₂O 反应，从易到难的顺序排列。

(a) 1-溴丁烷，2,2-二甲基-1-溴丁烷，2-甲基-1-溴丁烷，3-甲基-1-溴丁烷；

(b) 2-环戊基-2-溴丁烷，1-环戊基-1-溴丙烷，溴甲基环戊烷，1-溴金刚烷；

(c) CH₃Cl，CH₃I，CH₃OH，CH₃OSO₂CF₃，CH₃F，CH₃Br；

(d) CH₃CH₂CH₂CH₂Cl，CH₃CH=CHCH₂Cl，CH₃CH₂CH(Cl)CH₃。

解答 按题意要求回答如下：

(a) 1-溴丁烷 > 3-甲基-1-溴丁烷 > 2-甲基-1-溴丁烷 > 2,2-二甲基-1-溴丁烷；

(b) 溴甲基环戊烷 > 1-环戊基-1-溴丙烷 > 2-环戊基-2-溴丁烷 > 1-溴金刚烷；

(c) $CH_3OSO_2CF_3 > CH_3I > CH_3Br > CH_3Cl > CH_3F > CH_3OH$；

(d) $CH_3CH=CHCH_2Cl > CH_3CH_2CH_2CH_2Cl > CH_3CH_2CH(Cl)CH_3$。

【练习 9.12】 在一氯甲烷与 $NaOH-H_2O$ 的反应中，加入少量 NaI 或 KI 时，反应明显加快，请解释原因。

解答 NaI 或 KI 催化的一氯甲烷与 $NaOH-H_2O$ 的反应和 I^- 的催化作用如下：

$$CH_3Cl + NaOH \xrightarrow[\text{或 KI}]{NaI} CH_3OH + NaCl$$

$$I^- + CH_3-Cl \longrightarrow CH_3-I + Cl^-$$
$$HO^- + CH_3-I \longrightarrow CH_3-OH + I^-$$

I^- 的亲核性强于 HO^-；I^- 的离去能力强于 Cl^-。所以，CH_3I 的反应活性高于 CH_3Cl。

【练习 9.13】 (S)-2-碘辛烷与碘化钠在丙酮溶液中长时间放置，光学活性消失；若用放射性 NaI* ($^{128}I^-$) 进行该反应，则观察到外消旋化的速率是同位素交换速率的两倍，请解释原因（提示：放射性碘同位素不影响 2-碘辛烷的旋光性能）。

解答 (S)-2-碘辛烷与碘化钠在丙酮溶液中长时间放置，会发生如下卤素互换反应，达平衡时(S)-2-碘辛烷与(R)-2-碘辛烷的摩尔量相等，故光学活性消失；

放射性 NaI* ($^{128}I^-$) 与 (S)-2-碘辛烷的反应。由于放射性碘同位素不影响 2-碘辛烷的旋光性能，若 1 mol 放射性 NaI* 与 1 mol (S)-2-碘辛烷反应生成 1 mol 含放射性碘同位素的 (R)-2-碘辛烷，该含放射性碘同位素的 2-碘辛烷与等摩尔量未反应的 (S)-2-碘辛烷构成外消旋体。所以，观察到外消旋化的速率是同位素交换速率的两倍。

【练习 9.14】 下列反应在水和乙醇的混合溶剂中进行，如果增加水的比例，对反应有利还是不利？

(a) $CH_3CH_2CH_2CH_2I + N(CH_3)_3 \longrightarrow CH_3CH_2CH_2CH_2N^+(CH_3)_3\ I^-$；

(b) $CH_3CH_2CH_2CH_2I + NaOH \longrightarrow CH_3CH_2CH_2CH_2OH + NaI$。

解答 按题意要求回答如下：

(a) 从反应物到过渡态为极性增大过程，水和乙醇的混合溶剂中水的比例增加，极性加大，易于稳定过渡态，有利于反应的进行；

(b) 从反应物到过渡态为极性减小过程，水和乙醇的混合溶剂中水的比例增加，极性加大，不利于稳定过渡态，不利于反应的进行。

$$CH_3CH_2CH_2CH_2I + {}^-OH \longrightarrow [CH_3CH_2CH_2\overset{\delta^-}{\underset{HO}{C}}\overset{H}{\underset{\delta^-}{\overset{H}{\cdots}}}]^{\neq}$$

【练习 9.15】 请回答下列问题。

(a) 完成并解释反应：$HS\text{—}\!\!\!-\!\!\!-\!\!\!-\!\!\!-Br \xrightarrow{OH^-} ?$，$Cl\text{—}\!\!\!-\!\!\!-\!\!\!-\!\!\!-\!\!\!-Cl \xrightarrow{Na_2S} ?$；

(b) 化合物 A 的水解速率比其异构体 B 快很多，请解释原因，并写出 A 的水解产物。

A. （Cl 与 SCH₃ 反式） B. （Cl 与 SCH₃ 顺式）

解答 按题意要求回答如下：

(a) $HS\text{—}\!\!\!-\!\!\!-\!\!\!-\!\!\!-Br \xrightarrow{OH^-}$ 四氢噻吩，

$HS\text{—}\!\!\!-\!\!\!-\!\!\!-\!\!\!-Br \xrightarrow{OH^-} {}^-S\text{—}\!\!\!-\!\!\!-\!\!\!-\!\!\!-Br \longrightarrow$ 四氢噻吩 $+ Br^-$
  分子内 S_N2 反应

$Cl\text{—}\!\!\!-\!\!\!-\!\!\!-\!\!\!-\!\!\!-Cl \xrightarrow{Na_2S}$ 四氢噻吩；

$Cl\text{—}\!\!\!-\!\!\!-\!\!\!-\!\!\!-\!\!\!-Cl + S^{2-} \longrightarrow {}^-S\text{—}\!\!\!-\!\!\!-\!\!\!-\!\!\!-\!\!\!-Cl \longrightarrow$ 四氢噻吩 $+ Cl^-$
  分子间 S_N2 反应   分子内 S_N2 反应

(b) (A) 与 Cl 处于反式的 SCH₃ 参与，促进了氯代烷的水解
(B) SCH₃ 与 Cl 处于顺式，无法参与

【练习 9.16】 比较下列化合物与 H_2O 反应的难易，并说明理由（提示：考虑构象的影响）。

(a) （Cl、SCH₃、C(CH₃)₃ 环己烷衍生物）；(b) （Cl、SCH₃ 环己烷衍生物）；(c) （Cl、SCH₃、C(CH₃)₃ 环己烷衍生物）。

解答 按题意要求回答如下：

(a) 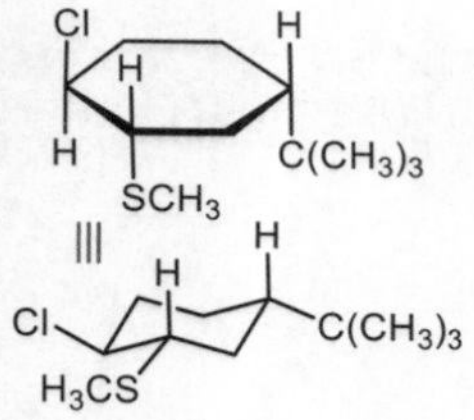 ; (b) 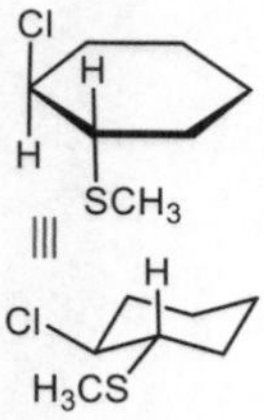 ; (c) 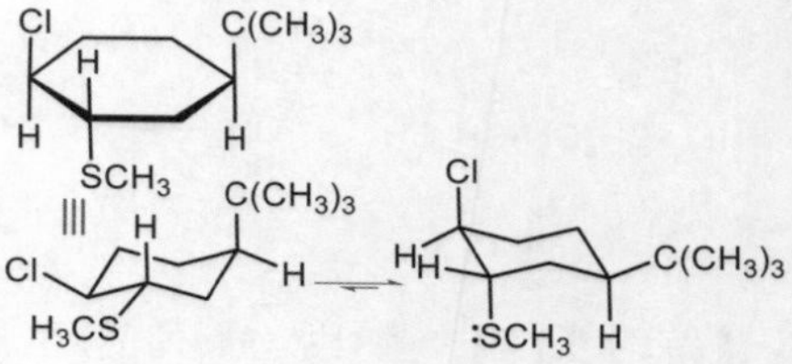 。

与 H_2O 反应从易到难的顺序为 (c) > (b) > (a)。(c)的优势构象中 SCH_3 与 Cl 反平行，利于邻基参与，可以促进氯代烷的水解；(a)和(b)的优势构象中 SCH_3 虽与 Cl 处于反式，但不平行，不利于邻基参与；(a)中大体积的叔丁基只能处于 *e* 键，SCH_3 与 Cl 很难通过构象翻转成反平行位置，而(b)可以。

【练习 9.17】 请写出可在 KOH/C_2H_5OH 中消去氯化氢、分别以下列烯烃为主要（或唯一）产物的氯代烷烃的结构式。

(a) 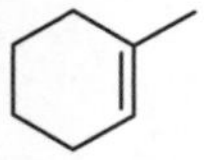 ; (b) 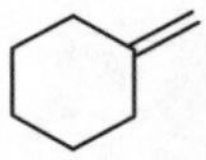 ; (c) 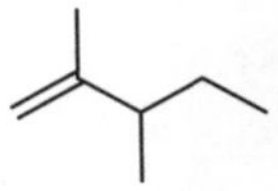 ; (d) 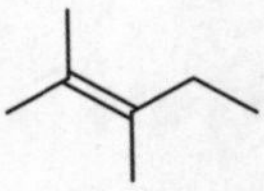 ; (e) 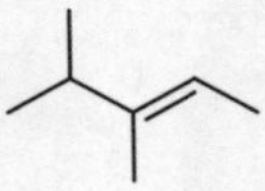 。

解答 按题意要求回答如下：

(a) 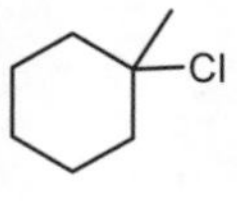 ; (b) 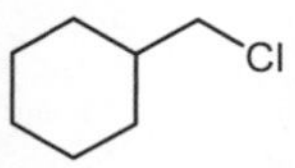 ; (c) 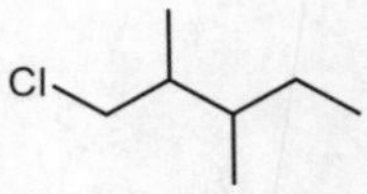 ;

(d) 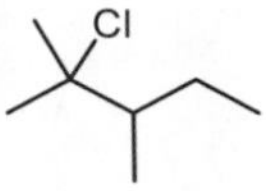 or 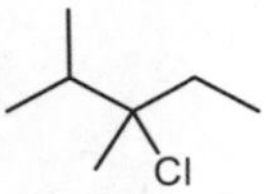 ; (e) 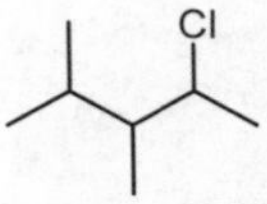 。

【练习 9.18】 请写出下列化合物在 KOH/C_2H_5OH 中消去一分子卤化氢的产物。

(a) (±)-2,3-二溴丁烷； (b) *meso*-2,3-二溴丁烷； (c) 2-bromo-3-methyl-1-phenylbutane；
(d) *cis*-1-氯-2-苯基环己烷； (e) *trans*-1-氯-2-苯基环己烷； (f) 4-bromohex-1-ene；

(g) 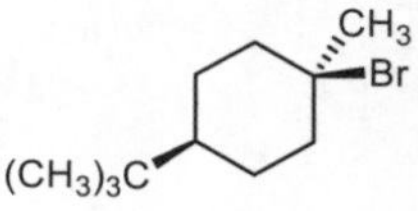 ; (h) 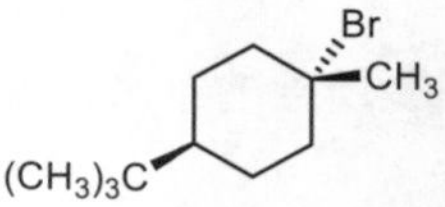 ; (i) 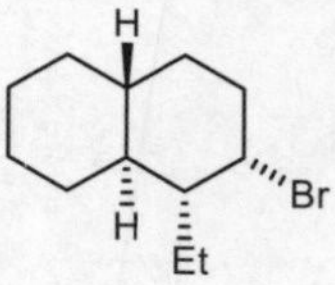 ; (j) 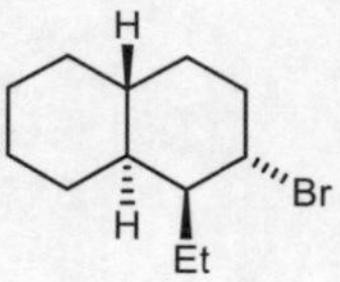 ;

(k) 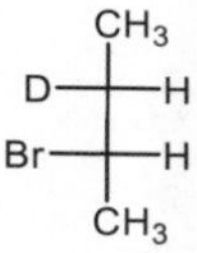 ; (l) 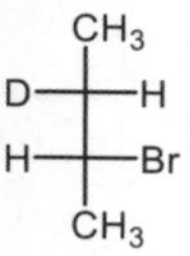 ; (m) 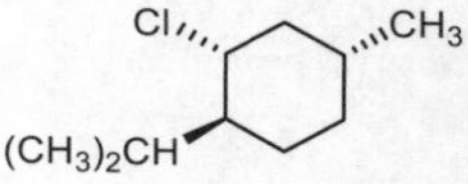 ; (n) 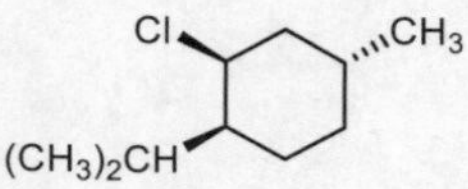 。

解答 按题意要求回答如下：

(a) ... ; (b) ... ; (c) ... ; (d) ... ;

(e) ... ; (f) ... ; (g) ... ; (h) ... ;

(i) ... ; (j) ... ; (k) ... ; (l) ... ;

(m) ... ; (n) ... 。

【练习 9.19】 请比较下列各组化合物在 KOH/C$_2$H$_5$OH 中脱 HX 的反应速率，并简述理由。

(a) CH$_3$CH$_2$CH$_2$CH$_2$Br，CH$_3$CH$_2$CH$_2$CH$_2$Cl，CH$_3$CH$_2$CH(CH$_3$)Br，CH$_3$CH$_2$C(CH$_3$)$_2$Br；

(b) ... 和 ... ； (c) ... 和 ... ；

(d) ... 和 ... ； (e) ... 和 ... ； (f) ... 和 ... 。

解答 按题意要求回答如下：

(a) CH$_3$CH$_2$C(CH$_3$)$_2$Br > CH$_3$CH$_2$CH(CH$_3$)Br > CH$_3$CH$_2$CH$_2$CH$_2$Br > CH$_3$CH$_2$CH$_2$CH$_2$Cl。三级 RBr 比二级 RBr 容易消除，二级 RBr 比一级 RBr 容易消除，原因是烷基可以稳定消除反应的过渡态；RBr 比 RCl 容易消除，原因是溴负离子比氯负离子易离去；

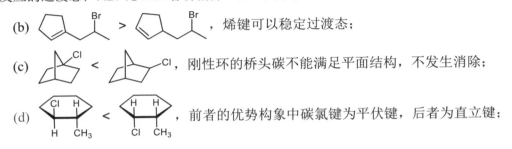

(b) ... > ... ，烯键可以稳定过渡态；

(c) ... < ... ，刚性环的桥头碳不能满足平面结构，不发生消除；

(d) ... < ... ，前者的优势构象中碳氯键为平伏键，后者为直立键；

(e) [cis-1-chloro-2-methylcyclohexane] < [trans isomer]，前者的优势构象中碳氯键为平伏键，后者为直立键；

(f) [cis-1-chloro-3,5-dimethylcyclohexane] < [trans isomer]，甲基可以稳定消除反应的过渡态。

【练习 9.20】 请比较下列各组反应的消除/取代比的大小，并简述理由。

(a) 环己基-Br $\xrightarrow{(CH_3)_3CONa}{(CH_3)_3COH}$ 和 环己基-Br $\xrightarrow{CH_3ONa}{CH_3OH}$；

(b) $(CH_3CH_2)_2CHBr \xrightarrow{NaCN}{C_2H_5OH}$ 和 $(CH_3CH_2)_3CBr \xrightarrow{NaCN}{C_2H_5OH}$；

(c) $CH_3CH_2CH_2CH_2Br \xrightarrow{NaSC_2H_5}$ 和 $(CH_3)_2CHCH_2Br \xrightarrow{NaSC_2H_5}$；

(d) $CH_3CH(Br)CH_3 \xrightarrow{NaNH_2}$ 和 $CH_3CH_2CH_2Br \xrightarrow{NaNH_2}$；

(e) $CH_2=CHCH_2Br \xrightarrow{NaOC_2H_5}{C_2H_5OH}$ 和 $CH_3CH_2CH_2Br \xrightarrow{NaOC_2H_5}{C_2H_5OH}$。

解答 按题意要求回答如下：

(a) 环己基-Br $\xrightarrow{(CH_3)_3CONa}{(CH_3)_3COH}$ > 环己基-Br $\xrightarrow{CH_3ONa}{CH_3OH}$，叔丁醇钠是大体积的强碱；

(b) $(CH_3CH_2)_2CHBr \xrightarrow{NaCN}{C_2H_5OH}$ < $(CH_3CH_2)_3CBr \xrightarrow{NaCN}{C_2H_5OH}$，三级 RBr 更易发生消除；

(c) $CH_3CH_2CH_2CH_2Br \xrightarrow{NaSC_2H_5}$ < $(CH_3)_2CHCH_2Br \xrightarrow{NaSC_2H_5}$，与溴键连的中心碳原子（即 α-碳）上的烷基体积越大，越不利于取代，而 β-碳上支链越多越有利于消除；

(d) $CH_3CH(Br)CH_3 \xrightarrow{NaNH_2}$ > $CH_3CH_2CH_2Br \xrightarrow{NaNH_2}$，二级 RBr 较易发生消除；

(e) $CH_2=CHCH_2Br \xrightarrow{NaOC_2H_5}{C_2H_5OH}$ > $CH_3CH_2CH_2Br \xrightarrow{NaOC_2H_5}{C_2H_5OH}$，烯键利于稳定消除反应的过渡态，易于消除形成稳定的共轭烯烃。

【练习 9.21】 下列卤代烃与乙醇钠的乙醇溶液反应。请按消除/取代比由大到小的顺序排列这些卤代烃。

(a) CH_3CH_2Br；　(b) $(CH_3)_2CHCH_2Br$；　(c) $(CH_3)_2C(Cl)CH_2CH_3$；　(d) $(CH_3)_2CHCH_2CH_2Br$。

解答 消除/取代比由大到小的顺序为 (c) > (b) > (d) > (a)。

【练习 9.22】 请给出实现下列转化所必需的反应试剂和条件。

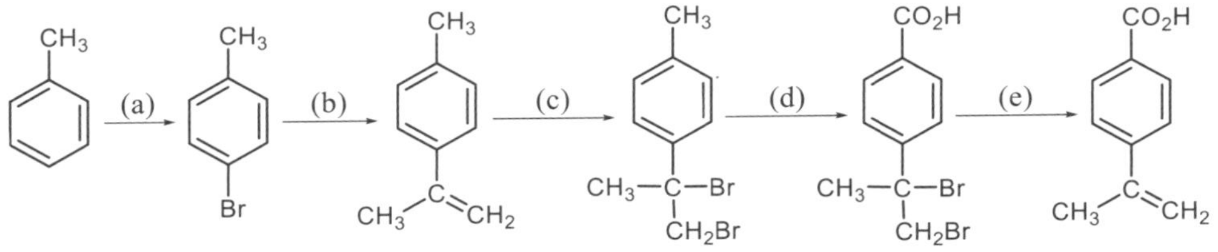

解答 (a) $Br_2/FeBr_3$, (b) $[CH_2=C(CH_3)]_2CuLi$, (c) Br_2/CCl_4, (d) $KMnO_4/H_2SO_4$, (e) Zn。

【练习 9.23】 完成下列反应。

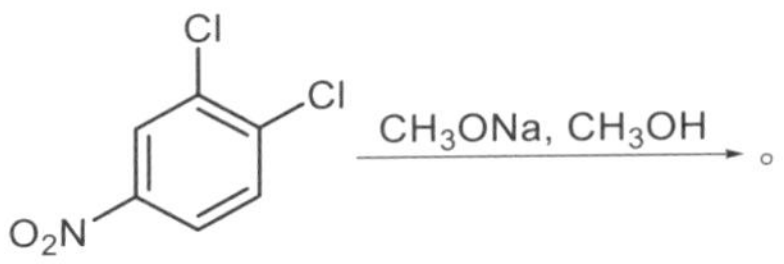

解答 各反应的产物如下：

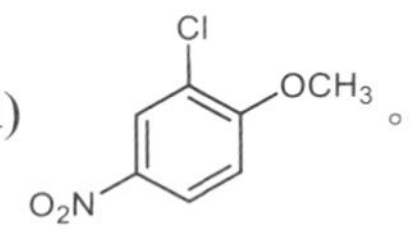

【练习 9.24】 同位素标记实验是研究有机反应机理的重要手段。请用苯炔机理解释下列同位素标记氯苯与氨基钠在液氨中反应的结果（结构式中"*"标记的碳为 ^{14}C）。

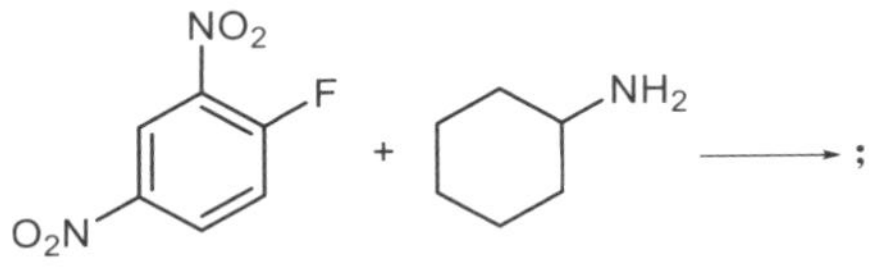

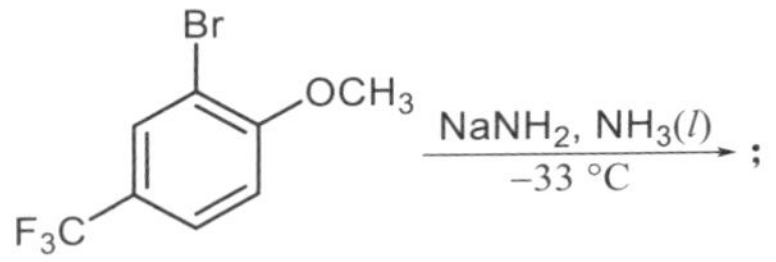

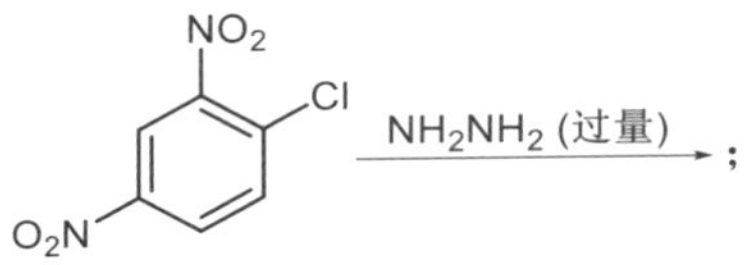

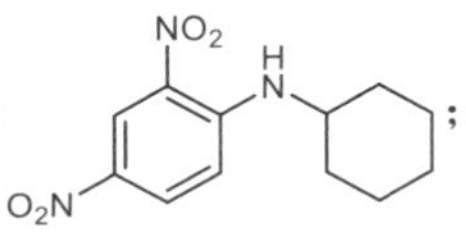

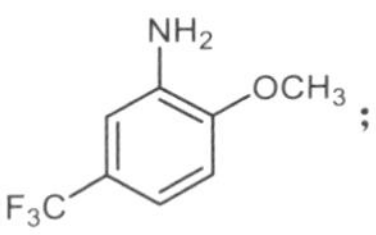

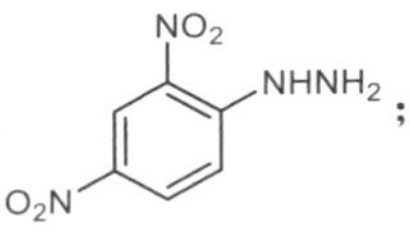

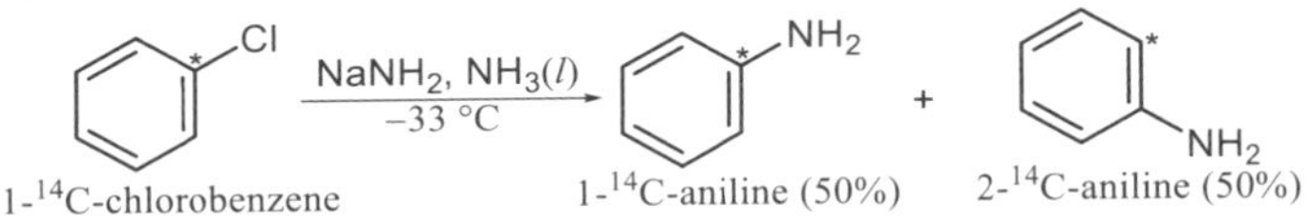

1-^{14}C-chlorobenzene → 1-^{14}C-aniline (50%) + 2-^{14}C-aniline (50%)

解答 用机理解释如下：

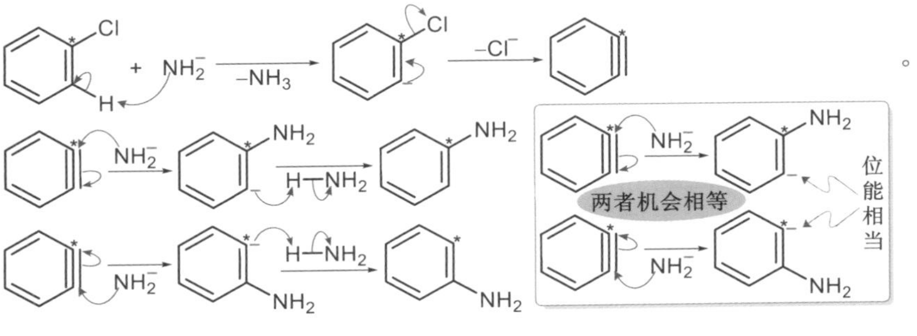

（两者机会相等，位能相当）

【练习 9.25】 完成下列反应。

(a) [邻-(CH=CHBr)(CH2Cl)苯] $\xrightarrow{\text{KCN}}$; (b) $CH_3C\equiv CH + CH_3MgI \longrightarrow$;

(c) [4-Br-1-Cl-苯] $\xrightarrow[\text{无水乙醚}]{\text{Mg}}$; (d) $CH_3\text{-}CH(Cl)\text{-}CH_2CH_3$ (带CH3) $+ NaOH \xrightarrow[H_2O]{80\,°C}$;

(e) 4-甲基-1-氯环己烷 $\xrightarrow[\text{乙醇}]{\text{NaSCH}_3}$; (f) 反-1-异丙基-2-氯环己烷 $\xrightarrow[\text{CH}_3\text{OH}]{\text{NaOCH}_3}$;

(g) 吗啉 $\xrightarrow[\text{乙醇}]{CH_3(CH_2)_6CH_2Cl}$; (h) 甲苯 $\xrightarrow[\text{ZnCl}_2]{\text{HCHO, HCl}}$;

(i) 环己烯 $\xrightarrow[\text{引发剂}]{\text{NBS, CCl}_4}$? $\xrightarrow[\text{乙醇}]{\text{NaOH}}$? ; (j) (S)-2-氯丁烷 $+ CH_3COONa \xrightarrow{\text{DMSO}}$ 。

解答 按题意要求回答如下：

(a) 邻-(CH=CHBr)(CH2CN)苯 ; (b) $CH_3C\equiv CMgI + CH_4$; (c) 4-Cl-C6H4-MgBr ; (d) $(CH_3)_2C=CHCH_3$;

(e) 顺-4-甲基-1-(SCH3)环己烷 ; (f) 反-1-异丙基-2-甲氧基环己烷 ; (g) N-辛基吗啉 ;

(h) 对甲基苄氯 (4-CH3-C6H4-CH2Cl) ; (i) 环己烯 $\xrightarrow[\text{引发剂}]{\text{NBS, CCl}_4}$ 3-溴环己烯 $\xrightarrow[\text{乙醇}]{\text{NaOH}}$ 1,3-环己二烯 ; (j) (R)-2-乙酸仲丁酯 。

【练习 9.26】 用适当的反应实现下列转化。

(a) $CH_2=CH-CH_3 \Longrightarrow CH_2=CH-CH_2-C\equiv C-CH_3$ 和 $CH_3CH_2CH_2CN$;

(b) 甲基环己烷 $\Longrightarrow$ 反-2-甲基环己醇 和 顺-1-甲基-2-羟基环己醇 ;

(c) 甲苯 $\Longrightarrow$ 4-Br-C6H4-CH2-CH=CH-CH3 ; (d) 环己烯 $\Longrightarrow$ [降冰片烯二甲酸酐加合物] ;

(e) 对二甲苯 $\Longrightarrow$ 2,5-二甲基苯甲酸 ; (f) 苯 $\Longrightarrow$ 苯乙酸 (C6H5-CH2CO2H) 。

第 9 章 卤 代 烃

解答 按题意要求回答如下：

(a) $CH_2=CHCH_3 \xrightarrow[(PhCOO)_2]{NBS} CH_2=CHCH_2Br$ ；

$CH_3CH=CH_2 \xrightarrow[NH_3(l)]{Br_2, NaNH_2} \xrightarrow{H_2O} CH_3C\equiv CH \xrightarrow[(2) CH_2=CHCH_2Br]{(1) NaNH_2} CH_2=CH-CH_2-C\equiv C-CH_3$

$CH_3CH=CH_2 \xrightarrow[R_2O_2]{HBr} CH_3CH_2CH_2Br \xrightarrow{NaCN} CH_3CH_2CH_2CN$

(b) 环己基甲烷 $\xrightarrow[300\ °C]{Br_2}$ 1-溴-1-甲基环己烷 $\xrightarrow[\Delta]{NaOH, C_2H_5OH}$ 1-甲基环己烯 $\xrightarrow[(2) H_2O_2, OH^-]{(1) B_2H_6}$ 反-2-甲基环己醇 (±)；

1-甲基环己烯 $\xrightarrow[H_2O, OH^-]{稀 KMnO_4\ (冷)}$ 顺-1-甲基环己-1,2-二醇 (±)

(c) 甲苯 $\xrightarrow[FeBr_3]{Br_2}$ 对溴甲苯 $\xrightarrow[(PhCOO)_2]{NBS}$ 对溴苄溴 $\xrightarrow{NaC\equiv CCH_3}$ ；

对溴苄基丙炔 $\xrightarrow[Lindlar\ Pd]{H_2}$ 对溴苄基丙烯

(d) 1-甲基环己烯 $\xrightarrow[(2) NaOH, C_2H_5OH, \Delta]{(1) Br_2}$ 1-甲基环己二烯 $\xrightarrow[\Delta]{马来酸酐}$ Diels-Alder 加成产物；

(e) 对二甲苯 $\xrightarrow{Br_2, FeBr_3}$ 2-溴-1,4-二甲基苯 $\xrightarrow{Mg, 无水乙醚}$ ArMgBr $\xrightarrow[(2) H_2O, H^+]{(1) CO_2}$ 2,5-二甲基苯甲酸；

(f) 苯 $\xrightarrow[HCl, ZnCl_2]{HCHO}$ 苄氯 $\xrightarrow{NaCN}$ 苄基氰 $\xrightarrow[\Delta]{H_2O, H^+}$ 苯乙酸 。

【练习 9.27】 判断以下分子是否具有手性。

(a) 反-1-溴双环[4.4.0]癸烷； (b) (R)-3-溴环己烯； (c) 1-溴双环[4.4.0]癸烷； (d) 1,2-二溴-1,2-双(溴甲基)乙烷；

(e) 2,2',6-三甲基-6'-碘-2'-碘联苯； (f) 1-溴金刚烷； (g) 1,3-二氯-1,3-二溴丙二烯。

解答 (a) 没有手性（存在对称面）；(b) 有手性；(c) 没有手性（存在对称面）；(d) 有手性；(e) 有手性；(f) 没有手性（存在对称面）；(g) 有手性。

【练习 9.28】 以下化合物与乙胺（$CH_3CH_2NH_2$）均可发生亲核取代反应。

(a) CH_3Br； (b) CH_3I； (c) Br～～； (d) Br～（异丙基）； (e) ～Br（仲碳）。

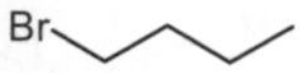

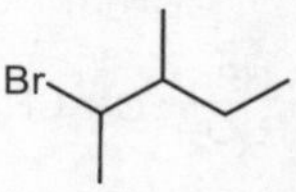

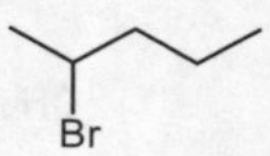

请指出亲核取代反应的类型，并按反应速率由快到慢的顺序对以上化合物进行排序。

解答 为双分子亲核取代（S_N2）。反应速率由快到慢的顺序为 (b) > (a) > (c) > (e) > (d)。

【练习 9.29】 比较下列化合物与 $AgNO_3/C_2H_5OH$ 反应的难易，并说明理由。

(a) 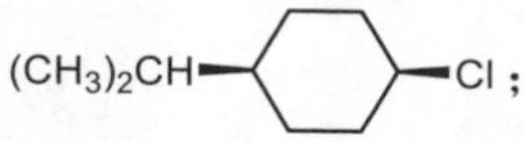 $(CH_3)_2CH$—⬡—Cl； (b) $(CH_3)_2CH$—⬡⋯Cl。

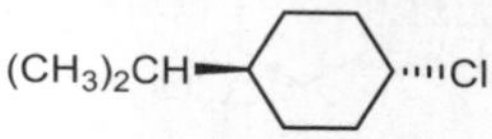

解答 (a)比(b)容易与 $AgNO_3/C_2H_5OH$ 反应。在 Ag^+ 作用下，(a)和(b)均发生碳氯键的异裂，形成 4-异丙基环己基正离子，过渡态位能相近，(a)的位能比(b)的高，所以活化能 $E_{a(a)}$ 小于 $E_{a(b)}$，所以(a)比(b)容易与 $AgNO_3/C_2H_5OH$ 反应。具体如下：

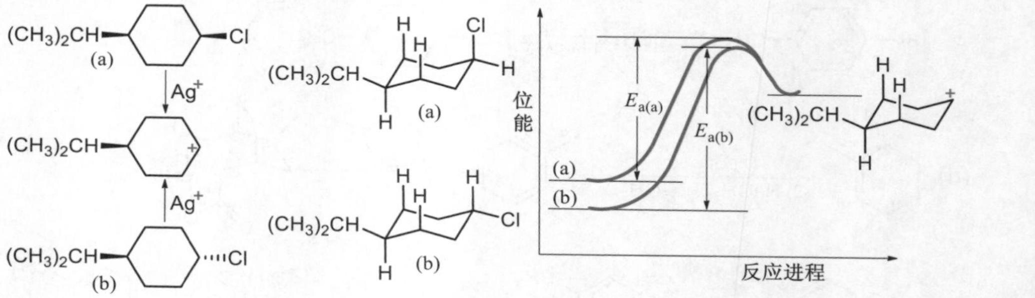

【练习 9.30】 $(CH_3)_3CCl$ 的 S_N2 反应很难发生，但$(CH_3)_3SiCl$ 很容易发生 S_N2 反应。请给出合理的解释。

解答 $(CH_3)_3CCl$ 的 S_N2 反应很难发生，是因为与中心碳原子键连的三个甲基的位阻；$(CH_3)_3SiCl$ 很容易发生 S_N2 反应，是因为中心硅原子半径远比碳原子大，三个甲基几乎没有位阻。

【练习 9.31】 比较下列化合物与 $NaOH/H_2O$ 反应的难易，并说明理由。

(a) 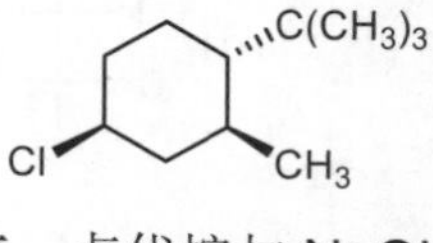 环己烷带 $C(CH_3)_3$、CH_3、Cl 取代； (b) 环己烷带 $C(CH_3)_3$、CH_3、Cl 取代。

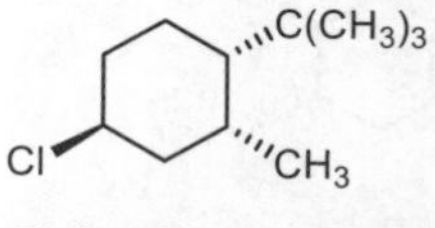

解答 卤代烷与 $NaOH/H_2O$ 的反应是典型的 S_N2 反应，位阻因素最为关键，(a)比(b)容易与 $NaOH/H_2O$ 反应。原因分析如下：

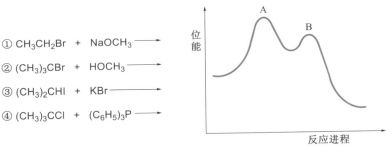

【练习 9.32】 卤代环烷烃 S_N2 反应的相对活性已经通过卤素互换反应进行了比较,相关反应结果如下。请就活性顺序给出合理的解释。

$$RBr + LiI \xrightarrow{CH_3COCH_3} RI + LiBr$$

RBr	环戊基-Br	环己基-Br	环丙基-Br
相对速率	160	1	0.1

解答 碘负离子有很强的亲核性,题给反应是典型的 S_N2 反应,中心碳原子的杂化状态从 sp^3 到 sp^2 再回到 sp^3。溴代环己烷的活性较差是因为 3,5-位直立氢的位阻。

【练习 9.33】 右下图是其左侧四个取代反应中某一反应的反应位能图。请指出哪个反应与此反应位能图相符;画出过渡态 A 和 B 的结构式。

① CH_3CH_2Br + $NaOCH_3$ ⟶

② $(CH_3)_3CBr$ + $HOCH_3$ ⟶

③ $(CH_3)_2CHI$ + KBr ⟶

④ $(CH_3)_3CCl$ + $(C_6H_5)_3P$ ⟶

解答 按题意要求回答如下:

反应④与此反应势能图相符;

过渡态 A 的结构式为 $\left[\overset{\delta-}{Cl}\cdots\overset{\delta+}{C}(CH_3)_3\right]^{\neq}$,B 的结构式为 $\left[(CH_3)_3\overset{\delta+}{C}\cdots\overset{\delta+}{P}(C_6H_5)_3\right]^{\neq}$。

【练习 9.34】 试比较下列两组反应,每一组反应中哪个反应(A 或 B)速度更快?请简要说明理由。

(a) $CH_3CH_2Br + CN^- \xrightarrow{CH_3OH} CH_3CH_2CN + Br^-$ (A);

$CH_3CH_2Br + CN^- \xrightarrow{DMF} CH_3CH_2CN + Br^-$ (B)

(b) 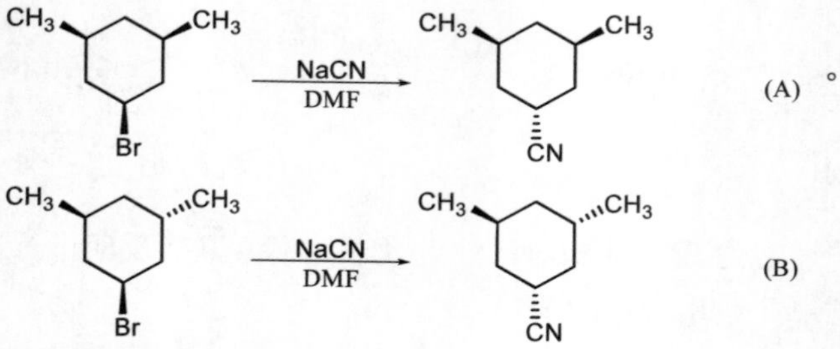 [反应式图]

解答 按题意要求回答如下:

(a) B 更快。该反应是典型的 S_N2 反应,质子型溶剂甲醇利于阴离子的溶剂化,而极性非质子型溶剂 DMF(N,N-二甲基甲酰胺)利于阳离子的溶剂化,氰根离子裸露,亲核性强。

(b) A 更快。该反应也是典型的 S_N2 反应,A 的优势构象中溴和甲基均在平伏键,反应的位阻主要来源于两个间位直立氢;B 的优势构象中溴和一个甲基在平伏键、另一个甲基在直立键,反应的位阻主要来源于一个间位直立氢和一个间位直立甲基;后者的位阻较大。

【练习 9.35】 丁-2-烯加 Br_2,然后在足量氢氧化钾的乙醇溶液中加热,发生消除,生成丁-2-炔;而环己烯经上述加成–消除过程,得到的是环己-1,3-二烯。请给出合理的解释。

解答 该练习涉及烯键加溴的立体化学:反式加成;溴代烃消除的立体化学:反式消除(碳溴键与 β-位碳氢键反平行)和 β-氢的酸性,酸性较强的反式 β-氢容易被消除。

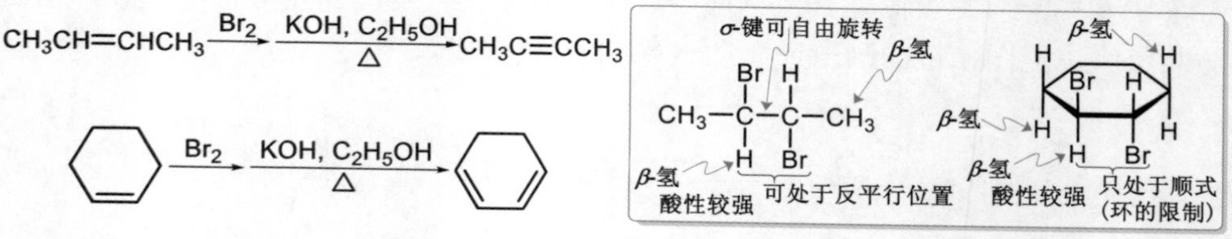

[反应式与构象图]

【练习 9.36】 给下列反应建议合理的反应机理。

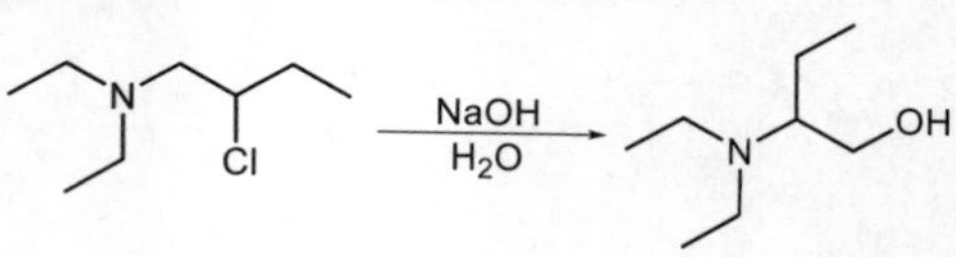

[反应式图]

解答 [机理图:邻基(氨基)参与, $-Cl^-$, S_N2]

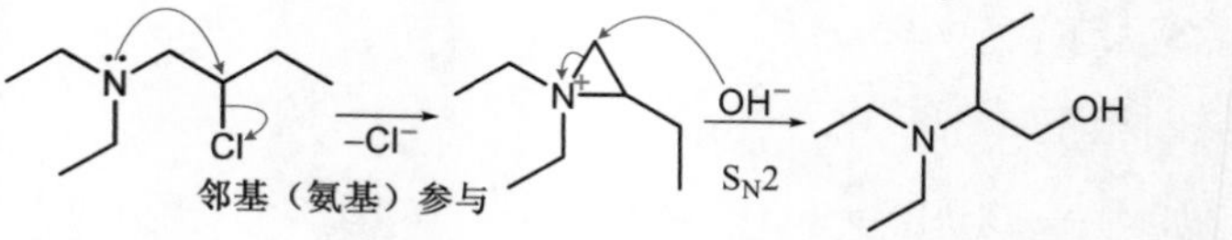

【练习 9.37】 用氢氧化钠的乙醇溶液处理 cis-4-氯环己醇主要生成 trans-环己-1,4-二醇(A);同样条件下,trans-4-氯环己醇的反应则得到环己-3-烯-1-醇(B)和二环醚(C)。请给出合理的解释。

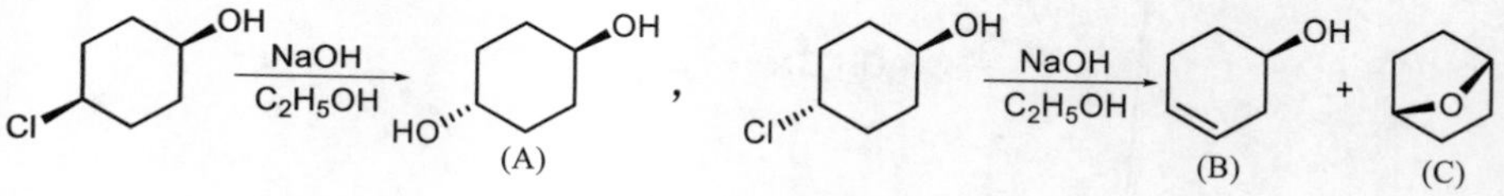

[反应式图]

解答

[结构图：氯代环己二醇的 S_N2 反应生成 (A)；处于顺式的构象；直立氢的位阻；生成 (B) 和 (C) 的机理]

【练习 9.38】 第二次世界大战期间，日本是在战场上唯一大量使用毒气弹的国家，战争结束日军撤退时，在我国秘密地遗弃了大量未使用过的毒气弹，芥子气是其中一种毒气。芥子气的分子式为 $(ClCH_2CH_2)_2S$。人接触低浓度芥子气并不会立即感到痛苦。然而，嗅觉不能感受到的极低浓度芥子气已能对人造成伤害，而且，伤害是慢慢发展的。(a) 用系统命名法命名芥子气；(b) 芥子气可用两种方法制备。其一是 $ClCH_2CH_2OH$ 与 Na_2S 反应，反应产物之一接着与氯化氢反应，其二是 $CH_2=CH_2$ 与 S_2Cl_2 反应，反应物的摩尔比为 2∶1。请写出化学方程式；(c) 用碱液可以解毒，请写出反应式。

解答 按题意要求回答如下：

(a) 芥子气的系统命名为双(2-氯乙基)硫醚；

(b) $2ClCH_2CH_2OH + Na_2S \longrightarrow 2NaCl + (HOCH_2CH_2)_2S$，

$(HOCH_2CH_2)_2S + 2HCl \longrightarrow 2H_2O + (ClCH_2CH_2)_2S$，

$2CH_2=CH_2 + S_2Cl_2 \longrightarrow S + (ClCH_2CH_2)_2S$；

(c) $2OH^- + (ClCH_2CH_2)_2S \longrightarrow (HOCH_2CH_2)_2S + 2Cl^-$。

【练习 9.39】 曾有人用金属钠处理化合物 A(分子式 $C_5H_6Br_2$，含五元环)，欲得产物 B，而事实上却得到芳香化合物 C（分子式 $C_{15}H_{18}$）。请回答下列问题：

(a) 请画出 A、B、C 的结构简式；
(b) 为什么该反应得不到 B 却得到 C？
(c) 预期用过量酸性高锰酸钾溶液处理 C，得到的产物是 D，请画出 D 的结构式。

解答 按题意要求回答如下：

(a) [结构式：(A) 1,2-二溴环戊烯；(B) 环戊炔 or 双环戊炔二聚体；(C) 三聚芳香稠环化合物]；

(b) [环戊炔结构] 不能满足杂化形成三键的直线构型，环张力很大，很不稳定，[双环结构] 反芳香性，很不稳定，而化合物 C 具有芳香性，很稳定；

(c) [结构式 (D)：苯六甲酸]。

【练习 9.40】 氯仿（$CHCl_3$）在苯中的溶解度明显比 1,1,1-三氯乙烷（CCl_3CH_3）的大，请给出一种可能的原因。

解答 按题意要求回答如下：

氯仿中三氯甲基的强吸电子作用导致氢原子表现出正电性，可以接受苯环的 π 电子，形成氢键，CCl_3CH_3 中的三氯甲基与氢间隔一个饱和碳，影响很小。

【练习 9.41】 双位亲核性能（two-fanged nucleophile）是指一个负离子有两个位置都具有亲核性（如：NO_2^-、$:N\equiv C^-$、$:N\equiv C-S^-$ 等）。

因具体情况有不同的选择性。请思考其原因。

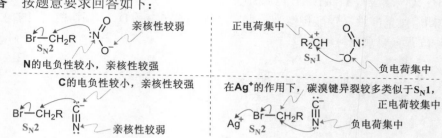

解答 按题意要求回答如下：

【练习 9.42】 硝基甲烷负离子（nitromethane anion）是一种双位点亲核试剂：

硝基甲烷负离子与苄溴（benzyl bromide）反应，得到苯甲醛（benzaldehyde）、亚硝基甲烷（nitrosomethane）和甲醛肟（formaldehyde oxime）。

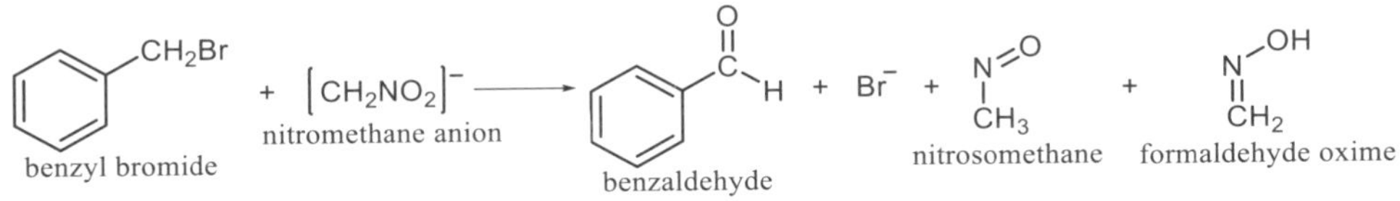

第9章 卤代烃

（反应式图：benzyl bromide + [CH₂NO₂]⁻ nitromethane anion → benzaldehyde + Br⁻ + nitrosomethane + formaldehyde oxime）

上述反应经历取代-消除过程，请写出该反应的机理。

解答 按题意要求回答如下：

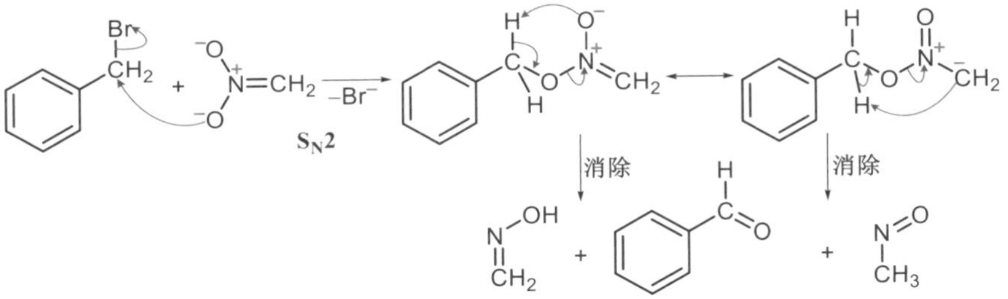

（机理示意图：SN2 过程，随后经两种消除路径分别生成 formaldehyde oxime + benzaldehyde 和 nitrosomethane）

【练习 9.43】 溶剂解反应（solvolysis reaction）是指反应底物与溶剂间的反应。卤代烷烃与一些具有亲核性的溶剂（如 H_2O、CH_3OH 等）间的反应就是典型的溶剂解反应。溶剂解反应速率一般比较慢，利于跟踪，在反应机理研究中非常有用，很少有合成应用价值。溶剂解反应的立体化学研究结果如下：

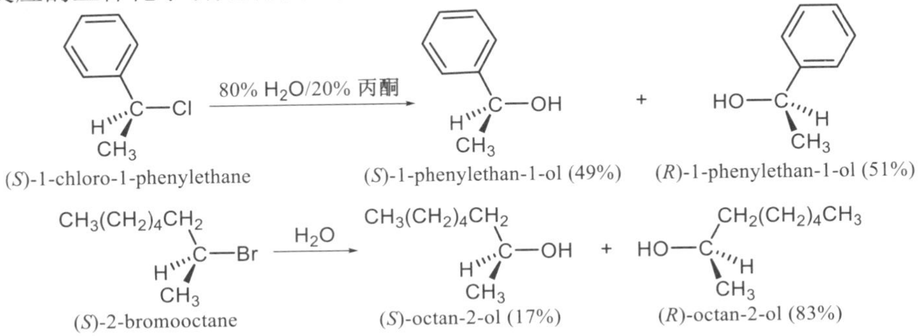

(S)-1-chloro-1-phenylethane $\xrightarrow{80\% H_2O/20\% \text{丙酮}}$ (S)-1-phenylethan-1-ol (49%) + (R)-1-phenylethan-1-ol (51%)

(S)-2-bromooctane $\xrightarrow{H_2O}$ (S)-octan-2-ol (17%) + (R)-octan-2-ol (83%)

上述反应具有一级反应动力学，反应速率只与卤代烃的浓度有关，水的亲核性很弱。请思考上述反应过程，并合理解释反应的立体化学结果。

解答 鉴于：①上述反应具有一级反应动力学，反应速率只与卤代烃的浓度有关；②水的亲核性很弱；③水(80%)-丙酮(20%)为极性溶剂，有利于碳氯键的异裂。我们认为上述反应为 S_N1 反应。

(S)-1-chloro-1-phenylethane 的反应生成几乎等量的 (S)-1-phenylethan-1-ol 和 (R)-1-phenylethan-1-ol，是典型的 S_N1 反应，反应的立体化学结果为外消旋化。

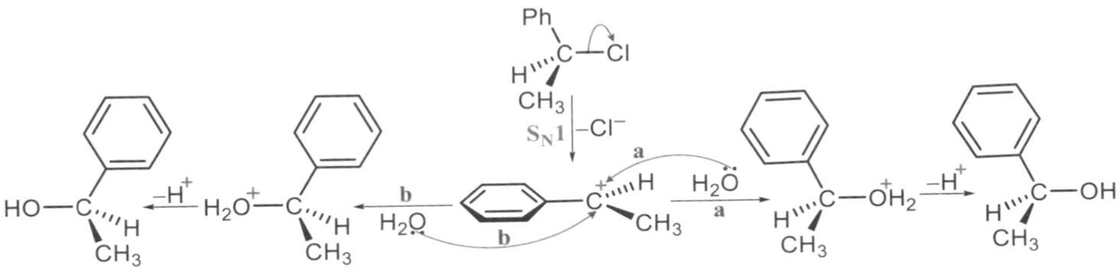

（S_N1 机理示意图：经过碳正离子中间体，水分别从 a、b 两面进攻生成对映异构体产物）

(S)-2-bromooctane 的反应生成(S)-octan-2-ol (17%)和(R)-octan-2-ol (83%)，显然不是 S_N2 反应（构型转化是 S_N2 反应的特征）。反应的立体化学结果为部分构型转化。加拿大化学家 S. Winstein 进一步细化了碳卤键的异裂过程，提出了亲核取代反应的离子对机理。

碳卤键的异裂过程大致分为三个阶段：紧密离子对、溶剂分隔离子对和自由离子，每一个阶段都可以发生溶剂解。紧密离子对中溴负离子紧靠碳正离子，妨碍碳正离子从该侧（原来与溴键合的一侧）与水键合，只生成构型转化产物；溶剂分隔离子对中溴负离子与碳正离子间插入有溶剂分子，溴负离子的障碍减小，碳正离子的两侧都有机会与水键合，构型转化产物多于构型保持产物；自由碳正离子的两侧与水键合的机会相等，构型转化产物与构型保持产物相等。

反应的立体化学结果与碳正离子的稳定性有关，稳定碳正离子（如 $^+CH(CH_3)Ph$）的活性较差，形成自由碳正离子后才与水反应，立体化学结果为外消旋化；稳定较差的碳正离子（如 $^+CH(CH_3)CH_2(CH_2)_4CH_3$）活性高，在紧密离子对、溶剂分隔离子对阶段就可与水反应，立体化学结果为部分构型转化。

第 10 章 醇

学习目标

通过本章学习,了解醇与人类生产和生活的关系;掌握醇的结构特征、分类、命名和性质特征,掌握醇的鉴别方法;学习并掌握醇羟基的卤代、脱水、氧化和多元醇的特性等反应及其用途;掌握醇的亲核取代、消除反应机理,理解碳正离子重排、取代和消除的竞争,掌握醇的铬酸氧化机理和 Pinacol 重排反应机理,理解 Pinacol 重排反应的选择性;了解醇的制备。

主要内容

醇是分子中含有羟基的含氧有机化合物。本章学习醇的结构、命名、化学性质和制法。

重点难点

醇的结构和命名;醇羟基的卤代、脱水、氧化和多元醇的特性等主要化学性质;醇的亲核取代、消除反应机理、碳正离子重排、取代与消除的竞争;醇的铬酸氧化机理、Pinacol 重排反应及其区域选择性和立体选择性。

练习及参考解答

【练习 10.1】 给出一元醇 $C_6H_{13}OH$ 的所有异构体的构造式、类型、系统名称。

解答 分子组成为 $C_6H_{13}OH$,不饱和度为 0。符合该通式的所有醇类异构体的构造式、类型和系统命名如下:

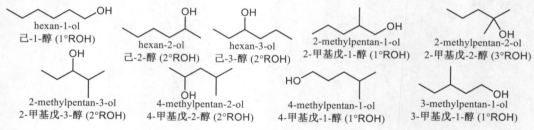

3-methylpentan-3-ol
3-甲基戊-3-醇 (3°ROH)

3-methylpentan-2-ol
3-甲基戊-2-醇 (2°ROH)

2-ethylbutan-1-ol
2-乙基丁-1-醇 (1°ROH)

2,2-dimethylbutan-1-ol
2,2-二甲基丁-1-醇 (1°ROH)

3,3-dimethylbutan-2-ol
3,3-二甲基丁-2-醇 (2°ROH)

3,3-dimethylbutan-1-ol
3,3-二甲基丁-1-醇 (1°ROH)

2,3-dimethylbutan-1-ol
2,3-二甲基丁-1-醇 (1°ROH)

2,3-dimethylbutan-2-ol
2,3-二甲基丁-2-醇 (3°ROH)

【练习 10.2】 用系统命名法（CCS 法和 IUPAC 法）命名下列化合物。

解答 题给各化合物的系统命名如下：

(a) (Z)-己-4-烯-2-醇（(Z)-hex-4-en-2-ol）；
(b) cis-4-(羟甲基)环己-1-醇（cis-4-(hydroxymethyl)cyclohexan-1-ol）；
(c) (R)-2-氯-2-甲基丁-1-醇（(R)-2-chloro-2-methylbutan-1-ol）；
(d) (1S,6S)-6-甲基环己-2-烯-1-醇（(1S,6S)-6-methylcyclohex-2-en-1-ol）；
(e) (E)-辛-3-烯-6-炔-2-醇（(E)-oct-3-en-6-yn-2-ol）；
(f) (R)-1-环己基-2-甲基丙-1-醇（(R)-1-cyclohexyl-2-methylpropan-1-ol）；
(g) (S)-2-(3-氯苯基)丙-1-醇（(S)-2-(3-chlorophenyl)propan-1-ol）；
(h) (1S,2R)-1-乙基-2-甲基环己-1-醇（(1S,2R)-1-ethyl-2-methylcyclohexan-1-ol）。

【练习 10.3】 写出下列化合物的结构。

(a) 2,4-dimethylhexan-1-ol；
(b) pent-4-en-2-ol；
(c) hexa-1,5-diene-3,4-diol；
(d) but-3-yn-1-ol；
(e) (Z)-4-chlorobut-3-en-2-ol；
(f) meso-pentane-2,4-diol；
(g) 3-甲基戊-2-醇；
(h) (1S,2S)-2-溴环戊-1-醇；
(i) (E)-丁-2-烯-1-醇；
(j) trans-4-乙基环己-1-醇（最稳定的构象式）。

解答 各化合物的结构式如下：

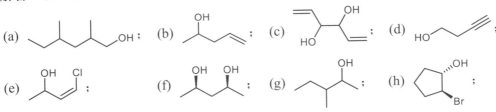

(i) HO—CH=CH—CH₃ ;   (j) C₂H₅—环己基—OH（H向上，OH向上）。

【练习 10.4】 将下列化合物按沸点由高到低排列序，并说明理由。
(a) CH₃CH₂CH(OH)CH₂CH₂CH₃；   (b) CH₃(CH₂)₆CH₂OH；
(c) CH₃(CH₂)₄CH₃；   (d) (CH₃)₂C(OH)CH₂CH₂CH₃；   (e) CH₃(CH₂)₄CH₂OH。

解答 按沸点由高到低排列的顺序为 (b) > (e) > (a) > (d) > (c)。(b)的相对分子量最大，且为醇；(c)的相对分子量最小，且为烷烃；(e)、(a)、(d)互为异构体，相对分子量相同，伯醇分子间氢键较强、仲醇次之、叔醇最弱。

【练习 10.5】 请解释直链饱和一元醇在水中的溶解性规律：甲醇、乙醇和丙醇与水互溶，从正丁醇开始，在水中的溶解度随碳原子数的增多而显著下降，癸醇以上几乎不溶于水。

解答 甲醇、乙醇和丙醇与水互溶是因为甲基、乙基、丙基小。随着碳原子数的增多，烃基增大，醇羟基与水分子间的氢键显著减弱。所以，从正丁醇开始，直链饱和一元醇在水中的溶解度随碳原子数的增多而显著下降，癸醇以上几乎不溶于水。

【练习 10.6】 请解释所列醇的酸性强弱顺序为 2,2,2-三氯乙醇 > 2-氯乙醇 > 乙醇。

解答 氯的电负性比碳大，氯的吸电子诱导效应增大氧氢键的极性，所以，2,2,2-三氯乙醇的酸性强于 2-氯乙醇强于乙醇。

【练习 10.7】 列出丁-2-醇、丁-1-醇、2-甲基丙-2-醇与金属钠反应的活性顺序，并列出相应醇钠的碱性顺序。

解答 按题意要求回答如下：
与金属钠反应的活性顺序为丁-1-醇 > 丁-2-醇 > 2-甲基丙-2-醇。与相应醇的酸性顺序一致，烃基体积增大不利于醇氧负离子的溶剂化。相应醇钠的碱性顺序为 2-甲基丙-2-醇钠 > 丁-2-醇钠 > 丁-1-醇钠。

【练习 10.8】 回答下列问题：
(a) 由于乙醇可与水形成共沸混合物，尽管乙醇与水的沸点相差较大，但无法利用蒸馏的方法得到无水乙醇。通常将 99.5%的乙醇与适量的镁粉加热回流，可以除去乙醇中的少量水。请写出该过程的反应；
(b) 尽管乙醇的酸性比水弱，但在工业上却通过乙醇和氢氧化钠在苯中加热反应来制备乙醇钠的乙醇溶液。请分析该制备方法的合理性。（提示：18.5%乙醇/74%苯/7.5%水组成沸点为 64.9 ℃ 的三元共沸混合物，32.4%乙醇/67.6%苯组成沸点为 68.3 ℃ 的二元共沸混合物，95.6%乙醇/4.4%水组成沸点为 78 ℃ 的二元共沸混合物。）

解答 按题意要求回答如下：
(a) 将 99.5%的乙醇与适量镁粉加热回流，制备无水乙醇过程中的反应如下：

$$2CH_3CH_2OH + Mg \xrightarrow{回流} (CH_3CH_2O)_2Mg + H_2$$
$$(CH_3CH_2O)_2Mg + 2H_2O \longrightarrow 2CH_3CH_2OH + Mg(OH)_2$$

(b) 利用苯、乙醇和水形成的共沸混合物，可以将水移出反应体系，使平衡右移。

$$CH_3CH_2OH + NaOH \xrightarrow{苯,加热} CH_3CH_2ONa + H_2O$$

【练习 10.9】 用简单的化学方法鉴别下列化合物。

(a) CH$_3$CH$_2$C(CH$_3$)$_2$OH； (b) CH$_3$CH$_2$CH(OH)CH$_3$； (c) CH$_3$(CH$_2$)$_3$CH$_2$OH。

解答

	(a) CH$_3$CH$_2$C(CH$_3$)$_2$OH	(b) CH$_3$CH$_2$CH(OH)CH$_3$	(c) CH$_3$(CH$_2$)$_3$CH$_2$OH
Lucas 试剂	(+) 溶液立刻浑浊，并随即分层	(+) 2~5 分钟后，溶液浑浊然后分层	(−) 室温放置 1 h 仍无反应

【练习 10.10】 按与氢溴酸反应活性由高到低的顺序排列下列醇。

(a) PhCH$_2$OH； (b) 4-CH$_3$O-C$_6$H$_4$-CH$_2$OH； (c) 4-NO$_2$-C$_6$H$_4$-CH$_2$OH； (d) 4-CH$_3$-C$_6$H$_4$-CH$_2$OH； (e) 4-Cl-C$_6$H$_4$-CH$_2$OH。

解答 与氢溴酸反应活性由高到低的顺序为 (b) > (d) > (a) > (e) > (c)。

【练习 10.11】 解释下列反应。

(a) CH$_3$CH$_2$CH(OH)CH$_3$ $\xrightarrow{HBr}$ CH$_3$CH$_2$CH$_2$CHBrCH$_3$ + CH$_3$CH$_2$CHBrCH$_2$CH$_3$；
   2-bromopentane (86%)   3-bromopentane (14%)

(b) CH$_3$CH=CHCH$_2$OH $\xrightarrow{HBr}$ CH$_3$CH=CHCH$_2$Br + CH$_3$CH$_2$CH(Br)CH=CH$_2$。

解答 解释如下：

(a) 机理：经由质子化、失水形成二级碳正离子，Br$^-$进攻得到 2-溴戊烷 (86%)；少量经 H 迁移重排为另一个二级碳正离子（这种重排的动力很小），Br$^-$进攻得到 3-溴戊烷 (14%)。

(b) 机理：烯丙醇质子化后失水，形成烯丙基碳正离子（共振结构），Br$^-$进攻两端分别得到两种产物。

【练习 10.12】 请写出 HCl/ZnCl$_2$ 与正丁醇（S$_N$2）、叔丁醇（S$_N$1）反应的机理。

解答 按题意要求回答如下：

$$HCl + ZnCl_2 \longrightarrow H^+[ZnCl_3]^-$$

$$CH_3CH_2CH_2\text{—}CH_2\overset{\ddot{O}H}{} \xrightarrow{H^+[ZnCl_3]^-} CH_3CH_2CH_2\text{—}CH_2\overset{+}{O}H_2 + ZnCl_3^- \xrightarrow[ZnCl_2]{H_2O} CH_3CH_2CH_2\text{—}CH_2Cl$$
(1°ROH)   (S_N2)

$$(CH_3)_3C\text{—}OH \xrightarrow{H^+[ZnCl_3]^-} (CH_3)_3C\text{—}\overset{+}{O}H_2 \xrightarrow{-H_2O} (CH_3)_3C^+ + ZnCl_3^- \xrightarrow{ZnCl_2} (CH_3)_3C\text{—}Cl$$
(3°ROH)   (S_N1)   (3°C$^+$)

【练习 10.13】 完成下列反应，并提出合理的反应机理。

(a) 1-methylcyclohexanol + HBr →;

(b) 2-methylcyclohexanol + HBr →;

(c) trans-2-bromocyclohexanol + HBr →;

(d) 2,2-diethyl-1-butanol + HBr →。

解答 按题意要求回答如下：

(a) 1-methylcyclohexanol + HBr → 1-bromo-1-methylcyclohexane;

Mechanism: protonation → oxonium ion → −H$_2$O → tertiary carbocation → Br$^-$ attack → product

(b) 2-methylcyclohexanol + HBr → 1-bromo-1-methylcyclohexane;

Mechanism: protonation → oxonium ion → −H$_2$O → secondary carbocation → hydride shift → tertiary carbocation → Br$^-$ attack → product

(c) trans-2-bromocyclohexanol + HBr → trans + cis 1,2-dibromocyclohexane;

Mechanism: protonation → oxonium ion → −H$_2$O → bromonium ion intermediate → Br$^-$ attacks at a or b → trans and cis products

(d) (C$_2$H$_5$)$_2$C(CH$_3$)CH$_2$OH + HBr → 3-bromo-3-ethylpentane;

Mechanism: protonation → oxonium ion → −H$_2$O → primary carbocation → methyl/alkyl shift → tertiary carbocation → Br$^-$ attack → product

【练习 10.14】 对比下列反应，并给出合理的解释。

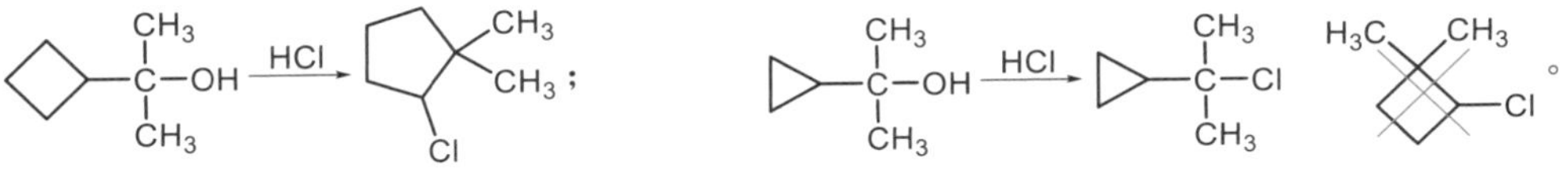

$$\text{环丁基-C(CH}_3)_2\text{OH} \xrightarrow{\text{HCl}} \text{1,1-二甲基-2-氯环戊烷} \quad ; \quad \text{环丙基-C(CH}_3)_2\text{OH} \xrightarrow{\text{HCl}} \text{环丙基-C(CH}_3)_2\text{Cl} \quad \cancel{\text{1,1-二甲基-2-氯环丁烷}} \text{。}$$

解答 按题意要求回答如下：

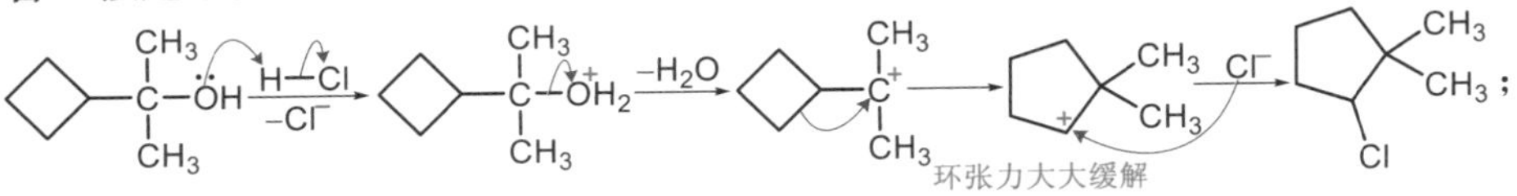

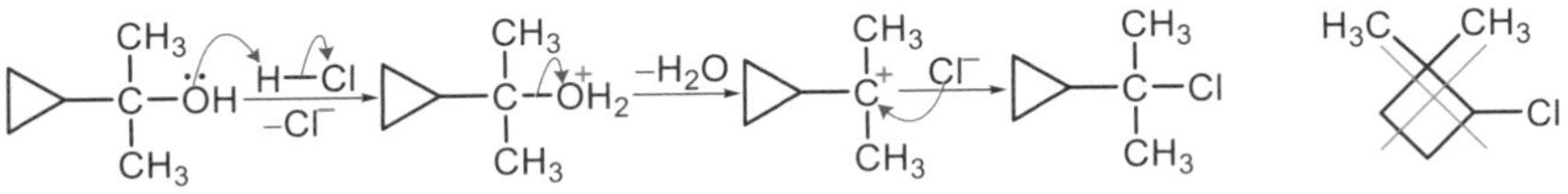

（反应机理图示：环丁基体系经质子化、脱水形成碳正离子后发生环扩张重排为环戊基碳正离子，环张力大大缓解，然后被 Cl^- 进攻。）

（反应机理图示：环丙基体系经质子化、脱水形成碳正离子后直接被 Cl^- 进攻。）

后者没有发生重排的原因是缺乏推动力：

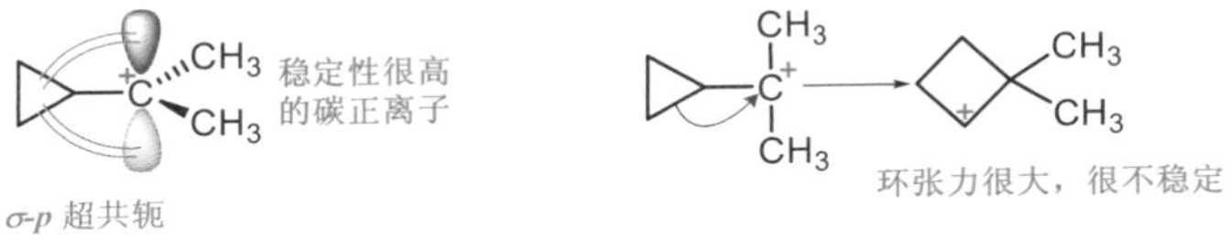

稳定性很高的碳正离子（σ-p 超共轭）

环张力很大，很不稳定

【练习 10.15】 完成下列反应。

(a) $CH_3CH_2CH_2OH \xrightarrow{P/I_2}$ ；

(b) $CH_3CH_2\underset{OH}{CH}CH_3 \xrightarrow{HBr}$ ；

(c) $CH_3CH_2\underset{CH_3}{CH}CH_2OH \xrightarrow{PBr_3}$ ；

(d) 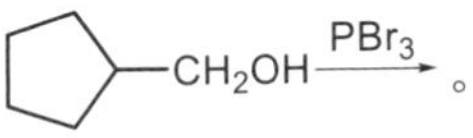 环戊基-$CH_2OH \xrightarrow{PBr_3}$ 。

解答 各反应的产物如下：

(a) $CH_3CH_2CH_2I$ ； (b) $CH_3CH_2\underset{Br}{CH}CH_3$ ； (c) $CH_3CH_2\underset{CH_3}{CH}CH_2Br$ ； (d) 环戊基-CH_2Br 。

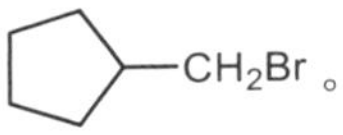

【练习 10.16】 请建议下列反应的机理。

(a) 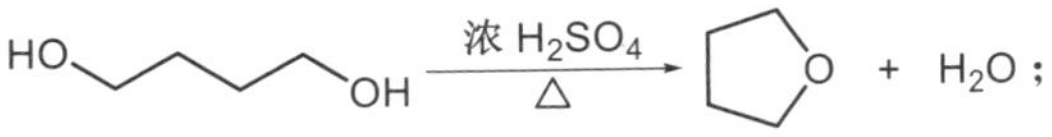 $HO-CH_2CH_2CH_2CH_2-OH \xrightarrow[\Delta]{\text{浓 }H_2SO_4}$ 四氢呋喃 $+ H_2O$ ；

(b) $(CH_3)_3COH + CH_3CH_2OH \xrightarrow[\Delta]{\text{浓 }H_2SO_4} (CH_3)_3COCH_2CH_3 + H_2O$ 。

解答 各反应的机理如下：

(a) 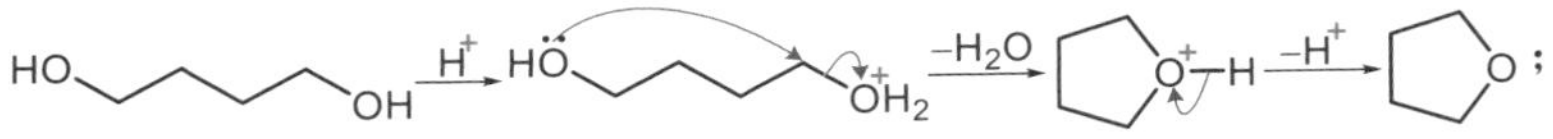 $HO \sim\sim OH \xrightarrow{H^+} HO\sim\sim OH_2^+ \xrightarrow{-H_2O} \overset{+}{O}-H \xrightarrow{-H^+}$ 四氢呋喃 ；

(b) 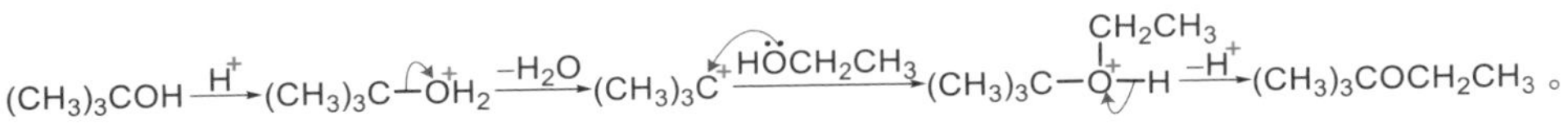 $(CH_3)_3COH \xrightarrow{H^+} (CH_3)_3C-\overset{+}{O}H_2 \xrightarrow{-H_2O} (CH_3)_3C^+ \xrightarrow{HOCH_2CH_3} (CH_3)_3C-\overset{+}{\underset{CH_2CH_3}{O}}-H \xrightarrow{-H^+} (CH_3)_3COCH_2CH_3$ 。

【练习 10.17】 完成下列反应。

(a) PhCH₂CH(OH)CH₂CH₃ —H₂SO₄/Δ→ ;　　(b) 2-甲基环己醇 —H₃PO₄/Δ→ ;

(c) 2,3-二甲基降冰片醇 —KHSO₄/Δ→ ;　　(d) (CH₃)₂CHCH(CH₃)CH₂OH —H₂SO₄/Δ ; Al₂O₃/Δ→ ;

(e) (1-甲基环丁基)甲醇 —H₂SO₄/Δ ; Al₂O₃/Δ→ ;　　(f) 1-(1-甲基环戊基)乙醇 —H₂SO₄/Δ ; Al₂O₃/Δ→ 。

解答　各反应的产物如下：

(a) PhCH=CHCH₂CH₃ ;　(b) 1-甲基环己烯 ;　(c) 2,3-二甲基降冰片烯 ;

(d) H₂SO₄/Δ → (CH₃)₂C=C(CH₃)₂ ; Al₂O₃/Δ → (CH₃)₂CHC(CH₃)=CH₂ ;
(e) H₂SO₄/Δ → 1,1-二甲基环戊烯 + 3,3-二甲基环戊烯 ; Al₂O₃/Δ → 1-甲基-2-亚甲基环丁烷 ;
(f) H₂SO₄/Δ → 1,2-二甲基环己烯 ; Al₂O₃/Δ → 1-甲基-1-乙烯基环戊烷 。

【练习 10.18】　请给出下列反应的机理。

(a) 2,2,3-三甲基环戊醇 —H₂SO₄/Δ→ 1,2,3-三甲基环戊烯 ;

(b) 9-(羟甲基)芴 —H₂SO₄→ 菲 。

解答　各反应的机理如下：

(a) 环戊醇 —H⁺→ 质子化 —−H₂O→ 碳正离子 → 重排碳正离子 —−H⁺→ 烯烃 ;

(b) 芴甲醇 —H⁺→ 质子化 —−H₂O→ 苄基碳正离子 → 扩环碳正离子 → 菲正离子 —−H⁺→ 菲 。

【练习 10.19】　设计合适的路线实现下列转化：

(a) 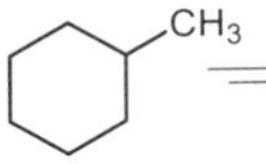 [环己烷-CH₃] ⟹ trans-1-氯-2-甲基环己烷、cis-1-溴-2-甲基环己烷和 3-甲基环己-1-烯；

(b) 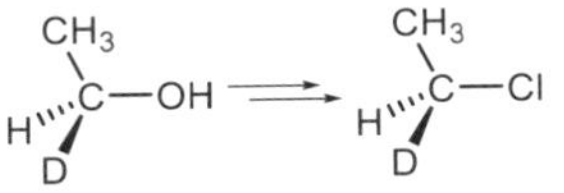 结构式 ⟹ 结构式 和 结构式。

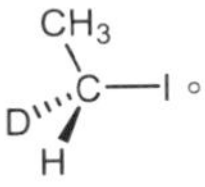

解答 按题意要求回答如下：

(a) 反应路线图

(b) 反应路线图

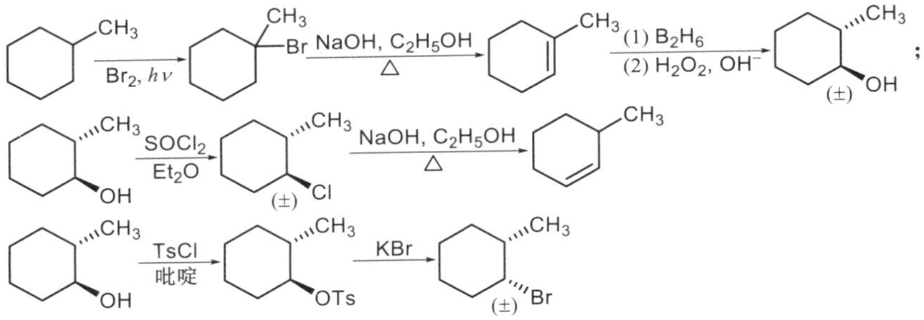

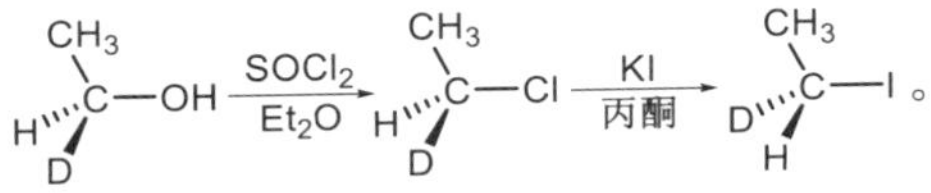

【练习 10.20】 简要回答下列问题：
(a) 写出下列反应的产物，并指出对甲苯磺酰氯（TsCl）和吡啶的作用；

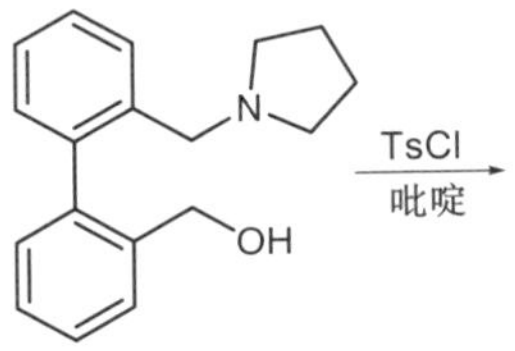

(b) 下列化合物中哪一个与 NaOAc/HOAc 反应的速率较快？

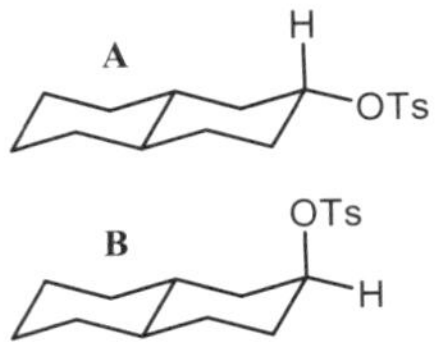

解答 按题意要求回答如下：

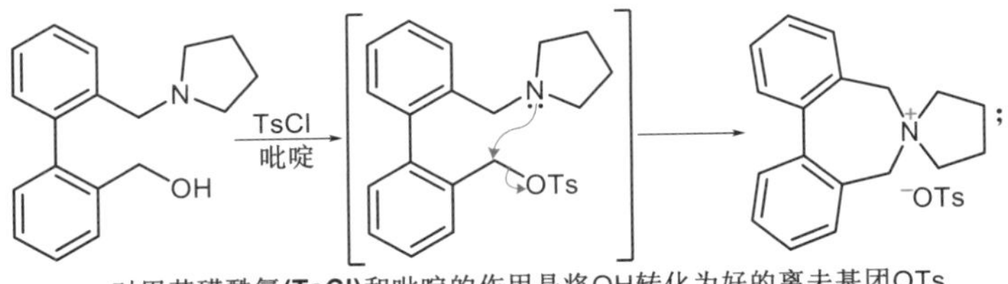

(a) 反应机理图

对甲苯磺酰氯(TsCl)和吡啶的作用是将 OH 转化为好的离去基团 OTs

(b) B 的速率较快。

【练习 10.21】 用简单的化学方法鉴别下列各组化合物：

(a) 乙醇和乙-1,2-二醇；　　　　　　(b) 丙-1,2-二醇和丙-1,3-二醇。

解答　按题意要求回答如下：

	(a)	乙醇	乙-1,2-二醇
新制 Cu(OH)$_2$		(−)	(+)深蓝色溶液
	(b)	丙-1,2-二醇	丙-1,3-二醇
新制 Cu(OH)$_2$		(+)深蓝色溶液	(−)

【练习 10.22】　完成下列反应。

(a) ? $\xrightarrow{HIO_4}$ CH$_3$COCH$_3$ + HCHO；

(b) ? $\xrightarrow{HIO_4}$ 2 HOOC—CHO；

(c) 四羟基环己基甲醇 $\xrightarrow{H_5IO_6}$?；

(d) 十氢萘-4a,8a-二醇 $\xrightarrow{H_5IO_6}$?；

(e) 降冰片烷-2-羟基-2-甲醇 $\xrightarrow{Pb(OAc)_4}$?；

(f) CH$_3$O—C$_6$H$_4$—CO—CH(OH)—C$_6$H$_4$—OCH$_3$ $\xrightarrow{H_5IO_6}$?；

(g) CH$_3$(CH$_2$)$_7$CH(OH)CH(OH)(CH$_2$)$_7$CHO $\xrightarrow{H_5IO_6}$?；

(h) CH$_2$=CH(CH$_2$)$_8$CH(OH)CH$_2$OH $\xrightarrow{Pb(OAc)_4}$?；

(i) Ph—C(OH)(Ph)—C(OH)(CH$_3$)—CH$_3$ $\xrightarrow[\Delta]{H^+}$?；

(j) CH$_3$O—C$_6$H$_4$—C(OH)(Ph)—C(Ph)(OH)—C$_6$H$_4$—OCH$_3$ $\xrightarrow[\Delta]{H^+}$?；

(k) 1,1'-二羟基双环戊基 $\xrightarrow[\Delta]{H^+}$?；

(l) Ph—C(OH)(CH$_3$)—CH$_2$I $\xrightarrow{AgNO_3}$?。

解答　按题意要求回答如下：

(a) (CH$_3$)$_2$C(OH)—CH$_2$OH；

(b) HOOC—CH(OH)—CH(OH)—COOH；

(c) OHC—CH$_2$—CHO + HOOC—CH$_2$—COOH + HCHO；

(d) 环癸-1,6-二酮；

(e) 降冰片-2-酮 + HCHO；

(f) CH$_3$O—C$_6$H$_4$—COOH + OHC—C$_6$H$_4$—OCH$_3$；

(g) CH$_3$(CH$_2$)$_7$CHO + OHC(CH$_2$)$_7$CHO；

(h) CH$_2$=CH(CH$_2$)$_8$CHO + HCHO；

(i) Ph-C(CH₃)(Ph)-CO-CH₃； (j) Ph-CO-C(Ph)(C₆H₄OCH₃)(C₆H₄OCH₃)； (k) 螺[4.5]癸-6-酮； (l) CH₃-CO-CH₂-Ph。

【练习 10.23】 请指出下列化合物中不能被高碘酸氧化的二醇。

(a) 1,2-环己二醇（反式桥头）; (b) 1,2-二甲基-1,2-环己二醇; (c) 1,2-环己二醇（桥头甲基）; (d) 1,2-二甲基-1,2-环己二醇;

(e) 4-叔丁基-1,2-环己二醇; (f) 4-叔丁基-1,3-环己二醇; (g) 4-叔丁基-1,2-环己二醇。

解答 不能被高碘酸氧化的有(a)、(c)、(f)。

【练习 10.24】 判断以下醇分子哪些具有光学活性（手性）、哪些没有光学活性（非手性）、哪些是内消旋体。

(a) 1-甲基环己醇; (b) 2,4,6-庚三醇; (c) 顺-1,3-环己二醇;

(d) 反-3-甲基环丁醇; (e) 2,5-己二醇。

解答 (b)、(e)具有光学活性，(a)、(c)、(d)没有光学活性，(c)是内消旋体。

【练习 10.25】 高效率实现下列从环己烯出发的各种转化。

解答 (a) NBS/(PhCOO)₂/△； (b) NaOH/H₂O； (c) H₂SO₄/△； (d) NaOCH₃/HOCH₃； (e) 新制 MnO₂； (f) H₂O/H₂SO₄； (g) K₂CrO₇/H₂SO₄； (h) H₂O₂/OsO₄； (i) HIO₄； (j) K₂CrO₇/H₂SO₄。

【练习 10.26】 实现下列转化。

(a) 异丁醇 ⟹ 叔丁醇； (b) 1-甲基环己醇 ⟹ 开链酮醛；

(c) CH₃CH₂CH₂OH ⟹ HC≡C-CH₂CH₂CH₃ ；

(d) (CH₃)₂CHCH₂CH=CH₂ ⟹ (CH₃)₂CHCH₂CH₂CH₂CN ；

(e) 1-methylcyclohexanol ⟹ trans-2-methylcyclohexanol (±) ；

(f) cyclohexylidene-CH₂ ⟹ cyclohexyl-C(=O)CH₃ ；

(g) (CH₃)₂CHCH₂CH₃ ⟹ CH₃CH(CH₃)C(=O)CH₂CH₃ ；

(h) cyclooctanol ⟹ trans-1,2-cyclooctanediol ；

(i) cyclohexylidene=CH₂ ⟹ cyclohexyl-CH₂Cl 、 cyclohexyl-CHO 、 cyclohexyl-COOH 。

解答 按题意要求回答如下：

(a) (CH₃)₂CHCH₂OH $\xrightarrow{H_2SO_4, \Delta}$ (CH₃)₂C=CH₂ $\xrightarrow{H_2O, H_2SO_4}$ (CH₃)₃COH ；

(b) cyclohexanol $\xrightarrow{H_2SO_4, \Delta}$ 1-methylcyclohexene $\xrightarrow{(1) O_3}{(2) H_2O, Zn}$ OHC-(CH₂)₃-C(=O)CH₃ ；

(c) CH₃CH₂CH₂OH $\xrightarrow{HBr}$ CH₃CH₂CH₂Br

$\xrightarrow{H_2SO_4, \Delta}$ CH₃CH=CH₂ $\xrightarrow{Br_2, CCl_4}$ $\xrightarrow{KOH, C_2H_5OH, \Delta}$ HC≡CH $\xrightarrow{NaNH_2, NH_3(l)}$ $\xrightarrow{CH_3CH_2Br}$ CH₃CH₂C≡C-CH₂CH₃ ；

(d) (CH₃)₂CHCH₂CH=CH₂ $\xrightarrow{(1) B_2H_6}{(2) H_2O_2, NaOH}$ $\xrightarrow{TsCl, 吡啶}$ $\xrightarrow{NaCN}$ (CH₃)₂CHCH₂CH₂CH₂CN ；

(e) 1-methylcyclohexanol $\xrightarrow{H_2SO_4, \Delta}$ 1-methylcyclohexene $\xrightarrow{(1) B_2H_6}{(2) H_2O_2, NaOH}$ trans-2-methylcyclohexanol (±) ；

(f) cyclohexylidene=CHCH₃ $\xrightarrow{(1) B_2H_6}{(2) H_2O_2, NaOH}$ cyclohexyl-CH(OH)CH₃ $\xrightarrow{K_2Cr_2O_7, H_2SO_4}$ cyclohexyl-C(=O)CH₃ ；

(g) (CH₃)₂CHCH₂CH₃ $\xrightarrow{(1) Br_2, h\nu}{(2) NaOH, C_2H_5OH}$ (CH₃)₂C=CHCH₃ $\xrightarrow{(1) B_2H_6}{(2) H_2O_2, NaOH}$ $\xrightarrow{K_2Cr_2O_7, H_2SO_4}$ CH₃CH(CH₃)C(=O)CH₂CH₃ ；

(h) cyclooctanol $\xrightarrow{H_2SO_4, \Delta}$ cyclooctene $\xrightarrow{H_2O_2, OsO_4}$ cis-1,2-cyclooctanediol ；

(i)
$$\text{环己烯甲基} \xrightarrow{\text{(1) } B_2H_6}{\text{(2) } H_2O_2, NaOH} \text{环己基CH}_2\text{OH} \xrightarrow{HCl, ZnCl_2}{\Delta} \text{环己基CH}_2Cl$$

$$\text{环己基CHO} \xleftarrow{\text{Sarrett 试剂}} \xleftarrow{Na_2Cr_2O_7, H_2SO_4}{\Delta} \text{环己基COOH}$$

【练习 10.27】 建议下列反应的机理。

(a)
$$\underset{CH_3CH_2CH_2}{\overset{D}{\underset{H}{C}}}-OH \xrightarrow{SOCl_2, \text{吡啶}} \underset{CH_2CH_3}{\overset{D}{\underset{H}{C}}}-Cl$$

(b) $(2R,3S)$-3-溴丁-2-醇 $\xrightarrow{HBr}$ $meso$-2,3-二溴丁烷；

(c) 2-甲基-3-丁烯-2-醇 $\xrightarrow{HBr}$ 1-溴-3-甲基-2-丁烯；

(d) 1-(环丁基)-1-甲基乙醇 $\xrightarrow{CH_3SH, H_2SO_4 \text{ (0.1 eq.)}}$ 1-(甲硫基)-2,2-二甲基环戊烷；

(e) 1-乙烯基环丙醇 $\xrightarrow{HBr}$ 2-甲基环丁酮；

(f) 3,3-二甲基-2-溴丁烷 $\xrightarrow{AgNO_3, C_2H_5OH}$ 2,3-二甲基-2-丁烯。

解答 各反应的机理如下：

(a) [mechanism with SOCl₂, pyridine, S_N2 shown with D, CH₃CH₂CH₂ groups, leading to Cl product + SO₂]

(b) $(2R,3S)$-3-bromobutan-2-ol [protonation, loss of H₂O, bromonium ion formation, Br⁻ attack] → $meso$-2,3-dibromobutane

(c) [Protonation of OH, loss of H₂O, allylic cation, Br⁻ attack] → allyl bromide product

(d) [Protonation of OH, loss of H₂O, ring expansion of cyclobutyl cation to cyclopentyl cation, attack by CH₃SH, loss of H⁺] → methylthio-dimethylcyclopentane

(e) 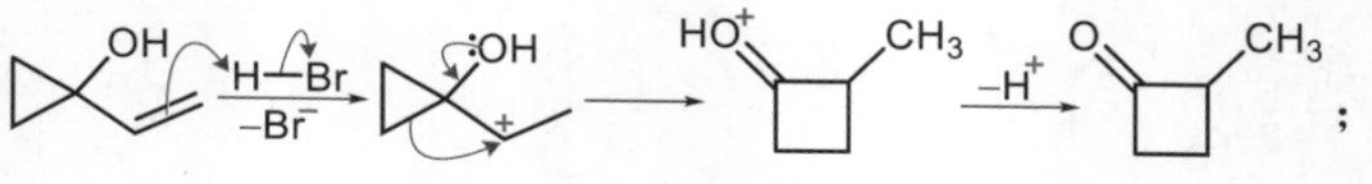 [反应机理图：环丙基烯醇与HBr反应，经质子化、开环生成环丁酮的过程]

(f) 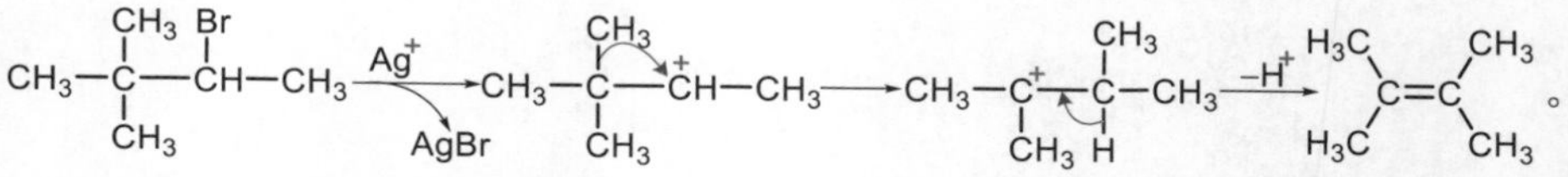 [反应机理图：叔碳溴化物在Ag⁺作用下离去，经碳正离子重排、消除生成烯烃]

【练习 10.28】 下面是以(+)-1-苯基丙-2-醇（(+)-1-phenylpropan-2-ol）为原料合成(2-乙氧基丙基)苯（(2-ethoxypropyl)benzene）的瓦尔登转化证据。请解释该结果，并指出在哪一步发生了瓦尔登翻转。

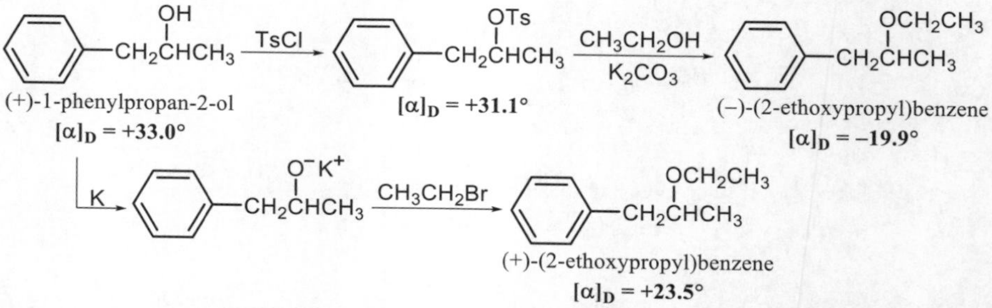

[反应式：(+)-1-phenylpropan-2-ol ([α]_D = +33.0°) —TsCl→ OTs中间体 ([α]_D = +31.1°) —CH₃CH₂OH/K₂CO₃→ (−)-(2-ethoxypropyl)benzene ([α]_D = −19.9°)]

[另一路线：—K→ 醇钾中间体 —CH₃CH₂Br→ (+)-(2-ethoxypropyl)benzene ([α]_D = +23.5°)]

解答 (+)-1-苯基丙-2-醇与(+)-(2-乙氧基丙基)苯的构型相同，因为手性碳原子上的四个 σ-键均没有发生断裂，(+)-(2-乙氧基丙基)苯分子中的氧源于(+)-1-苯基丙-2-醇；(−)-(2-乙氧基丙基)苯的手性碳原子与乙氧基间的 C−O σ-键是通过反应形成的，(−)-(2-乙氧基丙基)苯分子中的氧源于乙醇。因此，下面这一步反应发生了瓦尔登翻转：

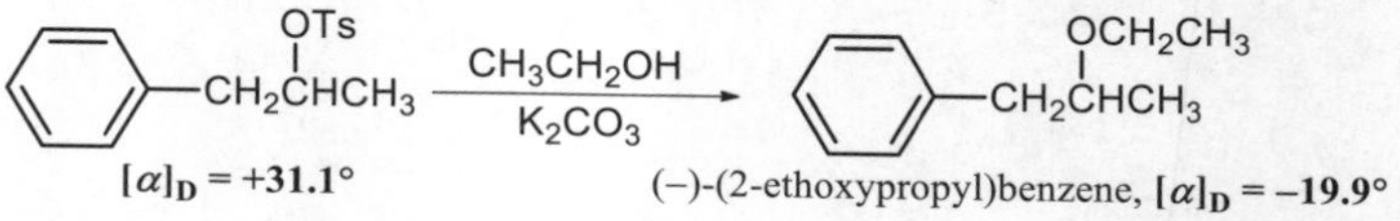

[反应式：OTs化合物 ([α]_D = +31.1°) —CH₃CH₂OH/K₂CO₃→ (−)-(2-ethoxypropyl)benzene, [α]_D = −19.9°]

【练习 10.29】 比较下列两个化合物被 $K_2Cr_2O_7/H_2SO_4$ 氧化成酮的反应活性高低，并用构象加以解释。

(a) 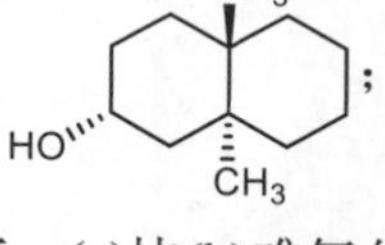 [十氢萘结构，HO在轴向，角甲基向上向下]； (b) [十氢萘结构，HO在平伏位]。

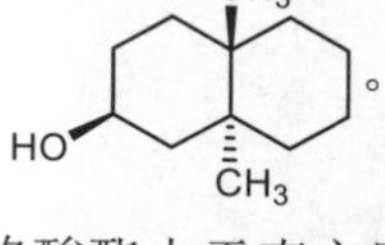

解答 (a)比(b)难氧化，因为(a)的铬酸酯由于直立甲基的位阻而难形成。

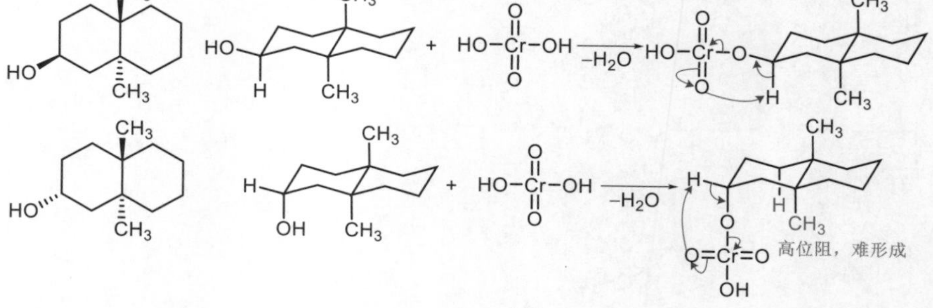

[构象分析图：(a)的椅式构象与铬酸形成铬酸酯，显示高位阻，难形成；(b)的椅式构象与铬酸形成铬酸酯，顺利进行]

高位阻，难形成

【练习 10.30】 推断下式中化合物 A、B、C 的结构。

A (C$_6$H$_{14}$O$_2$) $\xrightarrow[\text{Et}_3\text{N, CH}_2\text{Cl}_2]{\text{2CH}_3\text{SO}_2\text{Cl}}$ B (C$_8$H$_{18}$S$_2$O$_6$) $\xrightarrow[\text{DMF}]{\text{Na}_2\text{S, H}_2\text{O}}$ C (C$_6$H$_{12}$S) $\xrightarrow{\text{过量 H}_2\text{O}_2}$ [结构式]

解答

A (C$_6$H$_{14}$O$_2$): 含两个 OH 与两个 CH$_3$ 的结构
B (C$_8$H$_{18}$S$_2$O$_6$): 对应的双甲磺酸酯
C (C$_6$H$_{12}$S): 反式-2,4-二甲基四氢噻吩

【练习 10.31】 用浓的氢溴酸处理 1-环己基乙-1-醇（1-cyclohexylethan-1-ol），主要产物是 1-溴-1-乙基环己烷（1-bromo-1-ethylcyclohexane）。

(a) 建议这个反应的机理；
(b) 如何将 1-环己基乙-1-醇高效转化成(1-溴乙基)环己烷（(1-bromoethyl)cyclohexane）。

解答 按题意要求回答如下：

(a) 质子化 → 失水 → 形成仲碳正离子 → 氢迁移生成更稳定的叔碳正离子 → Br$^-$ 进攻得到产物；

(b) 用 PBr$_3$ 处理，得到 (1-溴乙基)环己烷。

【练习 10.32】 以萘（naphthalene）为原料的下列合成。写出中间产物 A、B、C 和目标产物 D 的结构简式；建议从 C 到目标产物 D 的反应机理。

naphthalene $\xrightarrow[\text{CH}_3\text{CH}_2\text{OH}]{\text{Na, NH}_3(l)}$ A (C$_{10}$H$_{10}$) $\xrightarrow[\text{CH}_3\text{CH}_2\text{OH}]{\text{Na, NH}_3(l)}$ B (C$_{10}$H$_{12}$) $\xrightarrow{\text{H}_2, \text{Rh}}$ [八氢萘] $\xrightarrow{\text{OsO}_4, \text{H}_2\text{O}_2}$ C (C$_{10}$H$_{18}$O$_2$) $\xrightarrow{\text{H}_2\text{SO}_4}$ D (C$_{10}$H$_{16}$O)

解答

A (C$_{10}$H$_{10}$): 1,4,5,8-四氢萘
B (C$_{10}$H$_{12}$): 1,2,3,4,5,6,7,8-八氢萘
C (C$_{10}$H$_{18}$O$_2$): 9,10-二羟基十氢萘
D (C$_{10}$H$_{16}$O): 螺[4.5]癸-6-酮

机理：二醇在 H$^+$ 作用下，其中一个 OH 质子化为 OH$_2^+$，脱水同时发生邻位碳的 1,2-迁移（环收缩），生成含 HO$^+$ 的螺环正离子，再失去质子得到螺酮 D。

【练习 10.33】 在酸催化下，(四氢呋喃-2-基)甲醇（(tetrahydrofuran-2-yl)methanol）脱水，高产率得到在有机合成中很有用的试剂：3,4-二氢-2H-吡喃（3,4-dihydro-2H-pyran）。请为该反应建议一个合理的机理。

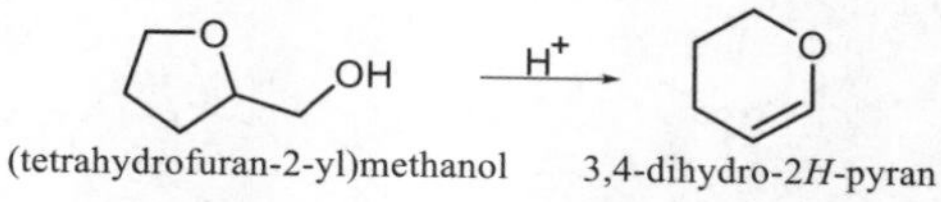

解答

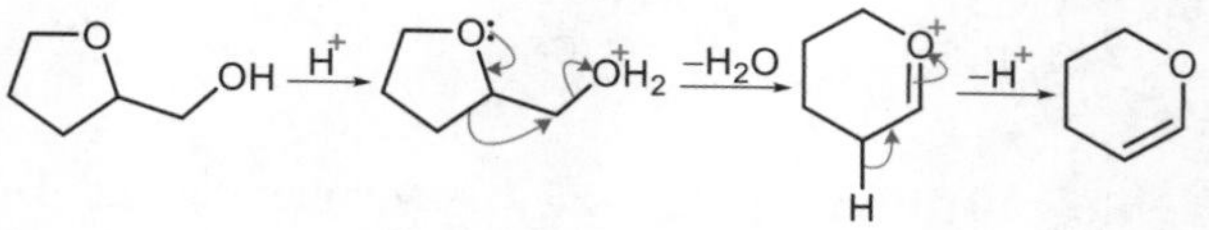

【练习 10.34】 H_2CrO_4、Jones 试剂（CrO_3/稀 H_2SO_4）、Sarrett 试剂（CrO_3/吡啶）以外，还有一些铬氧化剂：PCC（由吡啶、CrO_3 和盐酸制成的吡啶–氯铬酸盐）、PDC（吡啶–双铬酸盐），都可以将醇氧化成醛、酮，且氧化机理相似。下列烯丙型的叔醇也可以被氧化：

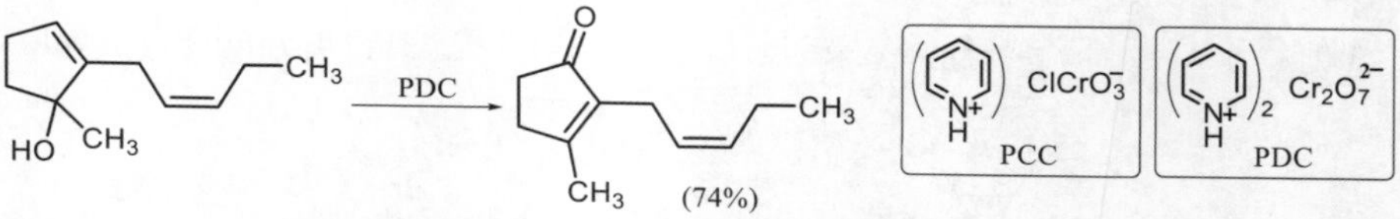

请为该反应建议一个合理的机理，并判断下列烯丙型叔醇是否能被 PDC 氧化。如能被氧化，请写出产物。

(a) 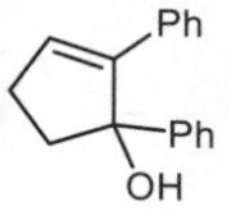 ; (b) 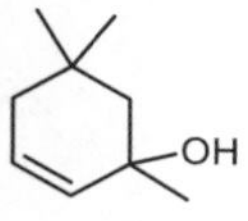 ; (c) 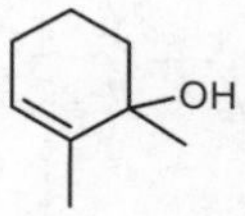 ; (d) 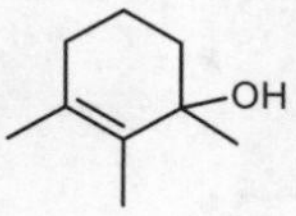 ;

(e) 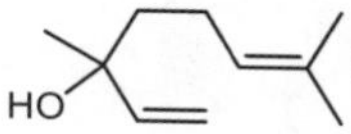 ; (f) 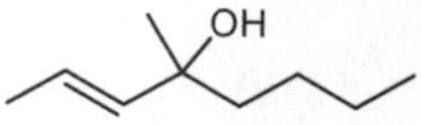 ; (g) 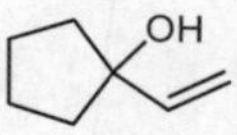 。

解答 该反应的机理如下：

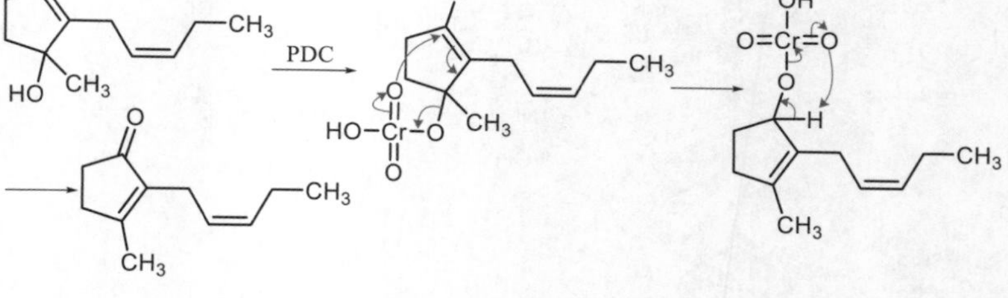

(d) 不能被 PDC 氧化；能被 PDC 氧化的烯丙型叔醇及其被氧化后生成的产物如下：

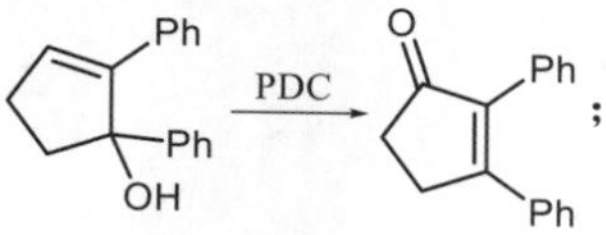

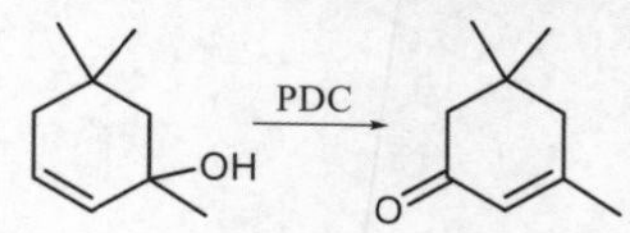

(c) [结构式] →PDC→ [结构式] ; (e) [结构式] →PDC→ [结构式] ;

(f) [结构式] →PDC→ [结构式] ; (g) [结构式] →PDC→ [结构式] 。

【练习 10.35】 常用同位素标记法研究有机反应历程。如利用 ^{18}O 标记的甲醇钠研究如下反应，发现最终产物不含 ^{18}O。根据实验事实，给出：

(a) 中间产物 A、B、C 的结构简式；

(b) 含 ^{18}O 产物的结构简式。

[反应式] $Na^{18}OCH_3$ → A → B + C → [产物结构式]

解答 按题意要求回答如下：

(a) [A 结构式] [B 结构式] $CH_3-\overset{O}{\underset{O}{S}}-^{18}O-CH_3$; C

(b) 含 ^{18}O 产物的结构简式为 $Na^{18}OSO_2CH_3$。

【练习 10.36】 某同学设计如下反应条件，欲制备化合物 C，但反应后实际得到其同分异构体 E。请画出反应中间体 D 及产物 E 的结构简式，解释生成 E 的原因。

[反应式: F化合物 →SOCl₂/吡啶-乙醚, -45°C→ [D] → E，×表示未得到C]

在下面的反应中，化合物 F 与二氯亚砜在吡啶-乙醚溶液中发生反应时未能得到氯代产物，而是得到了两种含有碳碳双键的同分异构体 G 和 H，没有得到另一个同分异构体 J。

[F 结构式] →SOCl₂/吡啶-乙醚, 0°C→ G + H

请画出 G、H 以及 J 的结构简式，并解释上述反应中得不到产物 J 的原因。

解答 按题意要求回答如下：

【练习 10.37】 (4S)-2-溴-4-苯基环己-1-醇有四个非对映异构体（A~D）：

这四个非对映异构体与碱作用的结果如下：

(a) 请确定 A、B、C、D 的结构，解释它们与碱反应的结果，并定性说明 A 和 B 的反应速率差别、C 和 D 的反应速率差别。

(b) 用氧化银处理 A、B、C、D。A、C、D 的反应产物与碱作用的产物相同，但 B 的反应产物是醛。请建议相应反应的机理。

解答 按题意要求回答如下：

(a) A、B、C、D 的结构以及它们与碱反应的结果如下：

· 120 ·

A 和 B 的反应速率差别、C 和 D 的反应速率差别的主要原因都是构象问题，A 和 C 都是优势构象的反应，所以速率快；B 和 D 均为非优势构象的反应，所以速率慢。

(b) A、B、C、D 分别与氧化银反应的结果如下：

第11章 酚

学习目标

通过本章学习,了解酚与人类生产和生活的关系;掌握酚的结构特征、命名和鉴别方法;学习并掌握酚羟基的性质、酚羟基对苯环上亲电取代反应的影响、酚的氧化和还原等反应及其用途;掌握酚的制备方法;掌握酚酯的 Fries 重排反应机理、酚的缩合反应机理和过氧化氢烃重排反应机理。

主要内容

酚是羟基与芳环碳原子键连的含氧有机化合物。本章学习酚的结构、命名、化学性质和制法。

第 11 章 酚

[Fries 重排反应机理及过氧化氢烷重排反应机理图示]

[苯酚的制法图示]

重点难点

酚的结构和命名；酚羟基的性质、酚羟基对苯环上亲电取代反应的影响及选择性控制；酚酯的 Fries 重排、酚的缩合及过氧化氢烷重排反应机理。

练习及参考解答

【练习 11.1】 写出下列化合物的名称（CCS 法）或结构。

(a) 3-甲基苯酚；(b) 4-羟基-2-甲基-5-溴苯酚结构；(c) 1-萘酚结构；(d) 2,4-二羟基苯磺酸结构；

(e) 4-ethylphenol； (f) 5-氯-2-甲基苯酚； (g) benzene-1,3-diol； (h) 5-甲基萘-2-酚。

解答 按题意要求回答如下：
(a) 3-甲基苯酚；(b) 4-溴-2-甲基苯酚；(c) 萘-1-酚；(d) 2,4-二羟基苯磺酸；

(e) 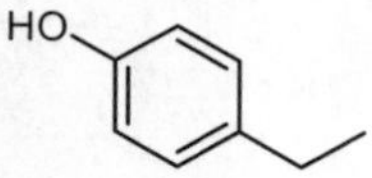 4-乙基苯酚 ; (f) 4-氯-2-甲基苯酚 ; (g) 间苯二酚 ; (h) 8-甲基-2-萘酚。

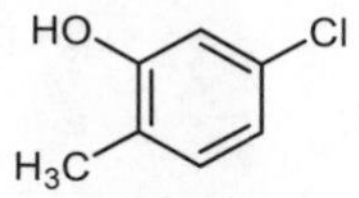

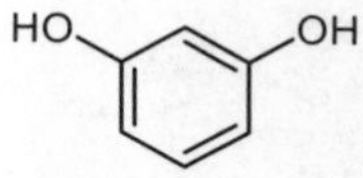

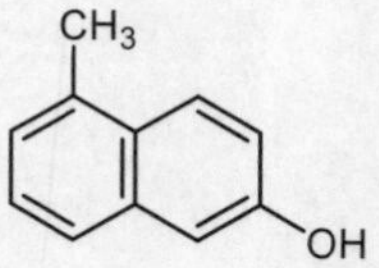

【练习 11.2】 列出对硝基苯酚、对氯苯酚、苯酚、对甲氧基苯酚的酸性强弱顺序，并给出合理的解释。

解答 酸性强弱顺序为对硝基苯酚 > 对氯苯酚 > 苯酚 > 对甲氧基苯酚。解释如下：

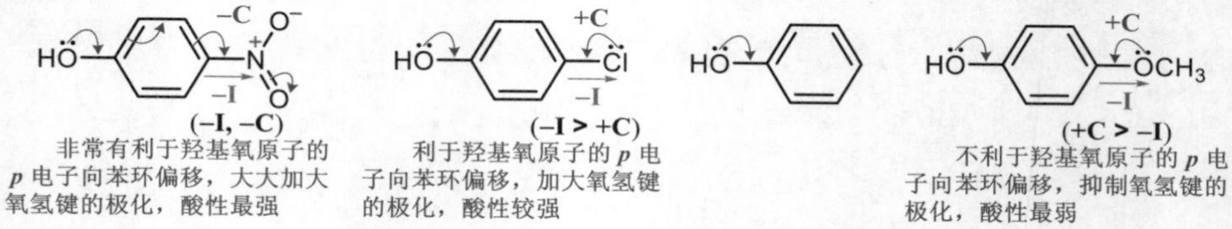

对硝基苯酚 (−I, −C)：非常有利于羟基氧原子的 p 电子向苯环偏移，大大加大氧氢键的极化，酸性最强

对氯苯酚 (−I > +C)：利于羟基氧原子的 p 电子向苯环偏移，加大氧氢键的极化，酸性较强

苯酚

对甲氧基苯酚 (+C > −I)：不利于羟基氧原子的 p 电子向苯环偏移，抑制氧氢键的极化，酸性最弱

【练习 11.3】 有苯酚和环己醇的混合物，请设计方案实现苯酚与环己醇的有效分离。

解答 分离方案如下：

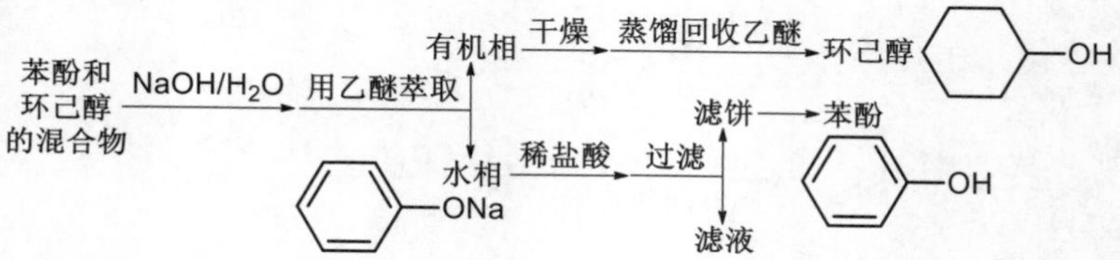

苯酚和环己醇的混合物 →(NaOH/H$_2$O，用乙醚萃取)→ 有机相 →(干燥，蒸馏回收乙醚)→ 环己醇；水相(PhONa) →(稀盐酸，过滤)→ 滤饼 → 苯酚；滤液

【练习 11.4】 用两种简单的化学方法鉴别苯酚和环己醇。

解答

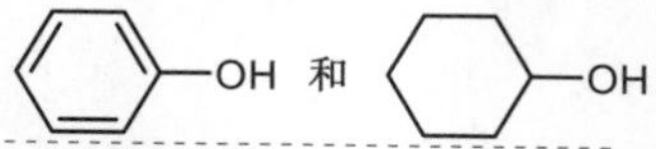

	苯酚	环己醇
方法一 Br$_2$/H$_2$O	(+) 白色沉淀	(−)
方法二 FeCl$_3$/H$_2$O	(+) 显紫色	(−)

【练习 11.5】 请指出次氯酸叔丁醇酯与苯酚的一氯代反应（生成邻氯苯酚）中的亲电试剂。

解答

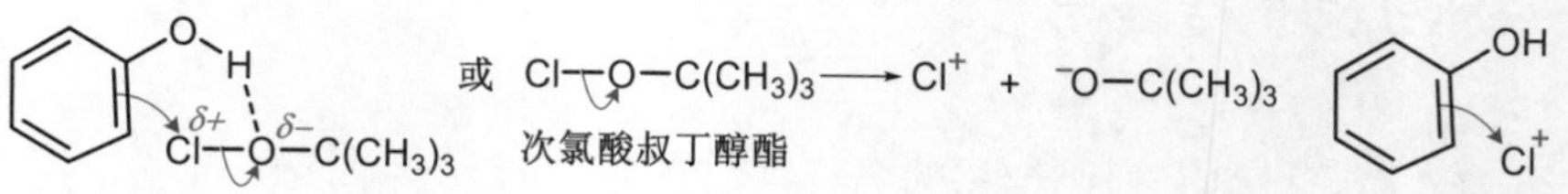

或 $Cl-O-C(CH_3)_3 \longrightarrow Cl^+ + {}^-O-C(CH_3)_3$

次氯酸叔丁醇酯

【练习 11.6】 完成下列反应。

(a) 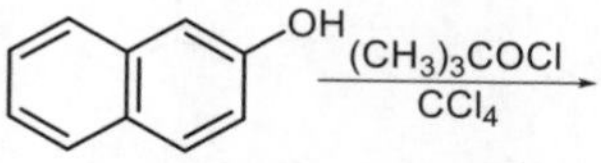 2-萘酚 $\xrightarrow[CCl_4]{(CH_3)_3COCl}$; (b) 邻氯苯酚 $\xrightarrow[CCl_4]{(CH_3)_3COCl}$; (c) 对甲基苯酚 $\xrightarrow[CCl_4]{(CH_3)_3COCl}$ 。

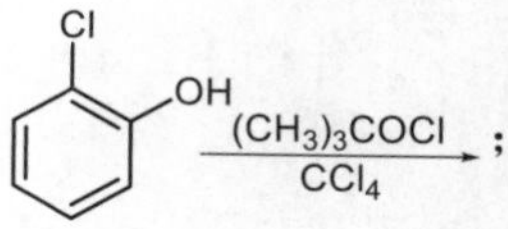

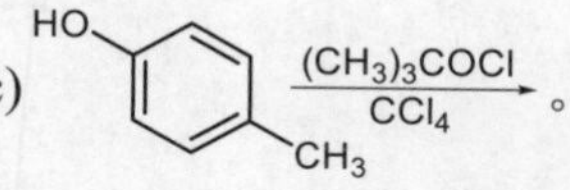

解答 (a) 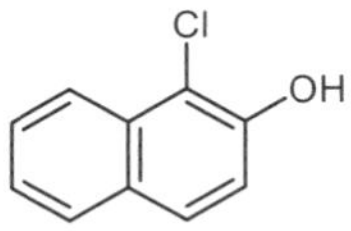 1-氯-2-萘酚结构； (b) 2,6-二氯苯酚结构； (c) 2-氯-4-甲基苯酚结构。

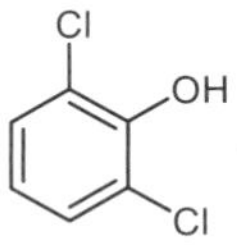

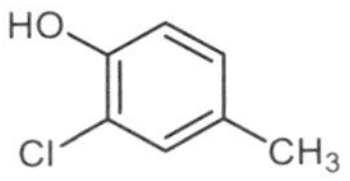

【练习 11.7】 请用结构式表示邻硝基苯酚的分子内氢键和对硝基苯酚的分子间氢键。

解答 邻硝基苯酚分子内氢键结构图；对硝基苯酚分子间氢键结构图。

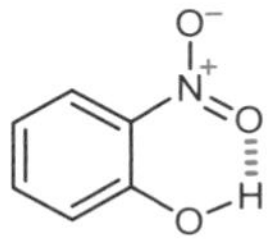

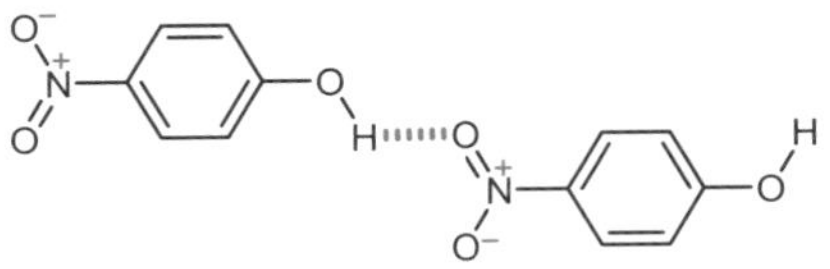

【练习 11.8】 请指出亚硝酸与苯酚的亚硝化反应中的亲电试剂。

解答 $O=N-\overset{..}{O}H \xrightarrow{H^+} O=\overset{+}{N}-\overset{+}{O}H_2 \xrightarrow{-H_2O} O\equiv\overset{+}{N}:$ （亚硝基正离子）。

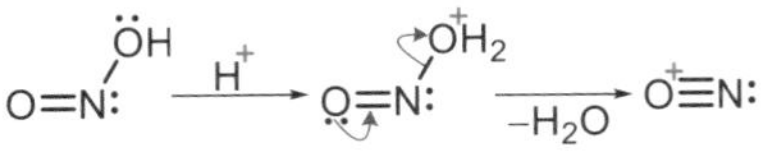

【练习 11.9】 完成下列反应。

(a) 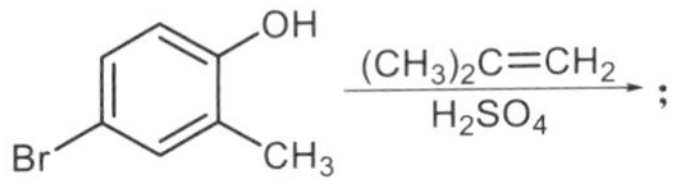 4-溴-2-甲基苯酚 $\xrightarrow{(CH_3)_2C=CH_2 / H_2SO_4}$ ；

(b) 对甲基苯酚 $\xrightarrow{CH_3CH_2COCl / AlCl_3}$ ；

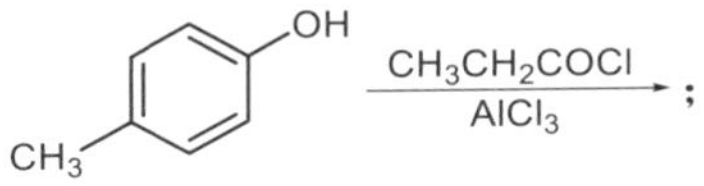

(c) 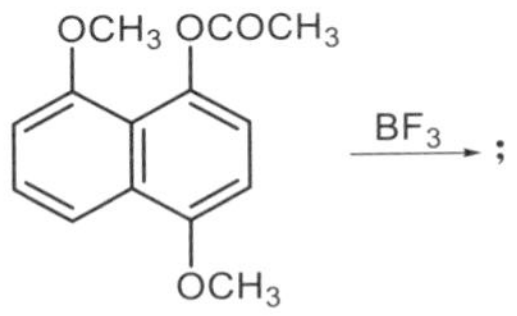 1-乙酰氧基-4,5-二甲氧基萘 $\xrightarrow{BF_3}$ ；

(d) 2-苯基苯酚钠 $\xrightarrow[190\ °C,\ 24h]{CO_2\ (20\ atm)} \xrightarrow{H^+}$ 。

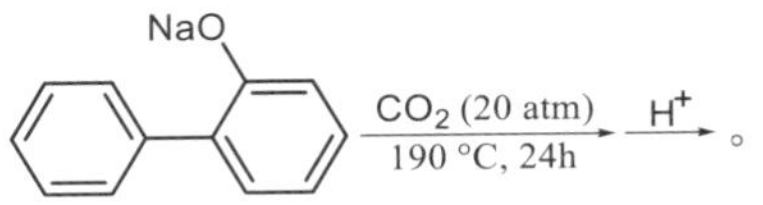

解答 (a) 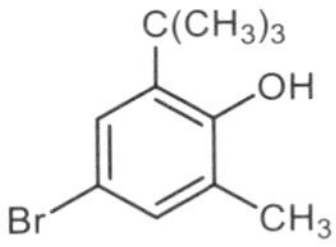 2-叔丁基-4-溴-6-甲基苯酚； (b) 2-羟基-5-甲基苯丙酮； (c) 1-羟基-2-乙酰基-4,8-二甲氧基萘； (d) 3-苯基-2-羟基苯甲酸。

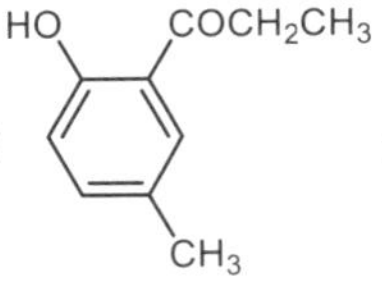

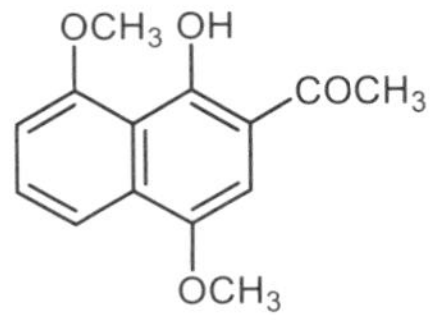

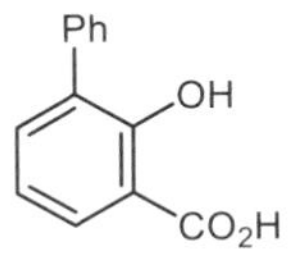

【练习 11.10】 请建议酸催化下苯酚与甲醛缩合形成线形酚醛树脂的反应机理。

解答 （反应机理图示，依次为苯酚质子化的甲醛亲电进攻、脱水生成亚甲基醌、再与苯酚加成、质子转移、重复反应最终形成线形酚醛树脂）

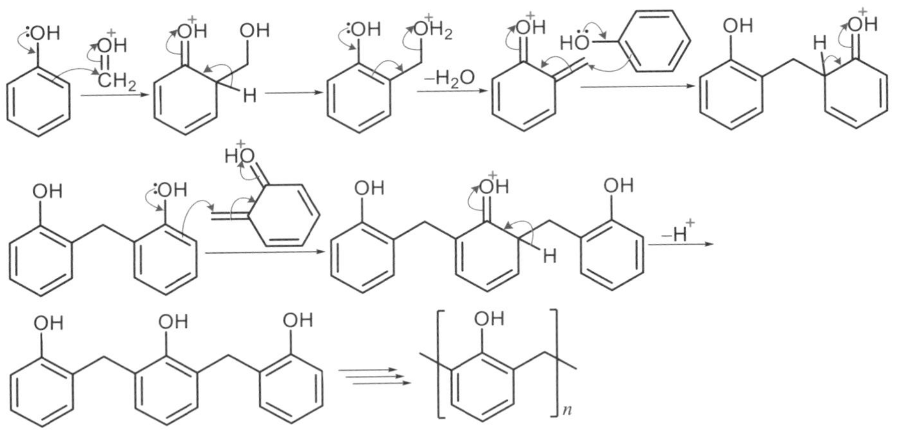

【练习 11.11】 请建议邻苯二甲酸酐分别与苯酚或间苯二酚反应，合成 phenolphthalein（酚酞）或 fluorescein（荧光黄）的反应机理。

解答 相关反应机理如下：

【练习 11.12】 按酸性递增的顺序排列以下化合物。

(a) 苯酚 、 3,4-二甲基苯酚 、 3-羟基苯甲酸 、 4-(氟甲基)苯酚 ;

(b) 苯酚 、 4-氟苯酚 、 4-甲氧基苯酚 、 4-羟基苯甲腈 。

解答 按题意要求回答如下:

(a) 3,4-二甲基苯酚 、 苯酚 、 4-(氟甲基)苯酚 、 3-羟基苯甲酸 ;

(b) 4-甲氧基苯酚 、 苯酚 、 4-氟苯酚 、 4-羟基苯甲腈 。

【练习 11.13】 完成下列反应。

(a) 4-异丙基苯磺酸钠 $\xrightarrow{(1) \text{NaOH (固), 300 °C}}{(2) \text{H}_2\text{SO}_4 \text{(稀)}}$;

(b) 2-萘磺酸钠 $\xrightarrow{(1) \text{NaOH (固), 300 °C}}{(2) \text{H}_2\text{SO}_4 \text{(稀)}}$;

(c) 1,4-二异丙基苯 $\xrightarrow{(1) \text{O}_2, 100 °C}{(2) \text{H}_2\text{SO}_4 \text{(稀)}}$ 。

解答 各反应的产物如下:

(a) 4-异丙基苯酚 ; (b) 2-萘酚 ; (c) 对苯二酚 + 2CH$_3$COCH$_3$ 。

【练习 11.14】 以苯、甲苯、丙烯为原料合成下列化合物。

(a) 双酚A ; (b) 对甲苯酚 ; (c) 2-溴-4-甲基苯酚 。

解答 按题意要求回答如下:

(a) 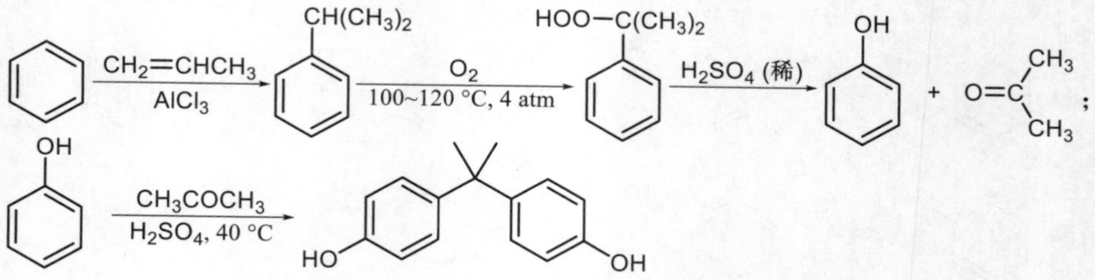
CH(CH3)2
HOO—C(CH3)2
OH
CH2=CHCH3
AlCl3
O2
100~120 °C, 4 atm
H2SO4 (稀)
+
CH3
O=C
CH3
;
OH
CH3COCH3
H2SO4, 40 °C
HO
OH

(b) 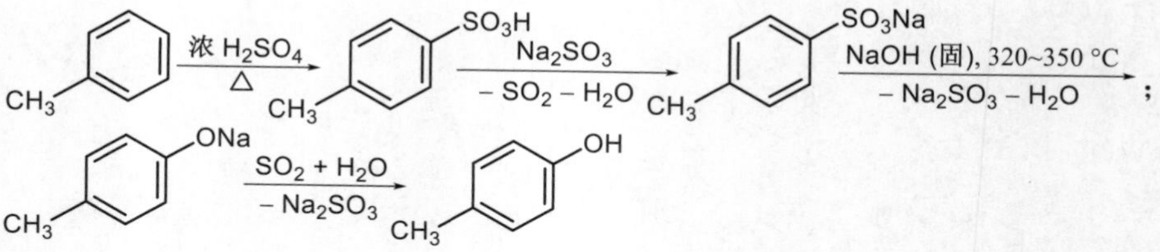
CH3
浓 H2SO4
△
SO3H
CH3
Na2SO3
– SO2 – H2O
SO3Na
CH3
NaOH (固), 320~350 °C
– Na2SO3 – H2O
;
ONa
CH3
SO2 + H2O
– Na2SO3
OH
CH3

(c) 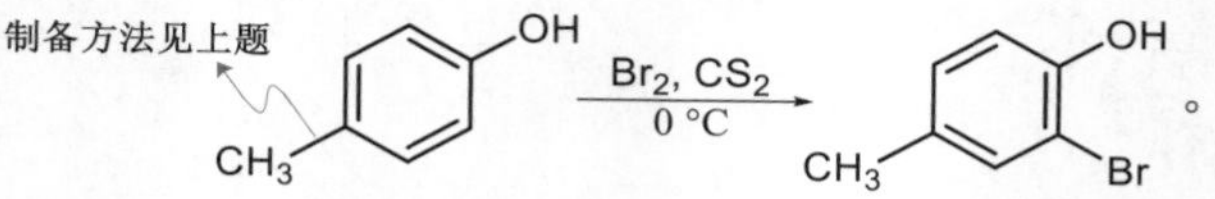
制备方法见上题
OH
CH3
Br2, CS2
0 °C
OH
CH3
Br
。

【练习 11.15】 写出下列反应产物，并给出合理的机理解释。

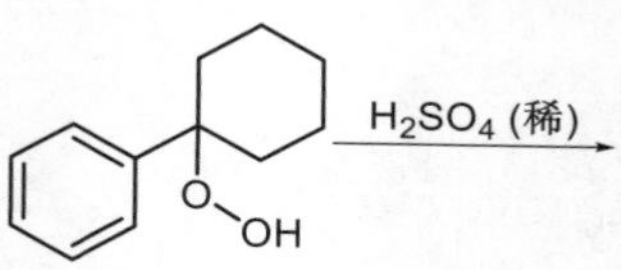
H2SO4 (稀)
O
OH

解答 按题意要求回答如下：

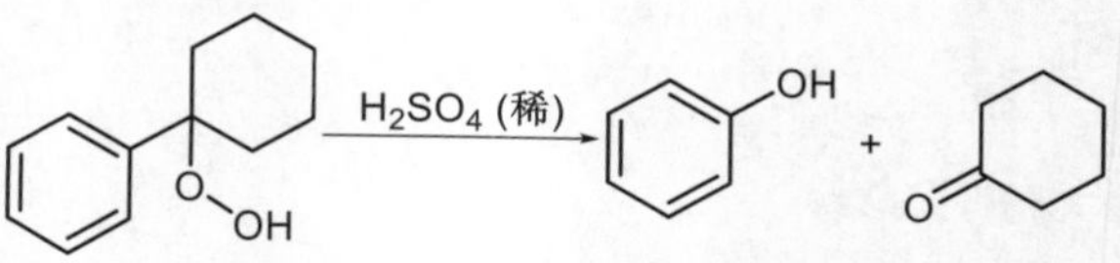
O
OH
H2SO4 (稀)
OH
+
O

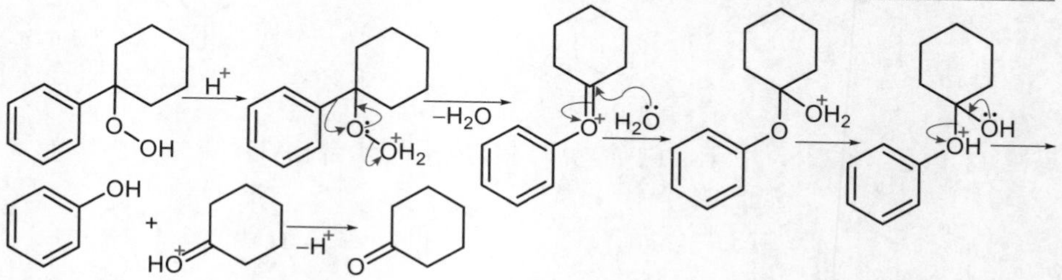
O
OH
H+
O
OH2
–H2O
O+
H2O
O
OH2
OH
OH
OH
+
HO+
–H+
O

【练习 11.16】 研究发现在三氯化铝存在下，两个不同的酚酯（比如，乙酸对甲基苯酯和丙酸对乙基苯酯）混合在一起进行反应，除了各自生成 Fries 重排产物外（a 和 d），还得到了交叉产物（b 和 c）。该结果说明了什么？请予以祥细讨论。

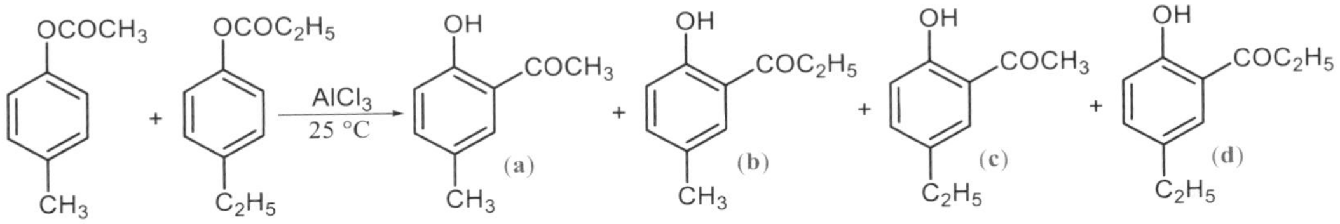

解答　该结果说明 Fries 重排反应发生在分子间，而非典型的重排反应。反应机理及四种反应的可能讨论如下：

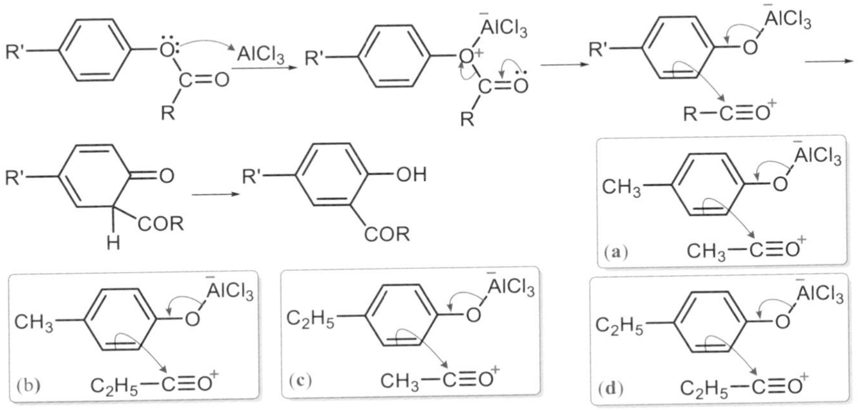

【练习 11.17】　越南战争期间（1965—1970 年），2,4,5-三氯苯氧乙酸（2,4,5-trichlorophenoxyacetic acid，2,4,5-T）及其二氯类似物 2,4-二氯苯氧乙酸（2,4-dichlorophenoxyacetic acid，2,4-D）丁酯的 1:1 混合物被用作脱叶剂，代号为"橙剂"。美军用低空慢速飞行的飞机喷洒于被判断为共产党武装人员藏身之地的森林、丛林和其他植被上，使树木等植物落叶。2,4,5-T 的生产过程中会产生微量剧毒的 2,3,7,8-四氯二苯并二噁英（2,3,7,8-tetrachlorodibenzodioxin，TCDD），越南人民和参加越南战争的美国老兵深受其害。2,4,5-T 的合成路线如下：

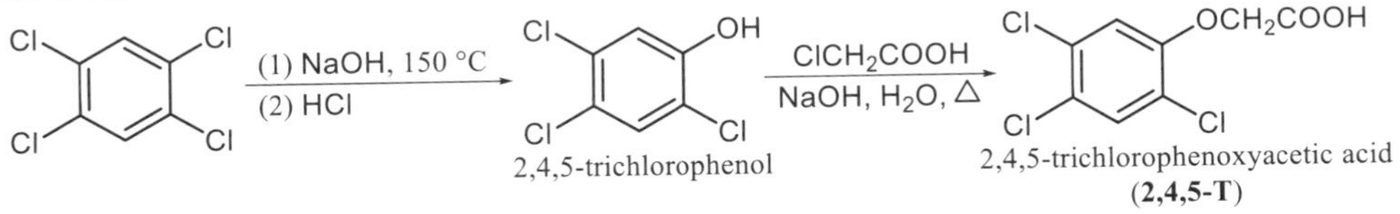

请建议 2,4,5-T 合成反应的机理，并解释 TCDD 的形成。

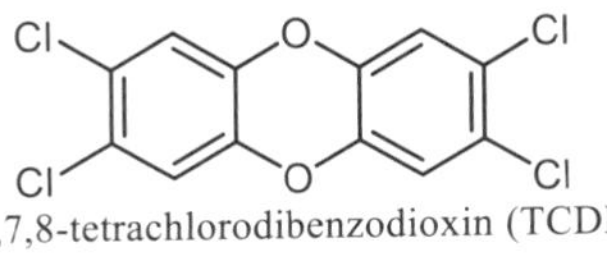

2,3,7,8-tetrachlorodibenzodioxin (TCDD)

解答　2,4,5-T 合成反应的机理如下：

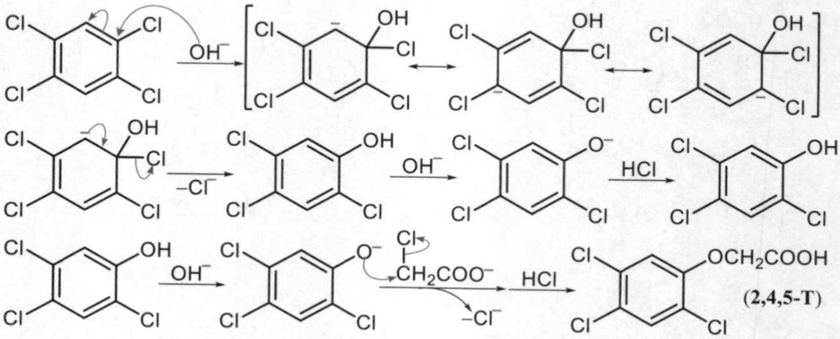

体系中 2,4,5-三氯苯氧负离子存在互相反应的可能，TCDD 的形成过程如下：

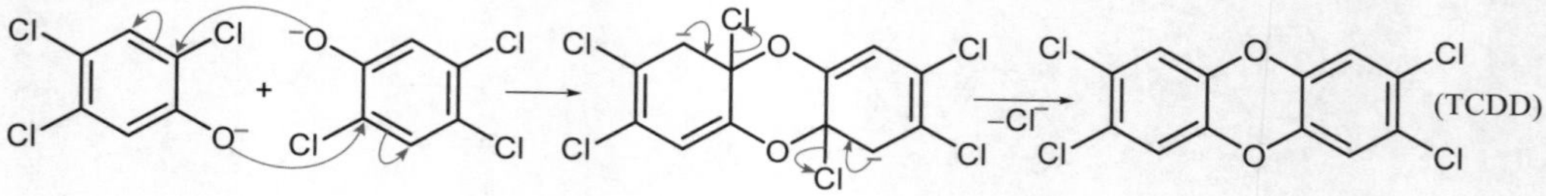

【练习 11.18】 化合物 MON-0585 是一种无毒、可生物降解的杀幼虫剂，对蚊虫幼虫具有高度选择性。以苯或苯酚为芳环源合成 MON-0585。

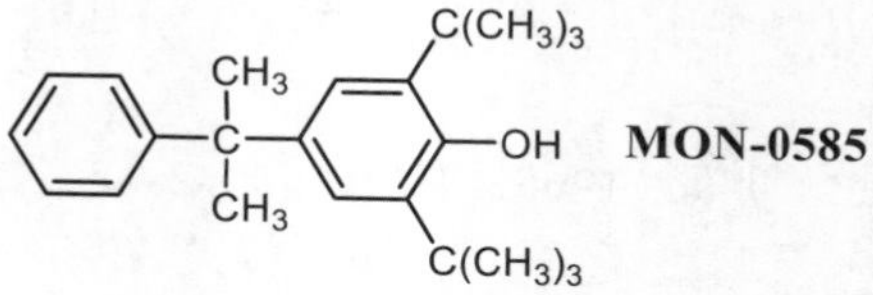

解答

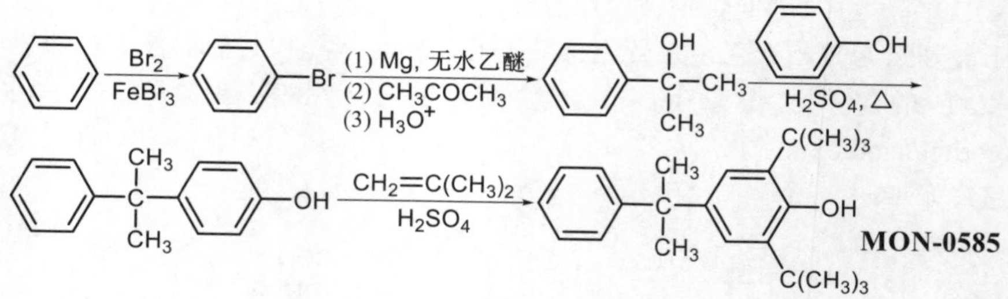

【练习 11.19】 请为以下转化提供合理的反应机理。

(a)

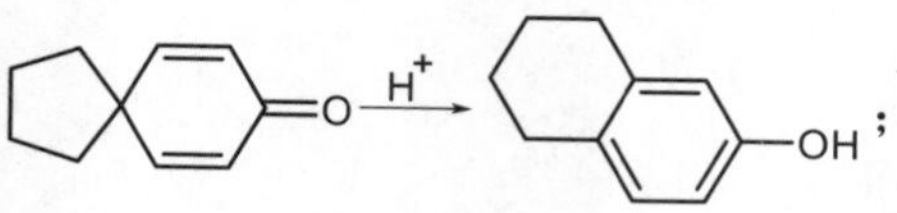

(b)

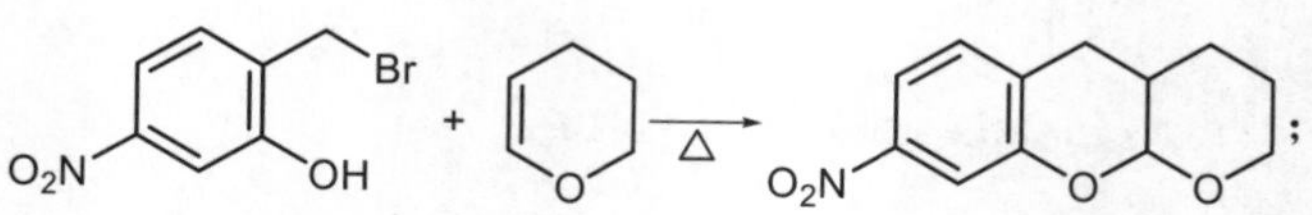

(c) 反应式: 邻羟基苯基 2,4-二硝基苯基砜 $\xrightarrow[(2)\ HCl]{(1)\ NaOCH_3}$ 2-(2,4-二硝基苯氧基)苯亚磺酸。

解答 各转化的反应机理如下：

(a) 螺[4.5]癸-6,9-二烯-8-酮 $\xrightarrow{H^+}$ 质子化中间体 $\longrightarrow$ 碳正离子重排 $\xrightarrow{-H^+}$ 6-羟基-1,2,3,4-四氢萘；

(b) 2-羟基-4-硝基苄溴 + 3,4-二氢-2H-吡喃 $\longrightarrow$ 中间体 $\longrightarrow$ 氧鎓离子 $\xrightarrow{-H^+}$ 7-硝基-2,3,4,4a-四氢-吡喃并[2,3-b]苯并吡喃；

(c) 机理经甲氧基负离子脱质子、分子内亲核取代形成螺环 Meisenheimer 中间体，再开环生成 2-(2,4-二硝基苯氧基)苯亚磺酸盐，最后 HCl 酸化得到产物。

第 12 章 醚

学习目标

通过本章学习，了解醚与人类生产和生活的关系；掌握醚的结构特征、分类、命名和性质特征；学习并掌握醚的碱性、强酸催化醚键断裂、苄基醚的催化氢解、烯丙基苯基醚或烯丙基乙烯基醚的 Claisen 重排等醚键断裂反应及其用途，掌握 1,2-环氧化合物的开环反应及其用途，掌握 Vilsmeier-Haack 反应及其用途；掌握强酸催化醚键断裂反应机理、1,2-环氧化合物的开环反应机理和 Vilsmeier-Haack 反应机理，理解醚键断裂反应和 1,2-环氧化合物的开环反应的选择性、烷氧基对苯环亲电取代反应的影响；掌握醚的制备。

主要内容

醚是氧原子与两个烃基键连的含氧有机化合物。本章学习醚的结构、命名、化学性质和制法。

Vilsmeier-Haack 反应机理

重点难点

醚的结构和命名；醚键断裂反应、1,2-环氧化合物的开环反应、Vilsmeier-Haack 反应等主要化学性质；强酸催化醚键断裂反应机理、1,2-环氧化合物的开环反应机理和 Vilsmeier-Haack 反应机理；醚键断裂反应和 1,2-环氧化合物的开环反应的区域选择性和立体选择性及其规律。

练习及参考解答

【练习 12.1】 用系统命名法（CCS 法和 IUPAC 法）命名下列化合物。

(a) ; (b) ; (c) ;

(d) ; (e) ; (f) ; (g) 。

解答 题给各化合物的系统命名如下：

(a) 二环己基醚（dicyclohexyl ether）或环己基氧基环己烷（(cyclohexyloxy)cyclohexane）；
(b) 1,4-二甲氧基苯（1,4-dimethoxybenzene）；
(c) 4-(叔丁氧基)环己-1-烯（4-*tert*-butoxy)cyclohex-1-ene）；
(d) (1*R*,6*S*)-7-氧杂二环[4.1.0]庚烷（(1*R*,6*S*)-7-oxabi-cyclo[4.1.0]heptane）；
(e) (1*R*,2*R*)-2-乙氧基环己-1-醇（(1*R*,2*R*)-2-ethoxycyclohexan-1-ol）；
(f) 3-乙氧基-2-甲基丙-1-烯（3-ethoxy-2-methylprop-1-ene）；
(g) (2*R*,3*S*)-2,3-二甲基氧杂环丙烷（(2*R*,3*S*)-2,3-dimethyloxirane）或(2*R*,3*S*)-2,3-环氧丁烷（(2*R*,3*S*)-2,3-epoxybutane）。

【练习 12.2】 写出下列化合物的结构。
(a) 1-chloro-3-ethoxypropane；　　(b) 2,2-dimethyloxirane；
(c) 3,4-epoxybut-1-ene；　　(d) (2*R*,3*S*)-2-methoxypentan-3-ol；
(e) *trans*-2,3-epoxyhexane；　　(f) 4-allyl-2-methoxyphenol；
(g) 苯并-15-冠-5；　　(h) 1,1-二甲氧基环己烷；
(i) (*S*)-2-氯甲基环氧乙烷；　　(j) *cis*-1-乙氧基-2-甲氧基环戊烷。

解答 各化合物的结构式如下：

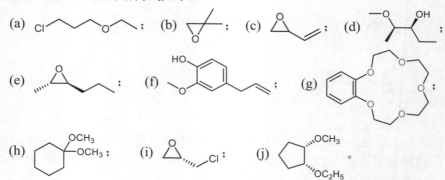

【练习 12.3】 请解释甲醚、四氢呋喃、1,4-二氧六环、乙二醇二甲醚和甘油三甲醚等能与水以任意比例互溶，而乙醚只部分溶于水、正丁醚几乎不溶于水的原因。

解答 疏水的烃基体积越大对氧与水分子间的氢键越不利，溶解性越小；两个烃基成环，体积变小，对氧与水分子间的氢键有利，溶解性大；多元醇的醚分子中氧原子数目越多，越有利于多元醇分子中氧与水分子间的氢键，溶解性越大。

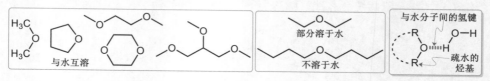

【练习 12.4】 建议下列反应的机理。
(a) CH$_3$CH$_2$CH$_2$CH$_2$—O—CH$_3$ + HI $\xrightarrow{\Delta}$ CH$_3$CH$_2$CH$_2$CH$_2$—OH + CH$_3$I；
(b) (CH$_3$)$_3$C—O—CH$_3$ + HI $\xrightarrow{\Delta}$ (CH$_3$)$_3$C—I + CH$_3$OH；

(c) $CH_3-\underset{\underset{CH_3}{|}}{\overset{\overset{O-CH_3}{|}}{C}}=CHCH_3$ + H_2O $\xrightarrow{H^+}$ $CH_3-\underset{\underset{}{\overset{O}{\|}}}{C}-CH_2CH_3$ + CH_3OH。

解答 各反应的机理如下:

(a) $CH_3(CH_2)_2CH_2-\ddot{O}-CH_3$ $\xrightarrow{H-I}$ $CH_3(CH_2)_2CH_2-\overset{+}{O}-CH_3$ + I^- $\longrightarrow$ $CH_3(CH_2)_2CH_2-OH$ + CH_3I;

(b) $(CH_3)_3C-\ddot{O}-CH_3$ $\xrightarrow[-I^-]{H-I}$ $(CH_3)_3C-\overset{+}{O}-CH_3$ $\xrightarrow{-CH_3OH}$ $(CH_3)_3C^+$ $\xrightarrow{I^-}$ $(CH_3)_3C-I$;

(c) 机理（略）

【练习 12.5】 完成下列反应。

(a) CH₃CH₂OCH₂CH=CH₂ + HBr (48%) ⟶ ; (b) 四氢呋喃 + HBr (48%, 过量) $\xrightarrow{\triangle}$;

(c) PhOCH₂Ph + HBr (48%, 过量) $\xrightarrow{\triangle}$; (d) (CH₃CH₂)₃COCH₂CH₃ + HI (57%) ⟶ ;

(e) (CH₃)₃COC(CH₃)₃ $\xrightarrow[\triangle]{H_2SO_4}$; (f) 环戊基—OCH₂CH₃ + HI (57%, 过量) ⟶ ;

(g) PhC(CH₃)₂OCH₃ $\xrightarrow{HBr (48\%)}$; (h) 色满 $\xrightarrow[\triangle]{KI, H_3PO_4}$;

(i) 2,2-二甲基四氢吡喃 + HI (57%) ⟶ ; (j) 环己烯基—OC₂H₅ $\xrightarrow{H_2O, H_2SO_4}$ 。

解答 各反应的产物如下:

(a) CH₃CH₂OH + BrCH₂CH=CH₂; (b) Br(CH₂)₄Br; (c) PhOH + BrCH₂Ph;

(d) (CH₃CH₂)₃CCl + HOCH₂CH₃; (e) CH₂=C(CH₃)₂; (f) 环戊基—I + ICH₂CH₃;

(g) PhC(CH₃)₂Br + HOCH₃; (h) 邻-(3-碘丙基)苯酚; (i) HO(CH₂)₃C(CH₃)₂I; (j) 环己酮 + HOC₂H₅。

【练习 12.6】 完成下列反应。

(a) CH₃O—C₆H₄—CH₂OCH₂CH₃ $\xrightarrow{H_2, Pd/C}$; (b) 2-苯基四氢吡喃 $\xrightarrow{H_2, Pd/C}$ 。

解答 (a) CH₃O-C₆H₄-CH₃ + HOCH₂CH₃； (b) HO-(CH₂)₅-C₆H₅。

【练习 12.7】 完成下列反应。

(a) [phenyl-O-CH₂-CH=CH-CH₃] →(200 °C)；
(b) [octahydronaphthalene-O-CH=CH₂] →(Δ)；
(c) [2,6-dimethylphenyl-O-CH₂-CH=CH-CH₃] →(200 °C)；
(d) [phenyl-O-CH₂-cyclopentenyl] →(Δ)；
(e) [cyclohexenyl-O-CH₂-CH=CH-Ph] →(200 °C)；
(f) [octahydronaphthalenyl-O-CH=CH₂] →(Δ)。

解答 各反应的产物如下：

(a) 邻-(1-甲基烯丙基)苯酚；
(b) 十氢萘-8a-基乙醛；
(c) 4-(2-丁烯基)-2,6-二甲基苯酚；
(d) 邻-(2-亚甲基环戊基)苯酚；
(e) 2-(1-苯基烯丙基)环己酮；
(f) 十氢萘-8a-基乙醛。

【练习 12.8】 完成下列反应。

(a) (CH₃)₂C—CHCH₃ (环氧) →(CH₃OH, H₂SO₄)；
(b) (CH₃)₂C—CHCH₃ →(CH₃ONa, CH₃OH)；
(c) H₂C—CHC₆H₅ →(CH₃NH₂)；
(d) H₂C—CHC₆H₅ →(HCN)；
(e) H₂C—CHCH₃ →(1) C₆H₅MgBr, Et₂O (2) H₃O⁺；
(f) H₂C—CHCH₃ →(C₆H₅OH, H₂SO₄)；
(g) Me₃C-环己烷-环氧 →(1) B₂H₆ (2) H₂O/OH⁻；
(h) Me₃C-环己烷-环氧 →(1) LiAlH₄ (2) H₃O⁺；
(i) n-C₄H₉C≡CNa →(1) 环氧乙烷, Et₂O (2) H₃O⁺；
(j) H₂C—CHC₂H₅ →(1) (CH₃)₂CuLi (2) H₃O⁺；
(k) 环氧乙烷 →(NH₃) ? →(环氧乙烷) ? →(环氧乙烷) ?；
(l) 环氧乙烷 →(Na₂S) ? →(环氧乙烷) ?。

解答 按题意要求回答如下：

(a) (CH₃)₂C(OCH₃)—CH(OH)CH₃；
(b) (CH₃)₂C(OH)—CH(OCH₃)CH₃；
(c) H₂C(NHCH₃)—CH(OH)C₆H₅；
(d) H₂C(OH)—CH(CN)C₆H₅；

(e) H₂C(Ph)-CH(OH)CH₃; (f) H₂C(HO)-CH(OC₆H₅)CH₃; (g) Me₃C-[环己基]-CH₂OH (H,OH 顺式);

(h) Me₃C-[环己基]-CH₃,OH; (i) n-C₄H₉C≡CCH₂CH₂OH; (j) (CH₃)₂CH-CH(OH)C₂H₅;

(k) HOCH₂CH₂NH₂, (HOCH₂CH₂)₂NH, (HOCH₂CH₂)₃N; (l) NaOCH₂CH₂SNa, (NaOCH₂CH₂)₂S。

【练习 12.9】 请用 Williamson 合成法合成二苯并 18-冠-6。

解答

[邻苯二酚双(2-羟乙基)醚] + [邻苯二酚双(2-氯乙基)醚] —KOH, Δ / THF, H₂O→ 二苯并-18-冠-6。

【练习 12.10】 实现下列转化。

(a) (CH₃)₃C—CH=CH₂ ⟹ (CH₃)₃C—CH(OCH₃)—CH₃;

(b) C₆H₅CH=CH₂ ⟹ C₆H₅CH(OH)CH₂OC₂H₅;

(c) H₂C=CH₂ ⟹ CH₃CH₂CH(CH₃)OC₂H₅;

(d) H₂C=CH₂ ⟹ (Z)-CH₃CH₂CH=CHCH₂CH₂OH;

(e) 苯 ⟹ Ph-CH₂CH₂CH₂-CH(OH)-Ph;

(f) 苯 ⟹ O₂N-C₆H₄-O-环己基;

(g) 苯, 丙烯 ⟹ C₆H₅-OCH(CH₃)₂、C₆H₅-O-CH₂CH=CH₂、C₆H₅-O-CH₂CH₂CH₃。

解答 按题意要求回答如下：

(a) (CH₃)₃C—CH=CH₂ $\xrightarrow[(2) NaBH_4]{(1) Hg(OAc)_2, HOMe}$ (CH₃)₃C—CH(OCH₃)—CH₃;

(b) C₆H₅CH=CH₂ $\xrightarrow[CH_2Cl_2]{mCPBA}$ H₂C(—O—)CHC₆H₅ $\xrightarrow{C_2H_5ONa, C_2H_5OH}$ C₆H₅CH(OH)CH₂OC₂H₅;

(c) H₂C=CH₂ $\xrightarrow{HBr}$ CH₃CH₂Br $\xrightarrow[(2) CH_3CHO]{(1) Mg, 无水乙醚}$ $\xrightarrow{(3) H_3O^+}$ CH₃CH₂CH(CH₃)OH $\xrightarrow[(2) CH_3CH_2Br]{(1) Na}$ CH₃CH₂CH(CH₃)OC₂H₅;

H₂C=CH₂ $\xrightarrow[PdCl_2-CuCl_2]{O_2}$ CH₃CHO

(d) $H_2C=CH_2 \xrightarrow{Br_2} \xrightarrow{NaNH_2}{NH_3(l)} \xrightarrow{H_2O} HC\equiv CH \xrightarrow{(1)\ NaNH_2,\ NH_3(l)}{(2)\ CH_3CH_2Br} HC\equiv C-CH_2CH_3$;

$\xrightarrow{NaNH_2}{NH_3(l)} \xrightarrow{\triangle O} CH_3CH_2-C\equiv C-CH_2CH_2OH \xrightarrow{H_2}{Lindlar\ Pd}$ (Z)-CH₃CH₂CH=CHCH₂CH₂OH

$\triangle O \xleftarrow{O_2}{Ag\ cat.} CH_2=CH_2 \xrightarrow{HBr} CH_3CH_2Br$

(e) $C_6H_6 \xrightarrow{Br_2}{FeBr_3} C_6H_5Br \xrightarrow{(1)\ Mg,\ 无水乙醚}{(2)\ \triangle O,\ (3)\ H_3O^+} PhCH_2CH_2OH \xrightarrow{H_2SO_4}{\triangle} PhCH=CH_2 \xrightarrow{mCPBA}{CH_2Cl_2}$ Ph环氧;

$PhCH_2CH_2OH \xrightarrow{HBr} PhCH_2CH_2Br \xrightarrow{Mg,\ 无水乙醚} \xrightarrow{(1)\ \triangle O\ Ph}{(2)\ H_3O^+}$ Ph-CH₂CH₂-CH(OH)-Ph

(f) $C_6H_6 \xrightarrow{Cl_2}{FeCl_3} PhCl \xrightarrow{HNO_3}{H_2SO_4}$ 4-Cl-C₆H₄-NO₂ $\xrightarrow{NaO-C_6H_{11}}$ 4-(环己氧基)-1-硝基苯;

(g) $C_6H_6 \xrightarrow{CH_2=CHCH_3}{AlCl_3} PhCH(CH_3)_2 \xrightarrow{O_2}{100\sim120\ ℃,\ 4\ atm} PhC(CH_3)_2OOH \xrightarrow{H_2SO_4\ (稀)}$ PhOH + (CH₃)₂C=O。

PhOH $\xrightarrow{NaOH}$ $\xrightarrow{BrCH(CH_3)_2}$ PhOCH(CH₃)₂ (CH₂=CHCH₃ $\xrightarrow{HBr}$ BrCH(CH₃)₂)

PhOH + BrCH₂CH=CH₂ $\xrightarrow{NaOH}$ PhOCH₂CH=CH₂ (CH₂=CHCH₃ $\xrightarrow{Br_2}{h\nu}$ CH₂=CHCH₂Br)

PhOH + BrCH₂CH₂CH₃ $\xrightarrow{NaOH}$ PhOCH₂CH₂CH₃ (CH₂=CHCH₃ $\xrightarrow{HBr}{R_2O_2}$ BrCH₂CH₂CH₃)

【练习 12.11】 环氧树脂是一种高分子聚合物，分子中含有两个以上环氧基团。环氧树脂优良的物理机械和电绝缘性能、与各种材料的粘接性能，以及其使用工艺的灵活性是其他热固性塑料所不具备的。它能制成涂料、复合材料、浇铸料、胶粘剂、模压材料和注射成型材料，在国民经济的各个领域中得到广泛应用。产量最大、品种最全的是双酚A型环氧树脂，由环氧氯丙烷与双酚A缩聚而成。

双酚A + 2 环氧氯丙烷 $\xrightarrow{NaOH}$ DGEBA 环氧树脂（双酚A双失水甘油醚）

研究发现同位素标记的环氧氯丙烷的水解反应如下：

环氧氯丙烷（同位素标记）+ NaOH ⟶ 失水甘油（同位素标记）+ NaCl

(a) 请建议上述两个反应的机理；

(b) 以丙烯为原料合成环氧氯丙烷。

解答 按题意要求回答如下:

(a) [反应机理图：双酚A与NaOH反应，再与环氧氯丙烷反应，经过-2Cl⁻消除生成双环氧化合物]

[HO⁻进攻环氧氯丙烷生成环氧丙醇的机理图]

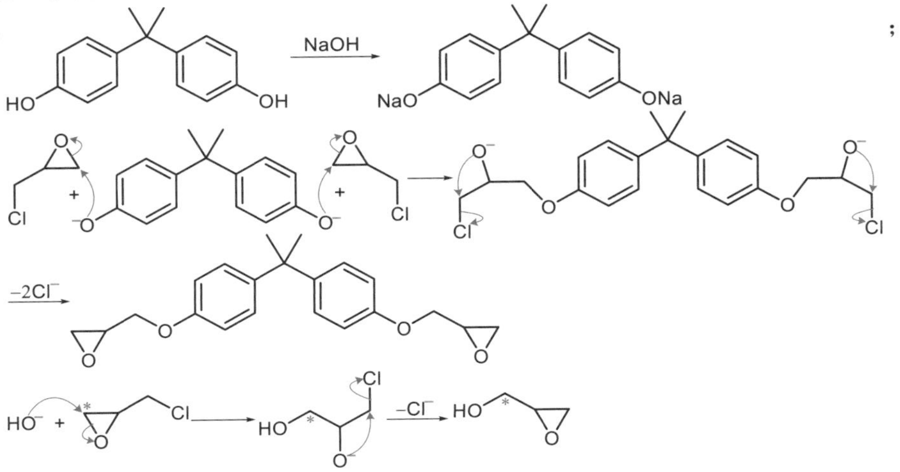

(b) $CH_3CH=CH_2 \xrightarrow[500\sim600\ ^\circ C]{Cl_2} ClCH_2CH=CH_2 \xrightarrow{Cl_2,\ H_2O} \xrightarrow{Ca(OH)_2}$ [环氧氯丙烷]。

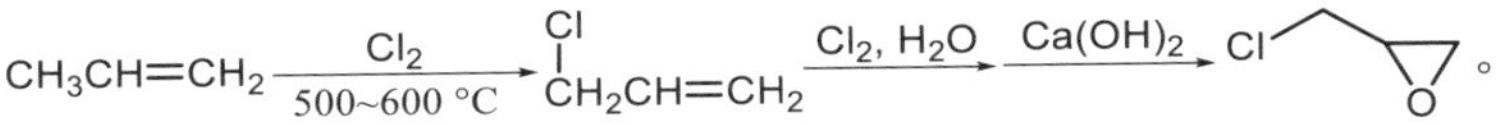

【练习 12.12】 酸催化下,为什么 $CH_2=CHCH_2OH$ 与 $(CH_3)_2CHOH$ 反应能生成高产率的混合醚 $CH_2=CHCH_2OCH(CH_3)_2$?

解答
$$CH_2=CHCH_2OH + HOCH(CH_3)_2 \xrightarrow{H^+} CH_2=CHCH_2OCH(CH_3)_2 + H_2O$$

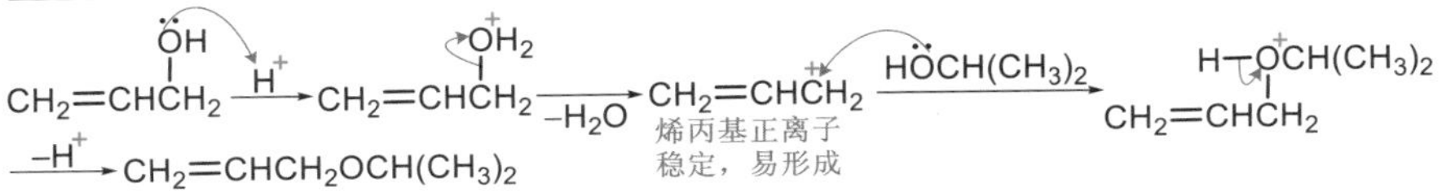

[反应机理：CH₂=CHCH₂OH 质子化，脱水形成烯丙基正离子(稳定,易形成)，然后被 HOCH(CH₃)₂ 进攻，最后脱质子得到 CH₂=CHCH₂OCH(CH₃)₂]

【练习 12.13】 请写出下式中化合物 B、C 和 D 的结构、化合物 A、B、C 和 D 的系统命名,建议各步反应的机理。

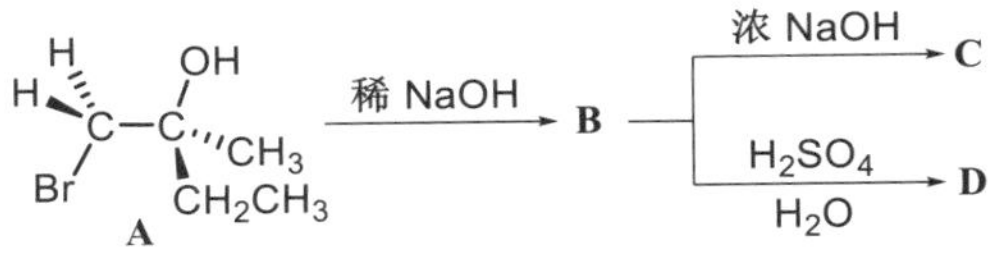

[化合物A结构：(S)-1-溴-2-甲基丁-2-醇] $\xrightarrow{\text{稀 NaOH}}$ B $\begin{array}{c} \xrightarrow{\text{浓 NaOH}} C \\ \xrightarrow[H_2O]{H_2SO_4} D \end{array}$

解答 按题意要求回答如下:

[A: (S)-1-bromo-2-methylbutan-2-ol / (S)-1-溴-2-甲基丁-2-醇]
$\xrightarrow{\text{稀 NaOH}}$
[B: (S)-2-ethyl-2-methyloxirane / (S)-2-乙基-2-甲基环氧乙烷]

$\xrightarrow{\text{浓 NaOH}}$ [C: (S)-2-methylbutane-1,2-diol / (S)-2-甲基丁-1,2-二醇]

$\xrightarrow[H_2O]{H_2SO_4}$ [D: (R)-2-methylbutane-1,2-diol / (R)-2-甲基丁-1,2-二醇]

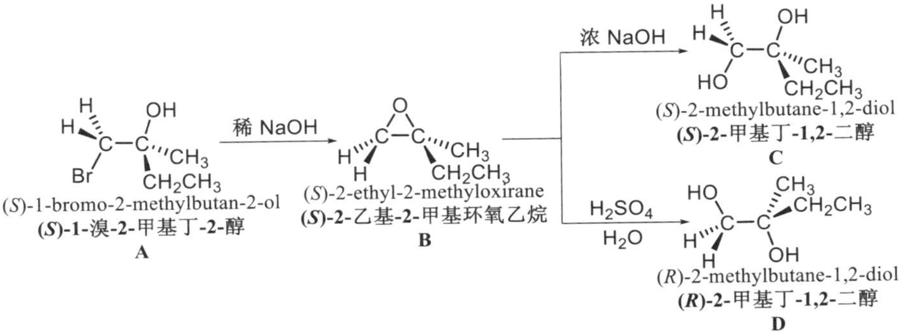

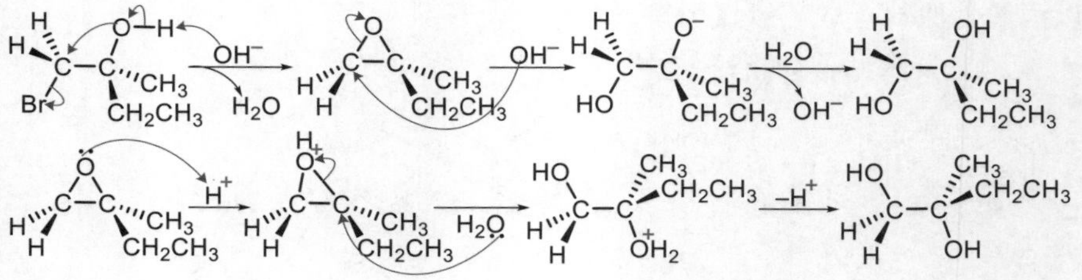

【练习 12.14】 请写出下列二醇反应物的优势构象，并建议反应的机理；该二醇的构型异构体能否发生类似的反应，为什么？

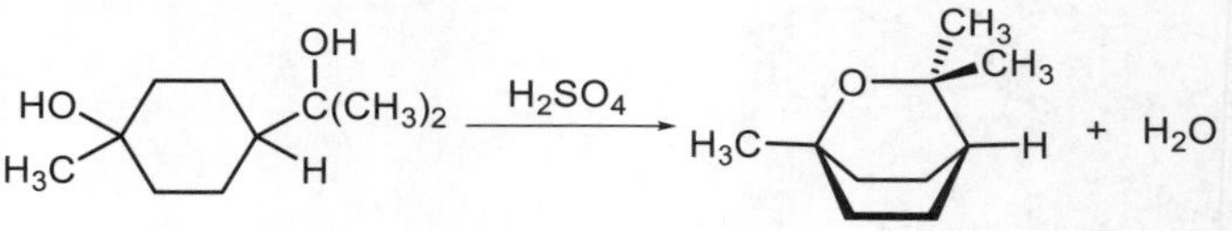

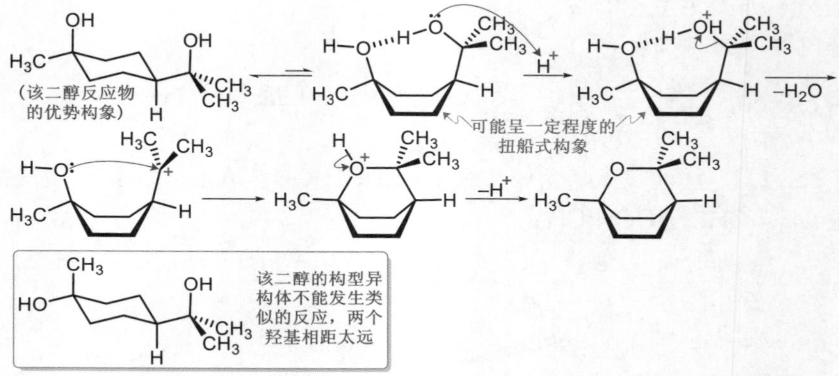

【练习 12.15】 下列化合物在酸性条件下最难发生醚键断裂反应的是哪个？请解释原因。

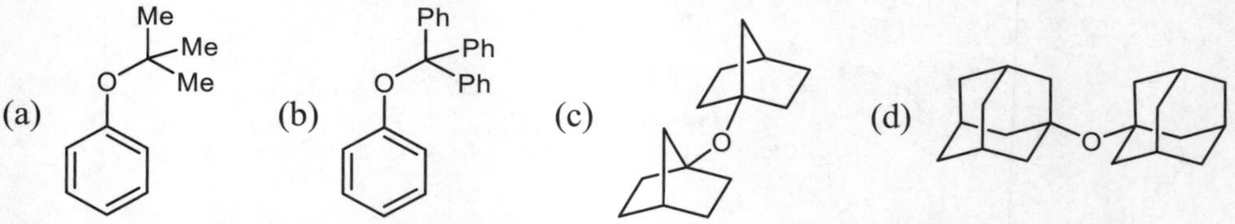

(a)　　(b)　　(c)　　(d)

解答　最难发生醚键断裂反应的是(c)。桥环化合物中，短桥导致桥头碳原子不能满足平面结构，相应碳正离子不能形成。

【练习 12.16】 下图为从环己醇出发合成 *trans*-1-环己基-2-甲氧基环己烷（*trans*-1-cyclohexyl-2-methoxycyclohexane）的路线，请写出化合物 A~H 的结构式。

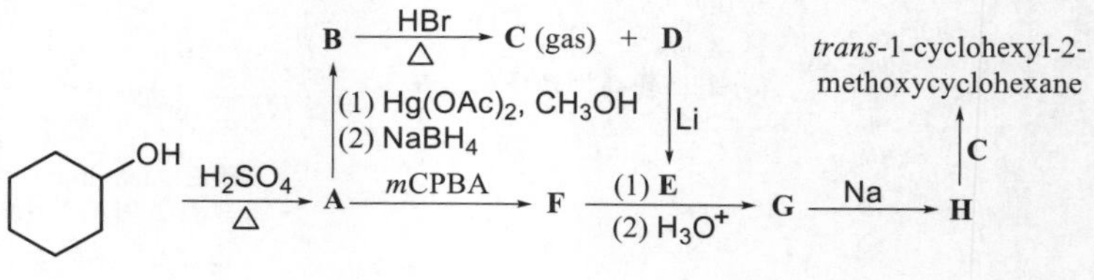

解答 A: 环己烯; B: OCH₃ 环己基 (CH₃Br as C); D: 环己基Br; E: 环己基Li; F: 7-氧杂双环[4.1.0]庚烷 (环氧化物); G: 反式-2-环己基环己醇; H: 对应的 ONa 盐。

【练习 12.17】 请建议下列反应的机理。

(a) 二氢吡喃 + ROH $\xrightarrow{H^+}$ 四氢吡喃-2-基-OR ;

(b) 二苯亚甲基环戊烷 $\xrightarrow[HBF_4]{mCPBA}$ 2,2-二苯基环己酮 ;

(c) $Ph_2C=CH_2$ $\xrightarrow[POCl_3]{HCON(CH_3)_2}$ $\xrightarrow{H_2O}$ $Ph_2C=CH\text{-}CHO$;

(d) $(CH_3)_2C(OH)\text{-}CH=CH_2$ $\xrightarrow{HOBr}$ $(CH_3)_2C\text{-}CHCH_2Br$ (环氧化物) ;

(e) 双环酮-CH₂OH $\xrightarrow{H_2O/OH^-}$ 对应的环状半缩醛-OH ;

(f) 1,1-二苯基-7-氧杂双环[4.1.0]庚烷-1-醇 $\xrightarrow{H^+}$ 2-羟基-1,1-二苯甲酰基环己烷 ;

(g) 4-甲基-4,5-环氧-1-戊烯 $\xrightarrow[H_2O]{H^+}$ HO-C(CH₃)(环戊基)-CH₂OH ;

(h) $(CH_3)_2C\text{-}C(CH_3)_2$ (环氧化物) $\xrightarrow[Me_3COH]{Me_3COK}$ $CH_2=C(CH_3)\text{-}C(OH)(CH_3)_2$;

(i) 苯基烯丙基醚 $\xrightarrow[HBF_4]{\Delta}$ 2-甲基-2,3-二氢苯并呋喃 ;

(j) 环戊基-CHCl-环氧化物 $\xrightarrow{OH^-}$ 环戊基-环氧化物-CH₂OH ;

(k) HO-/Cl-二甲基环己烷 $\xrightarrow{NaOH}$ $\xrightarrow{HBr}$ HO-/Br- + Br-/OH- 立体异构体。

解答 各反应的机理如下：

(a) 二氢吡喃 $\xrightarrow{H^+}$ 氧鎓离子 $\xrightarrow{ROH}$ 半缩醛 $\xrightarrow{-H^+}$ 四氢吡喃-2-基-OR ;

(b) 二苯亚甲基环戊烷 + 间氯过氧苯甲酸 → 环氧化物 + 间氯苯甲酸 ;

环氧化物 $\xrightarrow{H^+}$ 质子化 → 碳正离子（经环扩大重排） → 质子化酮 $\xrightarrow{-H^+}$ 2,2-二苯基环己酮。

(c) 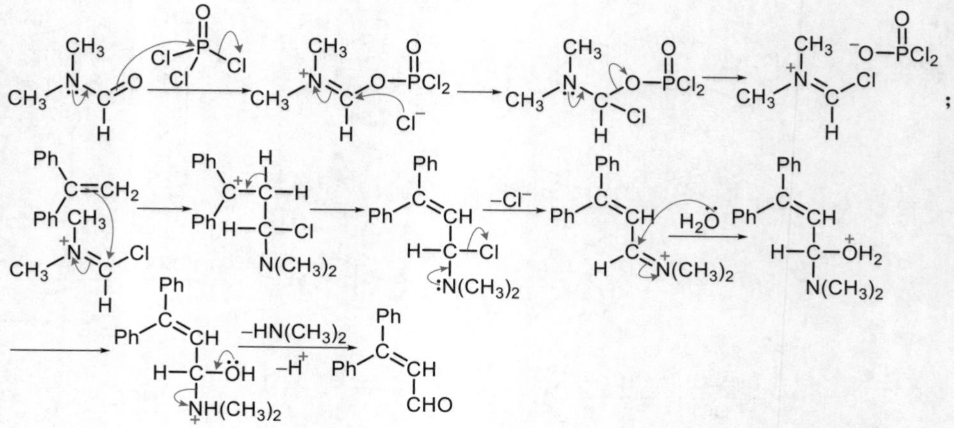

(d) 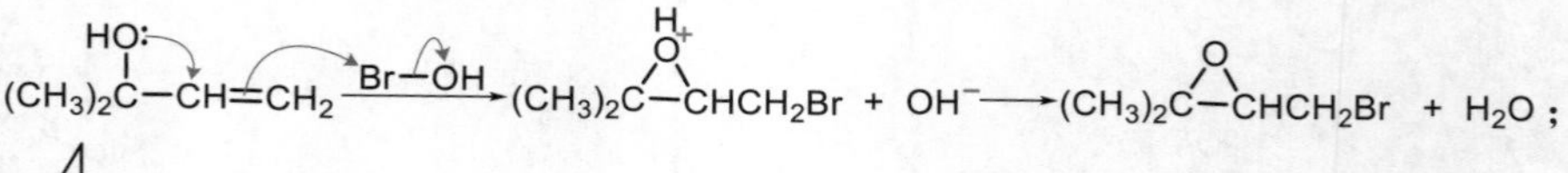

(e) 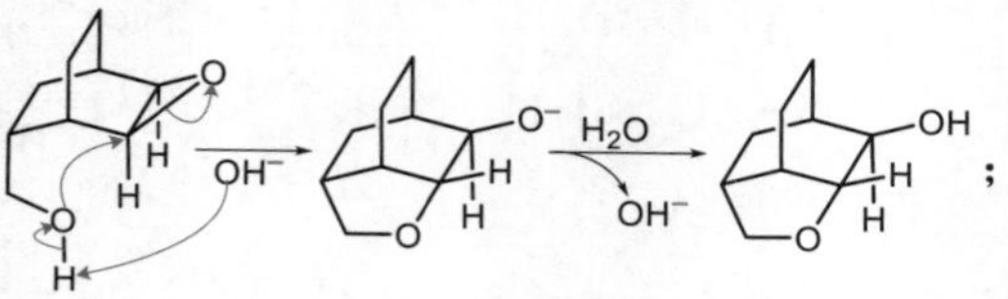

(f) 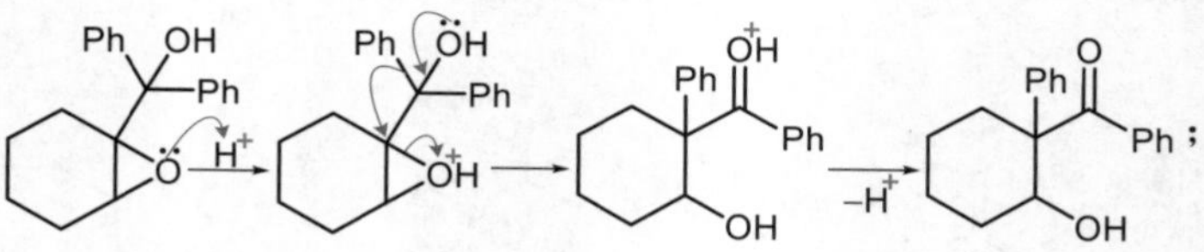

(g) 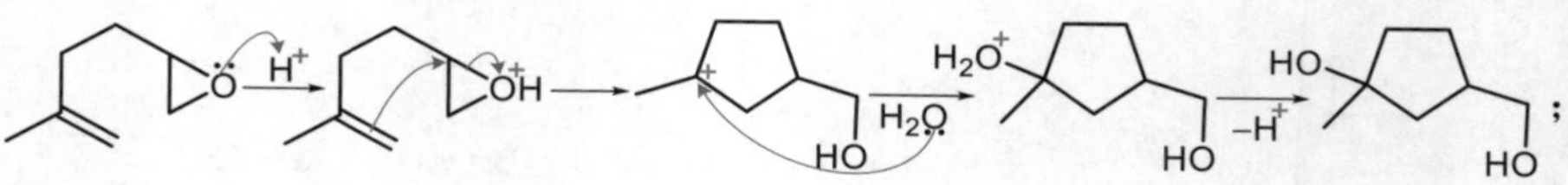

(h) 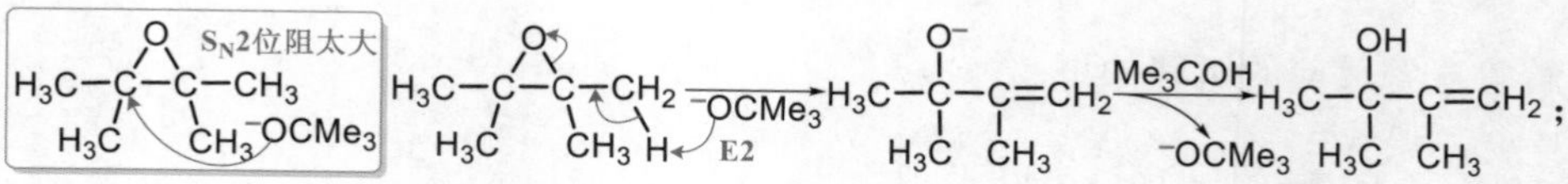

(i) 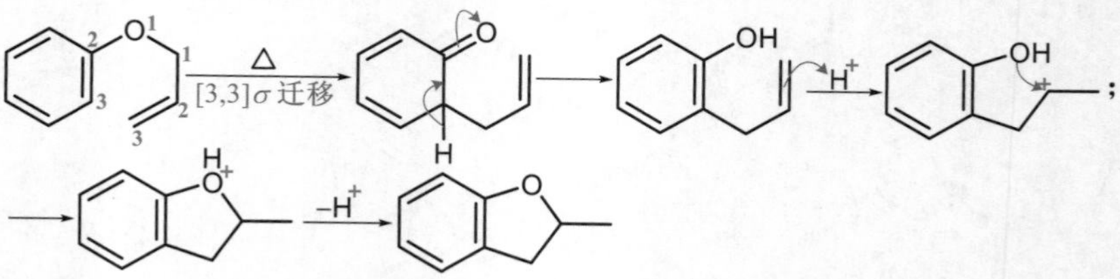

(j) 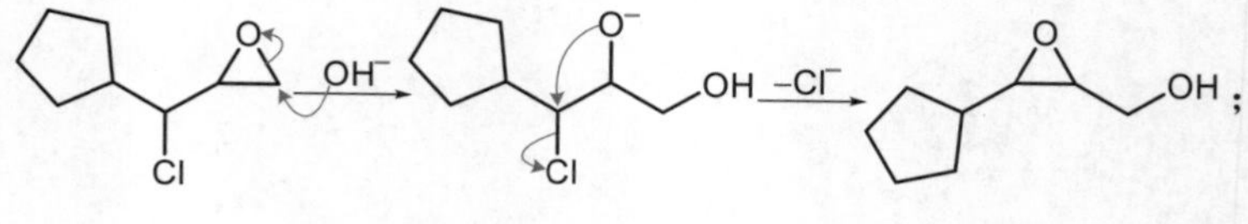

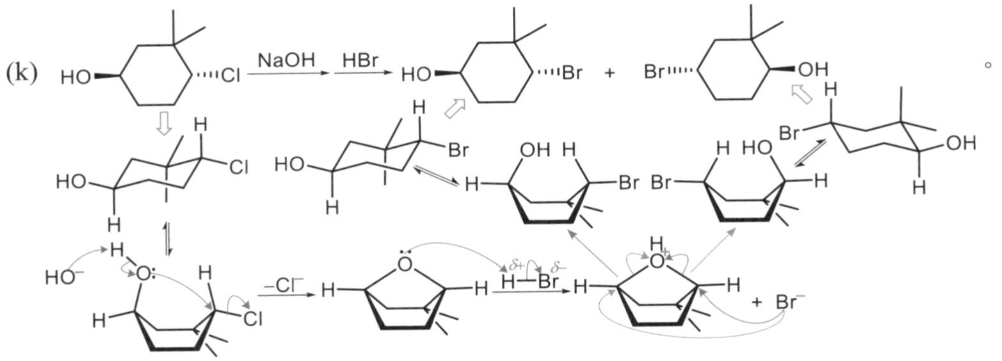

(k) [反应机理图示]

【练习 12.18】 5-氯己-2-醇有四个光学异构体 A、B、C 和 D。在氢氧化钾的乙醇溶液中反应生成分子式同为 $C_6H_{12}O$ 的产物，A 和 B 生成相同的产物 E，且没有旋光性；C 和 D 生成的产物 F 和 G 都有旋光性，且互为对映体，请写出化合物 A~G 的结构式。

解答 按题意要求回答如下：

[反应式图示]

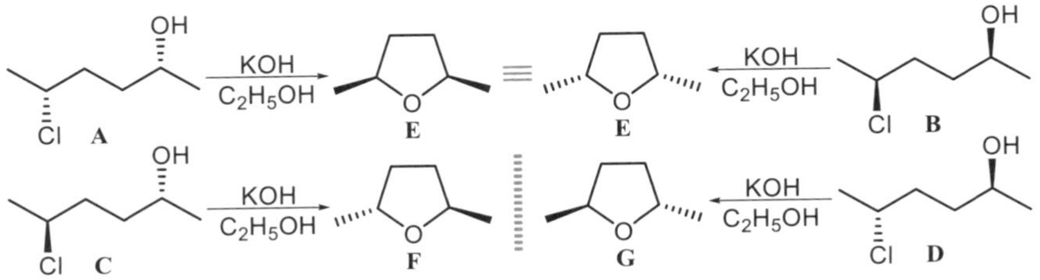

【练习 12.19】 7-氧杂二环[4.1.0]庚烷（7-oxabicyclo[4.1.0]heptane）在碱催化下与水反应，经以下过程生成反式环己-1,2-二醇（trans-cyclohexane-1,2-diol）。环氧一般沿着两个羟基位于直立键（a 键）的方向开环，生成反式环己-1,2-二醇。这样的反应方式，碳环骨架的构象变化最小，过渡态的能量较低，称为构象变化最小原理。最后，再转环成两个羟基位于平伏键（e 键）。

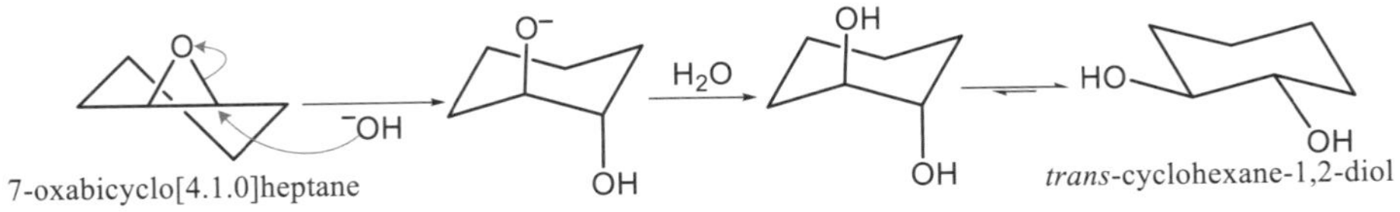

[反应式图示]

7-oxabicyclo[4.1.0]heptane   trans-cyclohexane-1,2-diol

请完成下列反应：

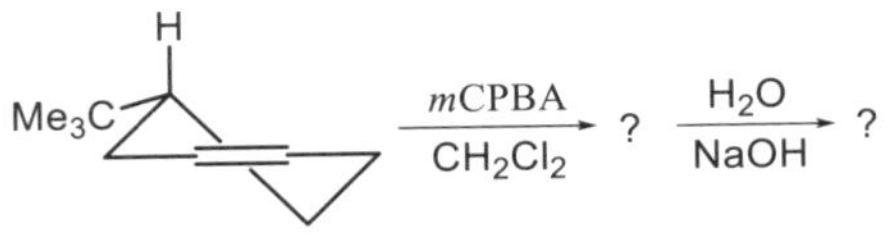

[反应式图示：Me₃C取代的环己烯 $\xrightarrow{mCPBA, CH_2Cl_2}$? $\xrightarrow{H_2O, NaOH}$?]

解答 按题意要求回答如下：

[反应式图示]

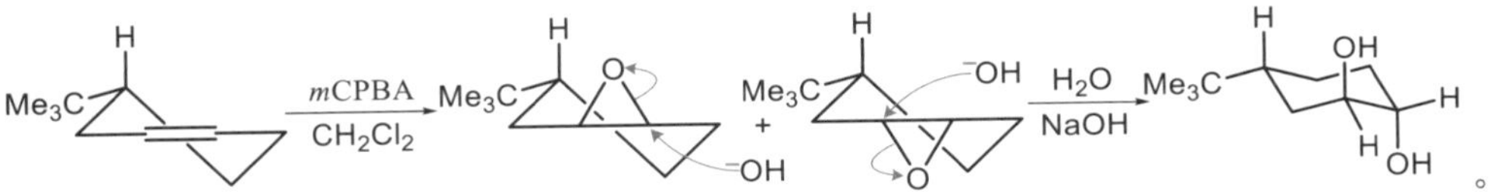

【练习 12.20】 1936 年，Robinson 希望获得 *trans*-2-苯乙基环己-1-醇（*trans*-2-phenethylcyclohexan-1-ol）。将 7-氧杂二环[4.1.0]庚烷（7-oxabicyclo[4.1.0]heptane）与苯乙基锂（PhCH₂CH₂Li）的反应（path A）达成了目的；但是，与苯乙基溴化镁（PhCH₂CH₂MgBr）的反应（path B）也得到了一个醇，但显然不是 *trans*-2-苯乙基环己-1-醇；他怀疑是 1-环戊基-3-苯基丙-1-醇（1-cyclopentyl-3-phenylpropan-1-ol）。于是，他以溴代环戊烷（bromocyclopentane）为原料经一系列反应（path C）合成得到环戊烷甲醛（cyclopentanecarbaldehyde），环戊烷甲醛与苯乙基溴化镁反应得到的 1-环戊基-3-苯基丙-1-醇正是 path B 得到的醇。

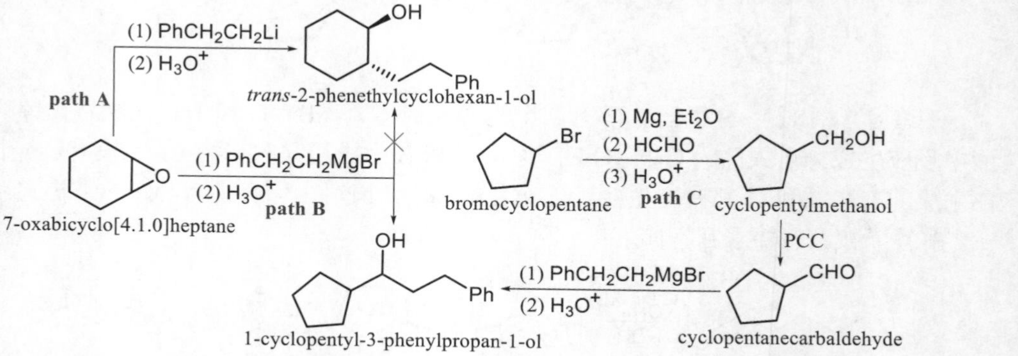

因此，他认为格氏试剂的反应体系中，环氧化合物（7-氧杂二环[4.1.0]庚烷）重排成了环戊烷甲醛，体系中的溴化镁催化了该过程。请建议下列重排反应的机理。

(a) 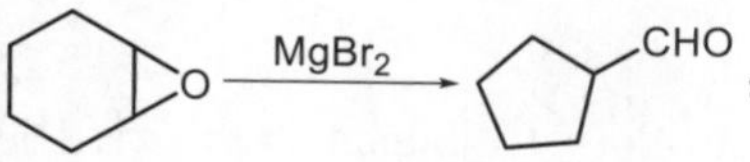 环氧环己烷 $\xrightarrow{MgBr_2}$ 环戊烷甲醛； (b) 茚环氧化物 $\xrightarrow[Et_2O]{MgBr_2}$ 2-茚酮。

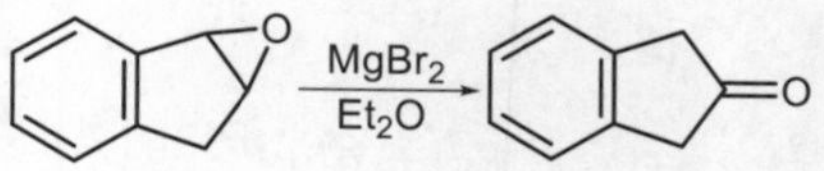

解答 各反应的机理如下：

(a) 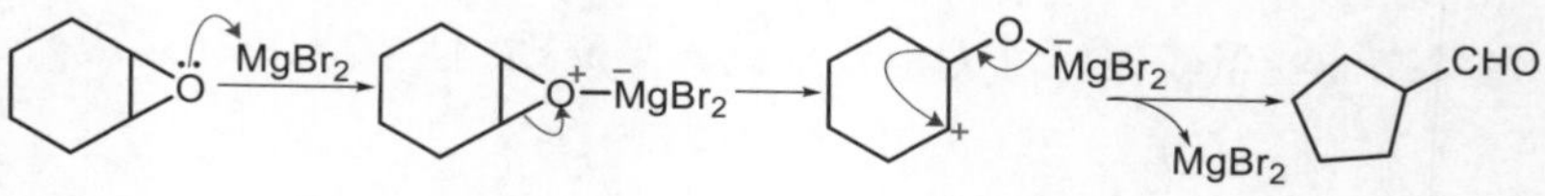 机理示意

(b) 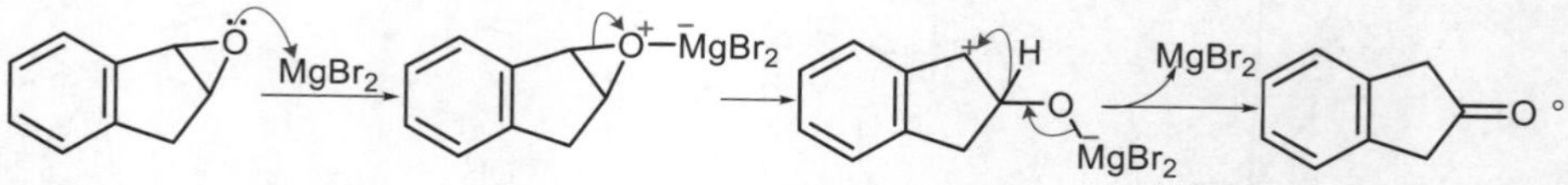 机理示意

【练习 12.21】 BASF 公司合成维生素 A 的路线中用到柠檬醛 a（citral a）。加热下列烯醇醚就可以得到柠檬醛 a，请建议该反应的机理。

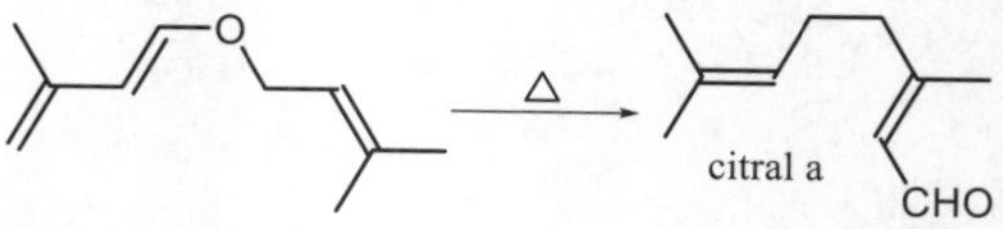

解答 该反应的机理如下：

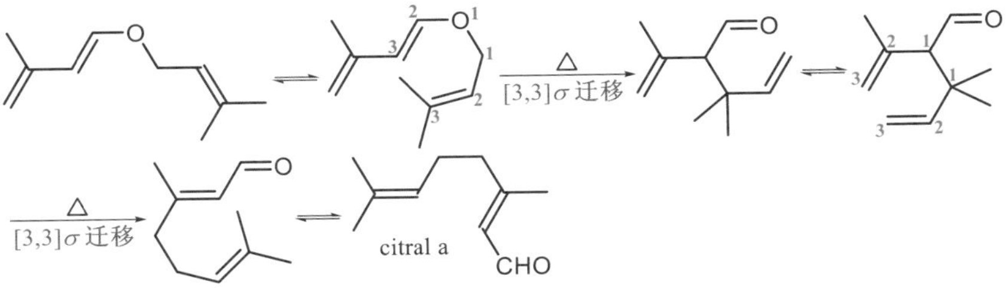

第 12 章 醚

[3,3]σ迁移反应示意图（略）

【练习 12.22】 以光学活性的化合物 (2S,3S)-2,3-dimethyloxirane 和碘甲烷为有机原料，有效合成 (S)-(3-methoxy-3-methylbutan-2-yl)cyclopentane。

(2S,3S)-2,3-dimethyloxirane

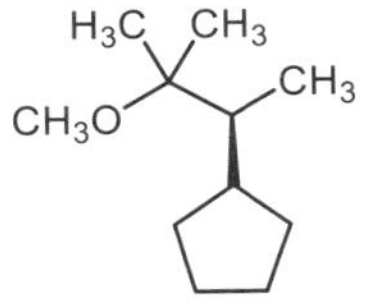

(S)-(3-methoxy-3-methylbutan-2-yl)cyclopentane

解答 按题意要求回答如下：

（合成路线图）

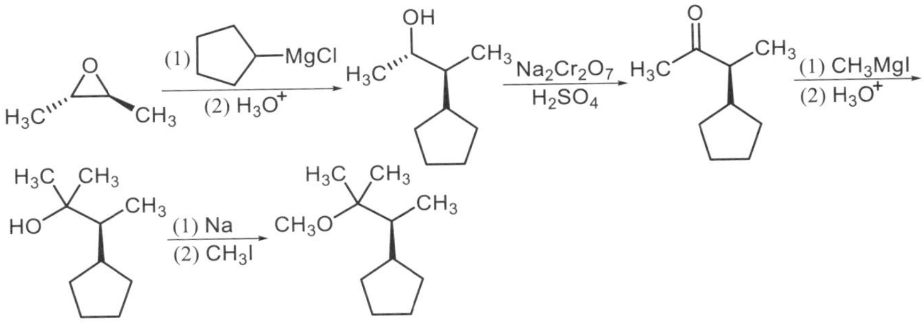

【练习 12.23】 海洋生物体内蕴含着丰富的生物活性物质，误食某些海鲜食品会导致严重的食物中毒。细胞毒素（Chlorosulpholipid）是从某海洋生物体中分离得到的一种天然产物，其全合成研究表明，该分子内含有的多氯代结构对其生物活性具有重要意义。在该分子合成路线中，氯原子的引入涉及如下所示的环氧开环反应（TBS 为 t-$C_4H_9(CH_3)_2Si$，二氯甲烷 CH_2Cl_2 和乙酸乙酯 AcOEt 为溶剂）。请回答：
(a) 给出中间体 A 的结构简式；
(b) 给出 B、C 和 D 的结构简式；
(c) 建议由 A 转化成相应产物的机理。

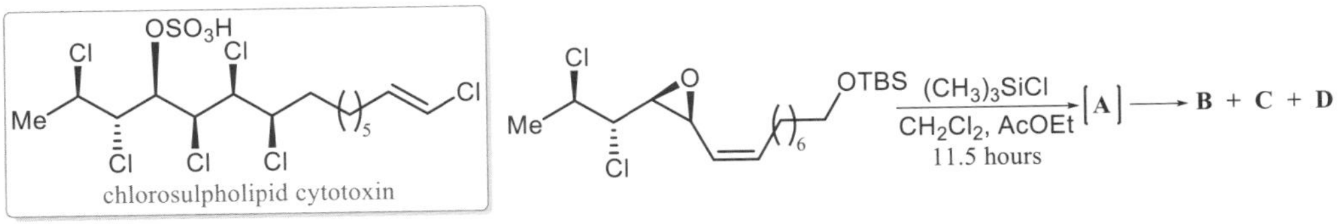

chlorosulpholipid cytotoxin

解答 按题意要求回答如下：

(邻基参与)

第13章 醛和酮

学习目标

通过本章学习，了解醛、酮与人类生产和生活的关系；掌握醛和酮的结构特征和性质特征，掌握醛和酮的命名和鉴别方法；学习并掌握醛和酮的亲核加成，还原、氧化和歧化反应，α-氢的卤代和卤仿反应，aldol 反应、Henry 反应、Mannich 反应和安息香缩合等缩合反应，Beckmann 重排、二苯羟乙酸重排、Favorskii 重排等反应及其用途；掌握共轭不饱和醛和酮的亲电加成，亲核加成，Michael 加成和 Robinson 环化等反应及其用途；掌握醛酮羰基的亲核加成，重要氧化还原反应、缩合反应、重排反应和 Michael 加成等反应的机理；了解醛和酮的制备。

主要内容

醛和酮是分子中含有羰基、且羰基碳与烃基或氢原子键连的含氧有机化合物。本章学习醛和酮的结构、命名、化学性质和制法。

化学性质

酸或碱催化醛/酮与水反应的机理

酸催化醛/酮与醇反应形成缩醛的机理

醛/酮与胺及其衍生物反应的机理（Z: R, OH, NH_2, NHPh or $NHCONH_2$）

Beckmann 重排反应机理

第13章 醛和酮

Kishner-Wolff-黄鸣龙反应机理

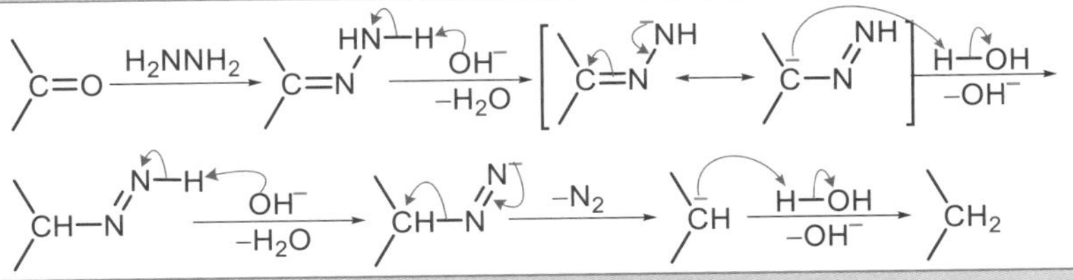

Baeyer-Villiger 氧化反应机理

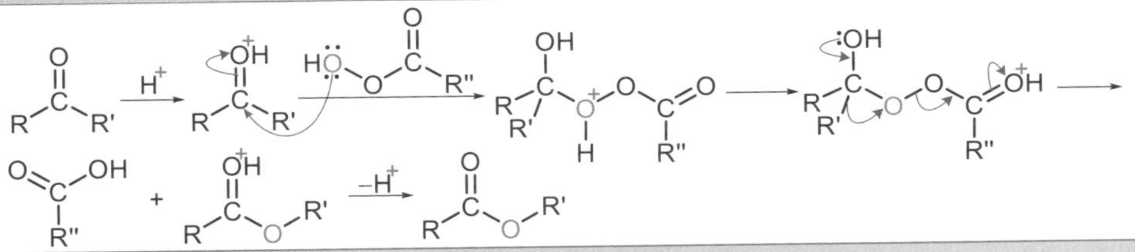

Cannizaro 反应机理

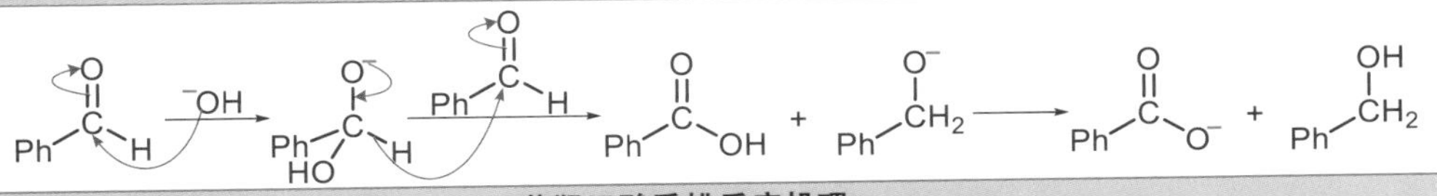

二苯羟乙酸重排反应机理

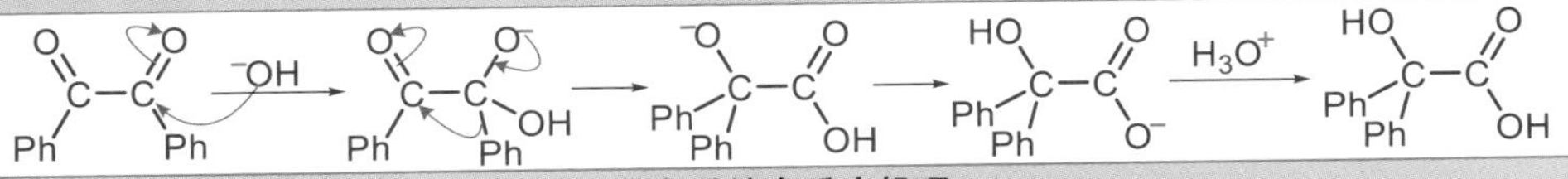

安息香缩合反应机理

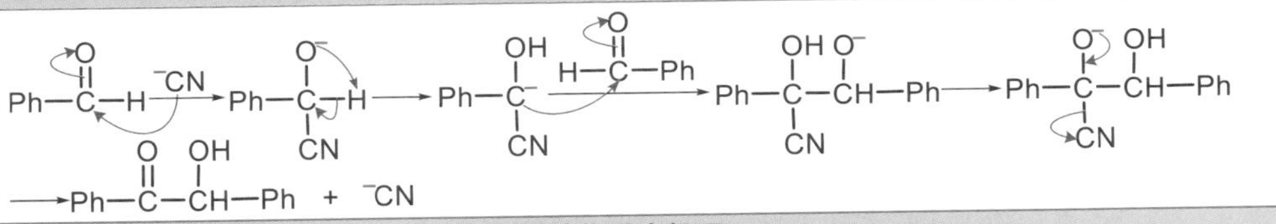

烯醇化反应机理

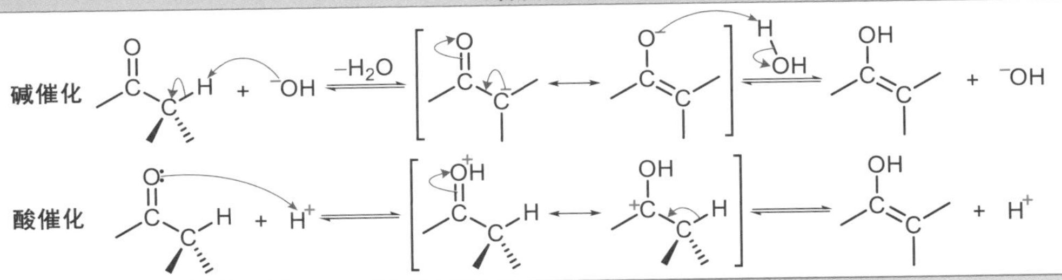

碱催化

酸催化

Favorskii 重排反应机理

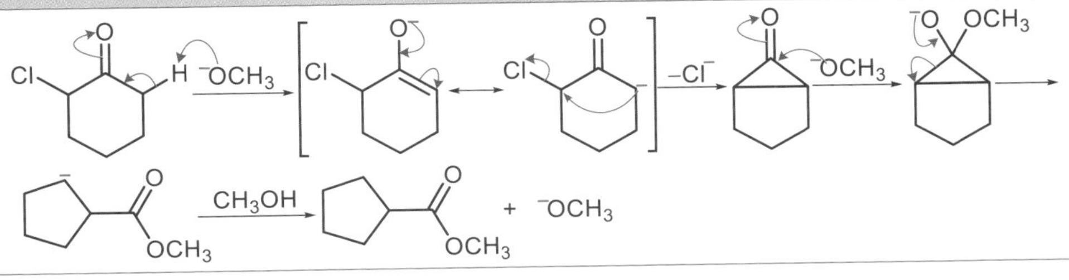

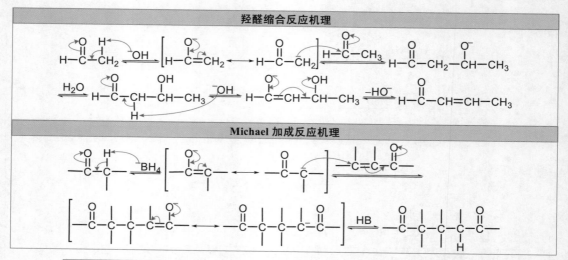

重点难点

醛和酮的结构和命名；醛和酮的亲核加成；还原、氧化和歧化反应；涉及羰基 α-氢的反应；缩合反应；相关重排反应；共轭不饱和醛和酮的亲核加成，Michael 加成和 Robinson 环化；羰基亲核加成反应机理及立体化学；重要氧化还原反应、缩合反应、重排反应和 Michael 加成等反应的机理。

练习及参考解答

【练习 13.1】 用系统命名法（CCS 法和 IUPAC 法）命名下列化合物。

(a) ~ (l) [结构式]

解答 题给各化合物的系统命名如下：
(a) 2-苯基乙醛（2-phenylacetaldehyde）；
(b) 1-苯基丙-2-酮（1-phenylpropan-2-one）；
(c) 5-乙基庚-3-酮（5-ethylheptan-3-one）；
(d) 3,3-二甲基环己烷-1-甲醛（3,3-dimethylcyclohexane-1-carbaldehyde）；
(e) (1R,2R)-2-羟基环戊烷-1-甲醛（(1R,2R)-2-hydroxycyclopentane-1-carbaldehyde）或 *trans*-2-羟基环戊烷-1-甲醛（*trans*-2-hydroxycyclopentane-1-carbaldehyde）；
(f) 3-甲基环己-2-烯-1-酮（3-methylcyclohex-2-en-1-one）；
(g) (E)-3,7-二甲基辛-2,6-二烯醛（(E)-3,7-dimethylocta-2,6-dienal）；
(h) 2-甲酰基苯甲酸（2-formylbenzoic acid）；
(i) (3S,4R)-4-溴-3-甲基庚醛（(3S,4R)-4-bromo-3-methylheptanal）；
(j) 4-羟基-3-甲氧基苯甲醛（4-hydroxy-3-methoxybenzaldehyde）；
(k) 3-烯丙基戊-2,4-二酮（3-allylpentane-2,4-dione）；
(l) 2-(3-乙酰苯基)乙酸（2-(3-acetylphenyl)acetic acid）。

【练习 13.2】 写出下列化合物的结构。
(a) ethyl isobutyl ketone；
(b) methyl *tert*-butyl ketone；
(c) 3-methylbutanal；
(d) 4-hydroxy-4-phenylbutan-2-one；
(e) *m*-bromobenzaldehyde；
(f) 2-(1-chloroethyl)-5-methylheptanal；
(g) (Z)-2-乙酰基丁-2-烯醛；
(h) *cis*-3-叔丁基环己烷甲醛；
(i) (R)-2-甲基-4-氧亚基己醛；
(j) 1-(萘-2-基)丁-1-酮；
(k) 3-甲基庚-6-炔醛；
(l) 4-苯基环己酮。

解答 各化合物的结构式如下：

(a) 结构式；(b) 结构式；(c) 结构式；(d) 结构式；

(e) 结构式；(f) 结构式；(g) 结构式；

(h) 结构式；(i) 结构式；(j) 结构式；

(k) 结构式；(l) 结构式。

【练习 13.3】 下列化合物的相对分子质量相近，但沸点相差较大。请解释原因。

	$CH_3CH_2CH_2CH_3$	$CH_3OCH_2CH_3$	CH_3CH_2CHO	CH_3COCH_3	$CH_3CH_2CH_2OH$
	丁烷	甲氧基乙烷	丙醛	丙酮	丙-1-醇
相对分子质量	58	60	58	58	60
沸点(°C)	0	8	49	56	97

解答 丁烷为非极性分子，从甲氧基乙烷→丙醛→丙酮→丙-1-醇，分子的极性越来越大，而且丙-1-醇还存在分子间氢键。分子的极性越大，分子间作用力越强，沸点越高；分子间氢键可以增强分子间作用力，沸点增高。

【练习 13.4】 比较下列各组化合物与水加成，形成水合物的难易。

(a) CH_3COCH_2Br 和 $CH_3COCH_2CH_2Br$；(b) MeO—C₆H₄—CHO 和 O_2N—C₆H₄—CHO。

解答 按题意要求回答如下：

(a) CH_3COCH_2Br（较易），$CH_3COCH_2CH_2Br$（较难）。Br 吸电子诱导效应的影响；

(b) MeO—C₆H₄—CHO（较难），O_2N—C₆H₄—CHO（较易）。甲氧基的给电子共轭、硝基的吸电子共轭作用的影响。

【练习 13.5】 环丙酮很容易与水加成，生成水合物。请解释原因（提示：考虑环张力）。

解答 环张力很大 sp^2 杂化 —$\xrightarrow{H_2O}$— 环张力大大缓解 sp^3 杂化。

【练习 13.6】 碱能否催化醛、酮与醇的加成？如能，与酸催化的反应有什么不同？

解答 碱能催化醛、酮与醇的加成，但反应一般只停留在半缩醛（酮）阶段，不能形成缩醛（酮）。

【练习 13.7】 建议下列反应的机理。

(a) HO—(CH₂)₄—C(=O)—(CH₂)₄—OH $\xrightarrow[\Delta]{p\text{-TsOH}}$ 螺[5.5]二氧杂环化合物；

(b) 环己烷-1,1-二(OCH₃) + 2C₂H₅OH $\xrightleftharpoons{H^+}$ 环己烷-1,1-二(OC₂H₅) + 2CH₃OH；

(c) PhCHO + (CH₃)₂C(OC₂H₅)₂ $\xrightleftharpoons{H^+}$ PhCH(OC₂H₅)₂ + (CH₃)₂C=O。

解答 各反应的机理如下：

(c) [reaction mechanism scheme showing acid-catalyzed acetal exchange with benzaldehyde and ethanol]

【练习 13.8】 完成下列合成。

[decalin → cyclodecane]

解答 按题意要求回答如下：

[decalin →(1) O₃ (2) Zn/H₂O→ cyclodecane-1,6-dione →(1) HSCH₂CH₂SH, ZnCl₂, Et₂O, 25 °C (2) H₂, Raney Ni or H₂NNH₂, NaOH, (HOCH₂CH₂)₂O, Δ or Zn-Hg, HCl, Δ→ cyclodecane]

【练习 13.9】 用简单的化学方法鉴别：甲醛、乙醛、丙酮。

解答　　Schiff 试剂

　　甲醛　(+)显紫红色，所显的颜色加硫酸后不褪色；

　　乙醛　(+)显紫红色，所显的颜色加硫酸后消失；

　　丙酮　(−)不显色。

【练习 13.10】 完成下列反应。

(a) CH₃COCH₃ + 环己胺 $\xrightarrow[\text{苯, 共沸蒸馏}]{p\text{-CH}_3\text{C}_6\text{H}_4\text{SO}_3\text{H}}$? ;

(b) CH₃CH(NH₂)CH(NH₂)CH₃ + H₃C-CO-CO-CH₃ $\xrightarrow{H^+}$? ;

(c) CH₃CH₂COCH₂CH₃ + 吡咯烷 $\xrightarrow[\text{苯, 共沸蒸馏}]{p\text{-CH}_3\text{C}_6\text{H}_4\text{SO}_3\text{H}}$? ;

(d) 2-羟基四氢呋喃 + H₂NNHPh $\xrightarrow{H^+}$? ;

(e) ? + ? $\xrightarrow{H^+}$ [四氢萘酮的2,4-二硝基苯腙] ;

(f) [(CH₃)₂C(=NOH)-C(CH₃)₂-CO₂CH₃] $\xrightarrow{H^+}$? ;

(g) ? + ? $\xrightarrow{H^+}$ Ph-CH=CH-CH=N-NH-CONH₂ ;

(h) ? + ? $\xrightarrow{H^+}$ [樟脑肟] ;

(i) ? $\xrightarrow[\text{Beckmann重排}]{H^+}$ [bicyclic lactam with H and NH]； (j) ? $\xrightarrow[\text{Beckmann重排}]{H^+}$ [bicyclic lactam]。

解答 按题意要求回答如下：

(a) cyclohexyl-N=C(CH$_3$)$_2$； (b) 2,3,5,6-tetramethyl-dihydropyrazine； (c) pyrrolidine-N-C(=CHCH$_3$)-CH$_2$CH$_3$（enamine）； (d) HOCH$_2$CH$_2$CH$_2$CH=NNHPh；

(e) α-tetralone + 2,4-dinitrophenylhydrazine； (f) CH$_3$C(=O)NH-C(CH$_3$)$_2$-CO$_2$CH$_3$； (g) PhCH=CHCHO + H$_2$N-NH-C(=O)-NH$_2$；

(h) 樟脑酮 + NH$_2$OH； (i) 顺式双环肟； (j) 反式双环肟。

【练习 13.11】 实现下列转化。

(a) CH$_3$C(=O)C(CH$_3$)$_3$ ⟹ CH$_3$C(=O)NHC(CH$_3$)$_3$； (b) 2-甲基环戊酮 ⟹ 6-甲基-2-哌啶酮。

解答 按题意要求回答如下：

(a) CH$_3$C(=O)C(CH$_3$)$_3$ $\xrightarrow{NH_2OH}$ CH$_3$C(=NOH)C(CH$_3$)$_3$ $\xrightarrow{H_2SO_4}$ CH$_3$C(=O)NHC(CH$_3$)$_3$；

(b) 2-甲基环戊酮 $\xrightarrow{NH_2OH}$ 2-甲基环戊酮肟 $\xrightarrow{H_2SO_4}$ 6-甲基-2-哌啶酮。

【练习 13.12】 分析下列部分醛、酮与氢氰酸反应的平衡常数，请总结其中的规律，并予以合理的解释。

$$\text{C=O} + HCN \rightleftharpoons \text{C(OH)(CN)}$$

结构式	K	结构式	K
CH$_3$CHO	很大	CH$_3$COCH(CH$_3$)$_2$	38
p-O$_2$NC$_6$H$_4$CHO	1420	C$_6$H$_5$COCH$_3$	0.8
C$_6$H$_5$CHO	210	C$_6$H$_5$COC$_6$H$_5$	很小
p-CH$_3$OC$_6$H$_4$CHO	32		

解答 脂肪醛的反应活性高于芳香醛；芳香醛苯环上的吸电子基对反应有利、给电子基对反应不利；脂肪醛的反应活性高于脂肪酮；芳香酮的反应活性很差，二芳基酮不反应。

与羰基键连的烷基主要呈给电子诱导效应，与羰基键连的芳基主要呈给电子共轭效应，芳基的给电子作用强于烷基；给电子基使羰基碳的正电性降低，不利于羰基与氢氰酸的加成；吸电子基使羰基碳的正电性增加，利于羰基与氢氰酸的加成；羰基所连烃基的体积越大，位阻越大，越不利于羰基与氢氰酸的加成。

【练习 13.13】 写出 1-苯基戊-1,4-二酮（1-phenylpentane-1,4-dione）与氢氰酸反应的产物，并解释反应的选择性。

$$Ph-\overset{O}{\underset{}{C}}-CH_2CH_2-\overset{O}{\underset{}{C}}-CH_3 + HCN \longrightarrow$$
1-phenylpentane-1,4-dione

解答
$$Ph-\overset{O}{\underset{}{C}}-CH_2CH_2-\overset{O}{\underset{}{C}}-CH_3 + HCN \longrightarrow Ph-\overset{O}{\underset{}{C}}-CH_2CH_2-\overset{OH}{\underset{CN}{C}}-CH_3$$
（因与苯环共轭，该羰基碳的正电性较低）

【练习 13.14】 α-羟基腈不仅是重要的有机合成中间体，某些 α-羟基腈，如扁桃腈（由苯甲醛与氢氰酸反应形成, mandelonitrile）还是一些昆虫（千足虫）和植物对抗掠夺者的化学防卫剂，遇袭时体内的酶会催化扁桃腈分解，释放出苯甲醛和有毒的氰化氢。而且，通常 α-羟基腈的水解要在强酸作用下进行，碱会导致 α-羟基腈分解，回到原来的醛、酮。请建议下列反应的机理。

$$Ph-\underset{mandelonitrile}{\overset{OH}{\underset{}{CH}}-CN} + NaOH \longrightarrow Ph-\overset{O}{\underset{}{CH}} + NaCN + H_2O$$

解答
$$Ph-\underset{H_2O}{\overset{O\overset{H}{\frown}}{\underset{}{CH}}-CN} \longrightarrow Ph-\overset{O}{\underset{}{CH}}-CN \longrightarrow Ph-\overset{O}{\underset{}{CH}} + {}^-CN \quad (\text{}^-OH\text{ 的碱性强于}\text{ }^-CN)$$

【练习 13.15】 请建议 Strecker 反应的机理（提示：氯化铵是酸，氰化钠是碱）。

$$PhCH_2-\overset{O}{\underset{}{C}}-H \xrightarrow{NH_4Cl, NaCN} PhCH_2-\underset{}{\overset{NH_2}{\underset{}{CH}}-CN}$$
2-phenylacetaldehyde → 2-amino-3-phenylpropanenitrile

解答 $NH_4Cl + NaCN \rightleftharpoons NH_3 + NaCl + HCN$

$$PhCH_2-\overset{O}{\underset{}{C}}-H \xrightarrow{NH_3, NH_4^+} PhCH_2-\underset{\overset{+}{N}H_3}{\overset{OH}{\underset{}{C}}-H} \longrightarrow PhCH_2-\underset{NH_2}{\overset{\overset{+}{O}H_2}{\underset{}{C}}-H} \xrightarrow{-H_2O} PhCH_2-\overset{+}{\underset{NH_2}{C}}=H \xrightarrow{CN^-}$$

$$PhCH_2-\underset{}{\overset{NH_2}{\underset{}{CH}}-CN}$$

【练习 13.16】 格氏反应是制备叔醇的有效方法。用不多于五个碳原子的有机化合物合成 2-环戊基丁-2-醇。请提供三条以格氏反应为关键步骤的合成路线，并予以讨论。

解答 三条以格氏反应为关键步骤的合成路线及简单讨论如下：

路线一 ketone + cyclopentyl-MgBr → H₃O⁺ → 产物；(a 步骤最少)

路线二 cyclopentyl-MgBr (1) CH₃CHO / (2) H₃O⁺ → 醇 → K₂Cr₂O₇/H₂SO₄ → 酮 → (1) CH₃CH₂MgBr / (2) H₃O⁺ → 产物

路线三 cyclopentyl-MgBr (1) CH₃CH₂CHO / (2) H₃O⁺ → 醇 → K₂Cr₂O₇/H₂SO₄ → 酮 → (1) CH₃MgI / (2) H₃O⁺ → 产物

【练习 13.17】 写出下列反应的主要产物，并说明理由。

(a) [环己酮衍生物] $\xrightarrow{H_2/Pt}$ ；

(b) [二甲基环己酮衍生物] $\xrightarrow[AcOH]{H_2/PtO_2}$ 。

解答 (a) [产物]；(b) [产物] 羰基位阻较小的一面被催化剂吸附活化加氢。

【练习 13.18】 请解释以下反应的立体化学结果。

(a) [酮] $\xrightarrow[(CH_3)_2CHOH]{NaBH_4}$ $\xrightarrow{H_3O^+}$ (A) 64% + (B) 36%；

(b) [酮] $\xrightarrow[(CH_3)_2CHOH]{NaBH_4}$ $\xrightarrow{H_3O^+}$ (C) 31% + (D) 69%。

解答 按题意要求回答如下：

(a) 位阻较大 / 位阻较小 主要反应途径；

(b) 主要反应途径 / 两个反应途径的位阻差别不大 / 较稳定。

【练习 13.19】 孤立羰基与共轭羰基被还原的性能有显著差异，通过控制还原剂的用量可以实现选择性还原。请解释下列反应的选择性。

(b) ← $\xrightarrow[C_2H_5OH]{NaBH_4\ (0.25\ mol)}$ (a) (1.0 mol) $\xrightarrow[(2)\ H_2O/OH^-]{(1)\ 9\text{-BBN}\ (1.0\ mol),\ THF}$ (c)

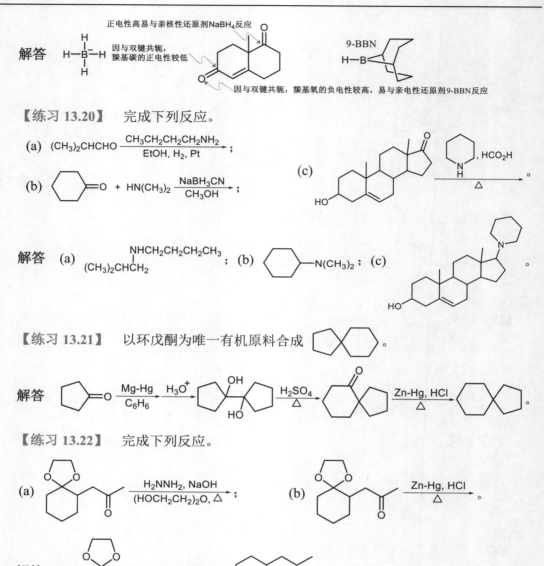

解答

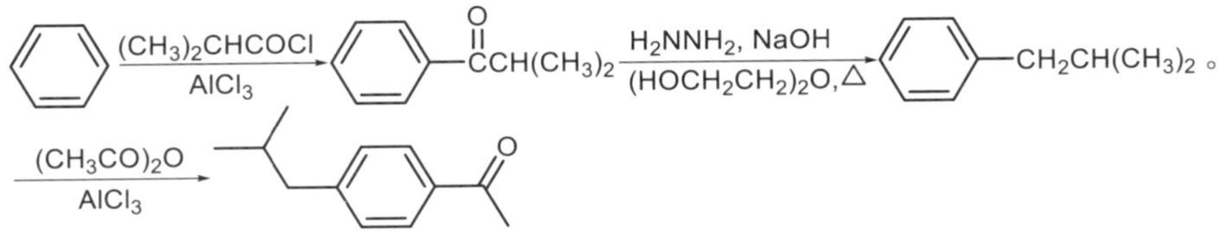

$$\text{C}_6\text{H}_6 \xrightarrow[\text{AlCl}_3]{(\text{CH}_3)_2\text{CHCOCl}} \text{C}_6\text{H}_5\text{COCH}(\text{CH}_3)_2 \xrightarrow[(\text{HOCH}_2\text{CH}_2)_2\text{O}, \Delta]{\text{H}_2\text{NNH}_2, \text{NaOH}} \text{4-}(\text{CH}_3)_2\text{CHCH}_2\text{-C}_6\text{H}_4\text{-...}$$

$$\xrightarrow[\text{AlCl}_3]{(\text{CH}_3\text{CO})_2\text{O}} \text{4-乙酰基-异丁基苯}$$

【练习 13.24】 3-甲氧基苯甲醛与甲醛的交叉歧化反应中，甲醛提供负氢被氧化，3-甲氧基苯甲醛接受负氢被还原。请讨论该交叉歧化反应选择性的原因。

解答 按题意要求回答如下：

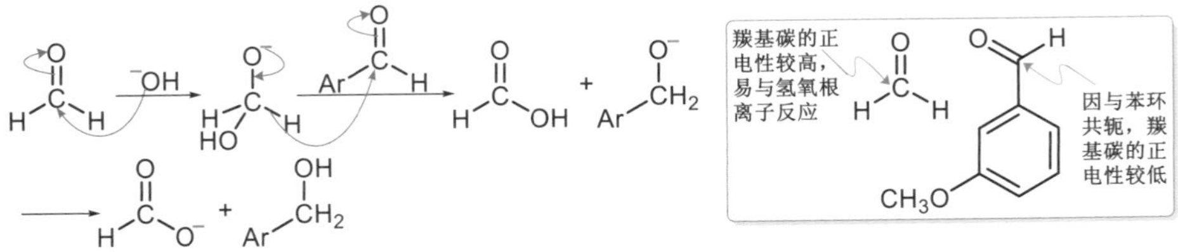

（机理图：甲醛被 $^-$OH 进攻生成四面体中间体，转移负氢给 ArCHO，生成 HCOO$^-$ 和 ArCH$_2$O$^-$，进而得到 HCOO$^-$ + ArCH$_2$OH）

> 羰基碳的正电性较高，易与氢氧根离子反应；因与苯环共轭，羰基碳的正电性较低（3-甲氧基苯甲醛）

【练习 13.25】 完成下列反应。

(a) $(\text{HOCH}_2)_3\text{C-CHO} \xrightarrow[\text{HCHO}]{\text{NaOH}}$ ；

(b) $\text{H-CO-CO-H} \xrightarrow{\text{NaOH}} \xrightarrow{\text{H}_3\text{O}^+}$ ；

(c) 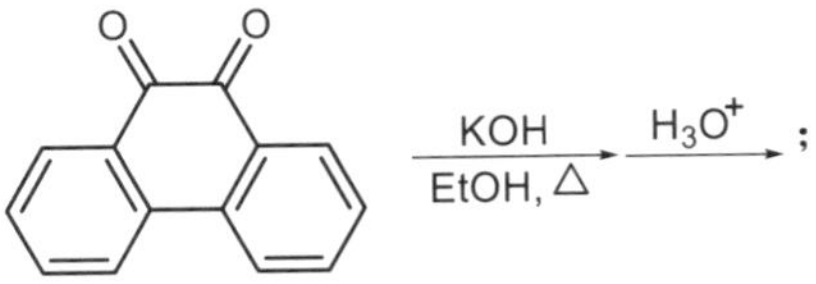 菲-9,10-二酮 $\xrightarrow[\text{EtOH}, \Delta]{\text{KOH}} \xrightarrow{\text{H}_3\text{O}^+}$ ；

(d) 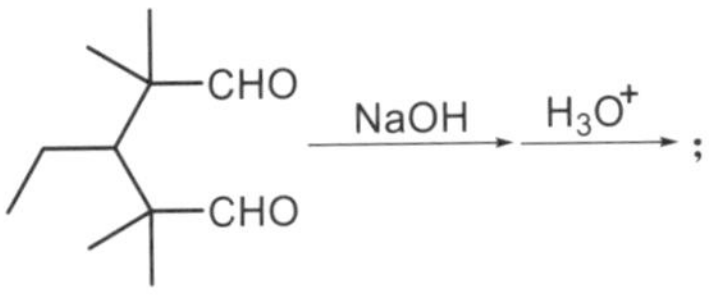 3-乙基-2,2-二甲基-3-甲酰基丁醛 $\xrightarrow{\text{NaOH}} \xrightarrow{\text{H}_3\text{O}^+}$ ；

(e) 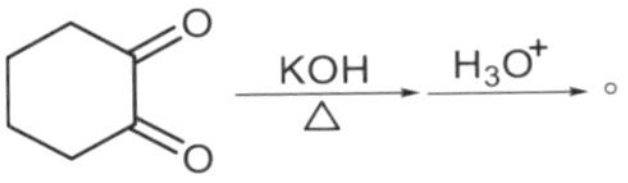 环己烷-1,2-二酮 $\xrightarrow[\Delta]{\text{KOH}} \xrightarrow{\text{H}_3\text{O}^+}$ 。

解答 各反应的产物如下：

(a) $\text{C}(\text{CH}_2\text{OH})_4 + \text{HCOONa}$ ；

(b) $\text{H}_2\text{C}(\text{OH})\text{-C}(\text{OH})\text{-OH}$ 即 HOCH$_2$COOH ；

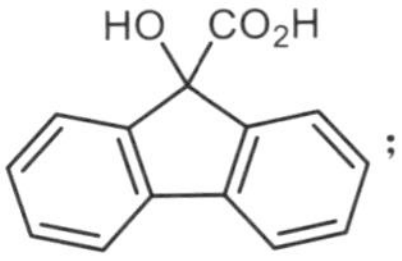

(c) 9-羟基芴-9-甲酸 ；

(d) 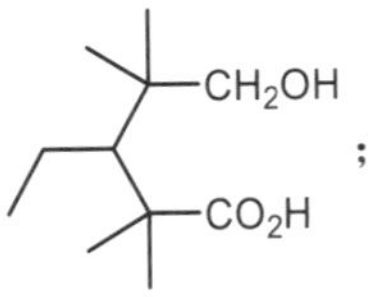 3-乙基-2,2-二甲基-3-(羟甲基)丁酸 ；

(e)  1-羟基环戊烷-1-甲酸 。

【练习 13.26】 建议下列反应的机理。

(a) $2\text{H-CHO} + \text{NaOH} \longrightarrow \text{CH}_3\text{-OH} + \text{H-COONa}$ ；

(b) $\text{C}_6\text{H}_5\text{-CO-CHO} \xrightarrow{\text{NaOH}} \xrightarrow{\text{H}_3\text{O}^+} \text{C}_6\text{H}_5\text{-CH(OH)-CO}_2\text{H}$ ；

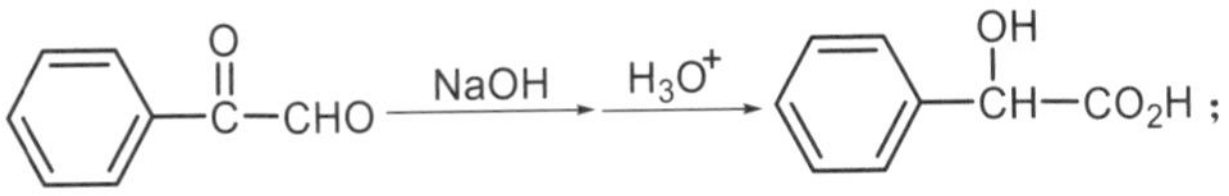

(c) 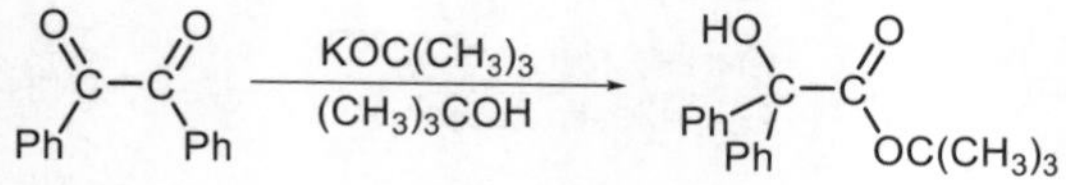

解答 各反应的机理如下：

(a) 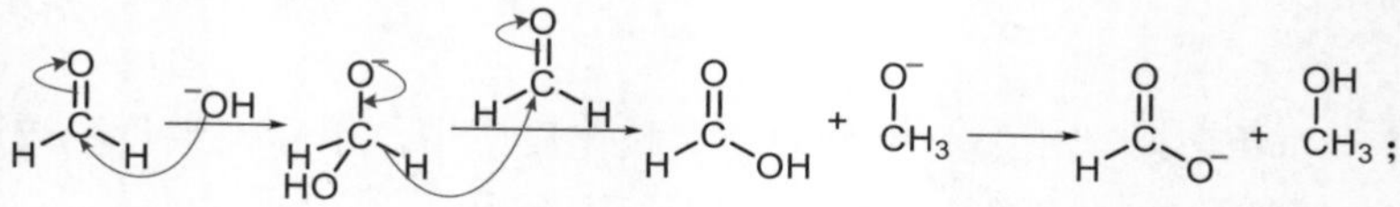

(b) 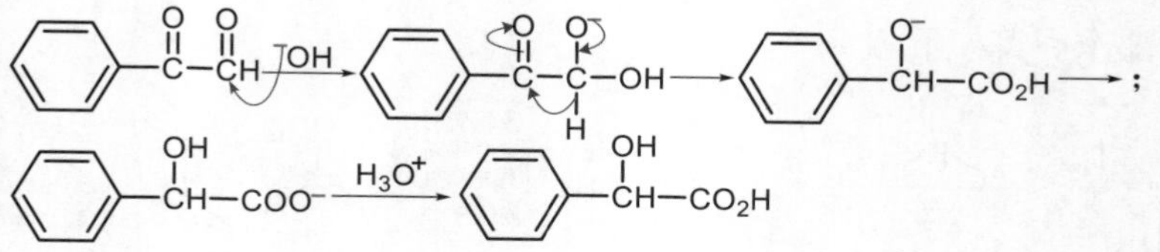

(c) 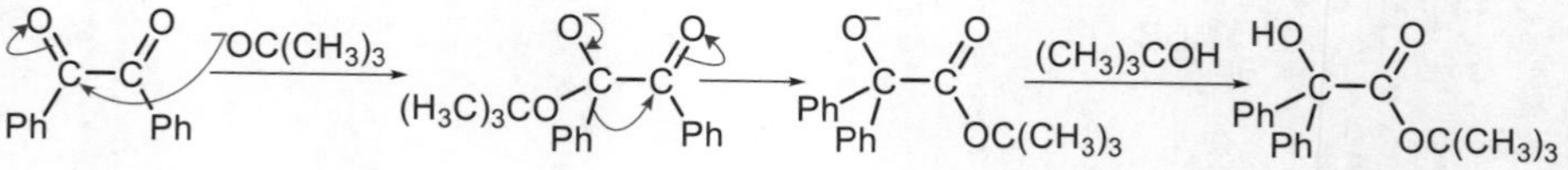

【练习 13.27】 请用机理解释：

(a) (*R*)- 3-苯基丁-2-酮在 NaOH 或 HCl 乙醇/水溶液中的外消旋化；

(b) 2-甲基环己-1-酮在含 NaOD 或 DCl 的 D_2O 溶液中的重氢交换。

解答 机理解释如下：

(a) 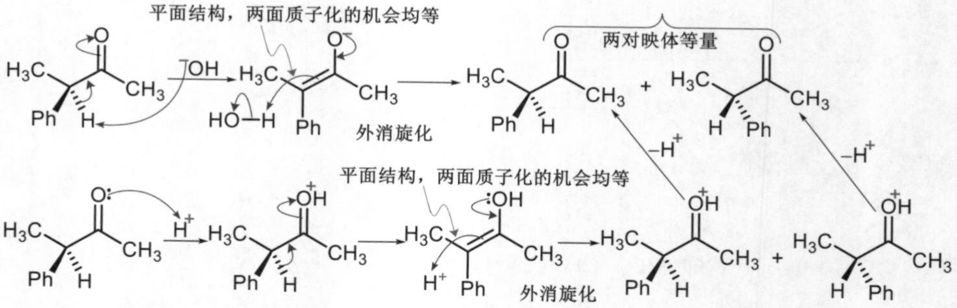
平面结构，两面质子化的机会均等
两对映体等量
外消旋化
平面结构，两面质子化的机会均等
外消旋化

(b) 2-甲基环己-1-酮在含 NaOD 的 D_2O 溶液中的重氢交换：

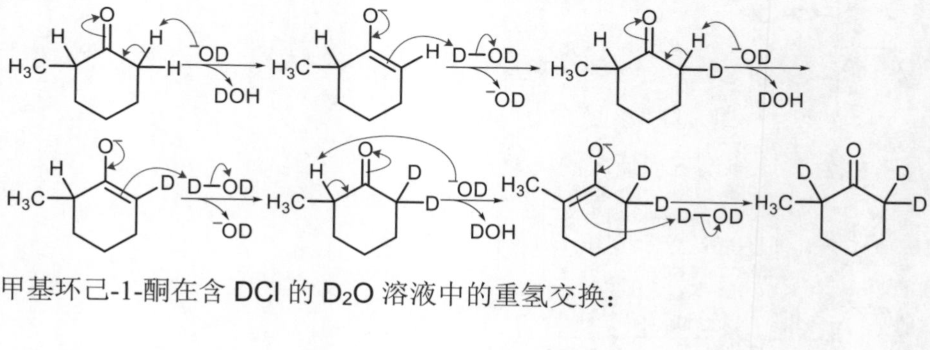

2-甲基环己-1-酮在含 DCl 的 D_2O 溶液中的重氢交换：

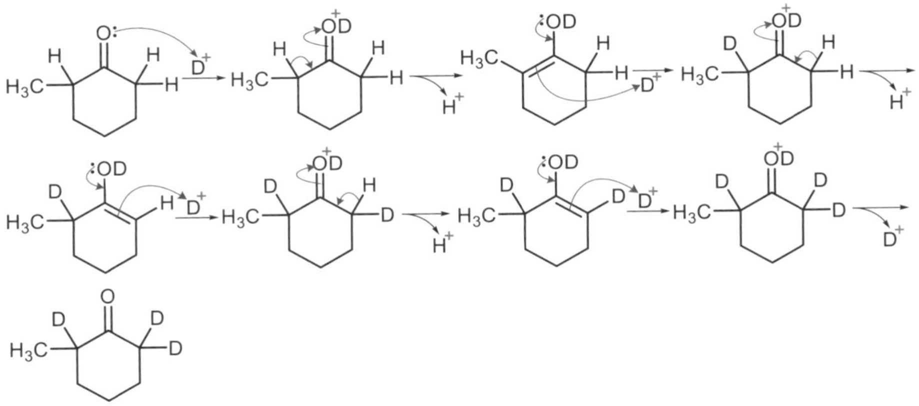

【练习 13.28】 在氢氧化钾的乙醇溶液中，*cis*-2-烯丙基-3-甲基环戊-1-酮（*cis*-2-allyl-3-methylcyclopentan-1-one）几乎完全转化成其反式异构体。请给予机理解释。

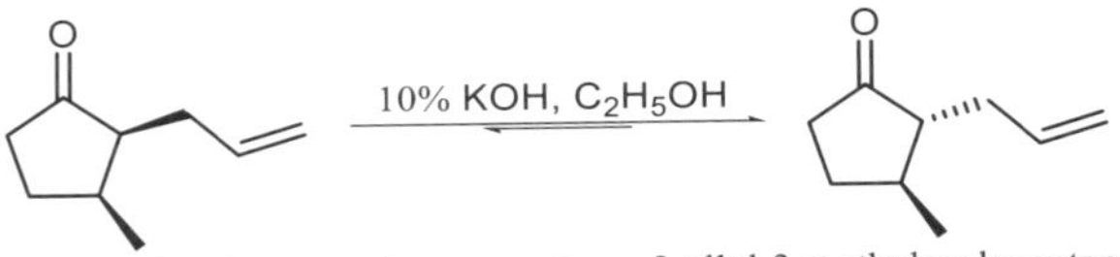

cis-2-allyl-3-methylcyclopentan-1-one *trans*-2-allyl-3-methylcyclopentan-1-one (>95%)

解答

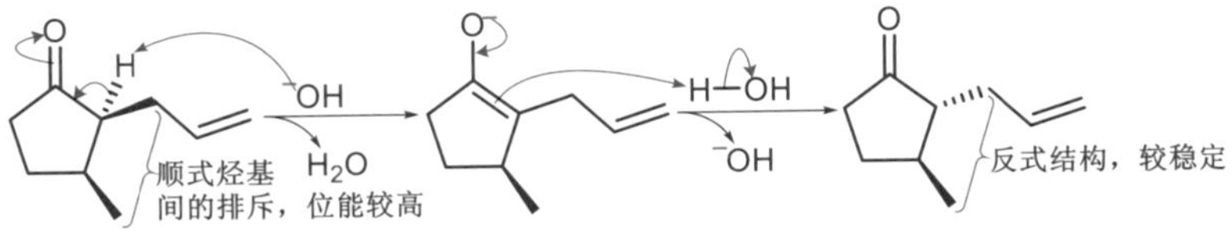

【练习 13.29】 下列同位素标记（以*标注的碳）的 2-氯环己-1-酮发生 Favorskii 重排的实验结果是其机理的重要证据。请对该反应做机理说明。

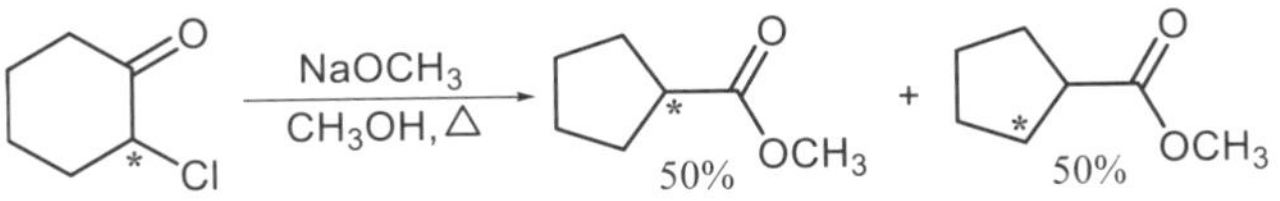

解答

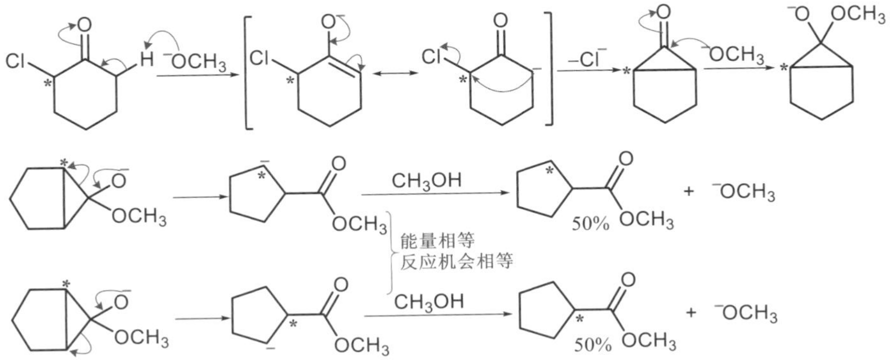

【练习 13.30】 完成下列反应。

(a) 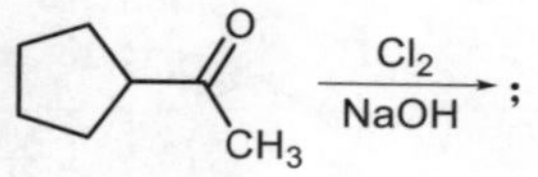 环戊基-CO-CH₃ + Cl₂/NaOH → ; (b) 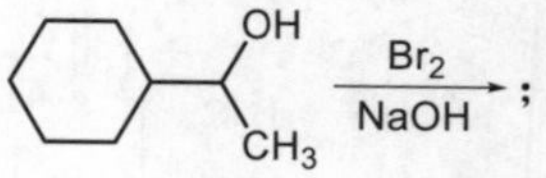 环己基-CH(OH)CH₃ + Br₂/NaOH → ;

(c) 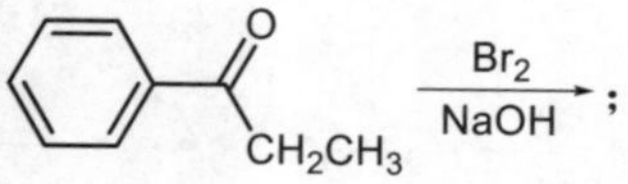 PhCOCH₂CH₃ + Br₂/NaOH → ; (d) 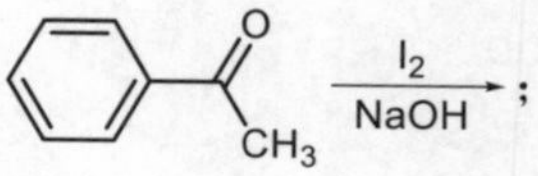 PhCOCH₃ + I₂/NaOH → ;

(e) BrCH₂COCH(CH₃)₂ —NaOCH₃/CH₃OH, Δ→ ; (f) 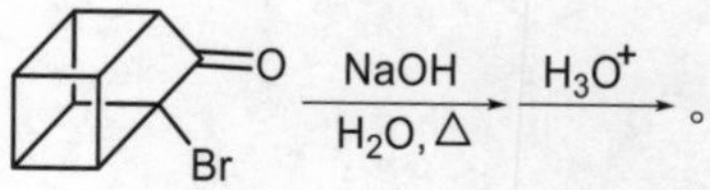 立方烷-CO-CBr —NaOH/H₂O, Δ; H₃O⁺→ 。

解答 各反应的产物如下：

(a) 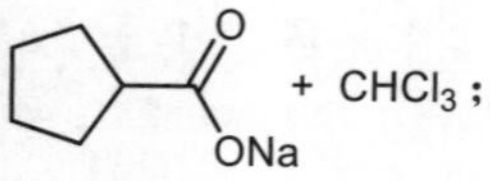 环戊基-COONa + CHCl₃； (b) 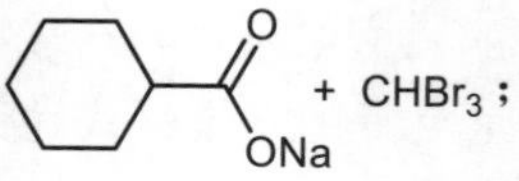 环己基-COONa + CHBr₃； (c) 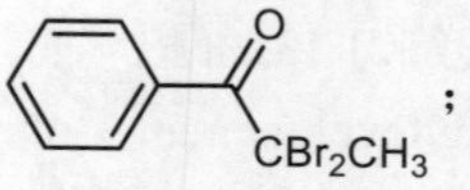 PhCO-CBr₂CH₃；

(d) 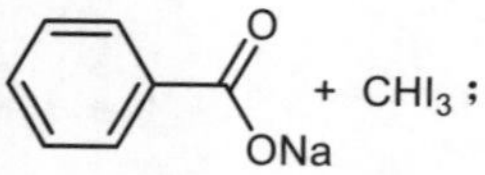 PhCOONa + CHI₃； (e) (CH₃)₃C-CO-OCH₃； (f) 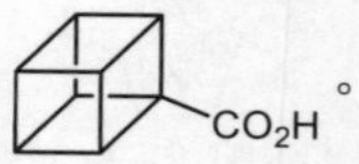 立方烷-CO₂H 。

【练习 13.31】 以丙酮为唯一有机原料合成 2,2-二甲基丙酸。

解答 CH₃COCH₃ —(1) Mg-Hg, C₆H₆ / (2) H₃O⁺→ CH₃C(OH)(CH₃)C(OH)(CH₃)CH₃ —H₂SO₄, Δ→ CH₃CO-C(CH₃)₃ —(1) Cl₂, NaOH, Δ / (2) H₃O⁺→ (CH₃)₃CCO₂H

【练习 13.32】 丙-2-酮与苯甲醛在稀的氢氧化钠溶液中的交叉羟醛缩合反应。通过控制反应物的计量比，可以分别实现(E)-4-phenylbut-3-en-2-one 和(1E,4E)-1,5-diphenylpenta-1,4-dien-3-one 的高效合成。请说明该选择性控制的原因。

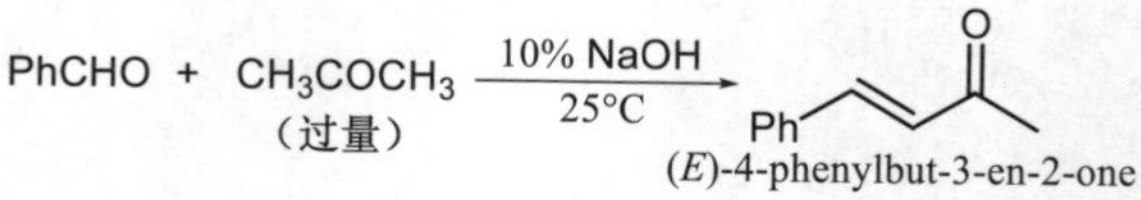

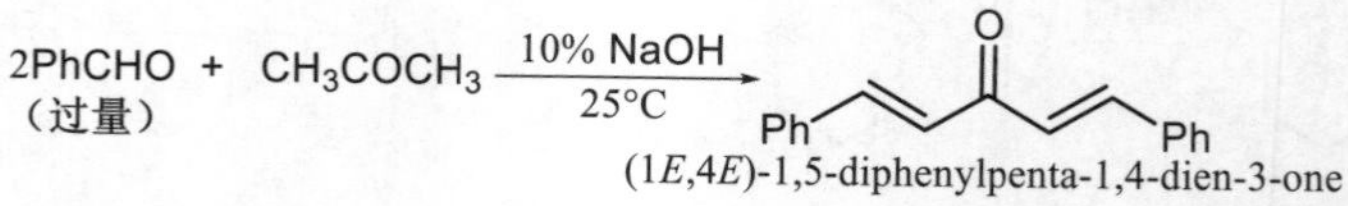

PhCHO + CH₃COCH₃（过量） —10% NaOH / 25°C→ Ph-CH=CH-CO-CH₃
(E)-4-phenylbut-3-en-2-one

2PhCHO + CH₃COCH₃（过量） —10% NaOH / 25°C→ Ph-CH=CH-CO-CH=CH-Ph
(1E,4E)-1,5-diphenylpenta-1,4-dien-3-one

解答 H₃C-CO-CH₃（酸性较强） Ph-CH=CH-CO-CH₃ 因为烯键与羰基共轭，烯键的给电子共轭效应，导致羰基对α-碳的吸电子作用降低，α-氢的酸性减弱

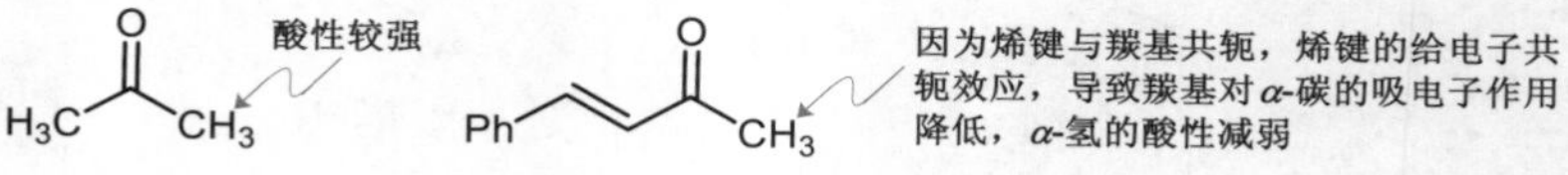

【练习 13.33】 写出下列羟醛缩合反应的产物或反应物。

(a) 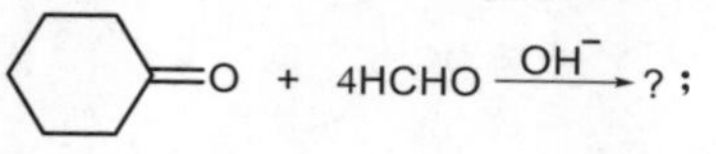 环己酮 + 4HCHO —OH⁻→ ? ; (b) 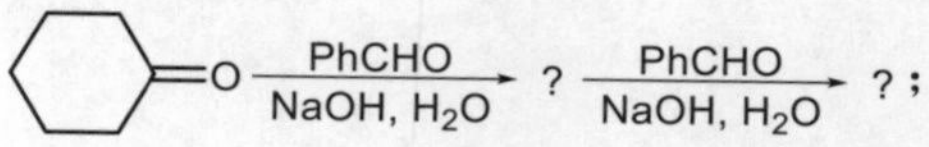 环己酮 —PhCHO/NaOH, H₂O→ ? —PhCHO/NaOH, H₂O→ ? ;

(c) ? $\xrightarrow{\text{NaOH, H}_2\text{O}}$ [product with OH and CHO]; (d) ? + ? $\xrightarrow{\text{OH}^-}$ [2-(tert-butylidene)cyclohexanone];

(e) $CH_3COCH_2CH_2CHO \xrightarrow{\text{NaOH, H}_2\text{O}}$?; (f) $CH_3COCH_2CH_2COCH_3 \xrightarrow[100\,°C]{\text{NaOH, H}_2\text{O}}$?;

(g) ? $\xrightarrow[\text{C}_2\text{H}_5\text{OH}]{\text{NaOC}_2\text{H}_5}$ [octahydronaphthalenone]; (h) $PhCHO + PhCH_2COCH_3 \xrightarrow[\Delta]{\text{NH, C}_6\text{H}_6}$?。

解答 按题意要求回答如下：

(a) [2,2,6,6-tetrakis(hydroxymethyl)cyclohexanone]; (b) [2-benzylidenecyclohexanone], [2,6-dibenzylidenecyclohexanone]; (c) [2 × isobutyraldehyde];

(d) [cyclohexanone] + [pinacolone]; (e) [cyclopent-2-enone]; (f) [3-methylcyclopent-2-enone]; (g) [1-(2-oxocyclohexyl)propan-...]; (h) $PhCCOCH_3$ / $CHPh$。

【练习 13.34】 由指定有机原料完成下列合成。

(a) 以乙醛为唯一有机原料合成 [2,4-dimethyl-1,3-dioxane]、$CH_3CH_2CH_2CH=C(CH_2CH_3)CHO$；

(b) 以丙酮为唯一有机原料合成 3-甲基丁-2-烯酸；

(c) 以环戊酮为唯一有机原料合成 [spiro compound with CHO]、[spiro compound with CO_2H]。

解答 按题意要求回答如下：

(a) $2H-CO-CH_3 \xrightarrow[4\sim5\,°C]{\text{NaOH, H}_2\text{O}} H-CO-CH_2-CH(OH)-CH_3 \xrightarrow{\text{NaBH}_4} H_2C(OH)-CH_2-CH(OH)-CH_3$;

$\xrightarrow[\text{干 HCl}]{CH_3CHO}$ [2,4-dimethyl-1,3-dioxane]

$2H-CO-CH_3 \xrightarrow[\Delta]{\text{NaOH}} H-CO-CH=CH-CH_3 \xrightarrow[\text{Raney Ni}]{H_2} H-CO-CH_2-CH_2-CH_3$

$\xrightarrow[\Delta]{\text{NaOH}} CH_3CH_2CH_2CH=C(CH_2CH_3)CHO$

(b) $2CH_3-CO-CH_3 \xrightarrow{H^+} CH_3-CO-CH=C(CH_3)_2 \xrightarrow[\text{NaOH, H}_2\text{O}]{Cl_2} \xrightarrow{H^+} HO-CO-CH=C(CH_3)_2$；

(c) 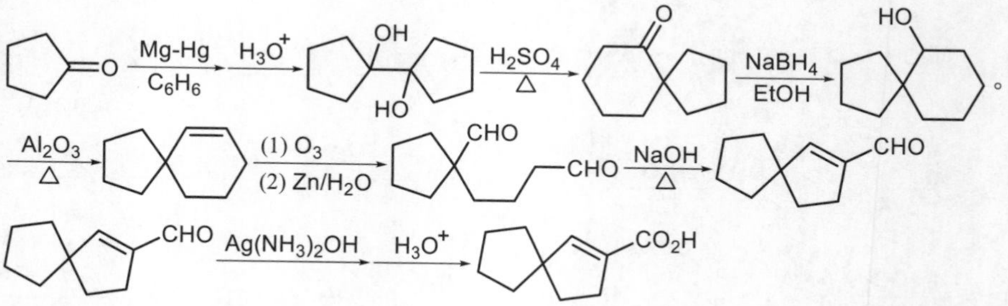 反应流程图（环戊酮经 Mg-Hg/C₆H₆，H₃O⁺ 得二醇；H₂SO₄/Δ 重排成螺环酮；NaBH₄/EtOH 还原；Al₂O₃/Δ 脱水；(1) O₃ (2) Zn/H₂O 臭氧分解；NaOH/Δ 分子内羟醛缩合；Ag(NH₃)₂OH，H₃O⁺ 氧化为羧酸）

【练习 13.35】 建议下列反应的机理。

(a) 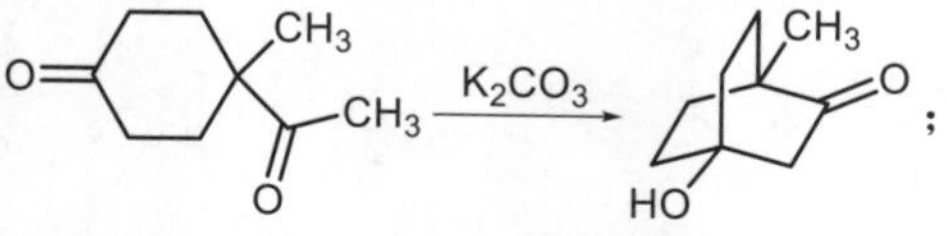 1-甲基-4-氧代环己基甲基酮 $\xrightarrow{K_2CO_3}$ 双环产物；

(b) 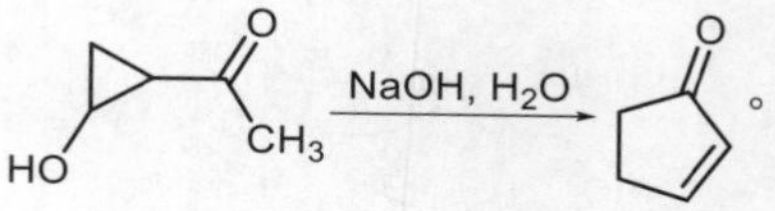 1-(2-羟基环丙基)乙酮 $\xrightarrow{NaOH, H_2O}$ 2-环戊烯-1-酮。

解答 各反应的机理如下：

(a) 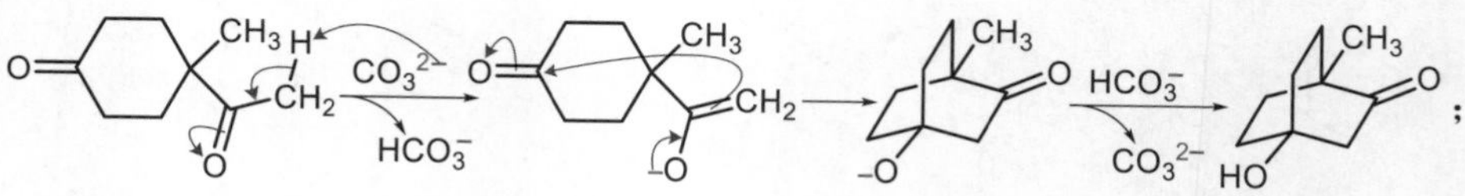 机理图（CO_3^{2-} 夺取 α-H，烯醇负离子分子内进攻酮羰基，形成双环醇酮）

(b) 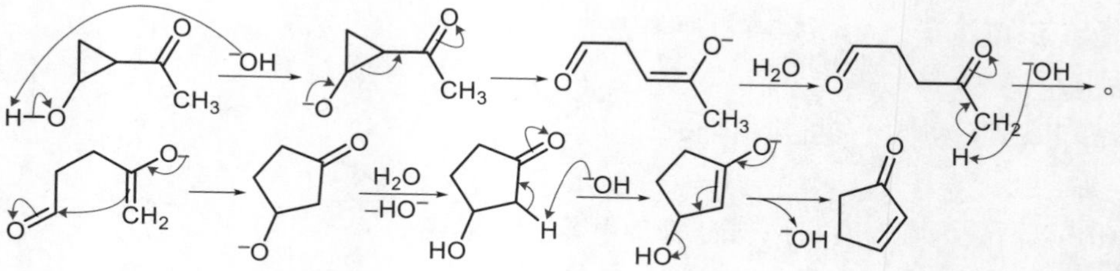 机理图（^-OH 开环，环丙烷 C–C 键断裂生成烯醇负离子，质子化，分子内羟醛缩合，脱水得 2-环戊烯-1-酮）

【练习 13.36】 辛-2,7-二酮（octane-2,7-dione）的分子内缩合高产率环化为 1-(2-甲基环戊-1-烯-1-基)乙-1-酮（1-(2-methylcyclopent-1-en-1-yl)ethan-1-one），没有 3-甲基环庚-2-烯-1-酮（3-methylcyclohept-2-en-1-one）生成。请说明原因。

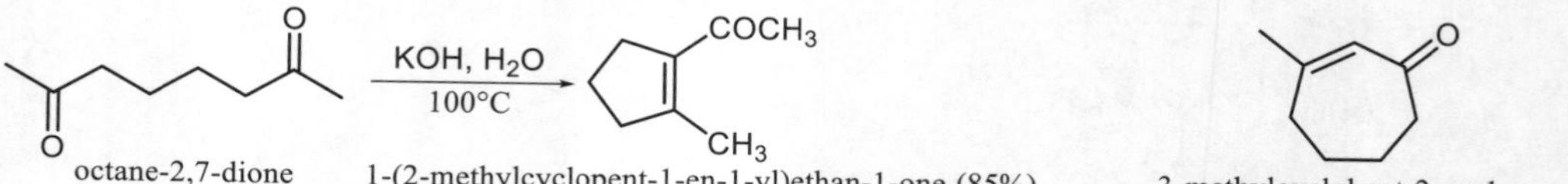

octane-2,7-dione $\xrightarrow{\text{KOH, H}_2\text{O}, 100°C}$ 1-(2-methylcyclopent-1-en-1-yl)ethan-1-one (85%)；3-methylcyclohept-2-en-1-one 未生成

解答

反应位点相距较近，形成稳定的五元环，反应有利

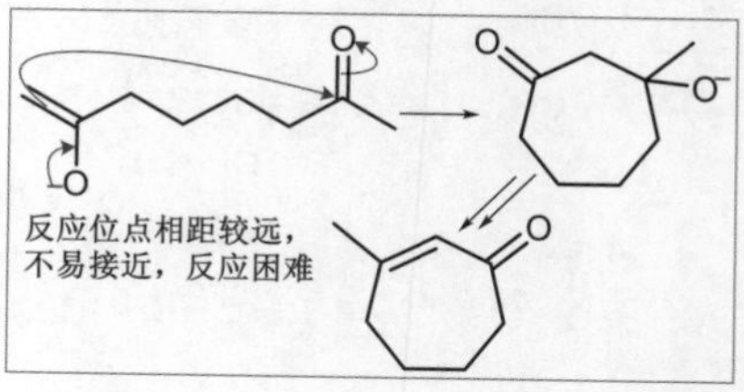

反应位点相距较远，不易接近，反应困难

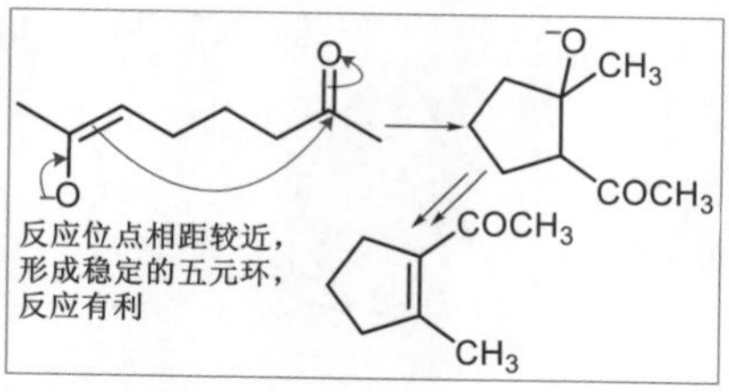

【练习 13.37】 完成下列转化。

(a) 3,4-二甲氧基苯甲醛 $\xrightarrow{\text{CH}_3\text{NO}_2/\text{NaOH}}$? $\xrightarrow{\text{H}_2, \text{Ni}}$?;

(b) 苯甲醛 $\xrightarrow{\text{CH}_3\text{NO}_2/\text{NaOH}}$? $\xrightarrow{\text{丁二烯}, \Delta}$? $\xrightarrow{\text{H}_2, \text{Pd/C}}$?。

解答 按题意要求回答如下：

(a) 3,4-(MeO)$_2$C$_6$H$_3$CH=CHNO$_2$，3,4-(MeO)$_2$C$_6$H$_3$CH$_2$CH$_2$NH$_2$；

(b) PhCH=CHNO$_2$，(±)-反-2-苯基-4-环己烯基硝基化合物，(±)-2-苯基环己胺。

【练习 13.38】 写出下列 Mannich 反应的产物或反应物。

(a) PhCOCH$_2$CH$_3$ + HCHO + HN(CH$_3$)$_2$ $\xrightarrow{\text{H}^+}$?;

(b) PhCOCH$_3$ + HC(=O)CO$_2$Me + HN(吗啉) $\xrightarrow{\text{H}^+}$?;

(c) 环己酮 + HCHO + HN(吗啉) $\xrightarrow{\text{H}^+}$?;

(d) 2-萘酚 + HCHO + 哌啶 $\xrightarrow{\text{H}^+}$?;

(e) ? $\xrightarrow{\text{H}^+}$ （N-甲基氮杂金刚烷酮）;

(f) ? $\xrightarrow{\text{H}^+}$ （哌嗪双取代二甲基环戊酮）。

解答 按题意要求回答如下：

(a) PhCOCH(CH$_3$)CH$_2$N(CH$_3$)$_2$；
(b) PhCOCH$_2$CH(N-吗啉)CO$_2$Me；
(c) 2-(吗啉基甲基)环己酮；
(d) 1-(哌啶基甲基)-2-萘酚；
(e) HCHO + N-甲基-4-哌啶酮衍生物；
(f) 2,2-二甲基环戊酮 + HCHO + 哌嗪 + HCHO + 2,2-二甲基环戊酮。

【练习 13.39】 安息香缩合主要适于芳香醛。但是，苯环上有强吸电子基团或强给电子基团的芳香醛都不能发生安息香缩合，主要原因如下：

然而，在氰化钠催化下对硝基苯甲醛与对甲氧基苯甲醛可以发生交叉安息香缩合。请完成下列反应，建议反应机理并说明可以发生交叉安息香缩合的原因。

$$O_2N-C_6H_4-CHO + OHC-C_6H_4-OCH_3 \xrightarrow{^-CN} ?$$

解答　氰化钠催化下对硝基苯甲醛与对甲氧基苯甲醛间的交叉安息香缩合反应及机理解释如下：

【练习 13.40】　完成下列反应。

(a) $CH_2=CH-CO-CH_3 + HN(CH_2CH_3)_2 \xrightarrow{C_2H_5OH} ?$;

(b) 环己烯酮 $\xrightarrow{(CH_2=CH)_2CuLi} \xrightarrow{H_2O} ?$;

(c) $CH_3CH_2-CO-CH=CHCH_3 \xrightarrow{(1)\ (C_2H_5)_2CuLi}_{(2)\ H_2O} ?$;

(d) $CH_3CH_2-CO-CH=CHCH_3 \xrightarrow{(1)\ CH_3Li}_{(2)\ H_2O} ?$;

(e) $CH_3CH_2-CO-CH=CHCH_3 \xrightarrow{(1)\ CH_3MgBr,\ CuCl}_{(2)\ H_2O} ?$;

(f) $HS-CH_2-C(=CH_2)-CO_2Me \xrightarrow{K_2CO_3} ?$ 。

解答　各反应的产物如下：

(a) $CH_3-CO-CH_2CH_2-N(CH_2CH_3)_2$;

(b) 3-乙烯基环己酮 ;

(c) $CH_3CH_2-CO-CH_2-CH(C_2H_5)CH_3$;

(d) CH₃CH₂—C(OH)(CH₃)—CH=CHCH₃;　　(e) CH₃CH₂—CO—CH₂—CH(CH₃)₂;　　(f) 四氢噻吩-3-甲酸甲酯。

【练习 13.41】 写出下列 Robinson 环化的反应物。

(a) ? + ? $\xrightarrow{\text{NaOC}_2\text{H}_5 / \text{C}_2\text{H}_5\text{OH}}$ [产物A]；(b) ? + ? $\xrightarrow{\text{NaOC}_2\text{H}_5 / \text{C}_2\text{H}_5\text{OH}}$ [产物B]。

解答　(a) 5-甲氧基-1-甲基-2-四氢萘酮 + 甲基乙烯基酮； (b) 2-四氢萘酮 + 戊烯-3-酮。

【练习 13.42】 化合物 O¹=⟨四氢吡喃-4-酮⟩-O² 中有两个氧原子，判断谁优先质子化，并简要说明理由。

解答　O^1 优先质子化，不饱和氧的 π 键极化，利于质子化产物的稳定，而饱和氧的质子化产物得不到这样的稳定化作用：

[共振结构式]

【练习 13.43】 完成下列转化，给出中间产物或反应条件。

CH₃-C(=CH₂)-CH₂CH₂CH₂-OH $\xrightarrow[\text{吡啶}]{\text{TsCl}}$ (A) $\xrightarrow{\text{KCN}}$ (B) $\xrightarrow{(C)}$ (D) $\xrightarrow{(E)}$ (F) $\xrightarrow{\text{干 HCl}}$ [双环缩酮产物]

解答

(A) CH₃-C(=CH₂)-CH₂CH₂CH₂-OTs
(B) CH₃-C(=CH₂)-CH₂CH₂CH₂-CN
(C) (1) CH₃MgI (2) H₃O⁺
(D) CH₃-C(=CH₂)-CH₂CH₂CH₂-CO-CH₃
(E) H₂O₂, OsO₄
(F) HO-CH₂-C(OH)(CH₃)-CH₂CH₂CH₂-CO-CH₃

【练习 13.44】 按烯醇式含量由高到低的顺序排列以下化合物。

(a) 2-乙基-1,3-环己二酮； (b) 2-乙烯基-1,3-环己二酮； (c) 双环[2.2.1]庚烷-2,3-二酮。

解答　按烯醇式含量由高到低排列的顺序为 (b) > (a) > (c)。

【练习 13.45】 α-羟基腈是一类重要的有机合成中间体。为避免使用挥发性的剧毒物氢氰酸，有必要发展制备 α-羟基腈的新方法。研究发现 α-羟基磺酸钠与氰化钠反应，可制

得 α-羟基腈。请建议下列反应的机理。

$$Ph-CH(OH)-SO_3Na + NaCN \xrightarrow{H_2O} Ph-CH(OH)-CN + Na_2SO_3$$

解答 按题意要求回答如下：

[机理图：Ph-CH(OSH)(SO₃⁻) + ⁻CN/HCN → Ph-CH(OH)-S(O)(O⁻)-O⁻ → Ph-CHO + SO₃²⁻ → (加 ⁻CN) Ph-CH(O⁻)-CN → Ph-CH(OH)-SO₃⁻ → Ph-CH(OH)-CN + Ph-CH(O⁻)-SO₃⁻]

【练习 13.46】 实现下列转化。

(a) $H_2C=CHCH_3 \Longrightarrow$ 2,2-二甲基四氢呋喃；

(b) PhCHO $\Longrightarrow$ PhCH(CH₃)CH₂C(O)Ph；

(c) PhCHO $\Longrightarrow$ 4-乙酰基-3-苯基环己烯；

(d) PhCOCH₃ $\Longrightarrow$ Ph-C(OH)(CH₃)-CH=CHCH₂CH₃；

(e) 环戊烯 $\Longrightarrow$ 四氢吡喃；

(f) 环己酮 $\Longrightarrow$ 1-甲基-1-丙氧基环己烷；

(g) PhOH $\Longrightarrow$ 4-苄基苯甲醚；

(h) Me₂C=O $\Longrightarrow$ 1,2,2,6,6-五甲基-4-哌啶酮。

解答 按题意要求回答如下：

(a) $H_2C=CHCH_3 \xrightarrow[CCl_4, \Delta]{NBS, (PhCOO)_2} H_2C=CHCH_2Br \xrightarrow[Et_2O \text{ (anhydrous)}]{Mg} H_2C=CHCH_2MgBr$；

$CH_2=CH-CH_3 \xrightarrow[PdCl_2-CuCl_2]{O_2} CH_3COCH_3 \xrightarrow[Et_2O \text{ (anhydrous)}]{H_2C=CHCH_2MgBr} \xrightarrow{H_3O^+} H_2C=CHCH_2C(OH)(CH_3)_2$

$\xrightarrow{B_2H_6} \xrightarrow{H_2O_2, OH^-} HOCH_2CH_2C(OH)(CH_3)_2 \xrightarrow{H_2SO_4}$ 2,2-二甲基四氢呋喃

(b) PhCHO $\xrightarrow[NaOH, H_2O, 20°C]{CH_3COPh}$ PhCH=CHC(O)Ph $\xrightarrow{(1) (CH_3)_2CuLi, (2) H_2O}$ PhCH(CH₃)CH₂C(O)Ph；

(c) PhCHO $\xrightarrow[NaOH, H_2O, 20°C]{CH_3COCH_3}$ PhCH=CHCOCH₃ $\xrightarrow[\Delta]{1,3\text{-丁二烯}}$ 4-乙酰基-3-苯基环己烯；

(d) PhCOCH₃ $\xrightarrow{BrMgCH=CHCH_2CH_3} \xrightarrow{H_3O^+}$ Ph-C(OH)(CH₃)-CH=CHCH₂CH₃；

$HC\equiv CCH_2CH_3 \xrightarrow[R_2O_2]{HBr} BrCH=CHCH_2CH_3 \xrightarrow[Et_2O \text{ (anhydrous)}]{Mg} BrMgCH=CHCH_2CH_3$

(e) [cyclopentene] $\xrightarrow{\text{(1) O}_3}{\text{(2) Zn/H}_2\text{O}}$ [OHC-CH$_2$CH$_2$CH$_2$-CHO] $\xrightarrow{\text{NaBH}_4}{\text{EtOH}}$ [HOCH$_2$CH$_2$CH$_2$CH$_2$CH$_2$OH] $\xrightarrow{\text{CH}_3\text{SO}_2\text{Cl}}{\text{NaOH}}$ [tetrahydropyran] ;

(f) [cyclohexanone] $\xrightarrow{\text{CH}_3\text{MgI}}$ $\xrightarrow{\text{H}_3\text{O}^+}$ [1-methylcyclohexanol] $\xrightarrow{\text{Na}}$ $\xrightarrow{\text{CH}_3\text{CH}_2\text{CH}_2\text{Br}}$ [1-methyl-1-propoxycyclohexane] ;

(g) [phenol] $\xrightarrow{\text{CH}_3\text{I, NaOH}}$ [anisole] $\xrightarrow{\text{PhCOCl}}{\text{AlCl}_3}$ [4-methoxyphenyl phenyl ketone] $\xrightarrow{\text{Zn/Hg, HCl}}{\Delta}$ [4-benzylanisole] ;

(h) [acetone] $\xrightarrow{\text{H}^+}$ [mesityl oxide] $\xrightarrow{\text{acetone}}{\text{H}^+}$ [phorone] $\xrightarrow{\text{Me-NH}_2}$ [2,2,6,6-tetramethyl-1-methyl-4-piperidinone] 。

【练习 13.47】 解释下列反应的结果。

[reaction scheme: aryl ketone with H$_2$NOH, NaOAc/HOAc; then H$_2$SO$_4$, Δ giving amide + dihydroisoquinoline products]

解答 按题意要求回答如下：

[detailed mechanism scheme showing Beckmann rearrangement pathways]

【练习 13.48】 请建议下列反应的机理。

(l) $H_3C-\underset{\underset{O}{\|}}{C}-CH_2CH(CO_2Et)_2$ + $CH_2=CH-\overset{+}{P}Ph_3\ Br^-$ $\xrightarrow{NaH}$ 3-methyl-1,1-bis(ethoxycarbonyl)cyclopent-3-ene + Ph_3PO;

(m) 2-formylphenoxide sodium + $CH_2=CH-\overset{+}{P}Ph_3\ Br^-$ $\longrightarrow$ 2H-chromene + Ph_3PO;

(n) octahydro-8a-methyl-4a,8a-epoxynaphthalen-2(1H)-one $\xrightarrow[CH_3CO_2H]{H_2NNH_2,\ CH_3CO_2Na}$ 8a-methyl-1,2,3,5,6,7,8,8a-octahydronaphthalen-4a-ol;

(o) cyclopropylidene-diphenylsulfonium ylide + $CH_3-\underset{\underset{O}{\|}}{C}-CH_2(CH_2)_4CH_3$ $\xrightarrow[25\ ^\circ C]{DMSO}$ spiro epoxide product.

解答 各反应的机理如下:

(a) [mechanism scheme for bromination/acetate substitution of 3-methylcyclohex-2-enone]

(b) [mechanism scheme showing iminium formation and cyclization to pyrrolizidine aldehyde]

(c) [mechanism scheme for haloform-type reaction of dimedone giving dibromo/tribromo intermediates and final dicarboxylic acid + CHBr_3]

(d) 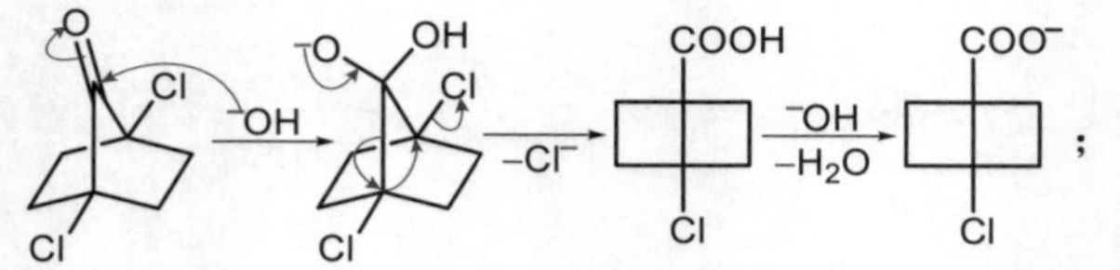 ；

(e) 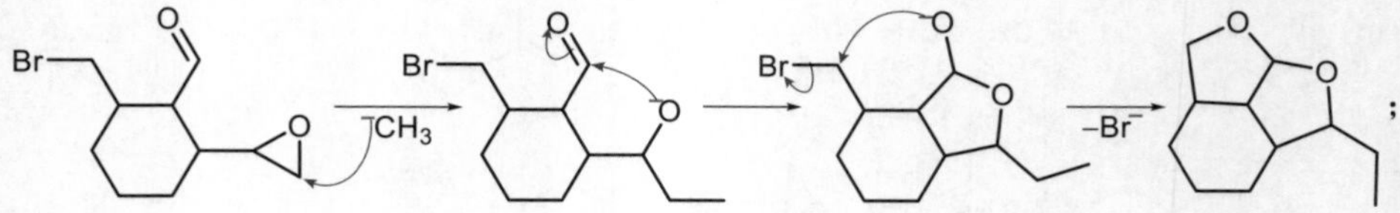 ；

(f) 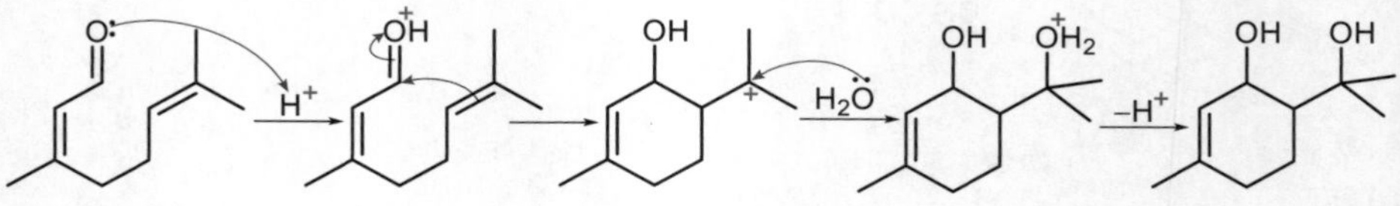 ；

(g) 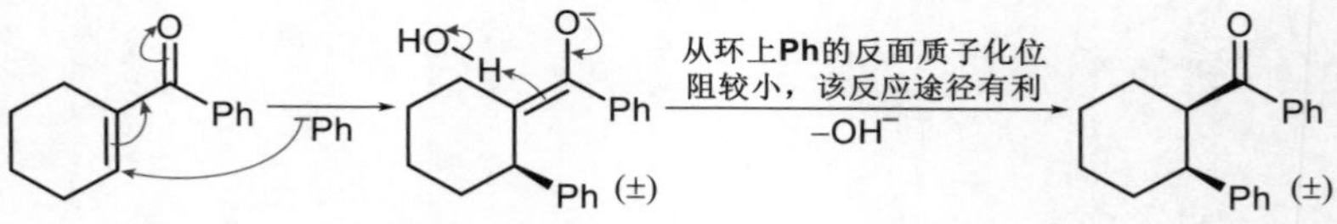

；

(h) 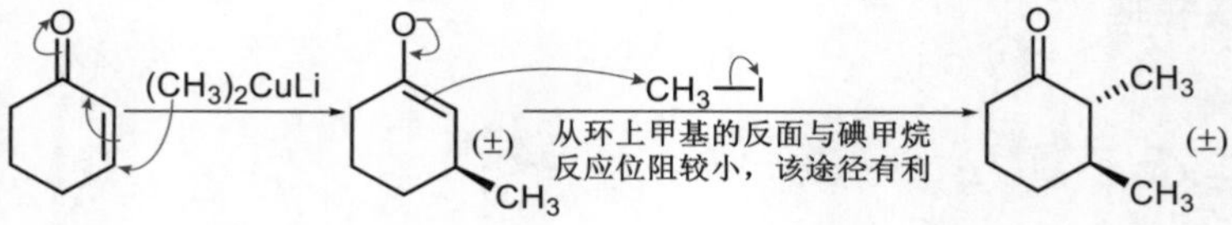

；

(i) 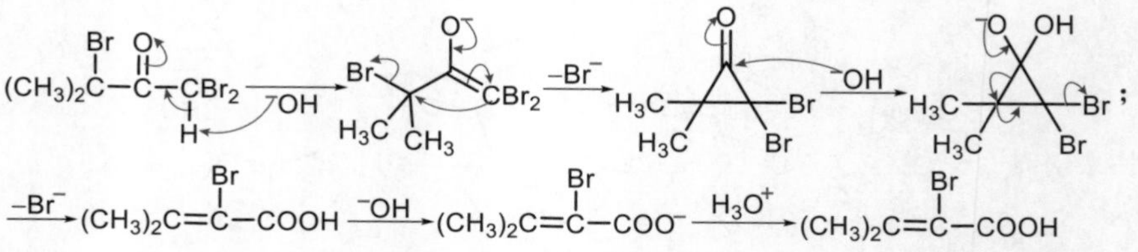 ；

(j) 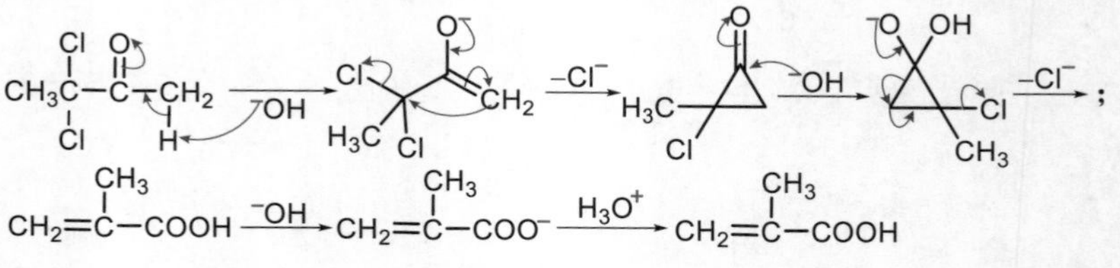 ；

(k) 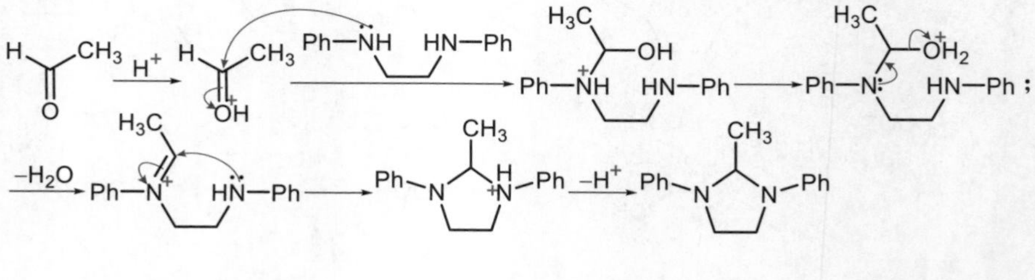 ；

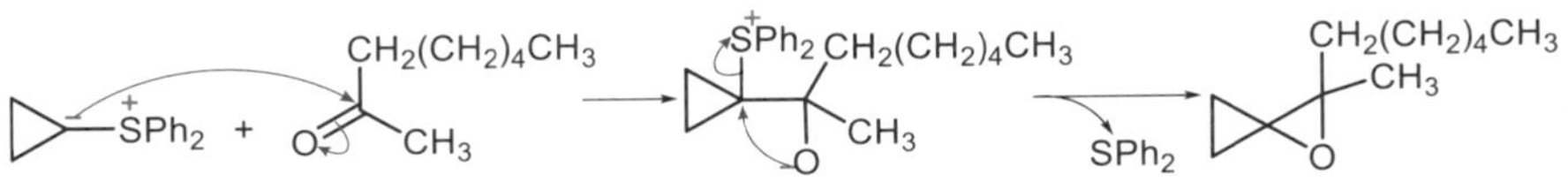

【练习 13.49】 格氏反应在有机合成中有着非常重要的应用。但是高位阻酮的格氏反应难以实现，而其副反应占主导。例如，二异丙基酮（diisopropyl ketone）与溴化异丙基镁发生的主要反应如下：

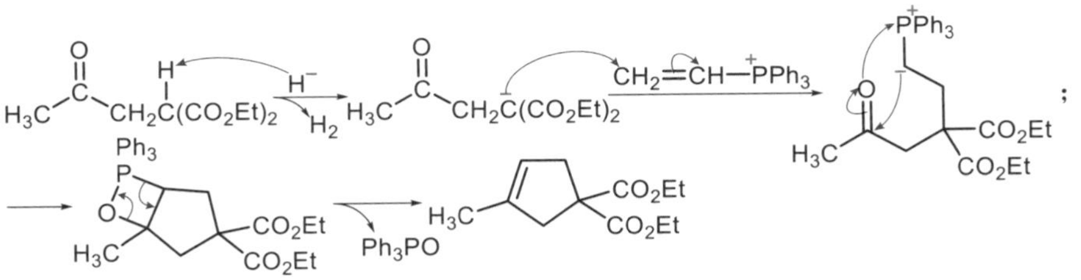

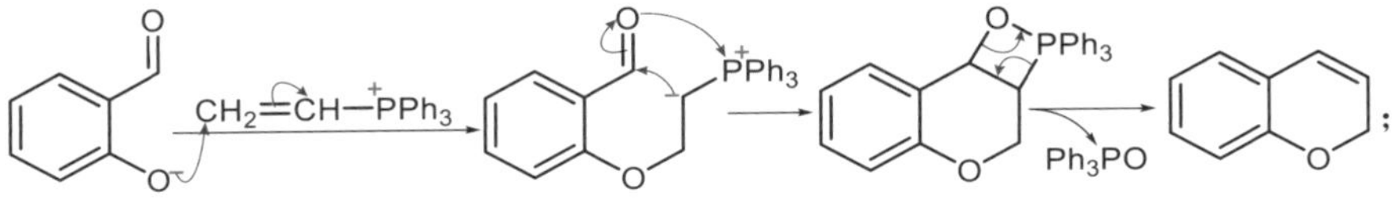

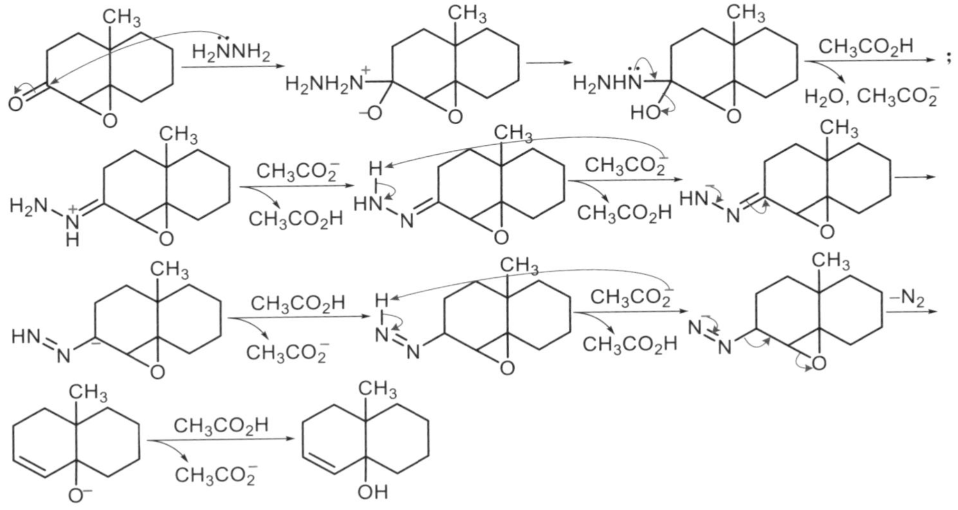

$(CH_3)_2CH-\underset{\text{diisopropyl ketone}}{\overset{O}{\underset{\|}{C}}}-CH(CH_3)_2 + (CH_3)_2CHMgBr \longrightarrow (CH_3)_2CH-\overset{OMgBr}{\underset{|}{CH}}-CH(CH_3)_2 + H_2C=CHCH_3$

二异丙基酮（diisopropyl ketone）即使与体积较小的溴化甲基镁发生的主要反应如下：

$(CH_3)_2CH-\underset{\text{diisopropyl ketone}}{\overset{O}{\underset{\|}{C}}}-CH(CH_3)_2 + CH_3MgBr \longrightarrow (CH_3)_2CH-\overset{OMgBr}{\underset{|}{C}}=C(CH_3)_2 + CH_4$

有机锂试剂能避免上述副反应。例如：

$$(CH_3)_3C-\underset{\underset{O}{\|}}{C}-C(CH_3)_3 + (CH_3)_3CLi \xrightarrow[-78\ °C]{Et_2O} \xrightarrow{H_3O^+} (CH_3)_3C-\underset{\underset{C(CH_3)_3}{|}}{\overset{\overset{OH}{|}}{C}}-C(CH_3)_3$$
$$(81\%)$$

请解释格氏反应中的这两个副反应。

解答 按题意要求回答如下:

$$(CH_3)_2CH-\underset{\underset{O}{\|}}{C}-CH(CH_3)_2 + CH_2=\overset{+}{C}H\cdot MgBr \longrightarrow (CH_3)_2CH-\underset{\underset{OMgBr}{|}}{CH}-CH(CH_3)_2 + H_2C=CHCH_3$$

$$(CH_3)_2CH-\underset{\underset{C(CH_3)_2}{|}}{\overset{\overset{O}{|}}{C}}H + CH_3\overset{+}{\cdot}MgBr \longrightarrow (CH_3)_2CH-\underset{\underset{OMgBr}{|}}{C}=C(CH_3)_2 + CH_4$$

【练习 13.50】 以环己酮、3-溴丙-1-醇为有机原料，合成 1-氧杂螺[4.5]癸烷（1-oxaspiro[4.5]decane）。

1-oxaspiro[4.5]decane

解答

$$Br\diagdown\diagdown OH \xrightarrow[HOTs]{} Br\diagdown\diagdown O-THP \xrightarrow[Et_2O]{Mg} BrMg\diagdown\diagdown O-THP$$

$$\xrightarrow{\text{环己酮}} \xrightarrow{H_3O^+} \underset{\underset{}{}}{\text{环己基}}\diagdown OH \xrightarrow[\Delta]{浓\ H_2SO_4} \text{螺环产物}$$

【练习 13.51】 溴化苯基镁与等摩尔的苯甲醛反应，得到二苯甲醇；1 mol 溴化苯基镁与 2 mol 苯甲醛反应，则得到二苯甲酮和苯甲醇。

$$PhMgBr\ (1\ mol) \begin{array}{l} \xrightarrow{PhCHO\ (1\ mol)} \xrightarrow{NH_4Cl\ (aq.)} Ph_2CHOH \\ \xrightarrow{PhCHO\ (2\ mol)} \xrightarrow{NH_4Cl\ (aq.)} Ph_2CO + PhCH_2OH \end{array}$$

(a) 请解释二苯甲酮的形成过程。

(b) 若要制备二苯甲醇，你考虑是向溴化苯基镁的乙醚溶液中加苯甲醛的乙醚溶液，还是向苯甲醛的乙醚溶液中加溴化苯基镁的乙醚溶液？请说明理由。

解答 按题意要求回答如下：

(a) $Ph\overset{-}{\cdot}MgBr + PhCHO \longrightarrow Ph_2CH-OMgBr \xrightarrow{NH_4Cl\ (aq.)} Ph_2CHOH$

$Ph_2CH-OMgBr \xrightarrow{PhCHO} \cdots \longrightarrow Ph_2C=O + PhCH_2OMgBr \xrightarrow{NH_4Cl\ (aq.)} Ph_2CO + PhCH_2OH$

(b) 若要制备二苯甲醇，应向溴化苯基镁的乙醚溶液中加苯甲醛的乙醚溶液，保持溴化苯基镁过量，以避免二苯甲醇被苯甲醛氧化的副反应。

【练习 13.52】 在酸催化下，丙酮与甘油的 1-位和 2-位两个羟基形成缩酮，而苯甲醛与甘油的 1-位和 3-位两个羟基形成缩醛。

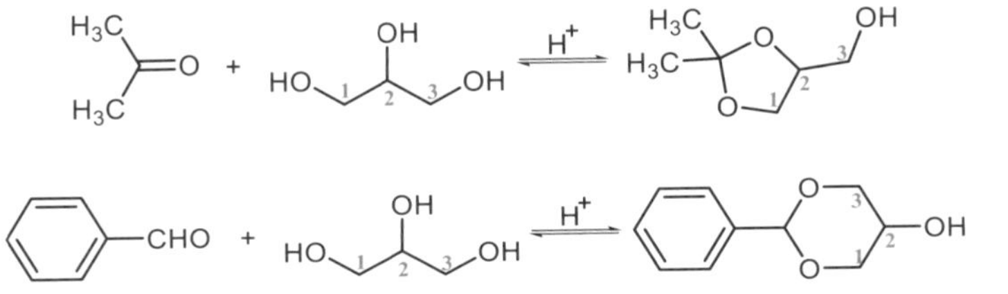

形成缩醛/酮的反应是一个可逆的平衡反应，反应的选择性由产物的稳定性控制。请写出苯甲醛与甘油形成的缩醛的所有可能的椅式构象，指出最稳定的构象并说明原因。

解答 按题意要求回答如下：

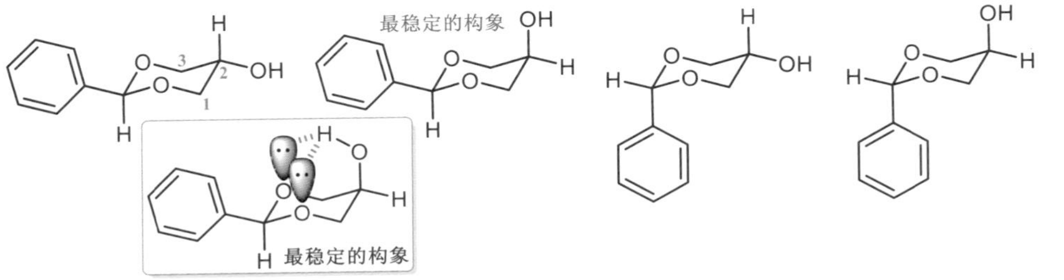

【练习 13.53】 Wittig 反应的副产物三苯基氧化膦为体积较大的固体，能溶于醇和苯，不溶于石油醚，也不溶于水。反应的后处理麻烦，三苯基氧化膦不易彻底去除。用亚磷酸酯替代三苯基膦制备的磷 ylide 与醛、酮反应也生成烯烃，副产物是易溶于水而不溶于有机溶剂的 O,O-二乙基磷酸盐，非常方便于反应主产物烯烃的分离纯化。这是一种改进的 Wittig 反应，称为 **Wittig-Horner 反应**。机理如下：

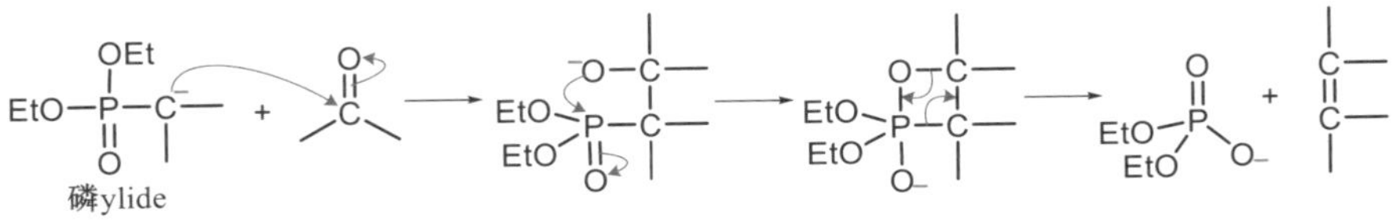

例如：亚磷酸三乙酯（(EtO)$_3$P）与溴乙酸乙酯反应得到膦酸酯（**a**），再与氢化钠反应得磷 ylide（**b**），称为 Wittig-Horner 试剂。该 Wittig-Horner 试剂（**b**）与丙酮反应生成 3-甲基丁-2-烯酸乙酯（ethyl 3-methylbut-2-enoate）。

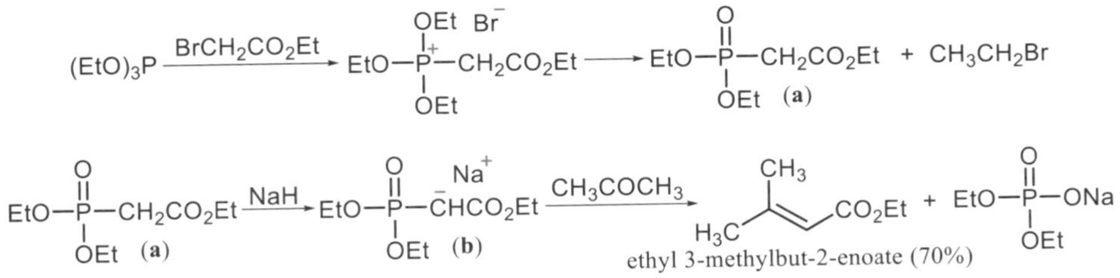

请建议亚磷酸三乙酯与溴乙酸乙酯反应得到膦酸酯 **a** 的反应机理。

解答 (EtO)₃P: ⟶ CH(Br)CH₂CO₂Et ⟶ EtO—P⁺(OEt)(OEt)—CH₂CO₂Et · Br⁻ ⟶ EtO—P(=O)(OEt)—CH₂CO₂Et + CH₃CH₂Br。 **(a)**

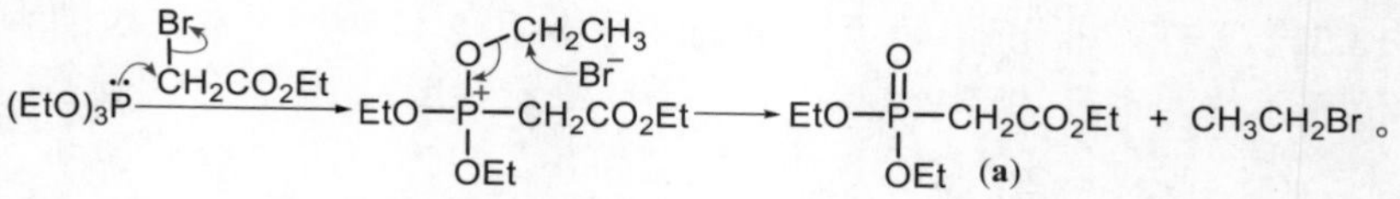

【练习 13.54】 二甲亚砜与碘甲烷反应的产物与氢化钠反应得硫 ylide（称为 Corey ylide）。

$$CH_3SCH_3 \xrightarrow{CH_3I} (CH_3)_2\overset{+}{S}-CH_3 \ I^- \xrightarrow{NaH} (CH_3)_2\overset{+}{S}-\overset{-}{C}H_2$$

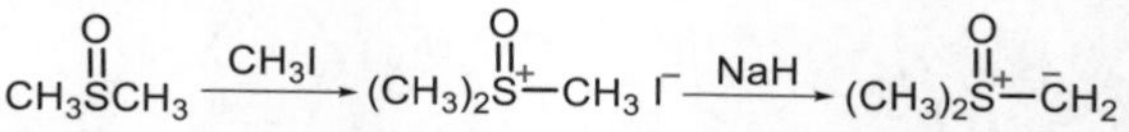

硫 ylide 与共轭不饱和酮反应生成环丙烷衍生物。请建议下列反应的机理。

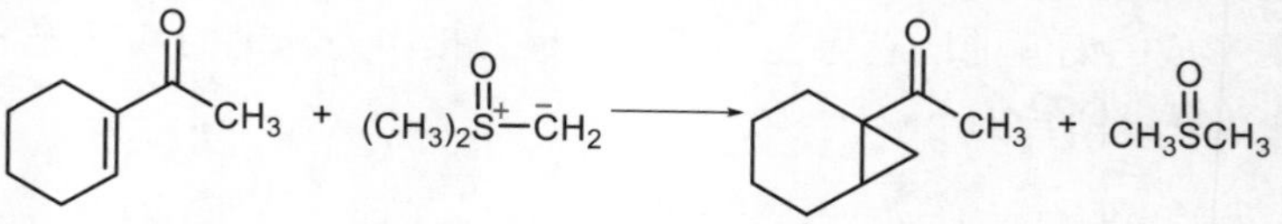

（反应式：1-乙酰基环己烯 + (CH₃)₂S⁺—CH₂⁻ ⟶ 双环[4.1.0]-1-乙酰基庚烷 + CH₃SCH₃）

2019 年，S. S. V. Ramasastry 报道 Corey ylide 与官能化的共轭不饱和芳酮的串联环化反应，一步构建复杂的多环结构。官能团 Fg 不同，反应的方式不同：

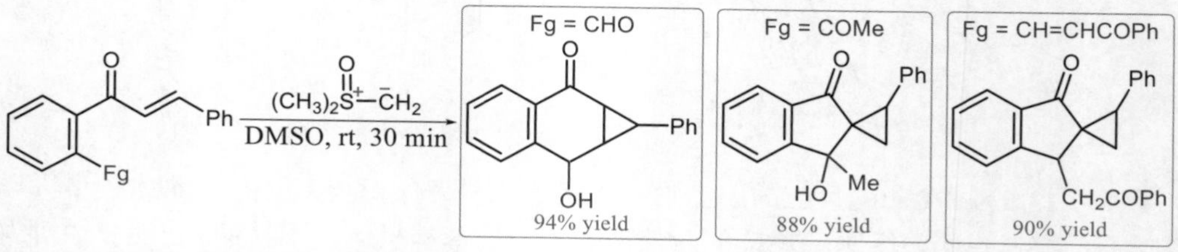

- Fg = CHO：94% yield
- Fg = COMe：88% yield
- Fg = CH=CHCOPh：90% yield

请对上述反应结果，给予合理的机理解释。

解答 按题意要求回答如下：

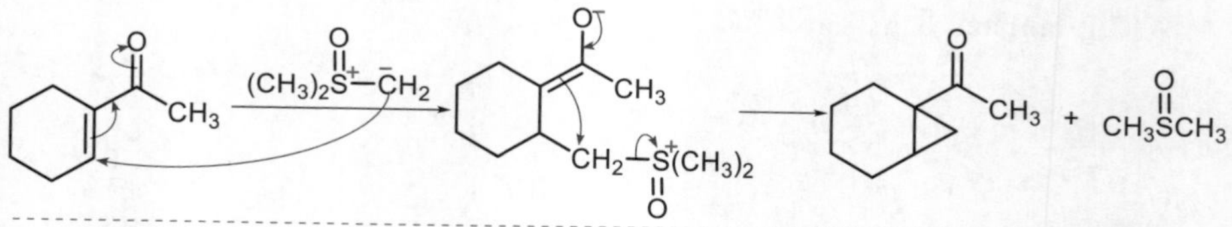

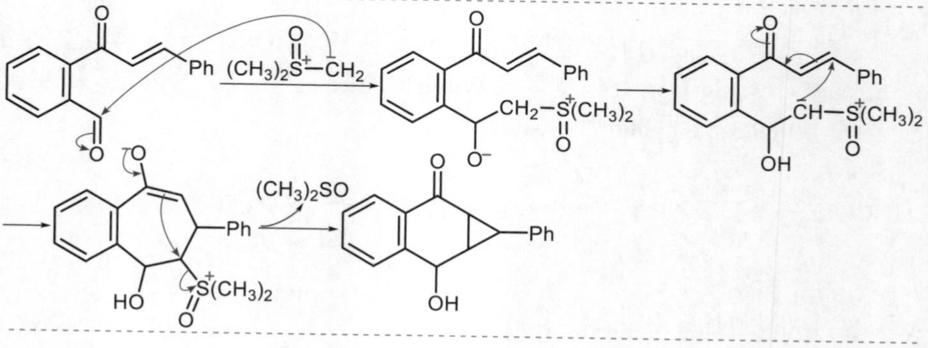

（机理示意图）

· 176 ·

【练习 13.55】 醛及非对称的酮与氢氰酸的反应也符合 Cram 规则一，但当羰基 α-碳接有羟基等可与羰基氧形成氢键时，羟基与羰基重叠的构象是优势构象，亲核试剂主要从体积较小的基团（S）一侧与羰基反应位阻较小（途径 a），形成主要产物；从体积较大的基团（L）一侧与羰基反应位阻较大（途径 b），形成次要产物。这就是 Cram 规则二。

请解释下列反应的立体化学。

解答 按题意要求回答如下：

【练习 13.56】 在醛、酮的羰基与 α-碳之间插入一个或一个以上的乙烯基后，α-氢的反应活性不变。通常称为插烯规则（vinylogy rule），即

R—CO—CH₃，R—CO—CH=CH—CH₃，R—CO—(CH=CH)ₙ—CH₃ 甲基与羰基的关系一样。

(a) 请以碱（NaOH）催化烯醇化为例，解释插烯规则；
(b) 苯乙酮在高温、强碱作用下三聚，生成 1,3,5-三苯基苯。请建议其三聚机理。

$$3 \text{ acetophenone} \xrightarrow{\text{Al[OC(CH}_3)_3]_3} \text{1,3,5-triphenylbenzene} + 3H_2O$$

解答 按题意要求回答如下：

(b) 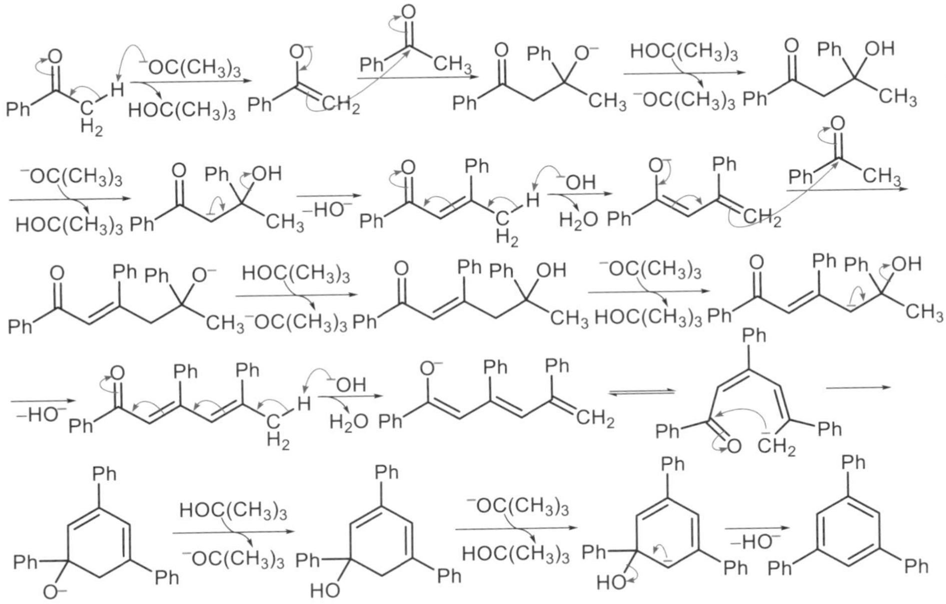 [反应机理图示]

【练习 13.57】 下列多环化合物 G 的合成运用了 Robinson 环化。

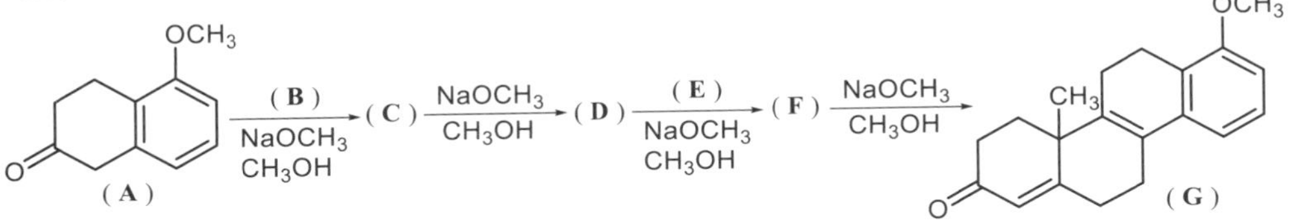

(a) 请写出原料 B 和 E 及中间产物 C、D 和 F 的结构；
(b) 请建议 D 到 F 的反应机理。

解答 按题意要求回答如下：

(a) 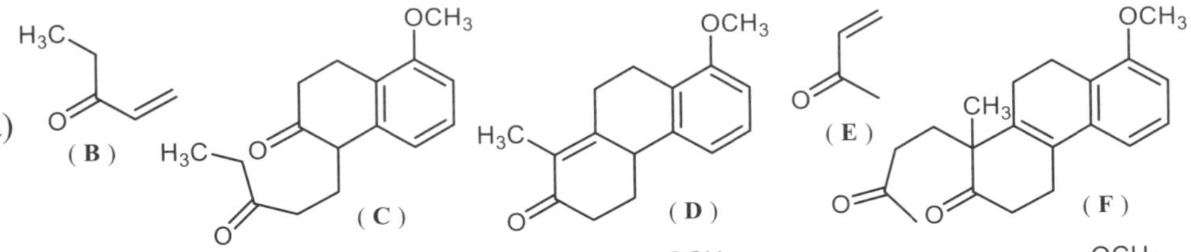 [结构式 B、C、D、E、F]

(b) [D 到 F 的反应机理图示]

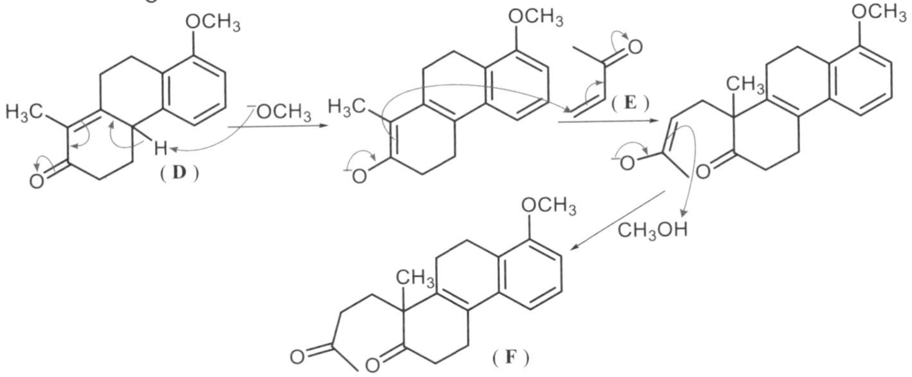

【练习 13.58】 我国盛产山苍子精油，其主要成分是柠檬醛 a（citral a）。以柠檬醛 a 为原料，可以合成具有工业价值的紫罗兰酮：α-紫罗兰酮（α-ionone）是重要香料，β-紫罗兰酮（β-ionone）可用于维生素 A 的合成。其合成反应如下：

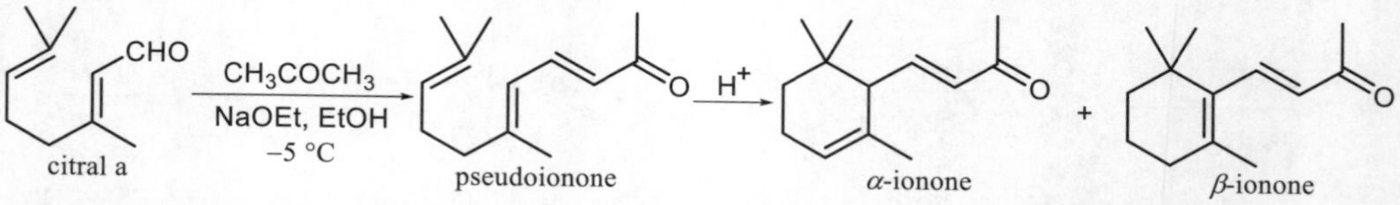

citral a $\xrightarrow[-5\ °\text{C}]{\text{CH}_3\text{COCH}_3,\ \text{NaOEt, EtOH}}$ pseudoionone $\xrightarrow{\text{H}^+}$ α-ionone + β-ionone

(a) 请建议假紫罗兰酮（pseudoionone）在酸催化下环化，形成 α-紫罗兰酮和 β-紫罗兰酮的反应机理；

(b) 某芳香化合物 A 是 β-紫罗兰酮的同分异构体，A 经催化氢解生成芳香化合物 B 和 C，核磁共振氢谱（^{1}H NMR）测试结果表明 B 的分子中只有一种氢。请写出 A、B、C 的结构简式。

解答 按题意要求回答如下：

(a) 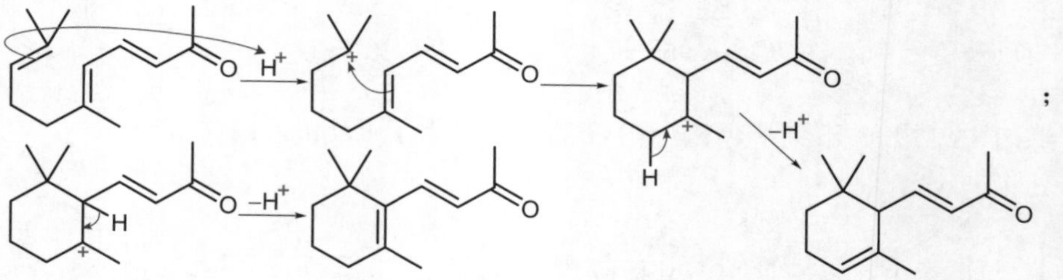 [反应机理图]

(b) 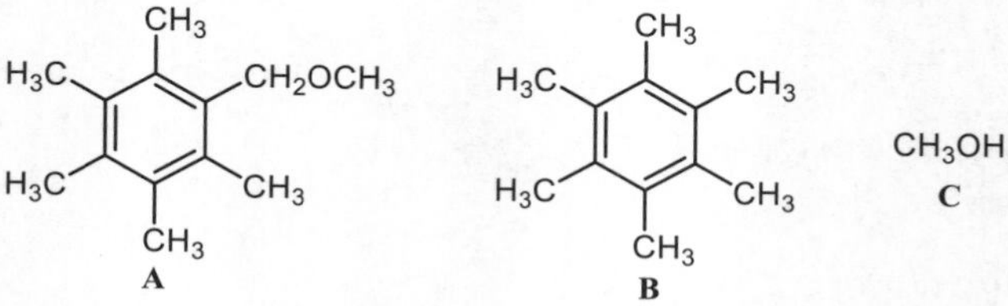 A：五甲基苄基甲醚（CH_2OCH_3 取代的五甲基苯）
B：六甲基苯
C：CH_3OH

【练习 13.59】 抗痉挛药物 E 的合成路线如下：

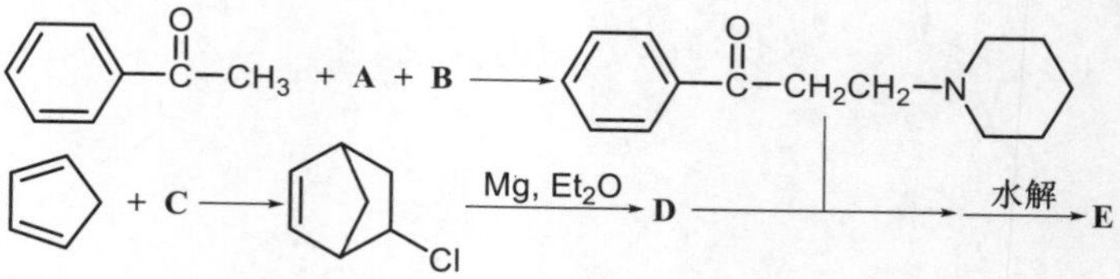

$\text{PhCOCH}_3 + \text{A} + \text{B} \longrightarrow \text{PhCOCH}_2\text{CH}_2\text{-N(哌啶)}$

环戊二烯 + C ⟶ 降冰片烯基-Cl $\xrightarrow{\text{Mg, Et}_2\text{O}}$ D $\xrightarrow{\text{水解}}$ E

(a) 请写出 A、B、C、D、E 的结构式；

(b) 用 * 标注 E 分子中的手性碳原子，E 有几个立体异构体？

解答 按题意要求回答如下：

(a) 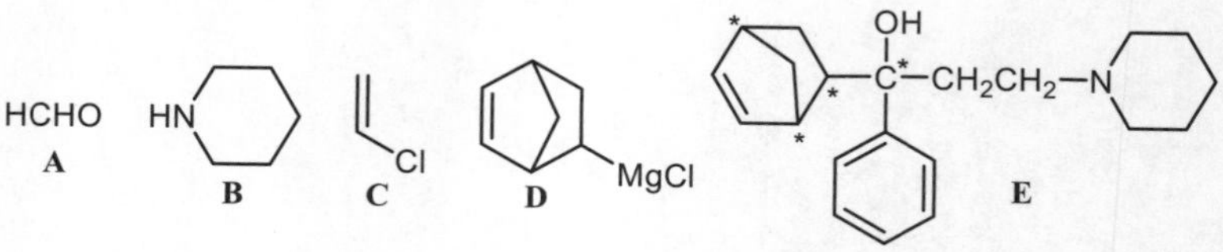 A：HCHO　B：哌啶（HN⟨ ⟩）　C：$\text{CH}_2=\text{CHCl}$　D：降冰片烯基-MgCl　E：降冰片烯基-C*(OH)(Ph)-CH$_2$CH$_2$-N(哌啶)，含手性碳

(b) E 分子中的四个手性碳原子标记在上图；E 有 8 个立体异构体。

【练习 13.60】 将含有 α-氢的醛、酮转化成烯醇硅醚，是实现定向羟醛缩合的另一个重要策略，广泛应用于有机合成。

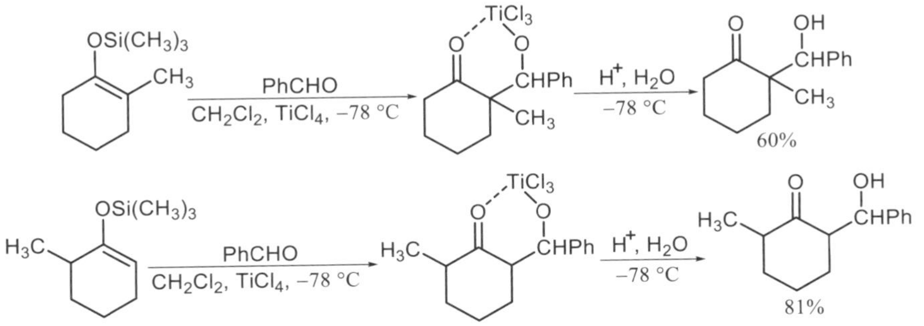

烯醇硅醚的选择性制备是关键。以下两个途径是制备烯醇硅醚的主要方法，均通过烯醇负离子与三甲基氯硅烷（$(CH_3)_3SiCl$）的亲核取代反应（S_N2）制备。请分别说明各自的选择性控制。

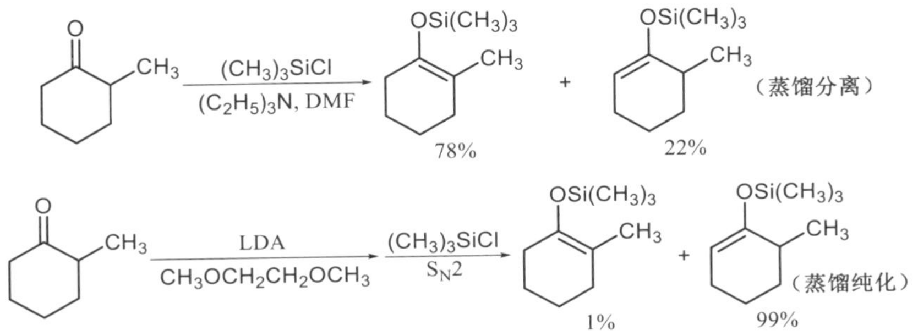

解答 按题意要求回答如下：

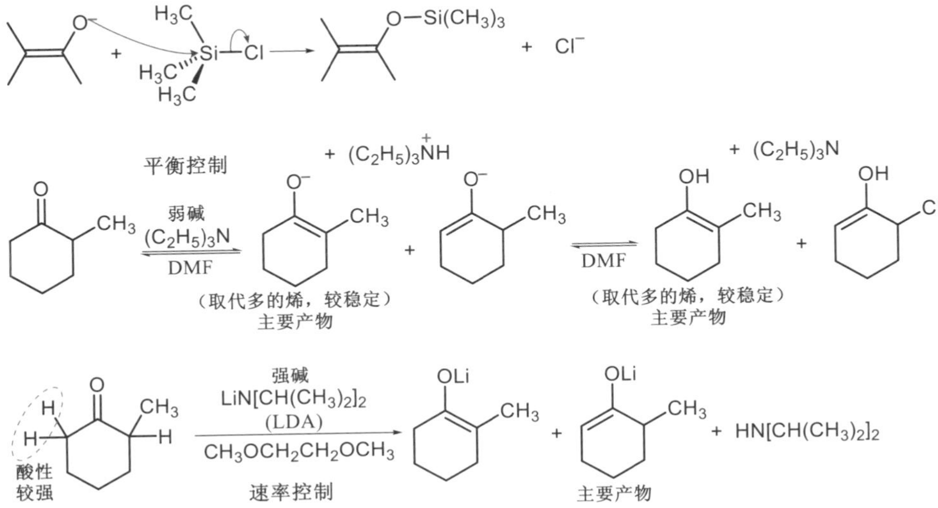

平衡控制：弱碱 $(C_2H_5)_3N$ / DMF，生成取代多的烯醇负离子（较稳定），为主要产物。

速率控制：强碱 $LiN[CH(CH_3)_2]_2$ (LDA) / $CH_3OCH_2CH_2OCH_3$，夺取酸性较强的 α-H，生成取代少的烯醇锂盐，为主要产物。

第 14 章 羧 酸

 学习目标

通过本章学习，了解羧酸与人类生产和生活的关系；掌握羧酸的结构特征和性质特征；掌握羧酸的命名；学习并掌握羧酸的酸性、羧羟基的取代、α-氢的卤代、与金属有机试剂反应、还原和脱羧等反应及其用途；掌握 Fischer-Speier 酯化等反应的机理；掌握二元羧酸的热分解和取代酸的特性；了解羧酸的制备。

 主要内容

羧酸是分子中含有羧基的化合物。本章学习羧酸的结构、命名、化学性质和制法。

第14章 羧酸

Hell-Volhard-Zelinsky 反应机理

$$RCH_2-\overset{O}{\overset{\|}{C}}-OH \xrightarrow{PBr_3} RCH_2-\overset{O}{\overset{\|}{C}}-Br \longrightarrow RCH=\overset{OH}{\overset{|}{C}}-Br \xrightarrow[-HBr]{Br-Br} RCH-\overset{OH}{\overset{|}{C}}-Br \longrightarrow \overset{Br}{\overset{|}{RCH}}-\overset{O}{\overset{\|}{C}}-O-\overset{OH}{\overset{|}{C}}=CH_2R$$

$$\longrightarrow \overset{Br}{\overset{|}{RCH}}-\overset{O}{\overset{\|}{C}}-O-\overset{+}{\overset{|}{C}}-CH_2R \longrightarrow \overset{Br}{\overset{|}{RCH}}-\overset{O}{\overset{\|}{C}}-O-\overset{+}{\overset{|}{C}}-CH_2R + Br^- \longrightarrow \overset{Br}{\overset{|}{RCH}}-\overset{O}{\overset{\|}{C}}-O-\overset{O}{\overset{\|}{C}}-CH_2R$$

$$\longrightarrow RCH-\overset{OH}{\overset{|}{C}}=O + Br-\overset{O}{\overset{\|}{C}}-CH_2R$$
$$\quad\ \ \ \overset{|}{Br}$$

Hunsdiecker 反应机理

$$R-\overset{O}{\overset{\|}{C}}-O-Ag \xrightarrow[-AgBr]{Br-Br} R-\overset{O}{\overset{\|}{C}}-O^- + Br^+ \longrightarrow R-\overset{O}{\overset{\|}{C}}-O-Br \xrightarrow{\Delta} R-\overset{O}{\overset{\|}{C}}-\dot{O} + \dot{Br}$$

$$R-\overset{O}{\overset{\|}{C}}-\dot{O} \xrightarrow{-CO_2} \dot{R} \xrightarrow{Br-O-\overset{O}{\overset{\|}{C}}-R} R-Br + \dot{O}-\overset{O}{\overset{\|}{C}}-R$$

制法

$$\begin{array}{l}
R-CH=CH_2 \xrightarrow{KMnO_4,\ 稀\ H_2SO_4} \\
(5.4.4节2) \\
R-C\equiv CH \xrightarrow{KMnO_4,\ 稀\ H_2SO_4} \\
(7.4.5节2) \\
Ar-CH_3 \xrightarrow{KMnO_4,\ 稀\ H_2SO_4} \\
(8.4.6节1) \\
R-CH_2OH \xrightarrow{Na_2Cr_2O_7,\ H_2SO_4\ or\ KMnO_4,\ 稀\ H_2SO_4} \\
(10.3.5节1,4) \\
R-CHO \xrightarrow{Na_2Cr_2O_7,\ H_2SO_4\ or\ Ag(NH_3)_2NO_3} \\
(13.3.3节1,2) \\
R-\overset{O}{\overset{\|}{C}}-CH_3 \xrightarrow{Cl_2,\ NaOH} \\
(13.3.5节3)
\end{array}
\Bigg\rangle \overset{R}{\underset{OH}{C=O}} \Bigg\langle
\begin{array}{l}
\xrightarrow{H^+\ OH^-,\ H_2O} R-CX_3\ (9.3.2节2) \\
\xrightarrow{OH^-\ or\ H^+,\ H_2O} R-CN\ (9.3.2节2) \\
\xrightarrow{H_3O^+} \overset{CO_2,\ 无水\ Et_2O}{\longleftarrow} R-MgX\ (9.3.1节3(2)) \\
\xleftarrow{H^+} \overset{CO_2\ (5\ atm)}{\underset{>100\ ℃}{\longleftarrow}} \text{(phenoxide ONa)}\ (11.3.2节6) \\
\xleftarrow{H_2O} R-\overset{O}{\overset{\|}{C}}-L\ (15.3.1节1) \\
\qquad (L=X,\ OCOR',\ OR'\ or\ NR'R'')
\end{array}$$

重点难点

羧酸的结构和命名；羧酸的酸性及其影响因素、羧羟基的取代、α-氢卤代、与金属有机试剂反应、还原和脱羧等反应；Fischer-Speier 酯化反应、Hell-Volhard-Zelinsky 反应和 Hunsdiecker 反应的机理。

练习及参考解答

【练习 14.1】 用系统命名法（CCS 法和 IUPAC 法）命名下列化合物。

(a) [结构式：环己基-甲基-CH_2CO_2H]； (b) [结构式：反式环己烷-1,4-二甲酸 HO_2C···CO_2H]； (c) $Br-\overset{CO_2H}{\overset{|}{\underset{|}{C}}}-H$； (d) [结构式：HO···环戊烷···CO_2H]；
$\qquad\qquad\qquad\qquad\qquad\qquad\qquad\qquad\qquad\qquad\ CH_3$

(e) [环戊基]$(CH_3)_2CHCH=CHCOOH$； (f) [结构式：O_2N-苯-OCH_3-CO_2H]； (g) $H_3C-\overset{CH_2CH_3}{\underset{Ph}{\overset{|}{C}}}-\overset{O}{\overset{\|}{C}}-CH_2COOH$。

解答 题给各化合物的系统命名如下:
(a) 5-乙基-3-甲基辛酸(5-ethyl-3-methyloctanoic acid);
(b) *trans*-环己烷-1,4-二甲酸(*trans*-cyclohexane-1,4-dicarboxylic acid);
(c) (*S*)-2-溴丙酸((*S*)-2-bromopropanoic acid);
(d) (1*R*,3*R*)-3-羟基环戊烷-1-甲酸((1*R*,3*R*)-3-hydroxycyclopentane-1-carboxylic acid);
(e) 4-环戊基-4-甲基戊-2-烯酸(4-cyclopentyl-4-methylpent-2-enoic acid);
(f) 2-甲氧基-5-硝基苯甲酸(2-methoxy-5-nitrobenzoic acid);
(g) 4-甲基-3-氧亚基-4-苯基己酸(4-methyl-3-oxo-4-phenylhexanoic acid)。

【练习 14.2】 写出下列化合物的结构。
(a) 3-氯-2-甲基丁酸; (b) *m*-chlorobenzoic acid;
(c) 间苯二甲酸; (d) *cis*-4-phenylbut-2-enoic acid;
(e) (*E*)-3-甲基己-2-烯酸(人体汗味); (f) (*S*)-2-amino-3-phenylpropanoic acid;
(g) *cis*-己-2-烯-4-炔酸; (h) *meso*-2,3-dimethylbutanedioic acid;
(i) 5-氧亚基-4-丙基己酸; (j) *trans*-2-formylcyclohexanecarboxylic acid。

解答 各化合物的结构式如下:

(a) [structure]; (b) [structure]; (c) [structure]; (d) [structure];

(e) [structure]; (f) [structure]; (g) [structure];

(h) [structure]; (i) [structure]; (j) [structure]。

【练习 14.3】 请简要说明原因:
(a) 乙酸(bp 118°C)、丙醇(bp 97°C)和丙醛(bp 49°C)的分子量相近,但沸点差别明显;
(b) 富马酸(反丁-2-烯二酸,mp 302°C)的熔点远高于马来酸(顺丁-2-烯二酸,mp 130°C)。

解答 按题意要求回答如下:
(a) 乙酸(强极性、强分子间氢键)、丙醇(弱极性、较弱的分子间氢键)和丙醛(弱极性,无分子间氢键);

(b) 富马酸 [structure] 分子对称性高,分子间氢键强　　马来酸 [structure]。

【练习 14.4】 有机化合物分子中的 O—H 都有一定的酸性。羧酸($pK_a \sim 5$)的酸性强于酚($pK_a \sim 10$)、强于醇($pK_a \sim 16$),请简要说明其结构原因。

解答 按题意要求回答如下：

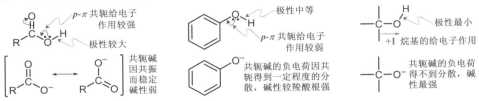

【练习 14.5】 请简要说明下列化合物酸性强弱顺序的结构原因。
(a) $CH_3CO_2H < ClCH_2CO_2H < Cl_2CHCO_2H < Cl_3CCO_2H < F_3CCO_2H$；
(b) $CH_3CH_2CH_2CO_2H < CH_2=CHCH_2CO_2H < HC≡CCH_2CO_2H$；
(c) $CH_3CH_2CO_2H < PhCH_2CO_2H < CH_3OCH_2CO_2H < ClCH_2CO_2H$；
(d) $4\text{-}FC_6H_4CO_2H < 3\text{-}FC_6H_4CO_2H < 2\text{-}FC_6H_4CO_2H$。

解答 按题意要求回答如下：
(a) 卤素原子的吸电子诱导效应（–I），卤素原子越多–I 越强，氟原子强于氯原子；
(b) 碳原子的电负性与其杂化状态有关，sp 杂化的碳 > sp^2 杂化的碳 > sp^3 杂化的碳；
(c) 基团的吸电子诱导效应强弱顺序为 $Cl > CH_3O > Ph > CH_3$；
(d) 氟原子的吸电子诱导效应强于给电子的共轭，离羧基越近影响越大。

【练习 14.6】 按酸性从强到弱的顺序排列下列化合物。

(a) 3-硝基-4-甲基苯甲酸； (b) 4-硝基苯甲酸； (c) 2-甲基-4-硝基苯甲酸； (d) 4-硝基-3,5-二甲基苯甲酸。

解答 按酸性从强到弱的顺序为 (b) > (c) > (a) > (d)。

【练习 14.7】 丁-2-烯二酸存在顺反异构体：马来酸（maleic acid）和富马酸（fumaric acid）。共有四个酸性电离常数：$1.0×10^{-2}$、$9.6×10^{-4}$、$4.1×10^{-5}$ 和 $5.5×10^{-7}$。请指出这些常数分别属于哪个酸的哪级酸性电离常数，并简要说明其结构原因。

马来酸
maleic acid
cis-丁-2-烯二酸
cis-but-2-enedioic acid

富马酸
fumaric acid
trans-丁-2-烯二酸
trans-but-2-enedioic acid

解答 马来酸的一级酸性电离常数（K_{ma1}）：$1.0×10^{-2}$，富马酸的一级酸性电离常数（K_{fa1}）：$9.6×10^{-4}$，富马酸的二级酸性电离常数（K_{fa2}）：$4.1×10^{-5}$，马来酸的二级酸性电离常数（K_{ma2}）：$5.5×10^{-7}$。

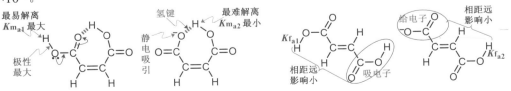

【练习 14.8】 Fischer-Speier 酯化反应是制备酯的重要方法。请写出制备下列酯的反应，并说明采取怎样的措施可以提高合成的效率。

(a) 甲酸甲酯（bp 32℃）；(b) 苯甲酸乙酯（bp 213℃）；(c) 乙酸苄酯（bp 214℃）。

解答 按题意要求回答如下：

(a) H–C(=O)–OH (bp 101 °C) + HO–CH$_3$ (bp 65 °C) $\xrightleftharpoons[\Delta]{H_2SO_4}$ H–C(=O)–O–CH$_3$ (bp 32 °C) + H$_2$O　边反应，边将甲酸甲酯蒸出；

(b) Ph–C(=O)–OH (bp 249 °C) + HO–Et (bp 78 °C) $\xrightleftharpoons[\text{甲苯},\Delta]{H_2SO_4}$ Ph–C(=O)–O–Et (bp 213 °C) + H$_2$O (bp 100 °C)　用甲苯作溶剂，共沸蒸馏除水；

(c) Me–C(=O)–OH (bp 118 °C) + HO–Bn (bp 205 °C) $\xrightleftharpoons[\Delta]{H_2SO_4}$ Me–C(=O)–O–Bn (bp 214 °C) + H$_2$O (bp 100 °C)　边反应，边将水经分馏蒸出。

【练习 14.9】 建议下列反应的机理。

(a) CH$_3$–C(=O)–OH + H^{18}O–CH$_3$ $\xrightleftharpoons[\Delta]{H_2SO_4}$ CH$_3$–C(=O)–^{18}O–CH$_3$ + H$_2$O；

(b) CH$_3$–C(=O)–^{18}OH + HO–C(CH$_3$)$_3$ $\xrightleftharpoons[\Delta]{H_2SO_4}$ CH$_3$–C(=^{18}O)–O–C(CH$_3$)$_3$ + H$_2$O。

解答 各反应的机理如下：

(a) CH$_3$–C(=O)–OH $\xrightleftharpoons{H_2SO_4}$ CH$_3$–C(=$\overset{+}{O}$H)–OH $\xrightarrow{H^{18}O-CH_3}$ CH$_3$–C(OH)(OH)(H^{18}O–CH$_3$) $\rightleftharpoons$

CH$_3$–C(:OH)($\overset{+}{O}$H$_2$)(^{18}O–CH$_3$) $\xrightarrow{-H_2O}$ CH$_3$–C(=O)–^{18}O–CH$_3$ $\xrightarrow{-H^+}$ CH$_3$–C(=O)–^{18}O–CH$_3$

(b) HO–C(CH$_3$)$_3$ $\xrightleftharpoons{H_2SO_4}$ H$_2$O–C(CH$_3$)$_3$ $\xrightarrow{-H_2O}$ $^+$C(CH$_3$)$_3$ $\xrightarrow{CH_3-C(=^{18}OH)-O:}$ CH$_3$–C($^{18}\overset{+}{O}$H)–O–C(CH$_3$)$_3$ $\xrightleftharpoons{-H^+}$ CH$_3$–C(=^{18}O)–O–C(CH$_3$)$_3$。

【练习 14.10】 完成下列反应。

(a) O$_2$N–C$_6$H$_4$–CO$_2$H $\xrightarrow[\Delta]{PCl_5}$；　(b) Ph–CO$_2$H $\xrightarrow[\Delta]{PBr_3}$；

(c) Ph–NH$_2$ + CH$_3$CO$_2$H $\xrightarrow{\Delta}$；　(d) Ph–CO$_2$H $\xrightarrow[\Delta]{Et_2NH}$。

解答 各反应的产物如下：

(a) O$_2$N–C$_6$H$_4$–COCl；(b) Ph–COBr；(c) Ph–NHCOCH$_3$；(d) Ph–CONEt$_2$。

【练习 14.11】 完成下列反应。

(a) PhCH₂CO₂H (1 mol) + Br₂ (1 mol) —PBr₃(1 mol)/Δ→ ；
(b) PhCH₂CO₂H + Br₂ —PBr₃(催化量)/Δ→ ；
(c) C₆H₁₁CO₂H + Br₂ —PCl₃(催化量)/Δ→ ；
(d) C₆H₁₁CO₂H + Br₂ —CH₃COCl(催化量)/Δ→ ；
(e) H₂C=C=O + CH₃CH₂OH ——→ ；
(f) 二乙烯酮 + CH₃CH₂OH ——→ 。

解答 各反应的产物如下：

(a) PhCHBrCOBr ；   (b) PhCHBrCO₂H ；   (c) 1-溴环己基-CO₂H ；
(d) 1-溴环己基-CO₂H ；   (e) CH₃-C(=O)-OCH₂CH₃ ；   (f) CH₃-C(=O)-CH₂-C(=O)-OCH₂CH₃ 。

【练习 14.12】 完成下列反应。

(a) 环丙基-COOH —2PhLi→ —H₂O→ ；
(b) (CH₃)₂CHCH₂COOH —2CH₃Li→ —H₂O→ 。

解答 各反应的产物分别为 (a) 环丙基-C(=O)-Ph ；   (b) (CH₃)₂CHCH₂C(=O)CH₃ 。

【练习 14.13】 用简单的化学方法鉴别：(a) 甲酸、乙酸和草酸；(b) 乙醇、乙醚、乙醛和乙酸；(c) 肉桂酸、苯酚、苯甲酸和水杨酸。

解答

(a)	甲酸	乙酸	和 草酸；
Tollens 试剂：	(+)Ag↓	(−)	(−)
KMnO₄/H₂SO₄：	/	(−)	(+)紫色褪去

(b)	乙醇	乙醚	乙醛	和 乙酸；
饱和 NaHCO₃ 溶液：	(−)	(−)	(−)	(+)CO₂↑
Tollens 试剂：	(−)	(−)	(+)Ag↓	/
K₂Cr₂O₇/H₂SO₄：	(+)紫色褪去	(−)	/	/

(c)	肉桂酸	苯酚	苯甲酸	和 水杨酸。
FeCl₃ 溶液：	(−)	(+)显紫色	(−)	(+)显紫色
饱和 NaHCO₃ 溶液：	(+)CO₂↑	(−)	(+)CO₂↑	(+)CO₂↑
Br₂/CCl₄ 溶液：	(+)红棕色褪去	/	(−)	/

【练习 14.14】 完成下列反应。

(a) PhC(=O)CH₂CO₂H —Δ→ ；
(b) HO₂CCH₂CH₂CH(CO₂H)CN —Δ→ ；

(c) $CH_3O_2CCH_2CH_2CH_2CO_2Ag$ $\xrightarrow{Br_2, CCl_4, \triangle}$ ； (d) $CH_3CH_2\underset{CO_2H}{\underset{|}{C}}(CH_3)_2$ $\xrightarrow{LiCl, Pb(OAc)_4}{苯, 回流}$ 。

解答　各反应的产物如下：

(a) Ph—C(=O)—CH$_3$；(b) $HO_2CCH_2CH_2CH_2CN$；(c) $CH_3O_2CCH_2CH_2CH_2Br$；(d) $CH_3CH_2\underset{Cl}{\underset{|}{C}}(CH_3)_2$。

【练习 14.15】　以下化合物的分子中有两个羧基，在加热条件下哪个更容易脱去？请给出合理解释。

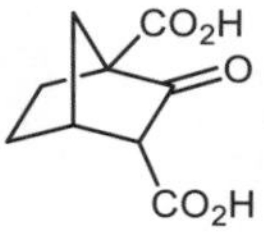

解答　(反应机理图示：通过烯醇化脱羧；右侧方框注：受桥环限制，桥头碳无法取平面结构，不能烯醇化，更容易脱去)

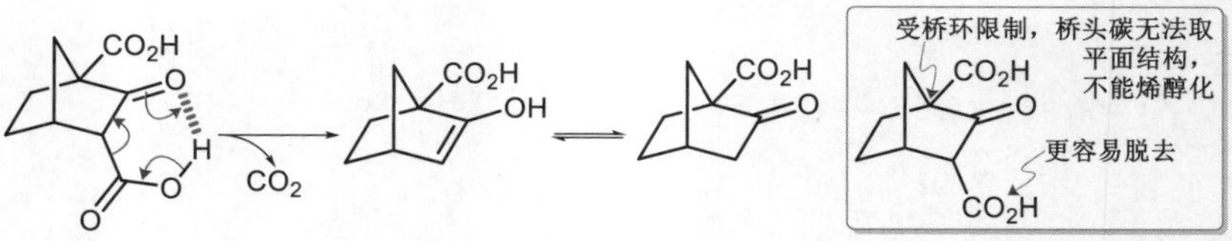

【练习 14.16】　两种不同的脂肪酸钠盐的 Kolbe 电解，称为交叉 Kolbe 反应，会得到三种偶联产物：R—R、R′—R′ 和 R—R′。家蝇雌性信息素（muscaluve）可用芥酸（erucic acid，来自菜籽油）与羧酸 X（摩尔比 1:1）在浓 NaOH 溶液中进行阳极氧化得到。请写出羧酸 X 的名称和结构式；给出电解合成该信息素的理论产率，并说明理由。

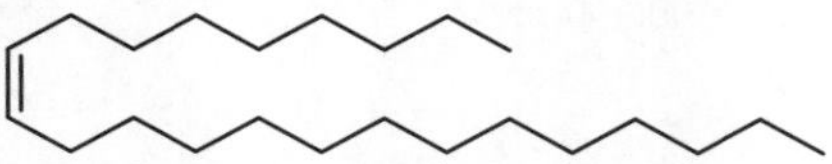

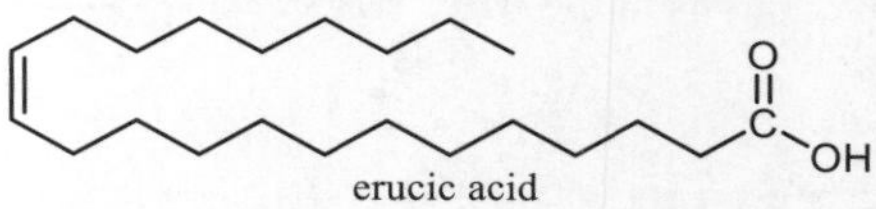

解答　羧酸 X 为 $CH_3CH_2CO_2H$；电解合成该信息素的理论产率为 50%，两种不同自由基偶联按概率存在 4 种可能：R·与·R、R′·与·R′、R·与·R′、R′·与·R，后两种均生成 R—R′。

【练习 14.17】　完成下列反应。

(a) 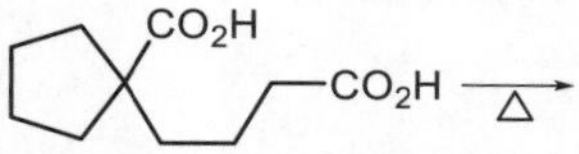 (环戊烷螺环羧酸-丙酸结构) $\xrightarrow{\triangle}$ ；　(b) 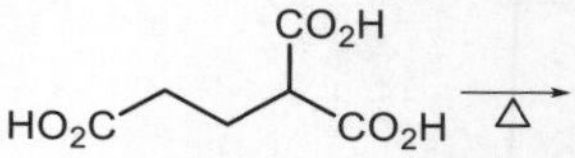 $HO_2C-CH_2-CH(CO_2H)-CH_2-CO_2H$ $\xrightarrow{\triangle}$ 。

解答　各反应的产物如下：

(a) 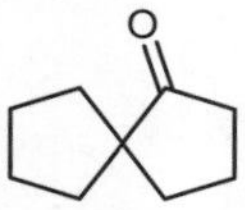 (螺[4.5]癸酮) + CO_2 + H_2O；　(b) 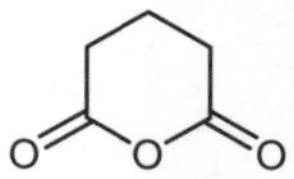 (戊二酸酐) + CO_2 + H_2O。

【练习 14.18】　乙酸分子中含有乙酰基，但不发生碘仿反应。为什么？

解答　碘仿反应在强碱性条件下进行，而乙酸在该条件下转化成乙酸根负离子，羧基负离子为给电子的，对羧羰基 α-氢没有活化作用，不能发生烯醇化。

【练习 14.19】 完成下列反应。

(a) CH₃CO₂H + HO—C₆H₄—CH₂OH $\xrightarrow{H_2SO_4}$;

(b) H₃C—C₆H₄—CH₃ $\xrightarrow[稀 H_2SO_4]{KMnO_4}$;

(c) 1,3-(NaO)₂C₆H₄ $\xrightarrow[\triangle]{CO_2, H_2O}$ $\xrightarrow{H^+}$;

(d) 1,2-(NaO)₂C₆H₄ $\xrightarrow[\triangle]{CO_2, H_2O}$ $\xrightarrow{H^+}$;

(e) CH₃COCH₂CH₂CO₂H $\xrightarrow[C_2H_5OH]{NaBH_4}$ $\xrightarrow[\triangle]{H^+}$;

(f) (E)-CH₃CH₂CH=C(CH₃)CHO $\xrightarrow{Ag(NH_3)_2NO_3}$ $\xrightarrow{H^+}$ 。

解答 各反应的产物如下：

(a) 4-HO-C₆H₄-CH₂OC(O)CH₃ ；
(b) 对苯二甲酸（HO₂C-C₆H₄-CO₂H）；
(c) 4-HO-2-HO-C₆H₃-CO₂H（水杨酸型）；
(d) 3,4-(HO)₂-C₆H₃-CO₂H ；
(e) γ-戊内酯（5-甲基-γ-丁内酯）；
(f) (E)-CH₃CH₂CH=C(CH₃)CO₂H 。

【练习 14.20】 某烃 A（C₇H₁₂），经催化氢化后生成烃 B（C₇H₁₄）；A 经臭氧化还原水解后生成化合物 C（C₇H₁₂O₂），用 Tollens 试剂氧化 C 得 D（C₇H₁₂O₃），D 发生碘仿反应生成 E（C₆H₁₀O₄）；E 受热失水转化为 F（C₆H₈O₃）；用锌汞齐盐酸还原 D 得 3-甲基己酸。请推测化合物 A～F 的结构。

解答

A：1-甲基-4-甲基环戊烯
B：1,3-二甲基环戊烷
C：CH₃-CO-CH₂-CH(CH₃)-CH₂-CHO
D：CH₃-CO-CH₂-CH(CH₃)-CH₂-CO₂H
E：HO₂C-CH₂-CH(CH₃)-CH₂-CO₂H
F：3-甲基戊二酸酐

【练习 14.21】 某有旋光性的烃 A，可使溴的四氯化碳溶液褪色；用高锰酸钾的酸性溶液氧化 A，得一碳原子数目相同的酸 B，其相对分子量为 132。请写出化合物 A 和 B 的结构。

解答

A：3-甲基环丁烯（带手性* CH₃）
B：HO₂C-CH₂-CH(CH₃)-CO₂H（甲基丁二酸）

【练习 14.22】 实现下列转化。

(a) (CH₃)₃CCH₂Br ⟶ (CH₃)₃CCH₂CO₂H ；

(b) CH₂=CHCH₂Cl ⟶ CH₂=CHCH₂CO₂H ；

(c) 甲苯 ⟹ 4-硝基苯乙酸 ; (d) 1-氯-2,4-二硝基苯 ⟹ 2,4-二硝基苯甲酸 ;

(e) 甲苯 ⟹ 4-甲基苯甲腈 ; (f) OHC-CH₂CH₂CH₂-CBr(CH₃)₂ ⟹ OHC-CH₂CH₂CH₂-C(CH₃)₂CO₂H ;

(g) α-四氢萘酮 ⟹ 2-(3-羧基丙基)苯酚 ; (h) 蒎烷衍生物 ⟹ 环丁烷二甲酸衍生物 ;

(i) 2-(溴甲基)苯酚 ⟹ 2-(羧甲基)苯酚 ; (j) CH₃COCH₂CH₂CH₂Br ⟹ CH₃CO(CH₂)₃CO₂H ;

(k) CH₃CH₂CHO ⟹ CH₃CH₂CH(OH)CH(CH₃)CO₂H ; (l) (CH₃)₂CHCH₂CHO ⟹ (CH₃)₂CHCH₂CH(OH)CO₂H。

解答 按题意要求回答如下:

(a) $(CH_3)_3CCH_2Br \xrightarrow[\text{无水乙醚}]{Mg} \xrightarrow{CO_2} \xrightarrow{H_3O^+} (CH_3)_3CCH_2CO_2H$;

(b) $CH_2=CHCH_2Cl \xrightarrow{NaCN} CH_2=CHCH_2CN \xrightarrow[\Delta]{H^+, H_2O} CH_2=CHCH_2CO_2H$;

(c) 甲苯 $\xrightarrow[H_2SO_4]{HNO_3}$ 对硝基甲苯 $\xrightarrow[(PhCOO)_2, \Delta]{NBS}$ 对硝基苄溴 $\xrightarrow{NaCN}$ 对硝基苯乙腈 $\xrightarrow[\Delta]{H^+, H_2O}$ 对硝基苯乙酸 ;

(d) 1-氯-2,4-二硝基苯 $\xrightarrow{NaCN}$ 2,4-二硝基苯甲腈 $\xrightarrow[\Delta]{H^+, H_2O}$ 2,4-二硝基苯甲酸 ;

(e) 甲苯 $\xrightarrow[FeBr_3]{Br_2}$ 对溴甲苯 $\xrightarrow[\text{无水乙醚}]{Mg} \xrightarrow[(2) H_3O^+]{(1) CO_2}$ 对甲基苯甲酸 $\xrightarrow[\Delta]{NH_3/H_2O}$ 对甲基苯甲酰胺 $\xrightarrow[\Delta]{P_2O_5}$ 对甲基苯甲腈 ;

(f) OHC-CH₂CH₂CH₂-CBr(CH₃)₂ $\xrightarrow[\text{苯,共沸蒸馏}]{2CH_3OH, H_2SO_4}$ (CH₃O)₂CH-CH₂CH₂CH₂-CBr(CH₃)₂ $\xrightarrow[\text{无水乙醚}]{Mg} \xrightarrow[(2) H_3O^+]{(1) CO_2}$ OHC-CH₂CH₂CH₂-C(CH₃)₂CO₂H ;

(g) α-四氢萘酮 $\xrightarrow{PhCO_3H}$ 内酯 $\xrightarrow{H_3O^+}$ 2-(3-羧基丙基)苯酚 ;

(h) [reaction scheme: bicyclic alkene with two methyl groups $\xrightarrow{KMnO_4, H_2SO_4}$ diketone/keto-acid intermediate $\xrightarrow[NaOH]{Cl_2}$ $\xrightarrow{H_3O^+}$ cyclobutane dicarboxylic acid derivative];

(i) o-hydroxybenzyl bromide $\xrightarrow{NaCN}$ o-hydroxybenzyl cyanide $\xrightarrow[\Delta]{H^+, H_2O}$ 2-hydroxyphenylacetic acid;

(j) $H_3C\text{-CO-CH}_2CH_2CH_2\text{-Br}$ $\xrightarrow[\text{苯, 共沸蒸馏}]{HOCH_2CH_2OH, HOTs}$ (dioxolane)-CH$_2$CH$_2$CH$_2$-Br $\xrightarrow[\text{无水乙醚}]{Mg}$ $\xrightarrow[(2)\ H_3O^+]{(1)\ CO_2}$ $H_3C\text{-CO-CH}_2CH_2CH_2CH_2\text{-CO}_2H$;

(k) $CH_3CH_2CHO \xrightarrow[6\sim 8\ ^\circ C]{KOH, H_2O} CH_3CH_2\text{-CH(OH)-CH(CH}_3)\text{-CHO} \xrightarrow{[Ag(NH_3)_2]OH} CH_3CH_2\text{-CH(OH)-CH(CH}_3)CO_2H$;

(l) $(CH_3)_2CHCH_2CHO \xrightarrow{HCN, NaOH(少量)} (CH_3)_2CHCH_2\text{CH(OH)CN} \xrightarrow[\Delta]{H^+, H_2O} (CH_3)_2CHCH_2\text{CH(OH)}CO_2H$.

【练习 14.23】 2,5-二甲基环戊烷-1,1-二甲酸存在两个顺反异构体 A 和 B。A 受热脱羧生成化合物 C 和 D，两者可以用重结晶法分离，熔点不同；B 受热脱羧生成一对外消旋体 E 和 F。请写出化合物 A、B、C、D、E 和 F 的立体结构。

解答

cis-2,5-dimethylcyclopentane-1,1-dicarboxylic acid (**A**) $\xrightarrow[-CO_2]{\Delta}$ (1r,2R,5S)-2,5-dimethylcyclopentane-1-carboxylic acid (**C**) + (1s,2R,5S)-2,5-dimethylcyclopentane-1-carboxylic acid (**D**)

(2R,5R) 和 (2S,5S) trans-2,5-dimethylcyclopentane-1,1-dicarboxylic acid (**B**) $\xrightarrow[-CO_2]{\Delta}$ (2R,5R)-2,5-dimethylcyclopentane-1-carboxylic acid (**E**) + (2S,5S)-2,5-dimethylcyclopentane-1-carboxylic acid (**F**)

【练习 14.24】 分子式同为 $C_5H_6O_4$ 的七个脂肪族二元酸异构体。(a) A 和 B、C 和 D 互为顺反异构体；(b) A 和 B 催化氢化的产物均可拆分成对映体；(c) C 和 D 催化氢化的产物相同，且该产物受热后脱水成环状酸酐；(d) E 和 F 催化氢化的产物相同，且该产物受热容易脱羧生成一元羧酸；(e) G 受热容易脱羧生成一元羧酸。请写出 A、B、C、D、E、F 和 G 这七个二元酸异构体的结构。

解答

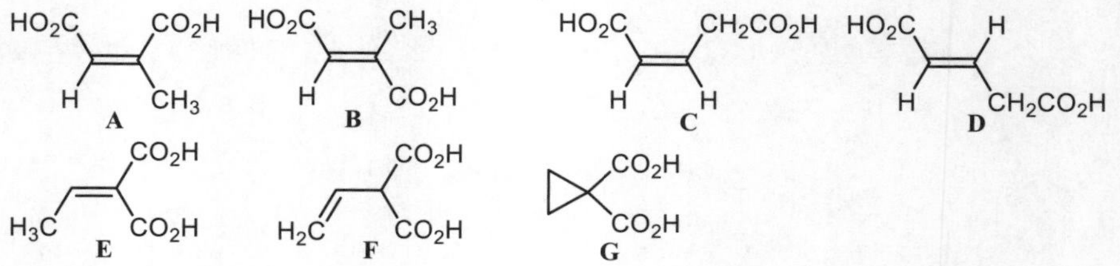

(结构式 A: (Z)-HO₂C-CH=C(CH₃)-CO₂H 型; B: HO₂C-CH=C(CH₃)-CO₂H 型; C: HO₂C-CH=CH-CH₂-CO₂H; D: HO₂C-CH=CH-CH₂-CO₂H; E: CH₃-CH=C(CO₂H)₂; F: CH₂=CH-CH(CO₂H)₂; G: 环丙烷-1,1-二甲酸)

【练习 14.25】 化合物 A（$C_{10}H_{12}O_3$）具有旋光性，能溶于 $NaHCO_3$ 水溶液，并可起碘仿反应。将 A 加热得到化合物 B，B 无旋光性，也能溶于 $NaHCO_3$ 水溶液。B 经臭氧化，并在 Zn 粉和醋酸存在下分解得化合物 C 和 D，C 可进行碘仿反应。D 加热放出 CO_2，并得化合物 E（C_7H_6O），E 可进行银镜反应，试写出 A、B、C、D、E 的结构式。

解答

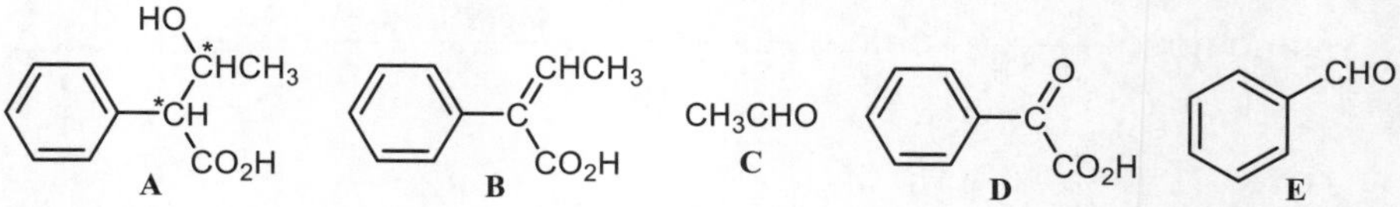

A: Ph-CH(CO₂H)-CH(OH)-CH₃; B: Ph-C(CO₂H)=C(CH₃) 型; C: CH₃CHO; D: Ph-CO-CO₂H (苯甲酰甲酸); E: PhCHO

【练习 14.26】 请按要求完成下列合成（无机试剂任选）。

(a) 以环戊酮为原料合成 1-(2-羧乙基)环戊烷-1-甲酸；

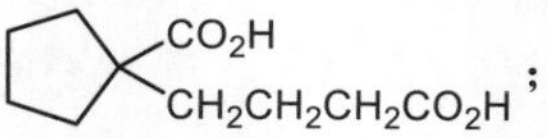

(b) 以不超过四个碳原子的有机化合物为原料合成 3,4-二羟基环己烷-1,2-二甲酸；

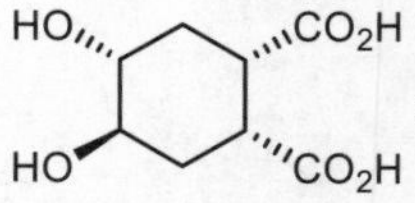

(c) 以异丁醛及一个碳原子的有机化合物为原料合成 3-羟基-4,4-二甲基-γ-丁内酯；

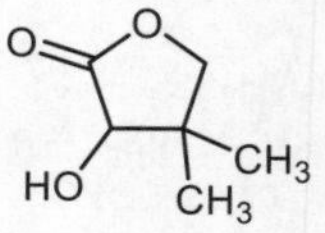

(d) 以不超过五个碳原子的有机化合物为原料合成 环戊烷-1,2,3,4-四甲酸；

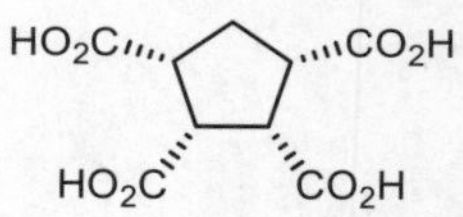

(e) 以丁-1,3-二烯为原料合成己二酸；

(f) 以溴代环戊烷为原料合成 1-环戊基-2-环戊基乙酮；

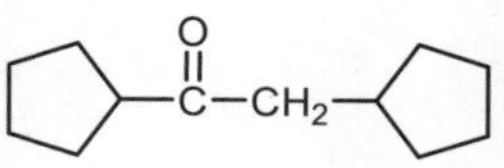

(g) 以 亚甲基环己烷 为原料合成 1-甲基环己烷-1-甲酸 和 环己基乙酸。

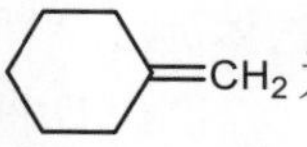

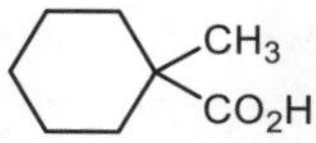

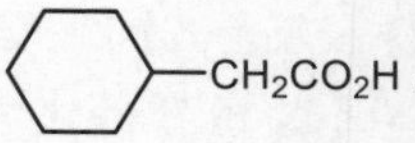

解答 按题意要求回答如下：

(a) 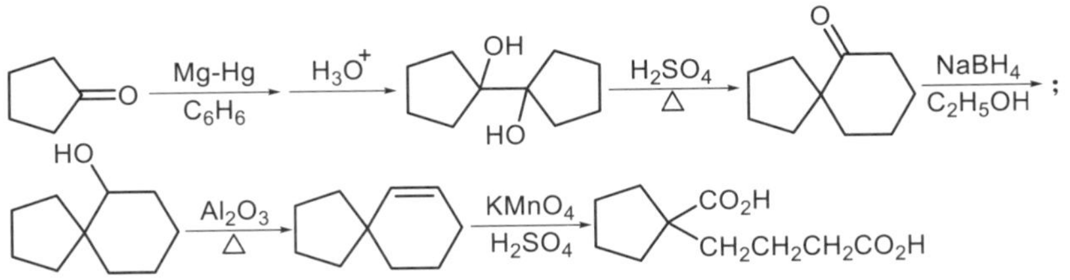 — (g) 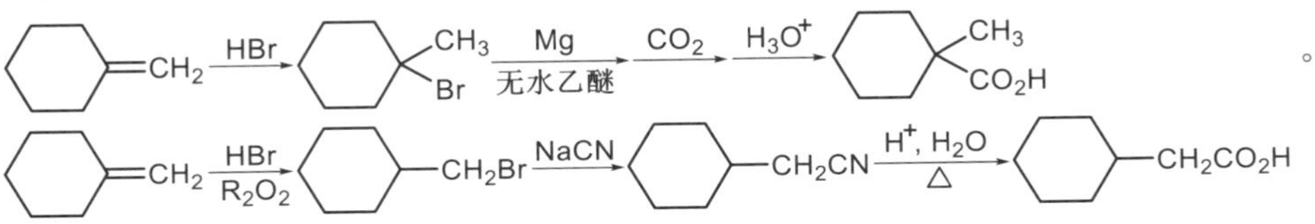 [reaction schemes]

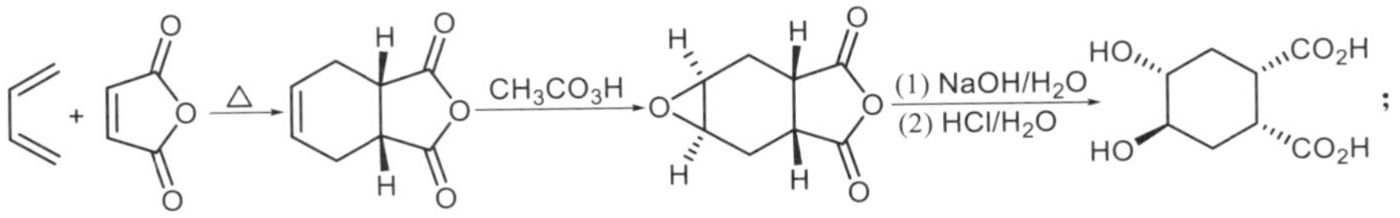

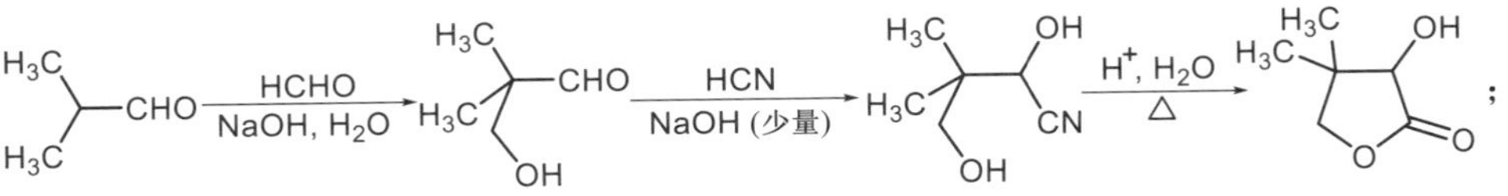

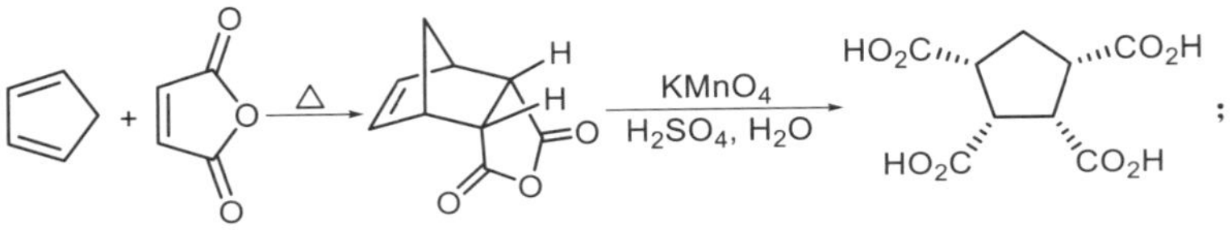

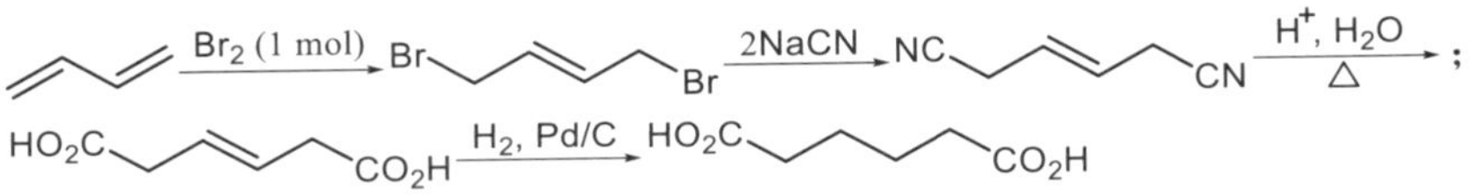

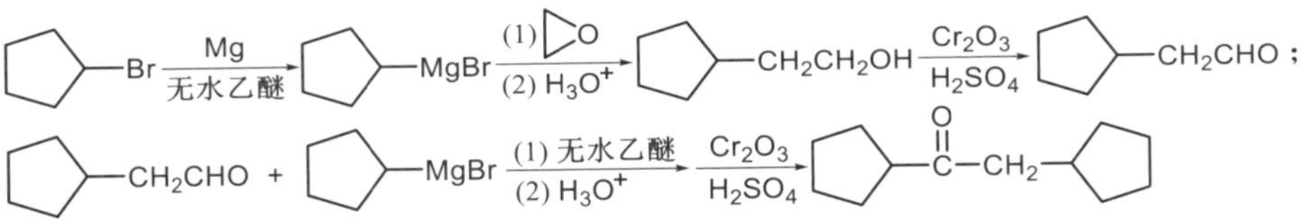

【练习 14.27】 请建议 $H_3C-CH=CH-CH_2-C(=O)-O^-Na^+ \xrightarrow{Br_2, CH_2Cl_2}$ [溴代内酯产物] 的反应机理。

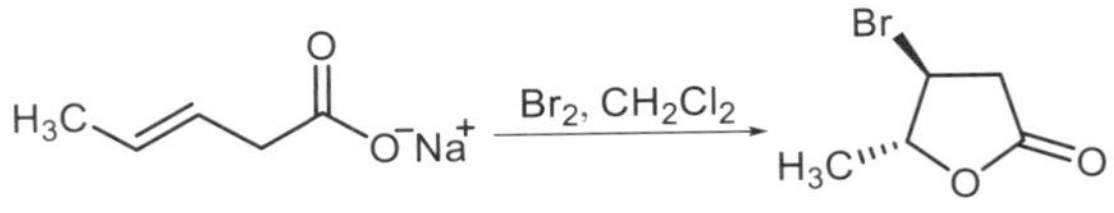

解答：[机理示意图]

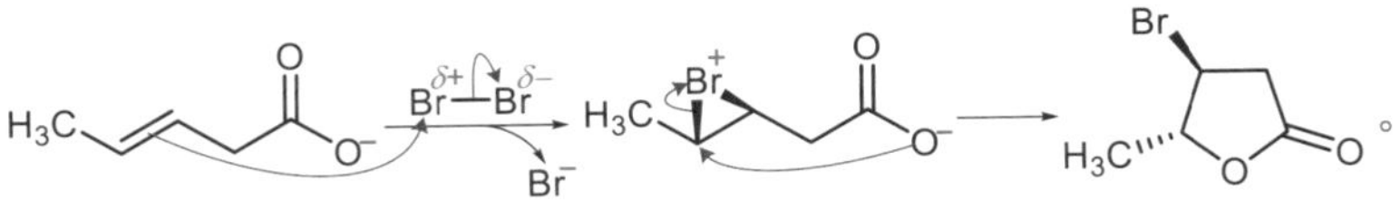

【练习 14.28】 纯的(S)-乳酸与外消旋的仲丁醇在酸催化下反应，生成两种乳酸仲丁酯。请回答以下问题：(a) 两种产物的构型式；(b) 标记两种产物分子中手性碳原子的构型；(c) 说明两种产物间的异构关系；(d) 两种产物的物理性质是否相同。

解答 按题意要求回答如下：

(a)、(b) (S)-lactic acid + (±)-butan-2-ol →[H⁺] (R)-sec-butyl (S)-2-hydroxypropanoate + (S)-sec-butyl (S)-2-hydroxypropanoate；

(c) 两种产物互为非对映体； (d) 两种产物的物理性质不同。

【练习 14.29】 L-抗坏血酸（L-ascorbic acid），又称维生素 C（vitamin C）的结构如下：
(a) L-抗坏血酸分子中手性碳原子的构型？
(b) L-抗坏血酸是羧酸吗？
(c) L-抗坏血酸的 pK_{a1} = 4.17、pK_{a2} = 11.57，哪一个质子的酸性最强？
(d) L-抗坏血酸在体内的主要存在形式（水溶液，pH = 7.4）。

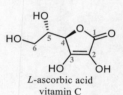
L-ascorbic acid
vitamin C

解答 按题意要求回答如下：
(a) 4R, 5S；
(b) L-抗坏血酸不是羧酸；
(c) L-抗坏血酸的 3-羟基质子的酸性最强；
(d) L-抗坏血酸在体内的主要存在形式为：

【练习 14.30】 一位研究生经多步反应合成得到化合物-I。为进一步纯化，他采取以下步骤：第一步，用稀的氢氧化钠水溶液将化合物-I 萃取进入水相，以除去易溶于有机溶剂的杂质；第二步，用稀盐酸酸化水相，接着用乙醚将化合物-I 萃取进入有机相；第三步，将有机相干燥后回收乙醚。经表征发现最后得到的产物不是化合物-I，而是化合物-II。

(a) 指出化合物-I 和化合物-II 中成环的官能团；
(b) 与化合物-I 相比，化合物-II 少了什么？
(c) 这位同学的实验中，问题出在哪一步？
(d) 给出化合物-I 转变成化合物-II 的机理解释。

解答 按题意要求回答如下：
(a) 化合物-I 中成环的官能团是乙醛与 1,3-二醇形成的缩醛结构（即同碳二醚键），化合物-II 中成环的官能团是酯（内酯结构）；
(b) 与化合物-I 相比，化合物-II 少了形成缩醛的乙醛部分；
(c) 这位同学的实验中，问题出在第二步，用稀盐酸酸化水相时化合物-I 的缩醛结构发生了水解，接着水解形成的羟基酸发生内酯化；
(d) 化合物-I 转变成化合物-II 的机理解释如下：

第 14 章 羧 酸

化合物-I 转变成化合物-II 的机理也可以解释为:

第 15 章 羧酸衍生物

学习目标

通过本章学习，了解酰卤、酸酐、羧酸酯和酰胺等羧酸衍生物与人类生产和生活的关系；掌握羧酸衍生物的结构特征和性质特征，掌握羧酸衍生物的命名；学习并掌握羧酸衍生物的亲核取代反应、与金属有机试剂反应和还原等反应及其用途，掌握酰胺和酯的特性及用途；掌握酯的水解反应、Hofmann 重排、Claisen 酯缩合反应、Darzen 反应等反应的机理；掌握乙酰乙酸乙酯和丙二酸酯在有机合成中的应用；了解羧酸衍生物的制备。

主要内容

羧基中的羟基被卤原子、酰氧基、烷氧基和氨基等原子或基团取代而成酰卤、酸酐、羧酸酯和酰胺，统称为羧酸衍生物。本章学习羧酸衍生物的结构、命名、化学性质和制法。

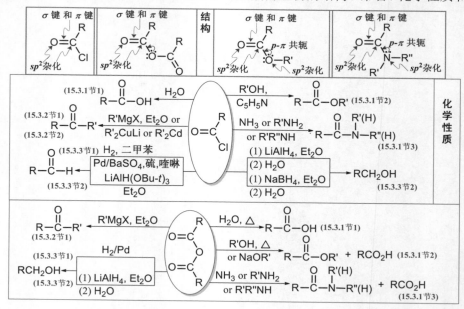

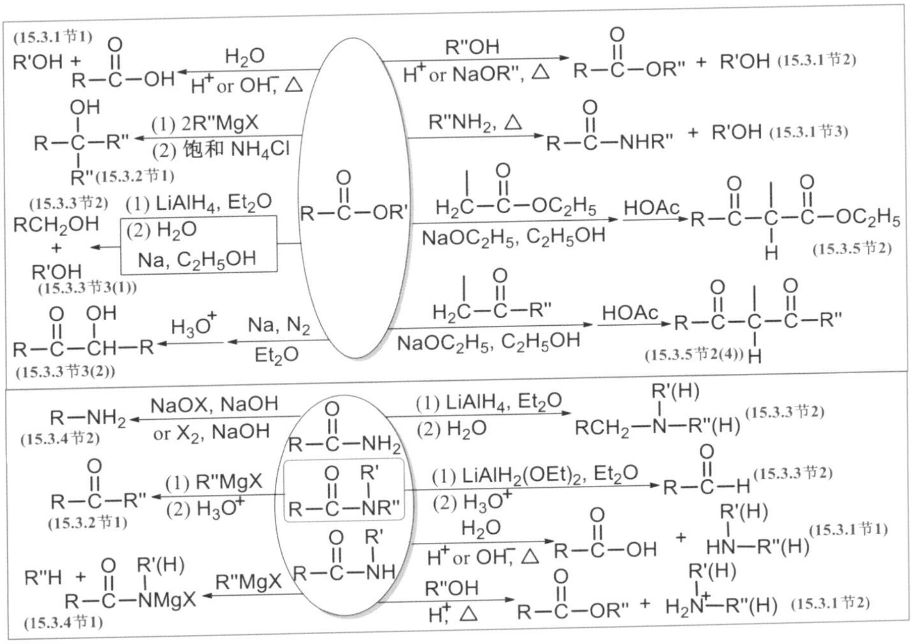

酯的碱促进水解机理 ($B_{Ac}2$ 机理)

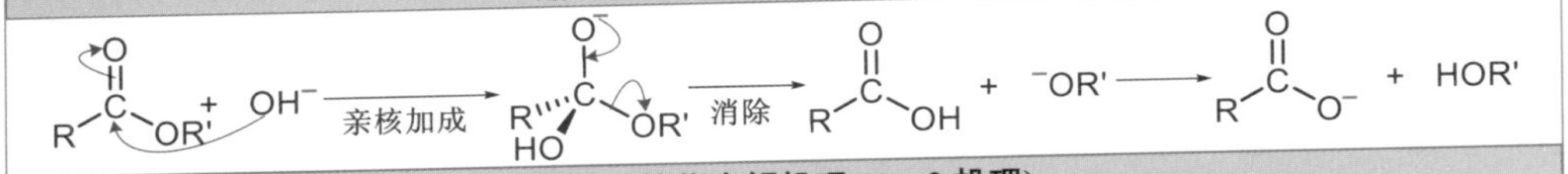

酯的酸催化水解机理 ($A_{Ac}2$ 机理)

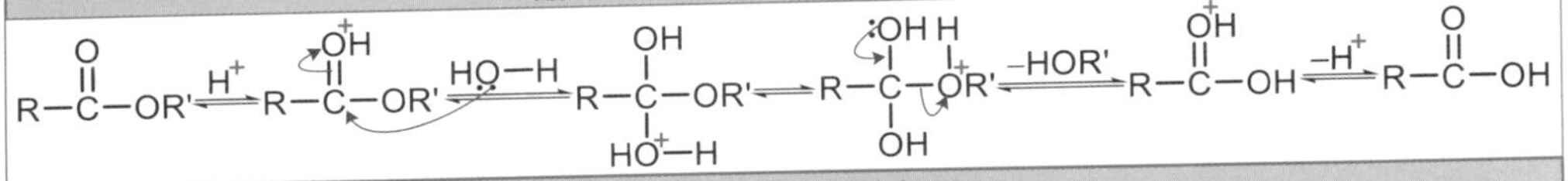

Hofmann 重排反应机理

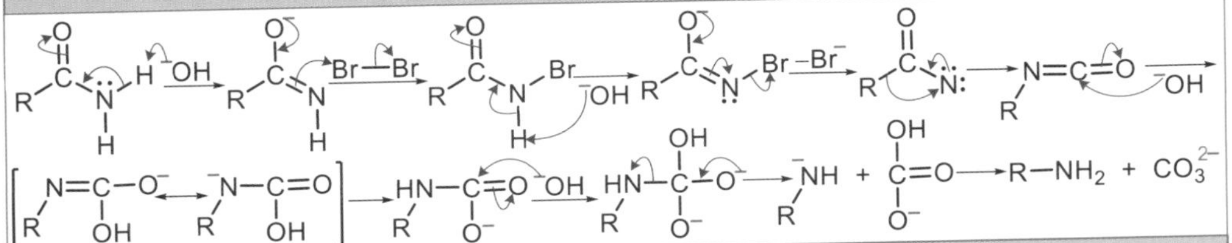

Claisen 酯缩合反应机理

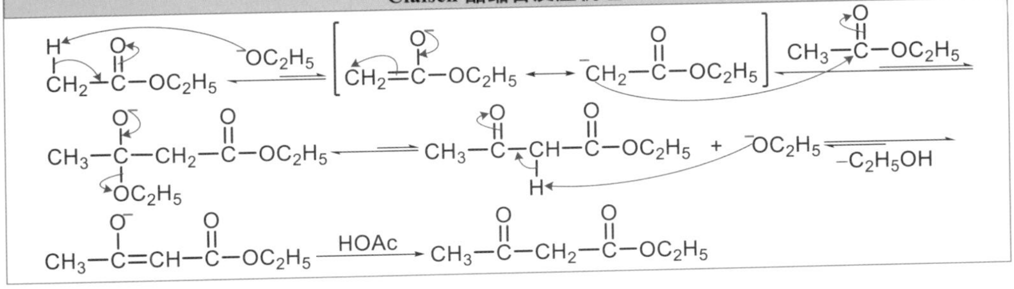

Darzen 反应机理

制法

重点难点

羧酸衍生物的结构和命名；羧酸衍生物的亲核取代、与金属有机试剂反应、还原反应、酰胺的 Hofmann 重排、酯缩合反应、Perkin 反应、Knoevenagel 反应、Darzen 反应等主要化学性质；酯的水解反应、Hofmann 重排、Claisen 酯缩合反应、Darzen 反应等反应机理；乙酰乙酸乙酯和丙二酸二乙酯在有机合成上的应用；影响酰基碳上亲核取代反应活性的因素。

练习及参考解答

【练习 15.1】 用系统命名法（CCS 法和 IUPAC 法）命名下列化合物。

(a) ; (b) 图 ; (c) 图 ; (d) 图 ;

(e) 图 ; (f) ; (g) 图 ; (h) 图 。

解答 题给各化合物的系统命名如下：

(a) *N*,*N*-二乙基-3-甲基苯甲酰胺（*N*,*N*-diethyl-3-methylbenzamide）；
(b) 2-氯丁-3-烯酸甲酯（methyl 2-chlorobut-3-enoate）；
(c) 间苯二甲酸二甲酯（dimethyl isophthalate）；
(d) *N*-甲基-2-氧亚基丁酰胺（*N*-methyl-2-oxobutanamide）；
(e) 4-乙酰基苯甲酸甲酯（methyl 4-acetylbenzoate）；
(f) 1-羟基环丁烷-1-甲酸乙酯（ethyl 1-hydroxycyclobutane-1-carboxylate）；
(g) 丁-3-内酰胺（butano-3-lactam）；
(h) 4-甲基戊-5-内酯（4-methylpentano-5-lactone）。

【**练习 15.2**】 写出下列化合物的结构。

(a) propanoyl chloride； (b) 3-bromobutanoyl bromide；
(c) isopropyl formate； (d) propionic trifluoroacetic anhydride；
(e) cyclohexyl benzoate； (f) 2-formylcyclohexanecarboxamide；
(g) β-propiolactam； (h) δ-valerolactone；
(i) *N*,*N*,4-三甲基苯甲酰胺； (j) 3-氧亚基戊酸甲酯；
(k) 环己-2,5-二烯-1-甲酰氯； (l) 3-苯甲酰氧基丙酸；
(m) 邻苯二甲酰亚胺； (n) *N*-甲氧基丁二酰亚胺。

解答 各化合物的结构式如下：

[结构式图示]

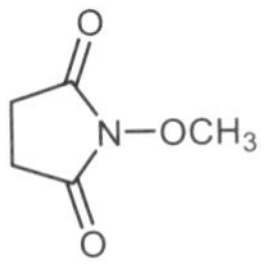

【**练习 15.3**】 丙酰胺与 *N*,*N*-二甲基甲酰胺互为同分异构体，常温下丙酰胺是固体，*N*,*N*-二甲基甲酰胺是液体。请解释丙酰胺的熔点远高于 *N*,*N*-二甲基甲酰胺的原因。

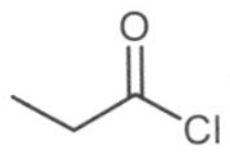

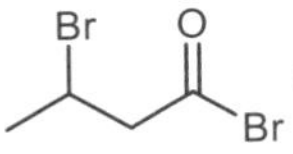

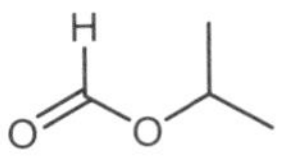

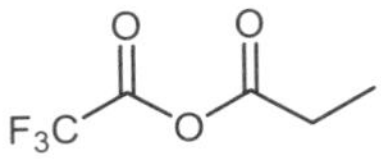

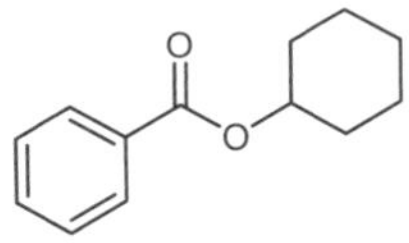

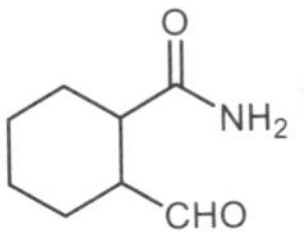

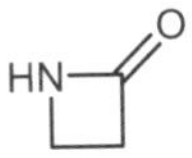

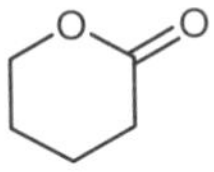

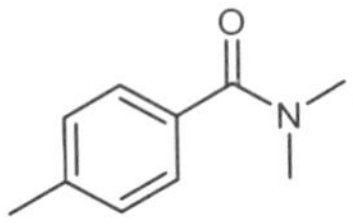

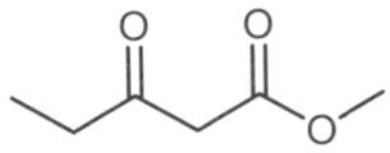

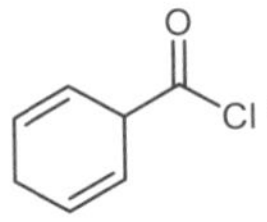

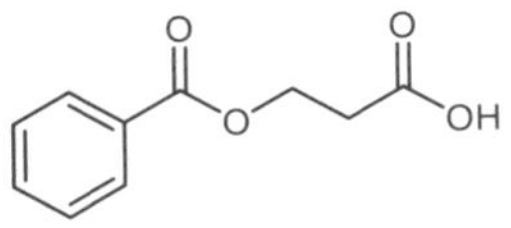

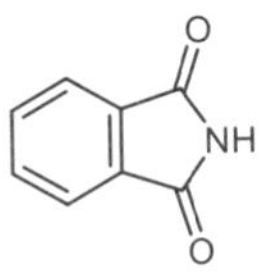

解答 按题意要求回答如下：

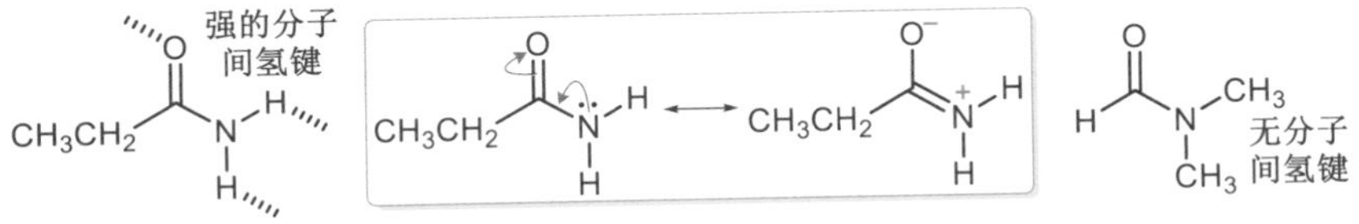

[结构式图示：强的分子间氢键；无分子间氢键]

【练习 15.4】 用简单的化学方法鉴别下列各对化合物。

(a) 乙酸乙酯和丙酰氯；　　(b) 2-氯丙酸和丙酰氯；　　(c) 丙酸乙酯和丙酰胺；
(d) 乙酸乙酯 和 乙酸酐；　(e) 乙酸铵和乙酰胺。

解答　(a)　　　　　　乙酸乙酯和丙酰氯　　　　　(b)　2-氯丙酸和丙酰氯
饱和 $NaHCO_3$ 溶液：　(–)　　(+)$CO_2\uparrow$　‖　H_2O：　(–)　　(+)HCl↑
　　　(c)　　　丙酸乙酯和丙酰胺　　　　　　(d)　乙酸乙酯和乙酸酐
NaOH 溶液/加热：　(–)　　(+)$NH_3\uparrow$　‖　饱和 $NaHCO_3$ 溶液：　(–)　　(+)$CO_2\uparrow$
　　　(e)　　　乙酸铵和乙酰胺
NaOH 溶液/室温：　(+)$NH_3\uparrow$　　(–)

【练习 15.5】 完成下列反应。

(a) $CH_3COCl + CH_3{}^{18}OH \xrightarrow{C_5H_5N}$?；　　(b) $CH_3CO_2Na + BrCH_2$-C$_6H_4$-Cl ⟶ ?；

(c) $CH_3CO-O-C(Ph)=CH_2 \xrightarrow{OH^-, H_2O}$?；　　(d) $CH_3NHCH_2CH_2O-CO-C_6H_4-NO_2 \xrightarrow[\Delta]{\text{戊烷}}$?；

(e) 邻氨基苯甲酸 + $Cl-CO-Cl$ ⟶ ?；　　(f) $CH_3O-CO-C_6H_4-CO-OC(CH_3)_3 \xrightarrow[CH_2Cl_2]{HCl}$?；

(g) $(CH_3)_2C(NH_2)CH_2CH_2CO_2CH_3$（即 4-氨基-4-甲基戊酸甲酯） $\xrightarrow[\Delta]{CH_3OH}$?；

(h) $CH_3O-CO-C_6H_3(CH_3)-CO-OC(CH_3)_3 \xrightarrow[H_2O]{NaOH\ (1\ mol)}$?；

(i) $Ph_2CH-COCl \xrightarrow[\Delta]{Et_3N} Ph_2C=C=O \xrightarrow{\begin{array}{c}C_2H_5OH\\PhOH\\NH_3\end{array}}$?。

解答　各反应的产物如下：

(a) $CH_3C(O){}^{18}OCH_3$；　(b) $CH_3CO_2CH_2$-C$_6H_4$-Cl；　(c) $CH_3CO-O^- + Ph-CO-CH_3$；

(d) $HOCH_2CH_2N(CH_3)-CO-C_6H_4-NO_2$；　(e) 靛红酸酐 (isatoic anhydride)；　(f) $HO_2C-C_6H_4-CO_2CH_3 + (CH_3)_3CCl$；

(g) 5,5-二甲基-2-吡咯烷酮；　(h) $NaO-CO-C_6H_3(CH_3)-CO-OC(CH_3)_3 + CH_3OH$；　(i) $\xrightarrow{C_2H_5OH} Ph_2CHCOOC_2H_5$，$\xrightarrow{PhOH} Ph_2CHCOOPh$，$\xrightarrow{NH_3} Ph_2CHCONH_2$。

【练习 15.6】 对乙酸酐与乙醇胺的下列反应，给出合理的解释。

$$\text{CH}_3\text{-C(=O)-O-C(=O)-CH}_3 \xrightarrow[\text{HCl}]{\text{HOCH}_2\text{CH}_2\text{NH}_2} \text{CH}_3\text{-C(=O)-OCH}_2\text{CH}_2\overset{+}{\text{NH}}_3\text{Cl}^-$$

$$\xrightarrow{\text{K}_2\text{CO}_3}$$

$$\xrightarrow[\text{K}_2\text{CO}_3]{\text{HOCH}_2\text{CH}_2\text{NH}_2} \text{CH}_3\text{-C(=O)-NHCH}_2\text{CH}_2\text{OH}$$

解答 乙醇胺氨基氮原子的亲核性比羟基氧原子的强，同时氨基具有较强的碱性。

① $\text{HOCH}_2\text{CH}_2\text{NH}_2 \xrightarrow{\text{HCl}} \text{HOCH}_2\text{CH}_2\overset{+}{\text{NH}}_3\text{Cl}^- \xrightarrow{\text{CH}_3\text{-C(=O)-O-C(=O)-CH}_3}$ ...

② $\text{HOCH}_2\text{CH}_2\overset{..}{\text{NH}}_2 \xrightarrow{\text{CH}_3\text{-C(=O)-O-C(=O)-CH}_3}$ ... $\xrightarrow{\text{K}_2\text{CO}_3} \text{CH}_3\text{-C(=O)-NHCH}_2\text{CH}_2\text{OH}$

③ $\text{CH}_3\text{-C(=O)-OCH}_2\text{CH}_2\overset{+}{\text{NH}}_3\text{Cl}^- \xrightarrow{\text{K}_2\text{CO}_3} \text{CH}_3\text{-C(=O)-OCH}_2\text{CH}_2\text{NH}_2 \rightarrow$ ... $\rightarrow \text{CH}_3\text{-C(=O)-NHCH}_2\text{CH}_2\text{OH}$

【练习 15.7】 完成下列反应，请写出产物的构型式，并就反应的立体化学给出合理的解释。

(a) $\underset{\text{CH}_3}{\text{CH(Br)}}\text{-(CH}_2)_4\text{-CH}_3 \xrightarrow{\text{CH}_3\text{CO}_2\text{Na}} ? \xrightarrow{\text{NaOH, H}_2\text{O}} ?$；

(b) $\text{Ph-CH}_2\text{-CH(CH}_3)\text{-CO}_2\text{H} \xrightarrow{\text{SOCl}_2} ? \xrightarrow{\text{HN(CH}_3)_2} ?$。

解答 按题意要求回答如下：

(a) $\underset{\text{CH}_3}{\text{CH(OCOCH}_3)}\text{-(CH}_2)_4\text{-CH}_3$, $\underset{\text{CH}_3}{\text{CH(OH)}}\text{-(CH}_2)_4\text{-CH}_3$ 。第一步反应是 S_N2，第二步反应是 $B_{Ac}2$；

(b) $\text{Ph-CH}_2\text{-CH(CH}_3)\text{-COCl}$, $\text{Ph-CH}_2\text{-CH(CH}_3)\text{-CON(CH}_3)_2$ 。两步都是酰基碳上的亲核取代，不影响 α-碳原子的构型。

【练习 15.8】 建议下列反应的机理。

(a) PhC(O)OC(CH$_3$)$_3$ $\xrightarrow[\Delta]{\text{稀 H}_2\text{SO}_4}$ PhC(O)OH + CH$_2$=C(CH$_3$)$_2$；

(b) PhC(O)OC(CH$_3$)$_3$ + C$_2$H$_5$OH $\xrightarrow[\Delta]{\text{H}_2\text{SO}_4}$ PhC(O)OH + C$_2$H$_5$OC(CH$_3$)$_3$；

(c) (二环内酯) $\xrightarrow{\text{NaOC}_2\text{H}_5,\ \text{C}_2\text{H}_5\text{OH}}$ 3-羟基环戊烷甲酸乙酯；

(d) 2,4,6-三苯基苯甲酸甲酯 $\xrightarrow{\text{浓 H}_2\text{SO}_4}$ 1,3-二苯基芴-9-酮。

解答 各反应的机理如下：

(a) 质子化→叔丁基正离子离去生成 PhCO$_2$H 和 $^+$C(CH$_3$)$_3$；$^+$C(CH$_3$)$_3$ 失去 H$^+$ 生成 CH$_2$=C(CH$_3$)$_2$。

(b) 质子化→生成 PhCO$_2$H 和 $^+$C(CH$_3$)$_3$；$^+$C(CH$_3$)$_3$ 与 C$_2$H$_5$OH 反应，失去 H$^+$ 得 C$_2$H$_5$OC(CH$_3$)$_3$。

(c) OC$_2$H$_5^-$ 进攻内酯羰基，开环生成烷氧负离子，经 C$_2$H$_5$OH 质子化得到 3-羟基环戊烷甲酸乙酯。

(d) 羰基质子化后邻位苯基分子内亲电进攻羰基碳，形成五元环中间体；经 $-$CH$_3$OH 及 $-$H$^+$ 得 1,3-二苯基芴-9-酮。

【练习 15.9】 完成下列反应。

(a) 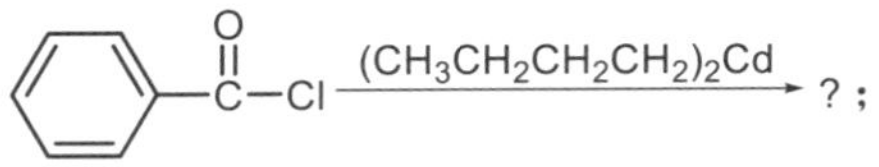 PhCOCl $\xrightarrow{(CH_3CH_2CH_2CH_2)_2Cd}$ ？；

(b) 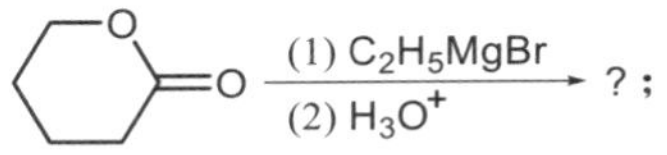 δ-戊内酯 $\xrightarrow[(2)\ H_3O^+]{(1)\ C_2H_5MgBr}$ ？；

(c) 邻二甲苯 $\xrightarrow[V_2O_5]{O_2}$ ？ $\xrightarrow{C_2H_5OH}$ ？ $\xrightarrow{SOCl_2}$ ？ $\xrightarrow{(CH_3)_2CuLi}$ ？。

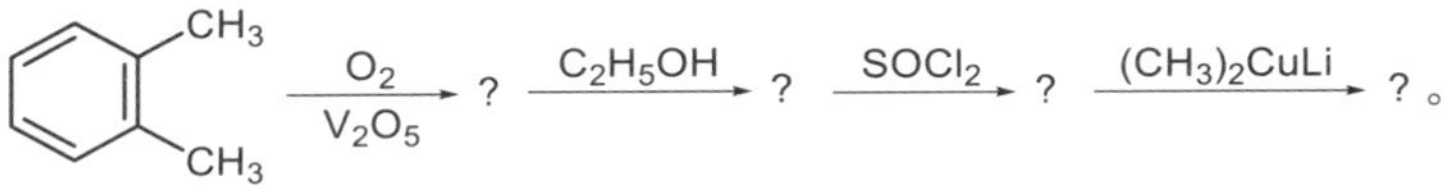

解答 按题意要求回答如下：

(a) 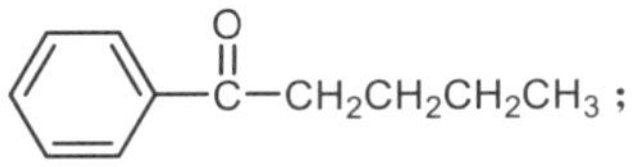 PhCOCH₂CH₂CH₂CH₃；

(b) 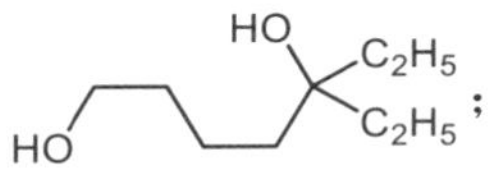 HOCH₂CH₂CH₂CH₂C(OH)(C₂H₅)₂；

(c) 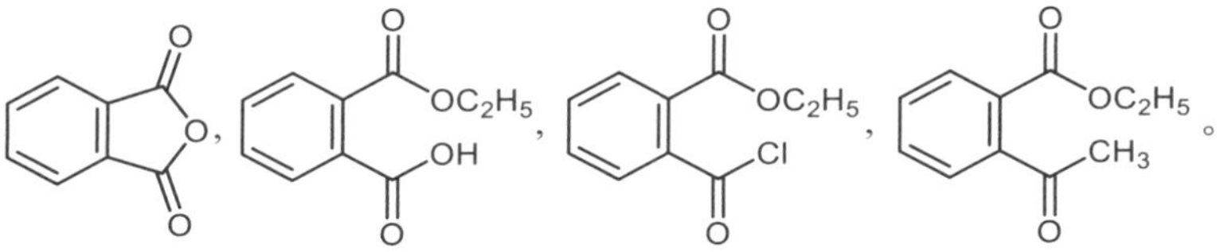 邻苯二甲酸酐，邻苯二甲酸单乙酯，邻苯二甲酸单乙酯酰氯，邻乙酰基苯甲酸乙酯。

【练习 15.10】 以苯或甲苯及不超过四个碳原子的有机物为原料合成异丁基苯（请至少给出四条路线）。

解答 按题意要求给出的四条路线如下：

路线一：PhH $\xrightarrow[AlCl_3]{(CH_3)_2CHCOCl}$ p-? 实为 PhCOCH(CH₃)₂ $\xrightarrow[(HOCH_2CH_2)_2O, \Delta]{H_2NNH_2,\ NaOH}$ PhCH₂CH(CH₃)₂

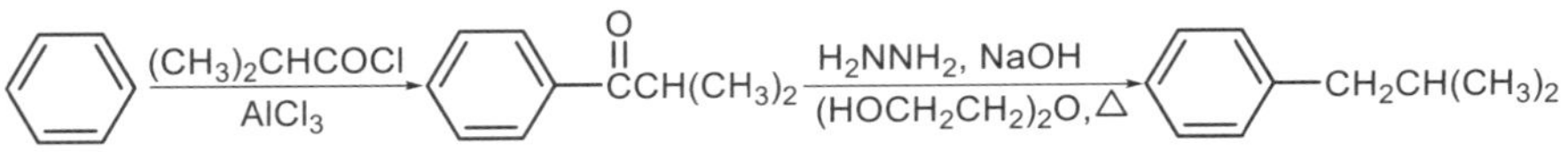

路线二：PhH $\xrightarrow[ZnCl_2,\ 60\ ^\circ C]{HCHO/HCl}$ PhCH₂Cl $\xrightarrow{(CH_3)_2CHMgBr}$ PhCH₂CH(CH₃)₂

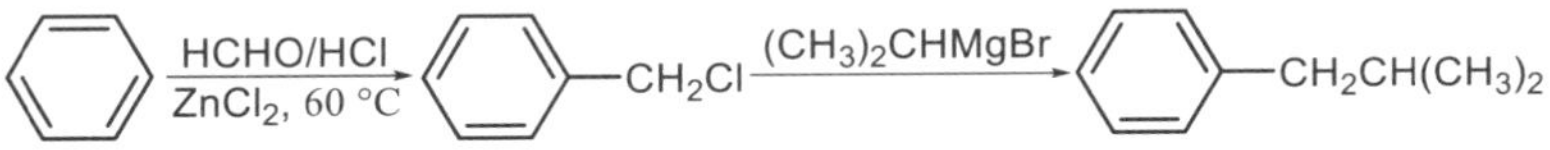

路线三：PhH $\xrightarrow[AlCl_3/CuCl]{CO,\ HCl}$ PhCHO $\xrightarrow[(2)\ H_3O^+]{(1)\ (CH_3)_2CHMgBr}$ PhCH(OH)CH(CH₃)₂ $\xrightarrow[\Delta]{H_2SO_4}$ PhCH=C(CH₃)₂ $\xrightarrow{H_2,\ Ni}$ PhCH₂CH(CH₃)₂

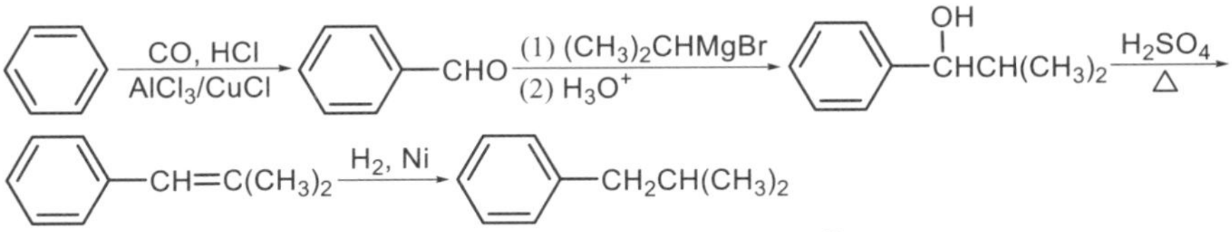

路线四：PhCH₃ $\xrightarrow[H_2SO_4]{KMnO_4}$ PhCO₂H $\xrightarrow{SOCl_2}$ PhCOCl $\xrightarrow{(CH_3)_2CHMgBr}$ PhCOCH(CH₃)₂ $\xrightarrow[\Delta]{Zn-Hg,\ HCl}$ PhCH₂CH(CH₃)₂

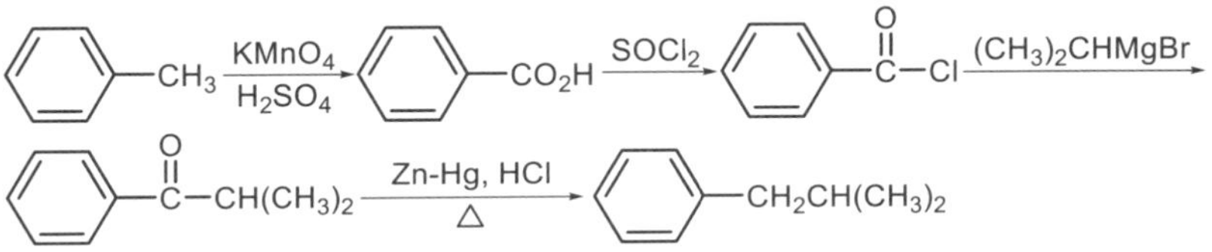

【练习 15.11】 完成下列反应。

(a) 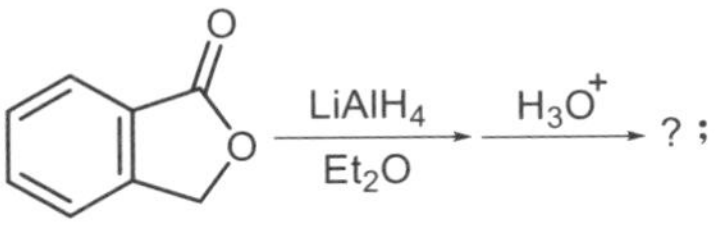 邻苯二甲酸内酯(苯酞) $\xrightarrow[Et_2O]{LiAlH_4}$ $\xrightarrow{H_3O^+}$ ？；

(b) 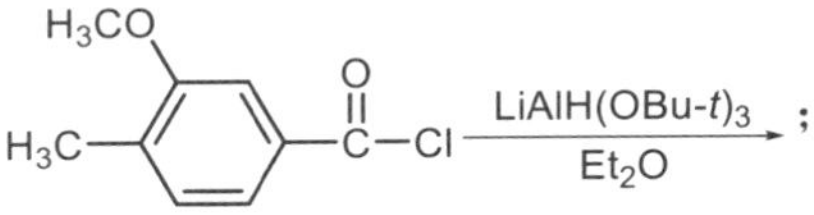 3-甲氧基-4-甲基苯甲酰氯 $\xrightarrow[Et_2O]{LiAlH(OBu\text{-}t)_3}$ ；

(c) piperidine-N-C(=O)-CH$_2$Ph $\xrightarrow[\text{(2) H}_2\text{O}]{\text{(1) LiAlH}_4}$?;

(d) 4-Cl-C$_6$H$_4$-COCl $\xrightarrow[\text{二甲苯, 硫, 喹啉}]{\text{H}_2\text{, Pd/BaSO}_4}$?;

(e) (CH$_3$)$_2$CH-C(=O)-OCH$_3$ $\xrightarrow[\text{甲苯, }\Delta]{\text{Na, N}_2}$ $\xrightarrow{\text{H}_3\text{O}^+}$?;

(f) CH$_3$-CH=CH-CH$_2$CH$_2$-CO$_2$C$_2$H$_5$ $\xrightarrow[\text{(2) H}_3\text{O}^+]{\text{(1) Na, C}_2\text{H}_5\text{OH}}$?;

(g) CH$_3$(CH$_2$)$_9$CH$_2$-C(=O)-NHCH$_3$ $\xrightarrow[\text{(2) H}_2\text{O}]{\text{(1) LiAlH}_4}$?;

(h) CH$_3$CH$_2$-C(=O)-N(CH$_3$)$_2$ $\xrightarrow[\text{Et}_2\text{O}]{\text{LiAlH(OEt)}_3}$ $\xrightarrow{\text{H}_2\text{O}}$?。

解答 各反应的产物如下：

(a) 邻苯二甲醇(1,2-(HOCH$_2$)$_2$C$_6$H$_4$);

(b) 3-甲氧基-4-甲基苯甲醛;

(c) N-(2-苯乙基)哌啶;

(d) 4-氯苯甲醛;

(e) (CH$_3$)$_2$CH-C(=O)-CH(OH)-CH(CH$_3$)$_2$;

(f) CH$_3$-CH=CH-CH$_2$CH$_2$-CH$_2$OH + C$_2$H$_5$OH;

(g) CH$_3$(CH$_2$)$_9$CH$_2$-CH$_2$-NHCH$_3$;

(h) CH$_3$CH$_2$-CHO + HN(CH$_3$)$_2$。

【练习 15.12】 完成下列反应。

(a) CH$_3$CH(Ph)-C(=O)-NH$_2$ $\xrightarrow[\text{H}_2\text{O}]{\text{Br}_2\text{, NaOH}}$?;

(b) 4-CH$_3$-C$_6$H$_4$-C(=O)-NH-O-C(=O)-C$_6$H$_4$-3-NO$_2$ $\xrightarrow[\text{H}_2\text{O}]{\text{OH}^-}$?;

(c) PhCH$_2$-C(CH$_3$)$_2$-C(=O)-NH$_2$ $\xrightarrow[\text{H}_2\text{O}]{\text{Cl}_2\text{, NaOH}}$?;

(d) cyclobutyl-CO$_2$H $\xrightarrow[\text{(2) KOH}]{\text{(1) HN}_3\text{, H}_2\text{SO}_4\text{, }\Delta}$?;

(e) cyclohexyl-C(=O)-NH$_2$ $\xrightarrow[\text{HOCH}_3]{\text{Br}_2\text{, NaOCH}_3}$?;

(f) cyclopropyl-CO$_2$H $\xrightarrow{\text{SOCl}_2}$? $\xrightarrow{\text{NaN}_3}$? $\xrightarrow[\Delta]{\text{H}_2\text{O}}$?。

解答 按题意要求回答如下：

(a) CH$_3$CH(Ph)-NH$_2$;

(b) 4-CH$_3$-C$_6$H$_4$-NH$_2$ + $^-$O-C(=O)-C$_6$H$_4$-3-NO$_2$;

(c) PhCH$_2$-C(CH$_3$)$_2$-NH$_2$;

(d) cyclobutyl-NH$_2$;

(e) cyclohexyl-NH-C(=O)-OCH$_3$;

(f) cyclopropyl-C(=O)-Cl, cyclopropyl-C(=O)-N$_3$, cyclopropyl-NH$_2$。

【练习 15.13】 完成下列反应。

(a) trans-1-CO$_2$CH$_3$-2-OCOCH$_3$-cyclohexane $\xrightarrow{500\ ^\circ\text{C}}$?;

(b) 1-CH$_3$,1-OCOCH$_3$,2-CH$_2$CH$_3$-cyclohexane(with stereochemistry) $\xrightarrow{500\ ^\circ\text{C}}$?;

· 204 ·

(c) 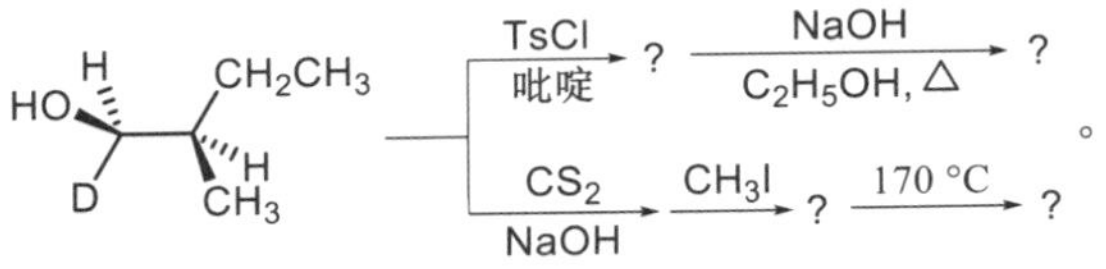 图示：HO—CHD—CH(CH₃)—CH₂CH₃ 经 TsCl/吡啶得中间体，再经 NaOH/C₂H₅OH, Δ 消除；或经 CS₂/NaOH、CH₃I 生成黄原酸酯，再 170 °C 热消除。

解答 按题意要求回答如下：

(a) 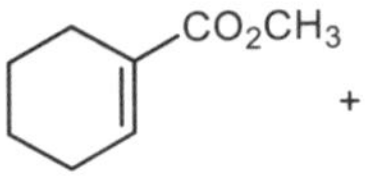 环己烯-1-甲酸甲酯 + CH₃CO₂H；

(b) 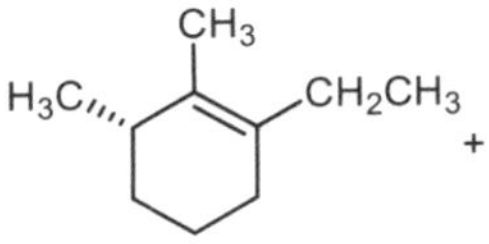 1,2-二甲基-3-乙基环己烯 + CH₃CO₂H；

(c) 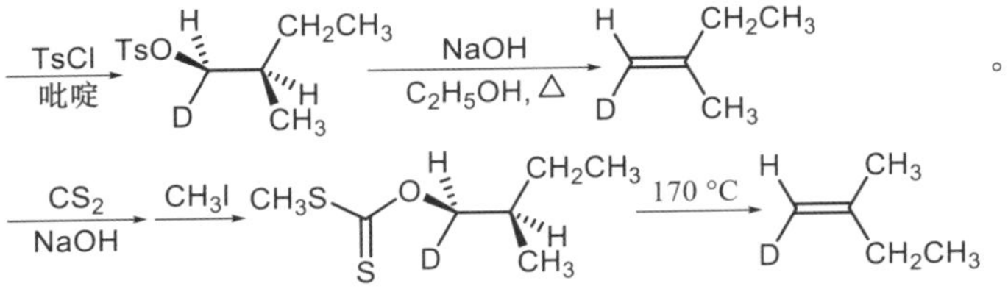 TsCl/吡啶 → TsO—CHD—CH(CH₃)—CH₂CH₃；NaOH/C₂H₅OH, Δ → (E)-CHD=C(CH₃)—CH₂CH₃；
CS₂/NaOH、CH₃I → CH₃S(C=S)O—CHD—CH(CH₃)—CH₂CH₃ → 170 °C → 烯烃（D 与 CH₂CH₃ 顺式消除产物）。

【练习 15.14】 完成下列反应。

(a) PhCH₂—C(=O)—OC₂H₅ $\xrightarrow[(2)\ HCl]{(1)\ NaOC_2H_5,\ C_2H_5OH}$ ？；

(b) Ph—C(=O)—OC₂H₅ + CH₃—C(=O)—Ph $\xrightarrow[(2)\ HCl]{(1)\ NaOC_2H_5,\ C_2H_5OH}$ ？；

(c) CH₃C(=O)CH₂CH(CH₃)CH₂CO₂Et $\xrightarrow[(2)\ HOAc]{(1)\ NaOEt,\ EtOH}$ ？；

(d) 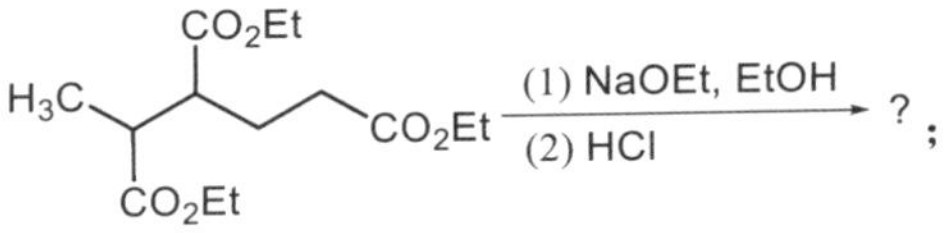 H₃C—CH(CO₂Et)—CH(CO₂Et)—CH₂—CO₂Et $\xrightarrow[(2)\ HCl]{(1)\ NaOEt,\ EtOH}$ ？；

(e) PhCH₂—C(=O)—OEt $\xrightarrow[(2)\ HCl]{(1)\ CO(OEt)_2,\ NaOEt,\ EtOH}$ ？；

(f) 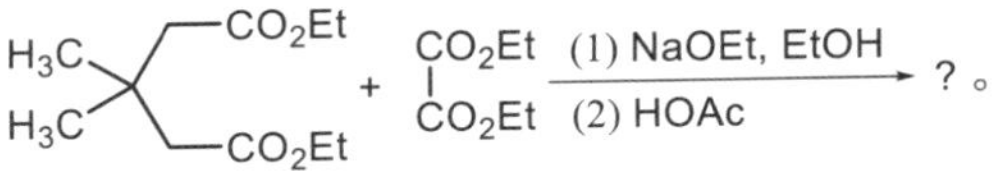 (H₃C)₂C(CH₂CO₂Et)₂ + CH(CO₂Et)₂ $\xrightarrow[(2)\ HOAc]{(1)\ NaOEt,\ EtOH}$ ？。

解答 各反应的产物如下：

(a) PhCH₂—C(=O)—CH(Ph)—C(=O)—OC₂H₅；

(b) Ph—C(=O)—CH₂—C(=O)—Ph；

(c) 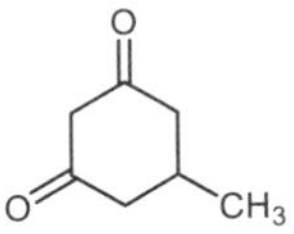 5-甲基-1,3-环己二酮；

(d) 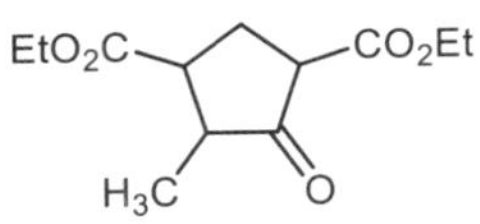 3-甲基-2-氧代环戊烷-1,4-二甲酸二乙酯（EtO₂C—环戊酮环—CO₂Et，带 CH₃）；

(e) 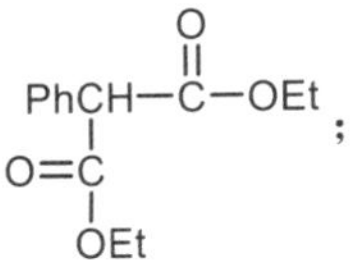 PhCH(—C(=O)—OEt)—C(=O)—OEt（即 PhCH(CO₂Et)₂，以烯醇式表示）；

(f) 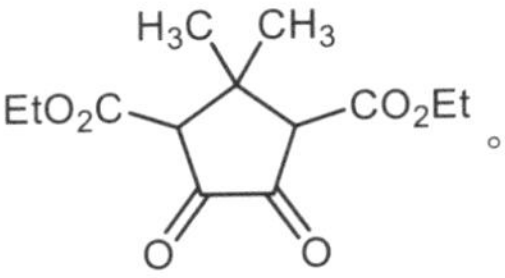 3,3-二甲基-4,5-二氧代环戊烷-1,2-二甲酸二乙酯。

【练习 15.15】 建议下列反应的机理。

(a) CH₃—C(=O)—OC₂H₅ + CH₃—C(=O)—CH₃ $\xrightarrow[(2)\ HCl]{(1)\ NaOC_2H_5,\ C_2H_5OH}$ CH₃—C(=O)—CH₂—C(=O)—CH₃；

(b) 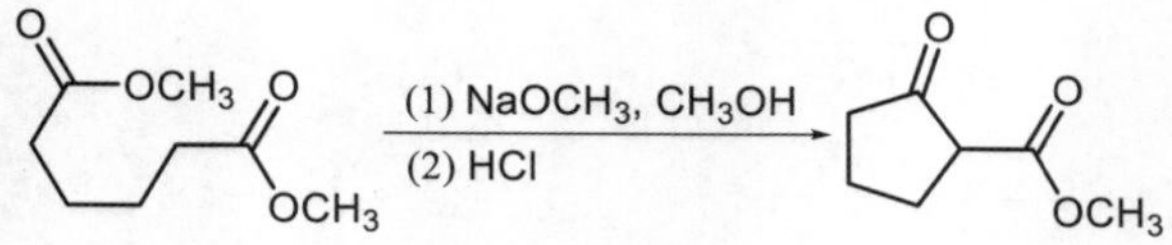 反应式: 己二酸二甲酯 $\xrightarrow[\text{(2) HCl}]{\text{(1) NaOCH}_3, \text{CH}_3\text{OH}}$ 2-氧代环戊烷甲酸甲酯。

解答 各反应的机理如下：

(a) 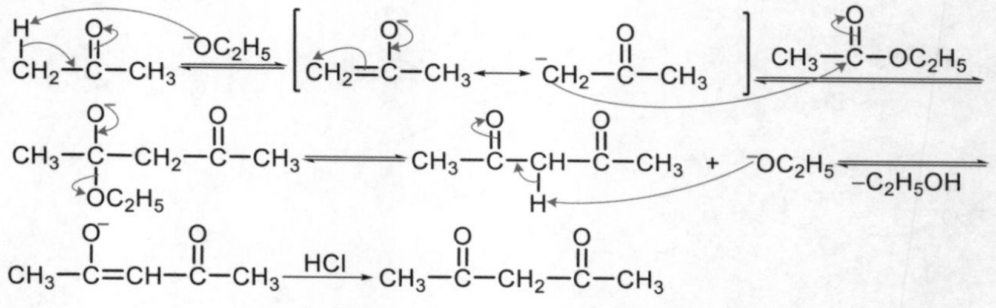 反应机理（略，见图示）

(b) 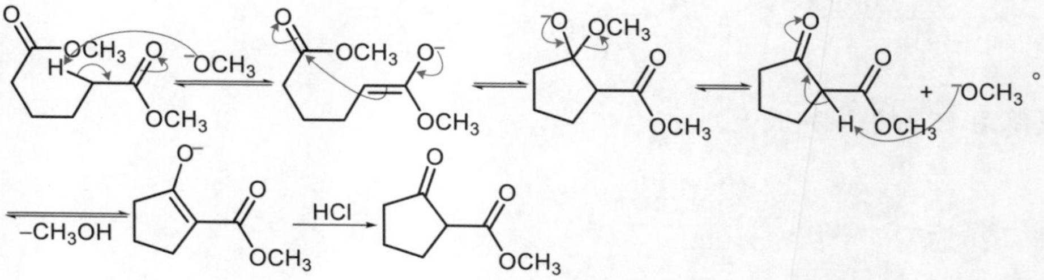 反应机理（略，见图示）

【**练习 15.16**】 完成下列反应。

(a) 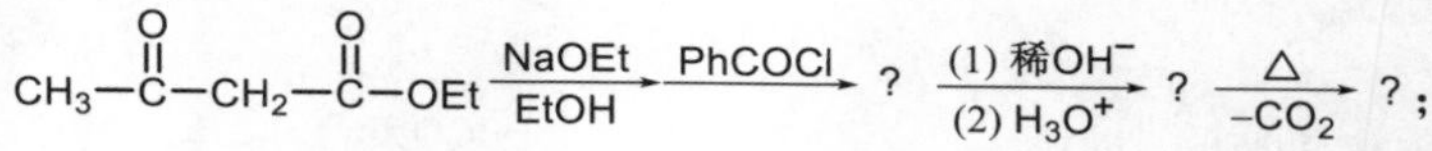 $CH_3\text{-CO-CH}_2\text{-CO-OEt} \xrightarrow[\text{EtOH}]{\text{NaOEt}} \xrightarrow{\text{PhCOCl}} ? \xrightarrow[\text{(2) H}_3\text{O}^+]{\text{(1) 稀 OH}^-} ? \xrightarrow[\text{-CO}_2]{\Delta} ?$;

(b) 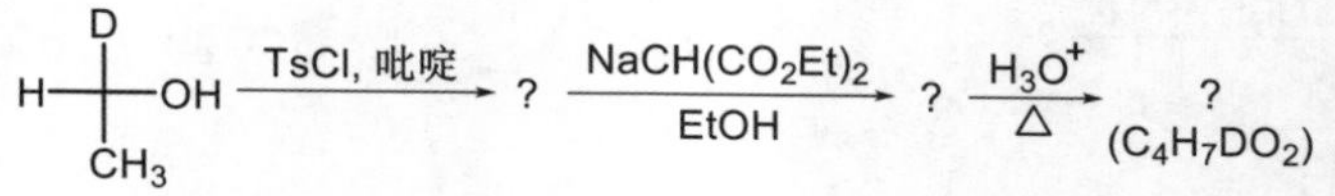 $\text{H-C(D)(CH}_3\text{)-OH} \xrightarrow{\text{TsCl, 吡啶}} ? \xrightarrow[\text{EtOH}]{\text{NaCH(CO}_2\text{Et)}_2} ? \xrightarrow[\Delta]{\text{H}_3\text{O}^+} ? \, (C_4H_7DO_2)$;

(c) $2 \begin{array}{c}\text{CH}_2\text{CO}_2\text{Et} \\ \text{CH}_2\text{CO}_2\text{Et}\end{array} \xrightarrow[\text{EtOH}]{\text{NaOEt}} \xrightarrow{\text{HOAc}} ? \xrightarrow[\text{(2) H}_3\text{O}^+]{\text{(1) 稀 OH}^-} ? \xrightarrow[\text{-CO}_2]{\Delta} ? \, (C_6H_8O_2)$;

(d) $CH_2=CH\text{-CO-CH=CH}_2 + CH_2(CO_2Et)_2 \xrightarrow[\text{EtOH}]{\text{NaOEt}} ?$;

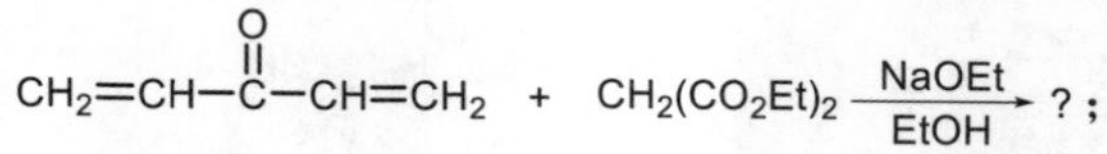

(e) 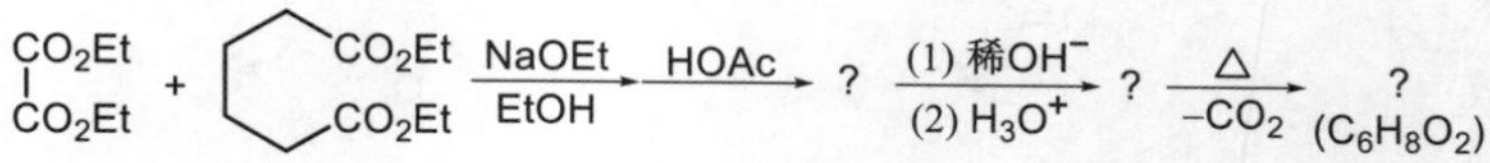 $\begin{array}{c}\text{CO}_2\text{Et} \\ \text{CO}_2\text{Et}\end{array} + \text{环己基-(CO}_2\text{Et)}_2 \xrightarrow[\text{EtOH}]{\text{NaOEt}} \xrightarrow{\text{HOAc}} ? \xrightarrow[\text{(2) H}_3\text{O}^+]{\text{(1) 稀 OH}^-} ? \xrightarrow[\text{-CO}_2]{\Delta} ? \, (C_6H_8O_2)$;

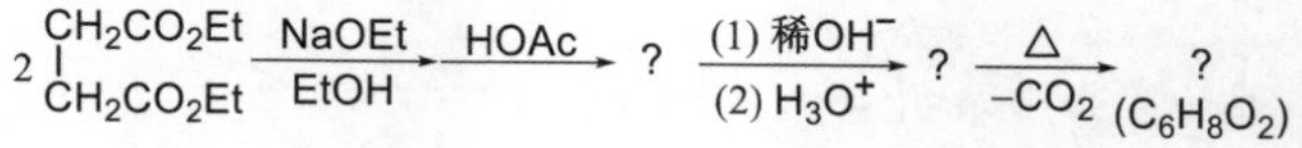

(f) 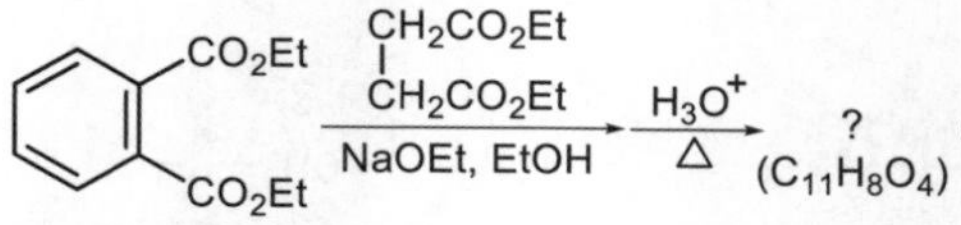 邻苯二甲酸二乙酯 + $\begin{array}{c}\text{CH}_2\text{CO}_2\text{Et} \\ \text{CH}_2\text{CO}_2\text{Et}\end{array} \xrightarrow{\text{NaOEt, EtOH}} \xrightarrow[\Delta]{\text{H}_3\text{O}^+} ? \, (C_{11}H_8O_4)$;

(g) 2-乙酰基环己酮甲酸乙酯 $\xrightarrow[\text{EtOH}]{\text{NaOEt}} \xrightarrow{\text{CH}_2=\text{CHCCH}_3\text{(=O)}} ?$ 。

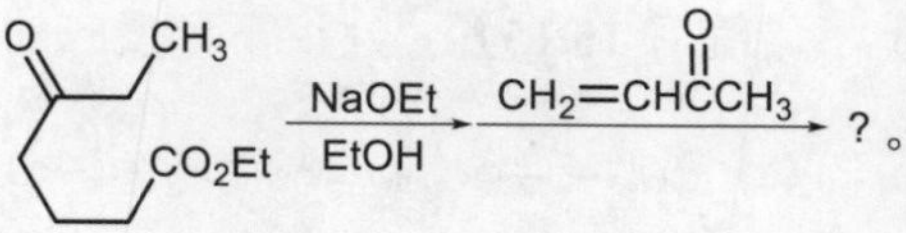

解答 按题意要求回答如下：

第 15 章　羧酸衍生物

(a) $CH_3-\overset{O}{\overset{\|}{C}}-\overset{COPh}{\underset{|}{CH}}-\overset{O}{\overset{\|}{C}}-OEt$，$CH_3-\overset{O}{\overset{\|}{C}}-\overset{COPh}{\underset{|}{CH}}-\overset{O}{\overset{\|}{C}}-OH$，$CH_3-\overset{O}{\overset{\|}{C}}-CH_2-\overset{O}{\overset{\|}{C}}-Ph$；

(b) $H-\overset{D}{\underset{CH_3}{\overset{|}{C}}}-OTs$，$D-\overset{H}{\underset{CH_3}{\overset{|}{C}}}-CH(CO_2Et)_2$，$D-\overset{H}{\underset{CH_3}{\overset{|}{C}}}-CH_2CO_2H$；

(c) [环己烷-1,3-二酮-4,6-二(CO₂Et)]，[环己烷-1,3-二酮-4-CO₂H-6-HO₂C]，[环己烷-1,4-二酮]；(d) [4-氧代环己烷-1,1-二(CO₂Et)]；

(e) [环己烷-1,2-二酮-3,6-二(CO₂Et)]，[环己烷-1,2-二酮-3,6-二CO₂H]，[环己烷-1,2-二酮]；

(f) [茚满-1,3-二酮-2-CH₂CO₂H]　(g) [2-甲基-2-(3-氧代丁基)环己烷-1,3-二酮]。

【练习 15.17】 建议下列反应的机理。

(a) $CH_3\overset{O}{\overset{\|}{C}}CH_2\overset{O}{\overset{\|}{C}}OEt$ + 环氧乙烷 $\xrightarrow[EtOH]{NaOEt}$ 3-乙酰基-γ-丁内酯；

(b) 2-氧代-1-(CO₂Et)环戊烷 $\xrightarrow[NaOEt, EtOH]{CH_2=CHCO_2Et}$ 2-氧代-1-(CH₂CH₂CO₂Et)-1-(CO₂Et)环戊烷；

(c) 2-氧代-1-(CO₂Et)-1-CH₃环戊烷 $\xrightarrow{NaOEt, EtOH}$ $\xrightarrow{HOAc}$ 2-氧代-5-甲基-1-(CO₂Et)环戊烷。

解答 各反应的机理如下：

(a) 机理示意（烯醇化 → Michael/环氧开环 → 分子内酰化 → $-EtO^-$ 得到产物 3-乙酰基-γ-丁内酯）；

(b) 机理示意（去质子化 → 烯醇化 → 对 $CH_2=CHCO_2Et$ 的 Michael 加成 → EtOH/^-OEt 得到产物 2-氧代-1-(CH₂CH₂CO₂Et)-1-(CO₂Et)环戊烷）；

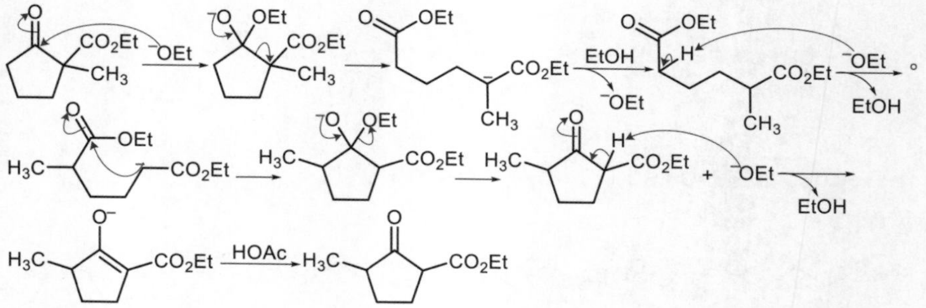

【练习 15.18】 由乙酰乙酸乙酯及必要的有机原料合成下列化合物。

(a) 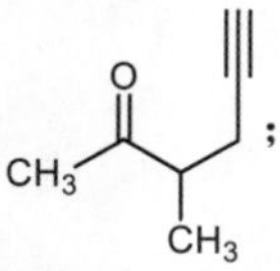 4-甲基-1-戊炔-3-酮; (b) 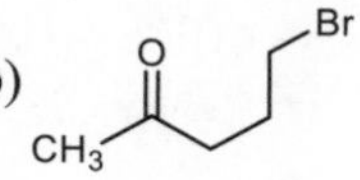 5-溴-2-戊酮; (c) 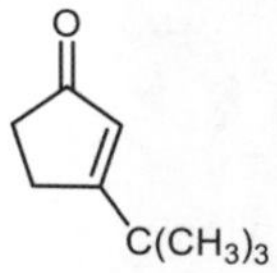 3-叔丁基-2-环戊烯酮; (d) 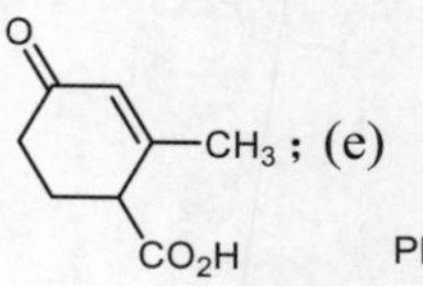 3-甲基-4-氧代-3-环己烯-1-甲酸; (e) 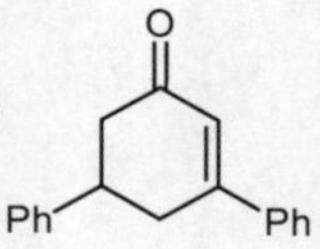 3,5-二苯基-2-环己烯酮。

解答 按题意要求回答如下：

(a)～(e) 合成路线如图所示（以乙酰乙酸乙酯为起始原料，经烷基化、水解脱羧等步骤得目标产物）。

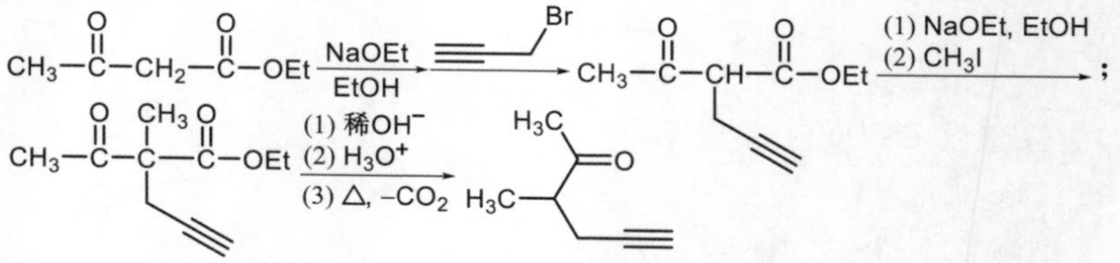

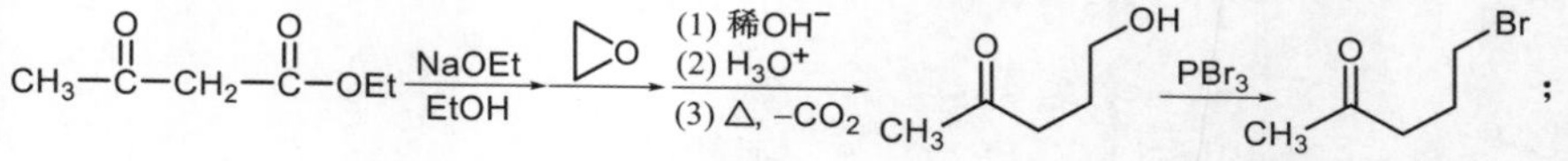

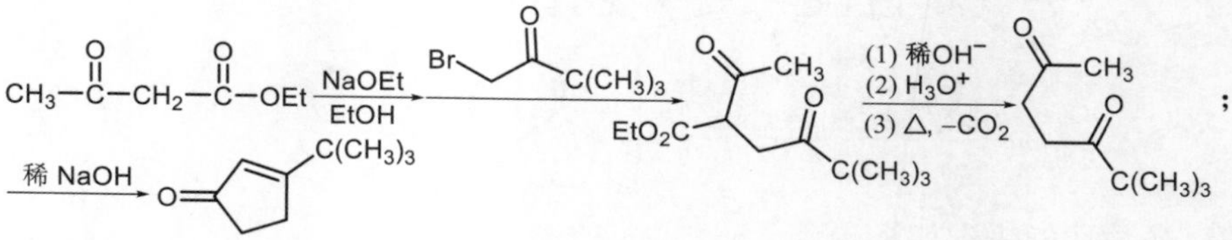

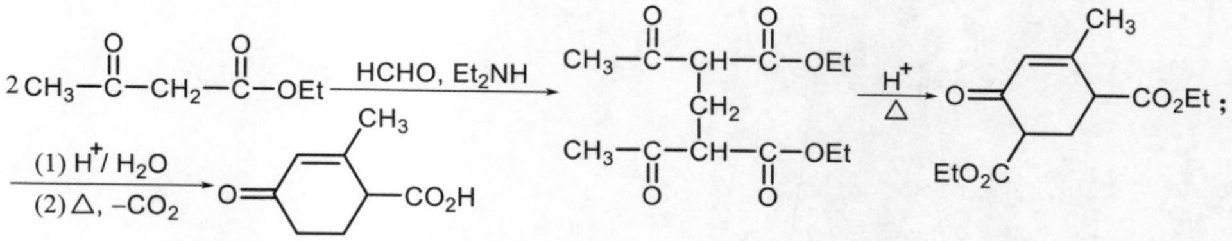

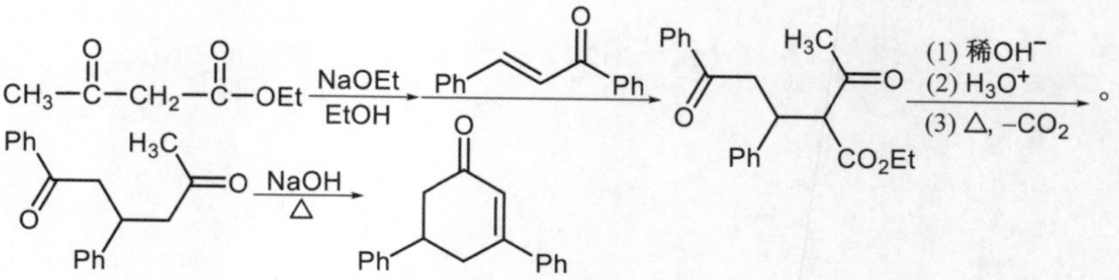

【练习 15.19】 由丙二酸二乙酯及必要的有机原料合成下列化合物。

(a) 3,3-二甲基-1,5-环己二酮；(b) 环丙基甲酸；(c) 3-氧代环己基乙酸；(d) 二氧杂螺环化合物；(e) 4-氧代-2,6-二苯基环己基甲酸。

解答 按题意要求回答如下：

(a) 丙二酸二乙酯 经 NaOEt/EtOH，与 甲基乙烯基酮类 加成，再经 NaOEt/EtOH，然后 (1) 稀 OH⁻ (2) H₃O⁺ (3) Δ, −CO₂ 得到 3,3-二甲基-1,5-环己二酮。

(b) 丙二酸二乙酯 经 NaOEt/EtOH，与 BrCH₂CH₂Br 反应，再经 NaOEt/EtOH，然后 (1) 稀 OH⁻ (2) H₃O⁺ (3) Δ, −CO₂ 得到环丙基甲酸。

(c) 环己烯酮 + 丙二酸二乙酯，经 NaOEt/EtOH，然后 (1) 稀 OH⁻ (2) H₃O⁺ (3) Δ, −CO₂ 得到 3-氧代环己基乙酸。

(d) 丙二酸二乙酯 经 NaOEt/EtOH，与环氧乙烷反应，再经 NaOEt/EtOH，与环氧乙烷反应，得到二氧杂螺化合物。

(e) CH₃COCH₃ 与 2 PhCHO 在 NaOH/H₂O, Δ 条件下反应得到 PhCH=CH-CO-CH=CHPh，再与 CH₂(CO₂Et)₂ 经 NaOEt, EtOH 反应，然后 (1) 稀 OH⁻ (2) H₃O⁺ (3) Δ, −CO₂ 得到目标产物。

【练习 15.20】 由己二酸二乙酯及必要的有机原料合成下列化合物。

(a) 2-烯丙基环戊酮；(b) 2-苄基-戊二酸二乙酯衍生物；(c) 稠环化合物。

解答 按题意要求回答如下：

(a) 己二酸二乙酯 经 NaOEt/EtOH 得到环戊酮-2-甲酸乙酯钠盐，与烯丙基溴反应，然后 (1) 稀 OH⁻ (2) H₃O⁺ (3) Δ, −CO₂ 得到 2-烯丙基环戊酮。

(b) 己二酸二乙酯 经 (1) NaOEt, EtOH (2) PhCH₂Cl 得到 2-苄基环戊酮-2-甲酸乙酯，经 (1) 浓 NaOH (2) H₃O⁺ 得到二酸，再经 EtOH/H₂SO₄, Δ 得到二酯。

(c) [reaction scheme: diethyl pimelate/adipate + NaOEt/EtOH → cyclopentanone ester sodium enolate + hex-3-en-2-one → Michael adduct → NaOEt/EtOH → bicyclic enone ester]

[Ph₃P=CH₂ → methylenated bicyclic product]

【练习 15.21】 以 1,3-二溴丙烷为原料，利用丙二酸二乙酯合成法，可以顺利合成环丁烷羧酸（cyclobutanecarboxylic acid）；但利用乙酰乙酸乙酯合成法合成 1-环丁基乙-1-酮（1-cyclobutylethan-1-one）的尝试没有成功。

[结构式：cyclobutanecarboxylic acid；1-cyclobutylethan-1-one；spiro[3.3]heptane-2-carboxylic acid]

(a) 请写出丙二酸二乙酯合成法合成环丁烷羧酸的路线；

(b) 乙酰乙酸乙酯和 1,3-二溴丙烷在乙醇钠的乙醇溶液中发生了以下反应，请建议该反应的机理；

[反应式：CH₃COCH₂CO₂Et + BrCH₂CH₂CH₂Br —NaOEt/EtOH→ 2-甲基-3-乙氧羰基-5,6-二氢-4H-吡喃]

(c) 以 1,3-二溴丙烷及其他必要的有机物为原料，运用合适的反应合成 1-环丁基乙-1-酮；

(d) 请用丙二酸二乙酯合成法合成螺[3.3]庚烷-2-甲酸（spiro[3.3]heptane-2-carboxylic acid）。

解答 按题意要求回答如下：

(a) [合成路线：CH₂(CO₂Et)₂ —NaOEt/EtOH→ + BrCH₂CH₂CH₂Br → 中间体 —NaOEt/EtOH→ 环丁烷-1,1-二羧酸二乙酯 —(1) 稀OH⁻ (2) H₃O⁺ (3) Δ, -CO₂→ 环丁烷羧酸]；

(b) [机理：乙酰乙酸乙酯 + OEt⁻ → 烯醇负离子 → 与 BrCH₂CH₂CH₂Br 烷基化 → 中间体 → OEt⁻ 去质子 → 烯醇式进攻 → 2-甲基-3-乙氧羰基-5,6-二氢-4H-吡喃]；

(c) [合成路线：CH₂(CO₂Et)₂ —(1) NaOEt, EtOH (2) BrCH₂CH₂CH₂Br→ —NaOEt/EtOH→ 环丁烷-1,1-二羧酸二乙酯 —(1) 稀OH⁻ (2) H₃O⁺ (3) Δ, -CO₂→ 环丁烷羧酸 —(1) SOCl₂ (2) (CH₃)₂Cd→ 1-环丁基乙-1-酮]；

(d)

[反应式: CO₂Et/CO₂Et 丙二酸酯 —(1) NaOEt, EtOH (2) Br(CH₂)₃Br→ 产物 —NaOEt/EtOH→ 环丁烷-1,1-二甲酸二乙酯 —(1) LiAlH₄, Et₂O (2) H₃O⁺→ 环丁烷-1,1-二甲醇 —PBr₃→ 。]

[反应式: 环丁基二溴甲基化合物 —(1) NaCH(CO₂Et)₂ (2) NaOEt, EtOH→ 螺环二酯 —(1) 稀 OH⁻ (2) H₃O⁺ (3) Δ, −CO₂→ 螺环羧酸]

【练习 15.22】 1997 年，BHC 公司（Bausch Health Companies Inc.）因改进常用药布洛芬（ibuprofen）的合成路线获得美国绿色化学挑战奖。

[反应式: 异丁基苯 —(CH₃CO)₂O / AlCl₃→ 4-异丁基苯乙酮 —H₂ / Ni 催化剂→ 1-(4-异丁基苯基)乙醇 —CO / Pd 催化剂→ ibuprofen]

以上为 BHC 公司改进后的新合成路线。与早期合成路线比较，讨论其获奖原因。

解答 与早期合成路线（教材第 441 页）比较，BHC 公司改进后的新合成路线之所以能获奖是因为：旧路线从 4-异丁基苯乙酮到布洛芬要 5 步较为复杂的反应，而新路线从 4-异丁基苯乙酮到布洛芬只有 2 步原子利用率为 100%的催化反应。新路线具有步骤少、原子利用率高、不使用强酸、无排放、采用非均相催化利于催化剂回收和大规模工业化生产、成本大大降低等优点。符合绿色化学特征，顺应时代潮流。

【练习 15.23】 建议下列反应的机理。

[反应式: 水杨醛 + (CH₃CO)₂O —CH₃CO₂Na / Δ→ 香豆素 (2H-色烯-2-酮)]

解答 [详细机理反应式，包含乙酸酐去质子化、与水杨醛羟醛缩合、环化、消除乙酸等步骤，最终得到香豆素 + −CH₃CO₂⁻]

【练习 15.24】 完成下列反应。

(a) PhCHO $\xrightarrow[\text{CH}_3\text{CH}_2\text{CO}_2\text{Na, 175 °C}]{(\text{CH}_3\text{CH}_2\text{CO})_2\text{O}}$ $\xrightarrow[\Delta]{\text{H}_2\text{O}}$?;

(c) PhCHO $\xrightarrow[\text{哌啶}]{\text{CH}_2(\text{CO}_2\text{Et})_2}$?;

(b) 环己酮 $\xrightarrow[\text{NaOEt, EtOH}]{\text{BrCH}_2\text{CO}_2\text{Et}}$? $\xrightarrow[(2) \text{H}^+, (3) \Delta]{(1) \text{NaOH, H}_2\text{O}}$?;

(d) 呋喃-2-甲醛 $\xrightarrow[\text{PhCH}_2\text{NH}_2, 0 °C]{\text{CH}_2(\text{CN})_2}$?。

解答 按题意要求回答如下：

(a) PhCH=C(CH₃)CO₂H；

(b) 环己烷并环氧-CO₂Et，环己基-CHO；

(c) PhCH=C(CO₂Et)₂；

(d) 呋喃基-CH=C(CN)₂。

【练习 15.25】 尿素高温热解主要生成化合物 A（$C_3H_3N_3O_3$），A 及其互变异构体 B 都具有平面结构，存在三重对称轴；A 或 B 与 NaOH 反应得到化合物 C（$C_3N_3O_3Na_3$），C 与氯气反应得到化合物 D（$C_3N_3O_3Cl_3$）。化合物 D 广泛用于游泳池消毒，D 在水中能持续不断地产生次氯酸和化合物 A。请回答下列问题：

(a) 写出化合物 A、B、C、D 的结构式；
(b) 尿素高温热解的化学方程式（要配平）；
(c) 建议化合物 C 与氯气的反应机理、化合物 D 与水的反应机理。

解答 按题意要求回答如下：

(a) A (异氰尿酸，$C_3H_3N_3O_3$)，B (氰尿酸烯醇式，$C_3H_3N_3O_3$)，C ($C_3N_3O_3Na_3$)，D ($C_3N_3O_3Cl_3$)；

(b) $3\,\text{H}_2\text{N-CO-NH}_2 \xrightarrow{\text{高温}}$ 异氰尿酸 $+ 3\,\text{NH}_3$；

(c) C + 3 Cl₂ → D + 3 NaCl；D + 3 H₂O → 3 HClO + B ⇌ A。

【练习 15.26】 辣椒素（capsaicin）是辣椒呈现辣味的主要成分。以 *trans*-6-甲基庚-

4-烯-1-醇（*trans*-6-methylhept-4-en-1-ol）为原料合成辣椒素的路线如下：

$$\text{trans-6-methylhept-4-en-1-ol} \xrightarrow{PBr_3} A(C_8H_{15}Br) \xrightarrow[NaOEt, EtOH]{CH_2(CO_2Et)_2} B \xrightarrow[(2) H_3O^+]{(1) KOH, H_2O}$$

$$C \xrightarrow{180\ ^\circ C} D(C_{10}H_{18}O_2) \xrightarrow{SOCl_2} E \xrightarrow{H_2NCH_2-\text{(3-methoxy-4-hydroxyphenyl)}} \text{capsaicin}(C_{18}H_{27}NO_3)$$

请写出化合物 A、B、C、D、E 和辣椒素的结构式。

解答 按题意要求回答如下：

A (C₈H₁₅Br): (CH₃)₂CHCH=CHCH₂CH₂CH₂Br

B: (CH₃)₂CHCH=CHCH₂CH₂CH₂CH(CO₂Et)₂

C: (CH₃)₂CHCH=CHCH₂CH₂CH₂CH(CO₂H)₂

D (C₁₀H₁₈O₂): (CH₃)₂CHCH=CHCH₂CH₂CH₂CH₂CH₂CO₂H

E: (CH₃)₂CHCH=CHCH₂CH₂CH₂CH₂CH₂COCl

capsaicin (C₁₈H₂₇NO₃): (CH₃)₂CHCH=CHCH₂CH₂CH₂CH₂CH₂CONHCH₂-（3-甲氧基-4-羟基苯基）

【**练习 15.27**】 请写出下列转化中 A、B、C 和 D 的结构简式。

$$A(C_{14}H_{26}O_4) \xrightarrow[(2) H_2O]{(1) Mg/苯, 回流} B(C_{12}H_{22}O_2) \xrightarrow[(2) H_2O]{(1) LiAlH_4, 无水乙醚} C(C_{12}H_{24}O_2) \xrightarrow{PBr_3} D(C_{12}H_{22}Br_2) \xrightarrow{Zn} \text{环十二烯}$$

解答

A (C₁₄H₂₆O₄): 十二烷-1,12-二甲酸甲酯 [CH₃O₂C(CH₂)₁₀CO₂CH₃]

B (C₁₂H₂₂O₂): 2-羟基环十二酮

C (C₁₂H₂₄O₂): 环十二烷-1,2-二醇

D (C₁₂H₂₂Br₂): 1,2-二溴环十二烷

【**练习 15.28**】 盐酸普鲁卡因（procaine hydrochloride）的化学名为 4-氨基苯甲酸二乙胺基乙酯盐酸盐，是外科常用药，作为局部麻醉剂，在传导麻醉、浸润麻醉及封闭疗法中均有良好药效。它的合成路线如下：

$$\text{C}_6\text{H}_5\text{CH}_3 \xrightarrow[(2) 分离]{(1) A} B \xrightarrow{C} D \xrightarrow[]{H^+} G \xrightarrow[\text{还原}]{H} H_2N\text{-}C_6H_4\text{-}COOCH_2CH_2\overset{+}{N}H(C_2H_5)_2\ Cl^-$$

$$CH_2=CH_2 \xrightarrow{O_2/Ag} E \xrightarrow{HN(C_2H_5)_2} F$$

procaine hydrochloride
2-diethylaminoethyl 4-aminobenzoate hydrochloride

请给出其中的试剂、中间产物或反应条件：A、B、C、D、E、F、G 和 H。

解答

A: HNO₃/H₂SO₄

B: O₂N-C₆H₄-CH₃ (对硝基甲苯)

C: KMnO₄/H₂SO₄

D: O₂N-C₆H₄-CO₂H (对硝基苯甲酸)

E: 环氧乙烷

F: HOCH₂CH₂N(C₂H₅)₂

G: O₂N-C₆H₄-CO-OCH₂CH₂N(C₂H₅)₂

H: Fe/HCl

【练习 15.29】 化合物 A、B 和 C 的分子式均为 $C_7H_8O_2$。它们分别在催化剂作用和一定反应条件下加足量的氢，均生成化合物 D（$C_7H_{12}O_2$），D 在 NaOH 水溶液中加热反应后再酸化生成 E（$C_6H_{10}O_2$）和 F（CH_4O）。A 能发生如下转化：

$$A \xrightarrow{CH_3MgI} \xrightarrow{H_2O} G(C_8H_{12}O) \xrightarrow[\Delta]{浓 H_2SO_4} H(C_8H_{10})$$

生成物 H 分子中只有三种不同化学环境的氢，它们的数目比为 1∶1∶3。请回答：
(a) 写出化合物 A、B、C、D、E、F、G 和 H 的结构简式；
(b) A、B 和 C 间的异构关系；
(c) A 能自发转化为 B 和 C 的原因。

解答 按题意要求回答如下：

(a) [结构式：A (C₇H₈O₂)，B or C (C₇H₈O₂)，D (C₇H₁₂O₂)，E (C₆H₁₀O₂)，F (CH₄O)，G (C₈H₁₂O)，H (C₈H₁₀)]

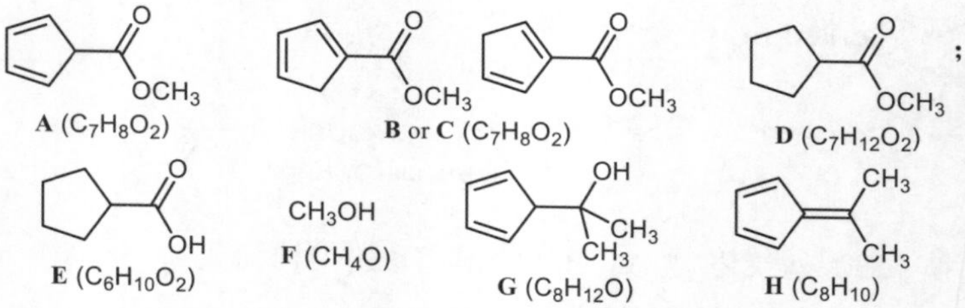

(b) A、B 和 C 间的异构关系：烯键的位置异构；

(c) A 能自发转化为 B 和 C 的原因是：B 和 C 分子中的烯键与酯羰基共轭。

【练习 15.30】 2-甲基环己-1-酮（2-methylcyclohexan-1-one）的下列转化。

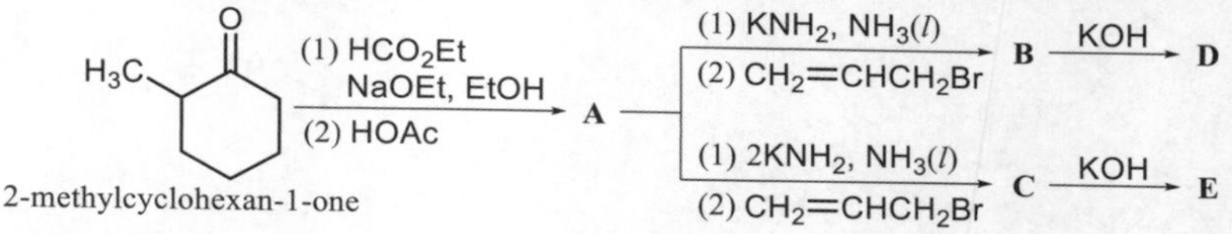

$$\text{2-methylcyclohexan-1-one} \xrightarrow[\text{(2) HOAc}]{\text{(1) HCO}_2\text{Et, NaOEt, EtOH}} A \begin{array}{c} \xrightarrow[\text{(2) CH}_2=\text{CHCH}_2\text{Br}]{\text{(1) KNH}_2, \text{NH}_3(l)} B \xrightarrow{KOH} D \\ \xrightarrow[\text{(2) CH}_2=\text{CHCH}_2\text{Br}]{\text{(1) 2KNH}_2, \text{NH}_3(l)} C \xrightarrow{KOH} E \end{array}$$

(a) 写出化合物 A、B、C、D、E 的结构式；
(b) 建议 A→B、A→C 及 B→D 的反应机理；
(c) 谈谈该转化过程的合成意义。

解答 按题意要求回答如下：

(a) [结构式 A, B, C, D, E]

(b) [机理图示 A → B]

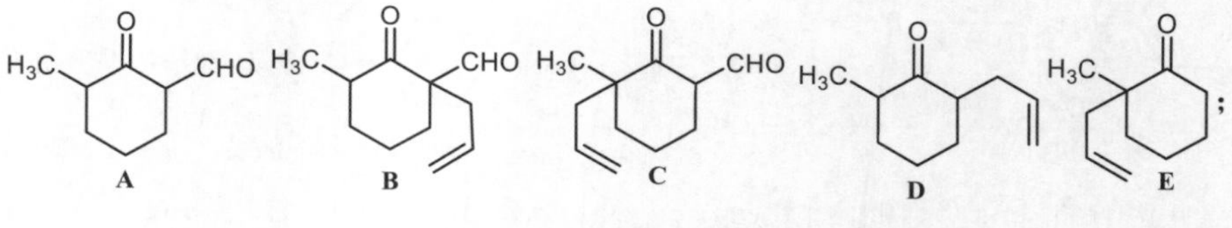

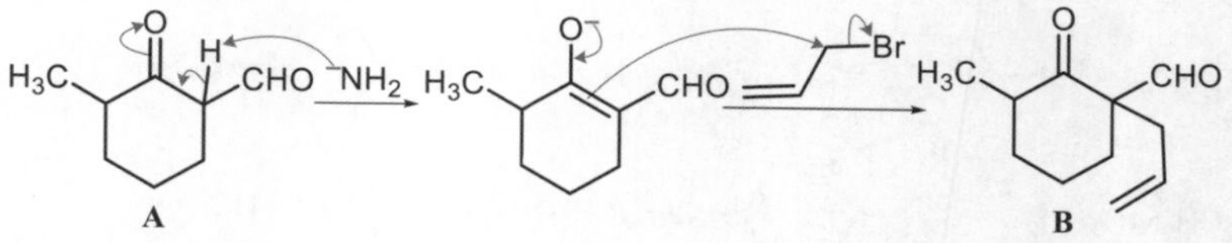

(c) 利用甲酰基也可以活化酮的 α-位，导向酮 α-位的高选择性烷基化；非对称酮一般在含氢较多的 α-位甲酰化，使用 1 mol 的碱导向含氢较多的 α-位的烷基化（如从 2-甲基环己-1-酮到 D）；使用过量强碱则导向含氢较少的 α-位的烷基化（如从 2-甲基环己-1-酮到 E）；利用 1,3-二羰基化合物的酸式分解可以去除甲酰基。

【练习 15.31】 利用羧酸银盐和单质碘可以分别实现烯烃的选择性反式双羟基化（Prévost *trans*-dihydroxylation）或顺式双羟基化（Woodward *cis*-dihydroxylation）。

环己烯、羧酸银盐和单质碘的摩尔比均为 1∶2∶1；Prévost *trans*-双羟基化与 Woodward *cis*-双羟基化都经过两步几乎一样的反应来实现，仅是两步衔接上的控制不同，导致反应立体化学迥异：若第一步反应（step 1）中碘完全消耗后继续反应一段时间，再进行第二步反应（step 2），其主要产物为反式邻二醇；如在第一步反应中碘完全消耗后，立即进行第二步反应（step 2），其主要产物则为顺式邻二醇。

(a) 建议 Prévost *trans*-双羟基化的反应机理；
(b) 建议 Woodward *cis*-双羟基化的反应机理。

解答 按题意要求回答如下：

Woodward *cis*-dihydroxylation

(b) [reaction scheme showing cyclohexene → iodonium → acetoxy intermediate → dioxolenium cation → hydrolysis → *cis*-diol]

【练习 15.32】 请建议下列反应的机理。

(a) 2-(2-hydroxycyclopentyl)acetic acid $\xrightarrow{\text{浓 } H_2SO_4}$ methylenecyclopentane;

(b) 3-(2-bromoethyl)-3-phenylbenzofuran-2(3H)-one $\xrightarrow[\text{CH}_3\text{OH}]{\text{NaOCH}_3}$ methyl 4-phenylchroman-4-carboxylate;

(c) 2-aminobenzaldehyde + diketene $\xrightarrow[\Delta]{\text{OH}^-}$ 3-acetyl-2(1H)-quinolinone;

(d) isopropenyl acetate + cyclohexanone $\xrightarrow[\Delta, 12h]{p\text{-CH}_3\text{C}_6\text{H}_4\text{SO}_3\text{H}}$ cyclohexenyl acetate (99%) + CH_3COCH_3;

(e) $CH_3CONHCH_2CO_2H$ $\xrightarrow{\text{SOCl}_2}$ 2-methyl-oxazol-5(4H)-one;

(f) 2-bromo-6,6-dimethylcyclohexanone $\xrightarrow[(2) H_3O^+]{(1) \text{NaOH, } H_2O}$ 2,2-dimethylcyclopentanecarboxylic acid;

(g) dimethyl phthalate + $CH_3CH_2COCH_2CH_3$ $\xrightarrow[\text{benzene}]{\text{NaH}}$ 2-methylindane-1,3-dione;

(h) (1-methyl-2-propanoylcyclopropyl) acetate $\xrightarrow{\text{NaOH}}$ 2,3-dimethylcyclopent-2-enone。

解答 各反应的机理如下：

(a) [mechanism: cyclopentane with CH$_2$CO$_2$H and OH $\xrightarrow{\text{浓 } H_2SO_4}$ protonation of CO$_2$H → cyclization to bicyclic hemiketal → oxocarbenium → loss of H$_2$O → lactone → ring opening to carbocation → $-CO_2, H^+$ → methylenecyclopentane]

· 216 ·

(b) 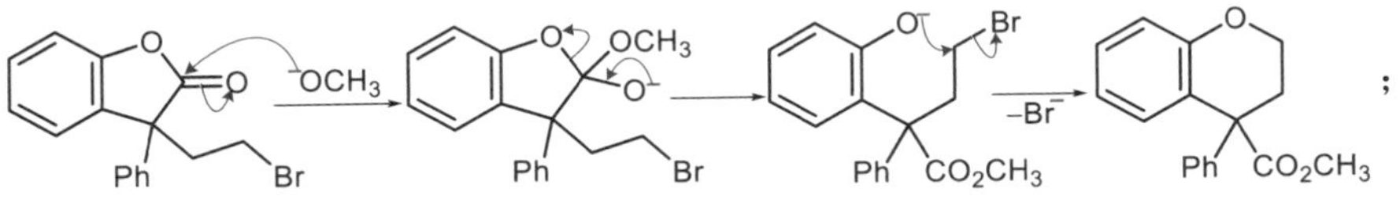

(c) 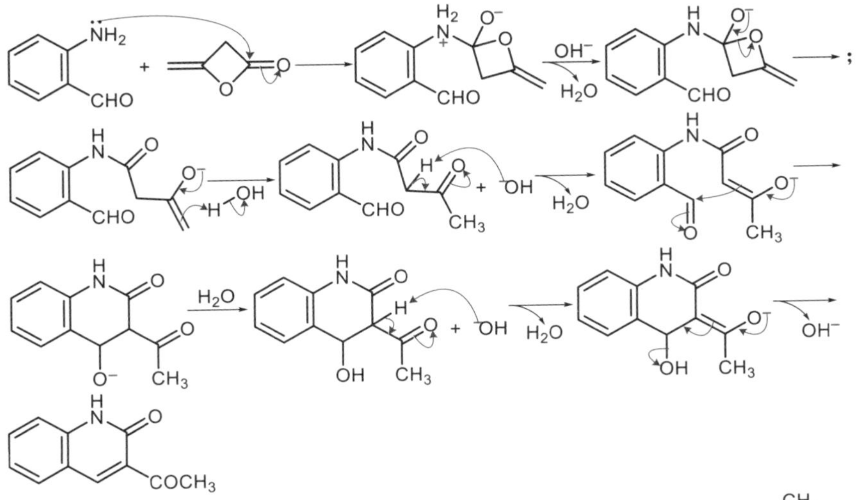

(d) 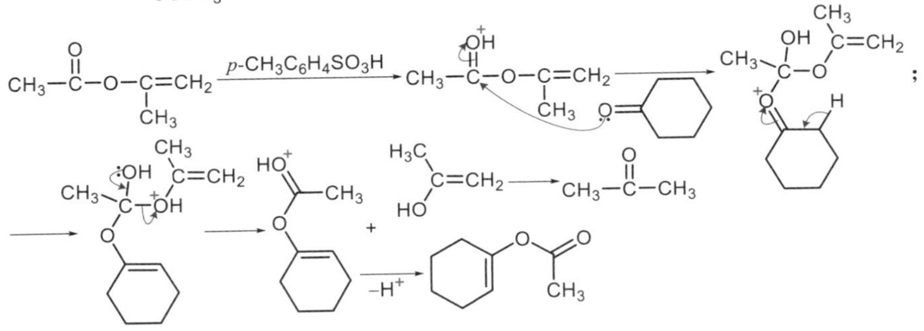

(e) 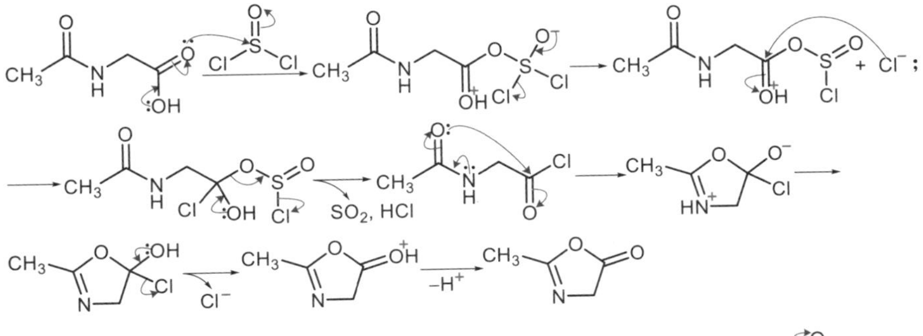

(f) 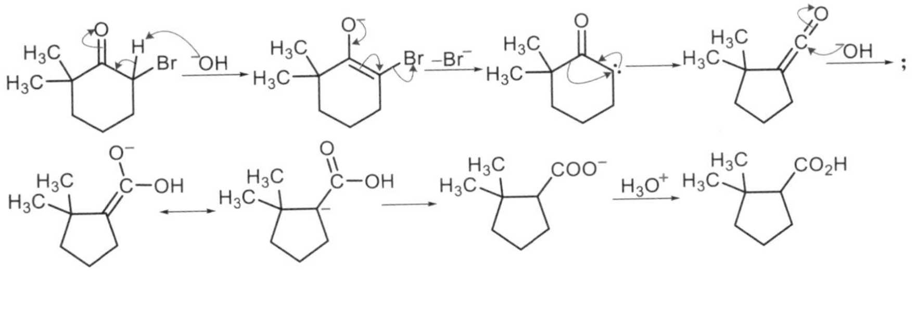

(g)

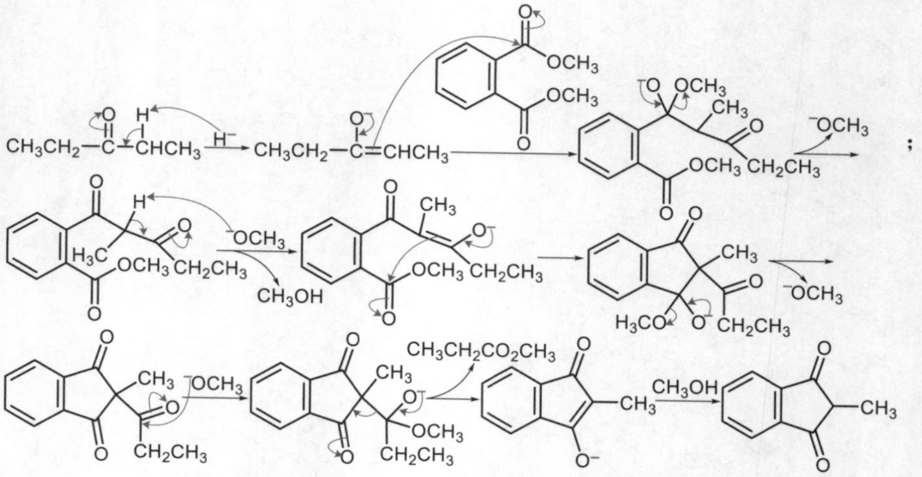

(h)

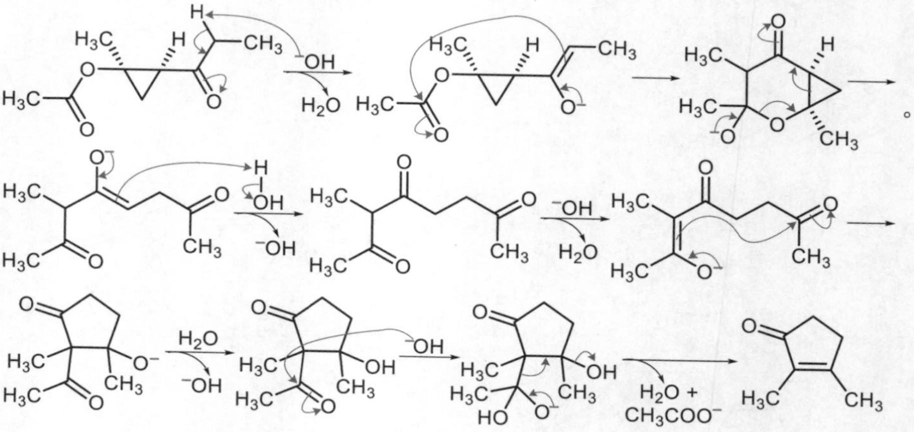

【练习 15.33】 某有旋光性的邻苯二甲酸单酯的碱性水解反应如下。在氢氧化钠水溶液中的水解得到构型保持的醇；而在碳酸钠水溶液中的水解得到的醇不仅没有旋光性，而且还生成另一个异构化的醇。请给予合理的机理解释。

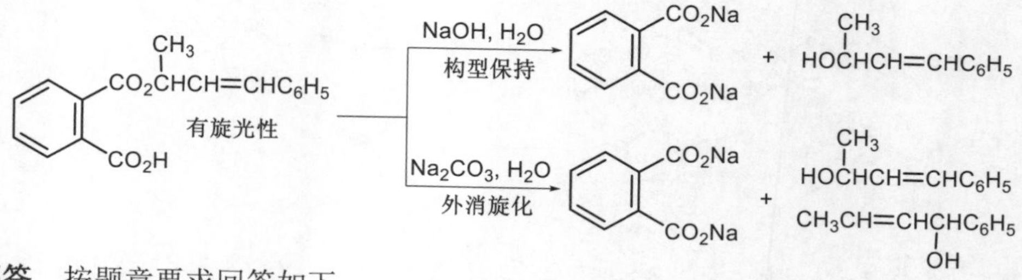

解答 按题意要求回答如下：

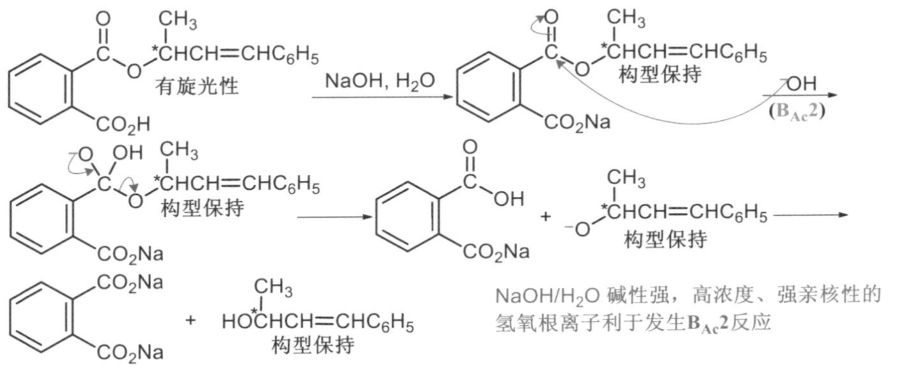

第 15 章 羧酸衍生物

（反应机理示意图，涉及有旋光性酯在 NaOH/H$_2$O 条件下经 $B_{Ac}2$ 机理水解保持构型，以及在 Na$_2$CO$_3$/H$_2$O 条件下经 S_N1 机理水解外消旋化的过程）

NaOH/H$_2$O 碱性强，高浓度、强亲核性的氢氧根离子利于发生 $B_{Ac}2$ 反应

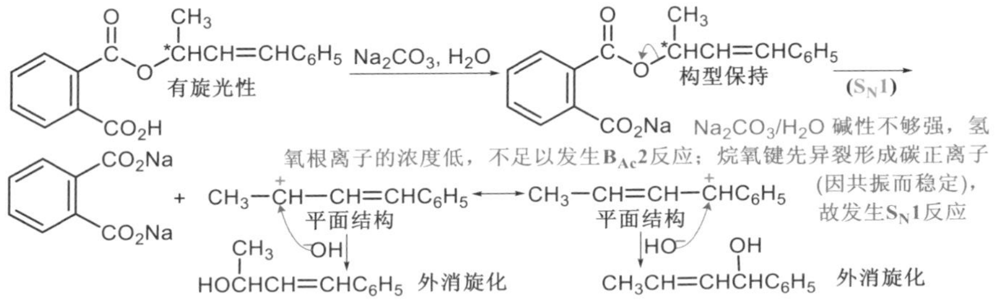

Na$_2$CO$_3$/H$_2$O 碱性不够强，氢氧根离子的浓度低，不足以发生 $B_{Ac}2$ 反应；烷氧键先异裂形成碳正离子（因共振而稳定），故发生 S_N1 反应

【练习 15.34】 三氟乙酸酐与羧酸反应可以生成混酐。请建议该反应的机理。

$$CF_3-\overset{O}{\underset{}{C}}-O-\overset{O}{\underset{}{C}}-CF_3 + R-\overset{O}{\underset{}{C}}-OH \rightleftharpoons R-\overset{O}{\underset{}{C}}-O-\overset{O}{\underset{}{C}}-CF_3 + CF_3-\overset{O}{\underset{}{C}}-OH$$

三氟乙酸与其他羧酸形成的混酐是良好的酰基化试剂，可以实现醇或酚的选择性酯化。请讨论该反应的选择性。

$$R-\overset{O}{\underset{}{C}}-O-\overset{O}{\underset{}{C}}-CF_3 + R'-OH \longrightarrow R-\overset{O}{\underset{}{C}}-O-R' + CF_3-\overset{O}{\underset{}{C}}-OH$$

将羧酸与醇或酚混合，再加三氟乙酸酐，可以在温和条件下得到酯，甚至是高位阻的酸与酚间的酯化。请建议下列反应的机理。

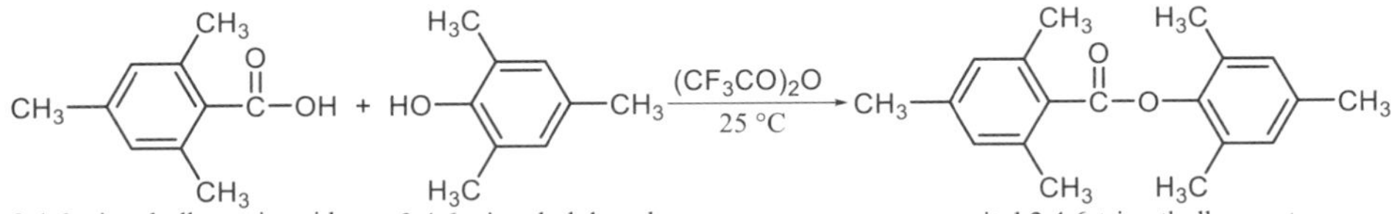

2,4,6-trimethylbenzoic acid + 2,4,6-trimethylphenol $\xrightarrow[25\ °C]{(CF_3CO)_2O}$ mesityl 2,4,6-trimethylbenzoate

解答 按题意要求回答如下：

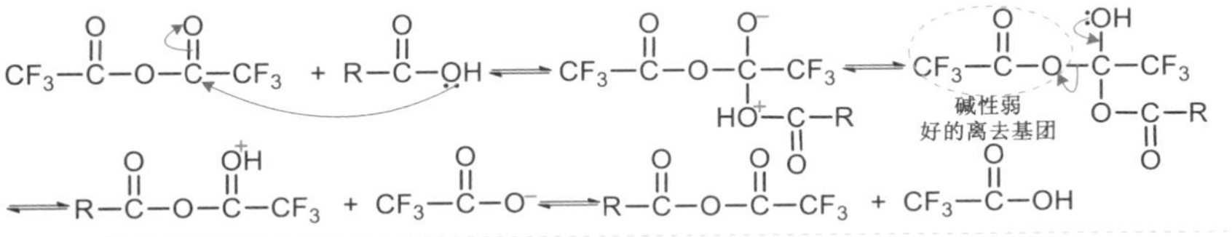

（机理图：三氟乙酸酐与羧酸发生加成-消除反应，经四面体中间体，标注"碱性弱 好的离去基团"，最终生成混酐和三氟乙酸）

【练习 15.35】 乙酸 1,2-二苯基乙酯-2-d（1,2-diphenylethyl-2-d acetate）热裂解：(1R,2R)-或(1S,2S)-构型的产物是含氘的 trans-1,2-二苯基乙烯（trans-1,2-diphenylethene-1-d）；(1R,2S)-或(1S,2R)-构型的产物是不含氘的 trans-1,2-二苯基乙烯（trans-1,2-diphenylethene）。请给予合理的解释。

解答 酯的高温热裂解为顺式消除，存在两种 β-氢可消除时选择位能较低的那个重叠式构象进行消除。

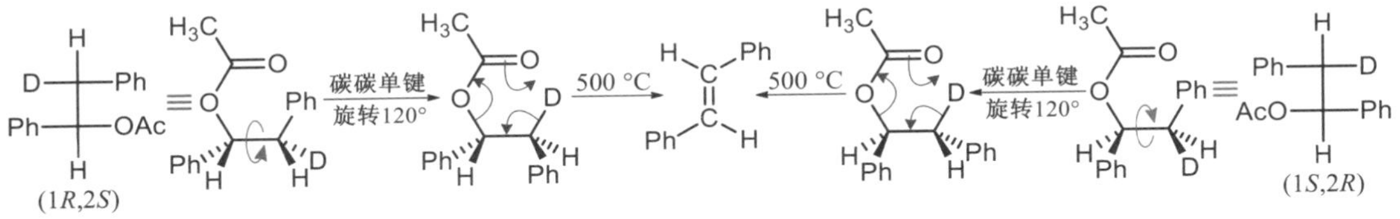

(图示：(1R,2S) 构型化合物经碳碳单键旋转120°、500 °C 热消除、再旋转120°，生成 (1S,2R) 构型化合物的立体化学转化过程)

【练习 15.36】 以 *N*-甲基-*γ*-丁内酰胺（*N*-methyl-*γ*-butyrolactam）为起始原料实现如下转化。元素分析结果表明化合物 C 含碳 64.84%、氢 8.16%、氮 12.60%。

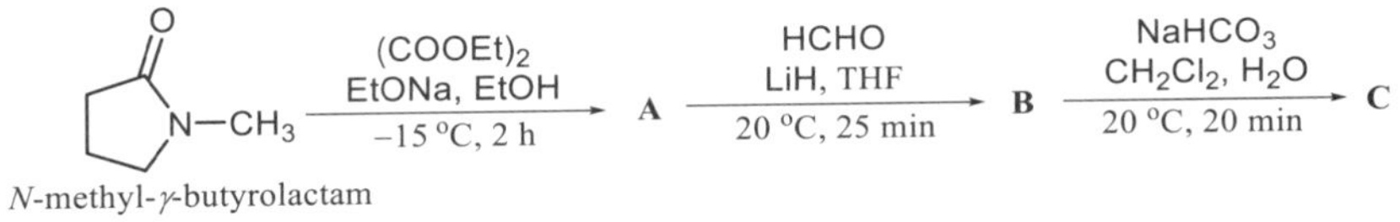

$$\text{N-methyl-}\gamma\text{-butyrolactam} \xrightarrow[-15\ ^\circ\text{C, 2 h}]{(\text{COOEt})_2,\ \text{EtONa, EtOH}} \mathbf{A} \xrightarrow[20\ ^\circ\text{C, 25 min}]{\text{HCHO, LiH, THF}} \mathbf{B} \xrightarrow[20\ ^\circ\text{C, 20 min}]{\text{NaHCO}_3,\ \text{CH}_2\text{Cl}_2,\ \text{H}_2\text{O}} \mathbf{C}$$

请回答：(a) 写出化合物 A、B 和 C 的结构简式（提示：化合物 B 不含羟基）；(b) 给出 A 和 B 的形成机理；(c) 就 B→C 的转化过程给予合理的机理解释。

解答 按题意要求回答如下：

(a) *N*-甲基-*γ*-丁内酰胺转化到 A 的反应为酯缩合反应；A 到 B 的转化为羟醛缩合、酯交换过程；*N*-甲基-*γ*-丁内酰胺分子中只有一个氮原子，全部转化过程中没有引入氮原子，依元素分析数据，C 分子中最可能含有一个氮原子，其相对分子量为 111，含 6 个碳、9 个氢，很可能含 1 个氧。C 分子式为 C_6H_9NO。推测 A、B 和 C 的结构简式如下：

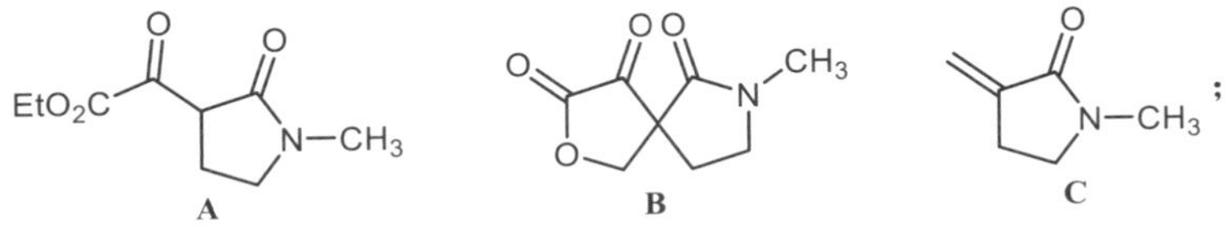

(结构式 A：3-(乙氧羰基羰基)-*N*-甲基-2-吡咯烷酮；B：螺环内酯-内酰胺；C：3-亚甲基-*N*-甲基-2-吡咯烷酮)

(b) (机理图示：EtO⁻ 去质子化 → 与草酸二乙酯缩合 → 失去 EtO⁻ → 得到 A；A 去质子化 → 与甲醛加成 → 分子内酯交换 → 失去 EtO⁻ → 得到 B)

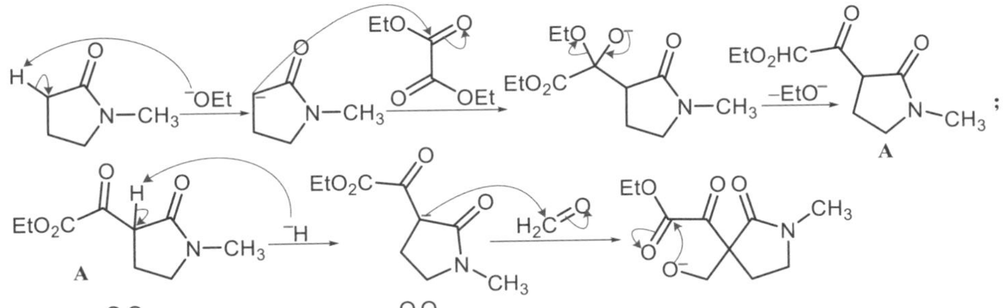

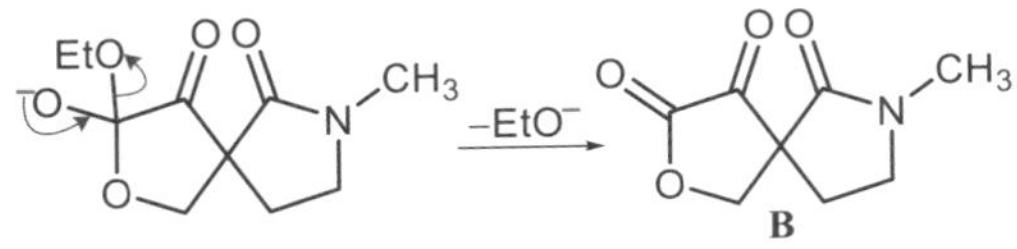

(c) (机理图示：B 经 OH⁻ 进攻羰基 → 开环 → E1cb 消除草酸根 → 生成 C 和草酸根)

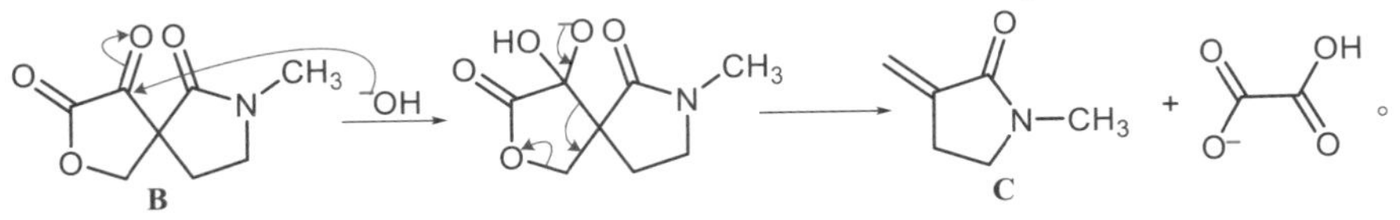

【练习 15.37】 影响有机反应的因素较多。例如，反应底物中的取代基不同往往会使反应生成不同的产物。

请对上述反应结果给予合理的机理解释。

解答 按题意要求回答如下：

第 16 章 含氮有机化合物

学习目标

通过本章学习，了解含氮有机化合物与人类生产和生活的关系；掌握胺的结构特征和性质特征，掌握胺的结构测定和鉴别方法；掌握胺的命名；学习并掌握胺、烯胺、季铵化合物、芳基重氮盐及重氮甲烷等的主要反应及其用途；掌握 Cope 消除、Hofmann 消除的区域选择性和立体选择性；掌握烯胺的制备及作为亲核试剂的相关反应机理、Stevens 重排和 Wolff 重排反应的机理；了解胺的制备。

主要内容

含氮有机化合物指的是分子中含有碳氮键的化合物。本章主要学习胺的结构、命名、化学性质和制法，学习烯胺、季铵碱、芳基重氮盐及重氮甲烷的结构、性质和应用。

第16章 含氮有机化合物

Stevens 重排反应机理

Wolff 重排反应机理

有关烯胺制备和性质的反应机理

制法

重点难点

胺的命名，胺的主要反应，Cope 消除、Hofmann 消除的区域选择性和立体选择性，测定胺结构的 Hofmann 彻底甲基化。烯胺的主要反应、机理及其在有机合成中的应用，芳基重氮盐的主要反应及其在有机合成中的应用，重氮甲烷等的主要反应，Stevens 重排和 Wolff 重排反应的机理。

练习及参考解答

【练习 16.1】 用系统命名法（CCS 法和 IUPAC 法）命名下列化合物。

(a) CH₃CH₂CH(NHCH₃)CH₃； (b) C₆H₅N(CH₂CH₃)₂； (c) C₆H₅CH₂—NH—C₆H₅；

(d) C₆H₅—NH—环己基； (e) 环己-1,2-二胺； (f) 4-氨基苯酚； (g) (1S,4S)-4-氨基环己-2-烯-1-醇。

解答 题给各化合物的系统命名如下：
(a) *N*-甲基丁-2-胺（*N*-methylbutan-2-amine）；
(b) *N,N*-二乙基苯胺（*N,N*-diethylaniline）；
(c) *N*-苄基苯胺（*N*-benzylaniline）；
(d) *N*-环己基苯胺（*N*-cyclohexylaniline）；
(e) (1*R*,2*R*)-环己-1,2-二胺（(1*R*,2*R*)-cyclohexane-1,2-diamine）；
(f) 4-氨基苯酚（4-aminophenol）；
(g) (1*S*,4*S*)-4-氨基环己-2-烯-1-醇（(1*S*,4*S*)-4-aminocyclohex-2-en-1-ol）。

【练习 16.2】 写出下列化合物的结构。

(a) 3-methylbutan-1-amine；   (b) *N*-ethyl-*N*-methylhexan-3-amine；
(c) naphthalen-1-amine；   (d) *m*-chloroaniline；
(e) 苄基环己基甲基胺；   (f) *N,N*-二乙基-3-甲基戊-2-胺；
(g) *trans*-2-氨基环戊-1-醇；   (h) *N*-乙基乙二胺；
(i) (*S*)-β-氨基丁酸；   (j) (1*R*,2*S*)-2-甲氨基-1-苯基丙-1-醇。

解答 各化合物的结构式如下：

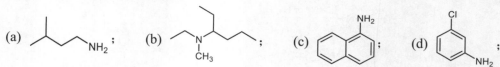

(e) ; (f) ; (g) ;

(h) ; (i) ; (j) 。

【练习16.3】 判断下列化合物中,哪些可以拆分成对映体?哪些不可以?请说明原因。

(a) CH₃CHCH₂CH₃ (NH₂); (b) ; (c) ; (d) ;

(e) ; (f) ; (g) ; (h) 。

解答 (a)、(c)、(d)、(f)、(h) 可以拆分成对映体,它们均为手性分子,存在对映异构;(b)、(e)、(g) 不可以拆分成对映体,它们都不是手性分子,不存在对映异构。

【练习16.4】 请解释三甲胺、甲乙胺、丙胺间的沸点差异;为什么丙胺的沸点远低于丙醇?

解答 三甲胺、甲乙胺、丙胺互为同分异构体,分子量相同,其沸点差异的主要原因为分子间能否形成氢键及氢键强弱不同:三甲胺无分子间氢键,甲乙胺有较弱的分子间氢键,丙胺有较强的分子间氢键;丙胺的沸点远低于丙醇的原因是:丙胺的分子间氢键弱于丙醇的分子间氢键(N–H 极性弱于 O–H)。

【练习16.5】 请解释硝基苯胺异构体间熔点、沸点差异的原因。

化合物	2-O₂NC₆H₄NH₂	3-O₂NC₆H₄NH₂	4-O₂NC₆H₄NH₂
熔点/°C	71.5	114	148
沸点/°C	284	306	332

解答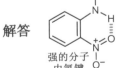

强的分子内氢键　　较弱的分子间氢键　　强的分子间氢键 最高的分子对称性

【练习16.6】 请按碱性由强到弱的顺序排列下列各组含氮化合物,并说明理由。

(a) CH₃CH₂CH₂CH₂NH₂, NH₃, CH₃CH₂NHCH₂CH₃, C₆H₅NH₂, (吡咯烷)NH;

(b) (4-Cl-C₆H₄-NH₂), (4-CH₃-C₆H₄-NH₂), (4-O₂N-C₆H₄-NH₂), (4-H₃CO-C₆H₄-NH₂), (C₆H₅NH₂);

(c) $CH_3CH_2NH_2$，$CH_3C\equiv N$，$CH_3CH=NH$； (d) [piperidine NH]，[morpholine O NH]。

解答 按题意要求回答如下：

(a) [pyrrolidine NH] > $CH_3CH_2NHCH_2CH_3$ > $CH_3CH_2CH_2CH_2NH_2$ > NH_3 > $C_6H_5NH_2$；

(b) [4-CH_3O-C_6H_4-NH_2] > [4-CH_3-C_6H_4-NH_2] > [$C_6H_5NH_2$] > [4-Cl-C_6H_4-NH_2] > [4-O_2N-C_6H_4-NH_2]；

(c) $CH_3CH_2NH_2$ > $CH_3CH=NH$ > $CH_3C\equiv N$； (d) [piperidine NH] > [morpholine NH]。

【练习 16.7】 完成下列反应。

(a) $(PhCH_2)_2NH$ + $ClCH_2COCH_3$ ⟶ ？；
(b) $(CH_3)_3C$-[piperidine]-CH_3 $\xrightarrow{PhCH_2Cl}$ ？ + ？；
(c) HN[piperidine]-CH_2CH_2Br $\xrightarrow{NaOH}$ ？；
(d) [cyclohexyl]-CH_2NH_2 + $3CH_3I$ $\xrightarrow{CH_3OH, \Delta}$ ？；
(e) C_6H_5-NH_2 + CH_3CO_2H $\xrightarrow{\Delta}$ ？；
(f) [morpholine NH] + Cl-C_6H_4-NO_2 $\xrightarrow{\Delta}$ ？；
(g) [piperidine NH] + [cyclohex-2-enone] ⟶ ？；
(h) CH_3-N($CH_2CH_2CH_3$)$_2$-C=O $\xrightarrow{HClO_4}$ ？ $[(C_8H_{16}NO)^+ClO_4^-]$。

解答 各反应的产物如下：

(a) $(PhCH_2)_2NCH_2COCH_3$； (b) $(CH_3)_3C$-[piperidine-$N^+(CH_3)(CH_2Ph)$] Cl^- + $(CH_3)_3C$-[piperidine-$N^+(CH_2Ph)(CH_3)$] Cl^-；
(c) [quinuclidine]； (d) [cyclohexyl-$CH_2N^+(CH_3)_3$] I^-； (e) C_6H_5-$NHCOCH_3$；
(f) [morpholino-C_6H_4-NO_2]； (g) [3-piperidino-cyclohexanone]； (h) [bicyclic $N^+(CH_3)$-OH] ClO_4^-。

【练习 16.8】 乙胺、二乙胺和三乙胺的混合物可以通过 Hinsberg 实验实现分离。请：(a) 完成下列分离过程；(b) 写出相关的反应方程式。

$\begin{Bmatrix} CH_3CH_2NH_2 \\ (CH_3CH_2)_2NH \\ (CH_3CH_2)_3N \end{Bmatrix}$ $\xrightarrow[NaOH]{PhSO_2Cl}$ 蒸馏 → 馏出液 ？①
残留液 用乙醚萃取 → 油层 回收乙醚 $\xrightarrow[(2)\ 中和]{(1)\ 稀\ HCl,\ \Delta}$ ？②
水层 稀 HCl $\xrightarrow[(2)\ 中和]{(1)\ 稀\ HCl,\ \Delta}$ ？③

解答 按题意要求回答如下：
(a) ①三乙胺，②二乙胺，③乙胺；

(b) $CH_3CH_2NH_2$ + $PhSO_2Cl$ $\xrightarrow{NaOH}$ $PhSO_2NHCH_2CH_3$ $\xrightarrow{NaOH}$ $PhSO_2N(CH_2CH_3)Na$ $\xrightarrow{稀 HCl}$ 。

$PhSO_2NHCH_2CH_3$ $\xrightarrow[(2)\ 中和]{(1)\ 稀 HCl, \Delta}$ $CH_3CH_2NH_2$

$(CH_3CH_2)_2NH$ + $PhSO_2Cl$ $\xrightarrow{NaOH}$ $PhSO_2N(CH_2CH_3)_2$ $\xrightarrow[(2)\ 中和]{(1)\ 稀 HCl, \Delta}$ $(CH_3CH_2)_2NH$

【练习 16.9】 完成下列合成。

(a) H_2N-C$_6H_4$-NH_2 $\xrightarrow{(CH_3CO)_2O}$? $\xrightarrow[80\ ℃]{ClSO_3H}$? $\xrightarrow{?}$? $\xrightarrow[\Delta]{稀 HCl}$ H_2N-C$_6H_4$-SO_2NH-(2-吡啶基) ;

sulfapyridine 磺胺吡啶

(b) 2,6-二甲基苯胺 $\xrightarrow[AcOH,\ NaOAc]{ClCH_2COCl}$? $\xrightarrow[toluene,\ \Delta]{?}$? $\xrightarrow{KOH\ 水溶液中和}$ 2,6-(CH$_3$)$_2$C$_6$H$_3$-NH-CO-CH$_2$N(CH$_2$CH$_3$)$_2$

lidocaine 利多卡因
（局部麻醉剂及抗心律失常药物）

解答 按题意要求回答如下：

(a) CH_3CONH-C$_6H_4$-H , CH_3CONH-C$_6H_4$-SO_2Cl , H_2N-(2-吡啶基) ;

CH_3CONH-C$_6H_4$-SO_2-NH-(2-吡啶基)

(b) 2,6-(CH$_3$)$_2$C$_6$H$_3$-NHCOCH$_2$Cl , $HN(CH_2CH_3)_2$, 2,6-(CH$_3$)$_2$C$_6$H$_3$-NH-CO-CH$_2$-$\overset{+}{N}H(CH_2CH_3)_2$ Cl^-。

【练习 16.10】 完成下列反应。

(a) 环己基-NH_2 $\xrightarrow{NaNO_2}{HCl}$? ;

(b) 哌啶-NH $\xrightarrow{NaNO_2}{HCl}$? ;

(c) 1-氨基环庚醇(OH, NH$_2$) $\xrightarrow{NaNO_2}{HCl}$? ;

(d) $Ph_2C(OH)(CH_3)$-$C(CH_3)(NH_2)$ $\xrightarrow{NaNO_2}{HCl}$?。

解答 各反应的产物如下：

(a) 环己醇-OH ; (b) 哌啶-N-NO ; (c) 环庚酮 ; (d) Ph-CO-$C(CH_3)_2$-Ph。

【练习 16.11】 建议下列反应的机理。

(a) H_2N-$\overset{CH_2CH_3}{\underset{D}{C}H}$ $\xrightarrow{NaNO_2}{HCl}$ HO-$\overset{CH_2CH_3}{\underset{D}{C}H}$;

(b) 反应式：

$CH_3O-C_6H_4-C(OH)(Ph)-CH_2NH_2 \xrightarrow{NaNO_2/HCl}$ Ph-CO-CH_2-C_6H_4-OCH_3

解答 各反应的机理如下：

(a) $CH_3CH_2-CHD-NH_2 \xrightarrow{NaNO_2/HCl} CH_3CH_2-CHD-N_2^+ \xrightarrow{H_2O} CH_3CH_2-CHD-OH_2^+ \xrightarrow{-H^+} CH_3CH_2-CHD-OH$

(b) $CH_3O-C_6H_4-C(OH)(Ph)-CH_2NH_2 \xrightarrow{NaNO_2/HCl} CH_3O-C_6H_4-C(OH)(Ph)-CH_2-N_2^+ \rightarrow$

$Ph-C(OH)^+=CH_2-C_6H_4-OCH_3 \xrightarrow{-H^+} Ph-CO-CH_2-C_6H_4-OCH_3$

【练习 16.12】 用简单的化学方法鉴别：
(a) 己胺、六氢吡啶、N-甲基四氢吡咯；
(b) 3,5-二甲基苯胺、N,4-二甲基苯胺、N,N-二甲基苯胺。

解答

(a)　　　　　　己胺　　　　　　　　　六氢吡啶　　　　　　N-甲基四氢吡咯；
NaNO₂/HCl：　　N₂↑　　　　　　　　黄色油状　　　　　　　无色溶液
或 TsCl/NaOH：先生成白色沉淀后溶解　生成的白色沉淀不溶解　　（—）

(b)　　　　　3,5-二甲基苯胺　　　　N,4-二甲基苯胺　　　　N,N-二甲基苯胺。
NaNO₂/HCl：　　无色溶液　　　　　　黄色油状　　　　　　　绿色结晶

【练习 16.13】 完成下列反应。

(a) N-甲基吡咯烷 $\xrightarrow{H_2O_2}$? $\xrightarrow{\Delta}$?；

(b) N-乙基哌啶 $\xrightarrow{H_2O_2}$? $\xrightarrow{\Delta}$? + ?；

(c) (2,2-二甲基-6-D-环己基)-N(CH₃)₂ $\xrightarrow{(1) H_2O_2}{(2) \Delta}$? + ?；

(d) 樟脑衍生物-CH₂N(CH₃)₂ $\xrightarrow{H_2O_2}$? $\xrightarrow{\Delta}$? + ?；

(e) PhCH₂-CH(CH₃)-N(CH₃)₂ $\xrightarrow{(1) H_2O_2}{(2) \Delta}$? + ?；

(f) 环己基-顺-N(CH₃)₂/CH₃ $\xrightarrow{(1) CH_3CO_3H}{(2) \Delta}$? + ?；

(g) (CH₃)₂N-CD(H)-C(H)(Ph)(CH₂CH₃) $\xrightarrow{(1) H_2O_2}{(2) \Delta}$? + ?；

(h) (环己基-H/D, CH₃/D, N(CH₃)₂) $\xrightarrow{(1) H_2O_2}{(2) \Delta}$? + ?。

解答 按题意要求回答如下：

(a), (b) + CH₂=CH₂; (c) + HON(CH₃)₂;

(d) + (CH₃)₂NOH; (e) Ph-CH=CH-CH₃ + HON(CH₃)₂;

(f) + HON(CH₃)₂; (g) + HON(CH₃)₂; (h) + HON(CH₃)₂。

【练习 16.14】 完成下列合成。

(a) Ph-CH(OH)-CH(CH₃)-NH(CH₃) —CH₂=CHCN/CH₃OH→ ? —mCPBA→ ? —Δ→ Ph-CH(OH)-CH(CH₃)-N(OH)(CH₃) + ?;

(b) 3,3,5,5-tetramethylcyclohexanone + pyrrolidine/HOAc, NaOAc → ? —(1) B₂H₆ (2) H₂O₂, OH⁻→ ? —Δ→ ? —CrO₃, H⁺→ ? —H₂, PtO₂→ 3,3,5,5-tetramethylcyclohexanone。

解答 按题意要求回答如下：

(a) Ph-CH(OH)-CH(CH₃)-N(CH₂CH₂CN)(CH₃), Ph-CH(OH)-CH(CH₃)-N⁺(O⁻)(CH₂CH₂CN)(CH₃), CH₂=CHCN;

(b) enamine with pyrrolidine, N-oxide with OH, cyclohexenol, cyclohexenone。

【练习 16.15】 完成下列反应。

(a) 4-aminobenzoic acid —Br₂, CH₃CO₂H→; (b) 2-methylaniline —H₂SO₄/Δ→; (c) 2-ethylacetanilide —CH₃COCl/AlCl₃, CS₂→。

解答 各反应的产物如下：

(a) 4-amino-3-bromobenzoic acid; (b) 4-amino-3-methylbenzenesulfonic acid; (c) N-(4-methoxy-2-ethylphenyl)acetamide。

【练习 16.16】 完成下列合成。

(a) 4-甲基苯胺 $\xrightarrow{CH_3CO_2H, \Delta}$? $\xrightarrow{Br_2, CH_3CO_2H}$? $\xrightarrow[(2) NaOH, H_2O]{(1) HCl, H_2O, \Delta}$?;

(b) 4-异丙基苯胺 $\xrightarrow{(CH_3CO)_2O}$? $\xrightarrow{HNO_3, 20\ ^\circ C}$? $\xrightarrow[\Delta]{KOH, EtOH}$?。

解答 按题意要求回答如下：

(a) 4-甲基-N-乙酰苯胺, 4-甲基-2-溴-N-乙酰苯胺, 4-甲基-2-溴苯胺;

(b) 4-异丙基-N-乙酰苯胺, 4-异丙基-2-硝基-N-乙酰苯胺, 4-异丙基-2-硝基苯胺。

【练习 16.17】 完成下列反应。

(a) 邻硝基异丙苯 $\xrightarrow{H_2, Ni / CH_3OH}$;

(b) 2-硝基-N-乙酰苯胺 $\xrightarrow{H_2, Ni}$? $\xrightarrow{LiAlH_4}$?;

(c) $CH_3CH_2CH_2CH(NO_2)CH_3$ $\xrightarrow[(2) OH^-]{(1) Sn, HCl, H_2O}$;

(d) $CH_3(CH_2)_4CH_2C(=NOH)CH_3$ $\xrightarrow{Na, EtOH}$;

(e) 1,1'-二(萘基)肼 $\xrightarrow[\Delta]{H^+}$;

(f) 环戊酮 $\xrightarrow{HCN}$? $\xrightarrow{H_2, Ni}$? $\xrightarrow{HNO_2}$?

环戊酮 $\xrightarrow[OH^-]{CH_3NO_2}$? $\xrightarrow[(2) NaOH]{(1) Fe, H_2SO_4, H_2O}$? $\xrightarrow{HNO_2}$?。

解答 按题意要求回答如下：

(a) 邻异丙基苯胺;

(b) 邻氨基-N-乙酰苯胺, 邻氨基-N-乙基苯胺;

(c) $CH_3CH_2CH_2CH(NH_2)CH_3$;

(d) $CH_3(CH_2)_4CH_2CH(NH_2)CH_3$;

(e) 4,4'-二氨基-1,1'-联萘;

(f) 环戊酮 $\xrightarrow{HCN}$ 1-羟基环戊基腈 $\xrightarrow{H_2, Ni}$ 1-羟基-1-氨甲基环戊烷 $\xrightarrow{HNO_2}$ 环己酮

环戊酮 $\xrightarrow[OH^-]{CH_3NO_2}$ 1-羟基-1-硝甲基环戊烷 $\xrightarrow[(2) NaOH]{(1) Fe, H_2SO_4, H_2O}$ 1-羟基-1-氨甲基环戊烷 $\xrightarrow{HNO_2}$ 环己酮。

【练习 16.18】 用 Gabriel 法合成：(a) (±)-蛋氨酸，(b) (±)-天冬氨酸。

$$\underset{\substack{(\pm)\text{-methionine} \\ (\pm)\text{-蛋氨酸}}}{\text{CH}_3\text{SCH}_2\text{CH}_2\overset{\overset{\text{NH}_2}{|}}{\text{CH}}\text{CO}_2\text{H}} \qquad \underset{\substack{(\pm)\text{-aspartic acid} \\ (\pm)\text{-天冬氨酸}}}{\text{HO}_2\text{CCH}_2\overset{\overset{\text{NH}_2}{|}}{\text{CH}}\text{CO}_2\text{H}}$$

解答 按题意要求回答如下：

(a) 邻苯二甲酰亚胺钾 $\xrightarrow{\text{BrCH(CO}_2\text{Et})_2}$ N-CH(CO$_2$Et)$_2$ $\xrightarrow[\text{NaOEt, EtOH}]{\text{BrCH}_2\text{CH}_2\text{SCH}_3}$ N-C(CO$_2$Et)$_2$(CH$_2$CH$_2$SCH$_3$) ;

$\xrightarrow{\text{OH}^-, \Delta} \xrightarrow[-\text{CO}_2]{\text{H}^+, \Delta}$ CH$_3$SCH$_2$CH$_2$CH(NH$_2$)CO$_2$H   (±)-methionine, (±)-蛋氨酸

$\left(\text{CH}_3\text{SH} + \triangle\text{O} \xrightarrow[\text{H}_2\text{O}]{\text{NaOH}} \xrightarrow{\text{PBr}_3} \text{BrCH}_2\text{CH}_2\text{SCH}_3 \right)$

(b) 邻苯二甲酰亚胺钾 $\xrightarrow{\text{BrCH(CO}_2\text{Et})_2}$ N-CH(CO$_2$Et)$_2$ $\xrightarrow[\text{NaOEt, EtOH}]{\text{BrCH}_2\text{CO}_2\text{Et}}$ N-C(CO$_2$Et)$_2$(CH$_2$CO$_2$Et) 。

$\xrightarrow{\text{OH}^-, \Delta} \xrightarrow{\text{H}^+, \Delta, -\text{CO}_2}$ HO$_2$CCH$_2$CH(NH$_2$)CO$_2$H   (±)-aspartic acid, (±)-天冬氨酸

【练习 16.19】 完成下列转化。

(a) 环己酮 $\xrightarrow{\text{NH, H}^+}$? $\xrightarrow[(2) \text{H}_3\text{O}^+]{(1) \text{CH}_3\text{COCl, Et}_3\text{N}}$? ;

(b) 环己酮 $\xrightarrow{\text{NH, H}^+}$? $\xrightarrow[(2) \text{H}_3\text{O}^+]{(1) \text{BrCH}_2\text{CO}_2\text{Et}}$? ;

(c) CH$_3$CH(CH$_3$)CHO $\xrightarrow[\text{K}_2\text{CO}_3]{(\text{CH}_3)_2\text{NH}}$? $\xrightarrow[(2) \text{H}_3\text{O}^+]{(1) \text{BrCH}_2\text{CH}=\text{CHCH}_3}$? ;

(d) 环己酮 $\xrightarrow{\text{NH, H}^+}$? $\xrightarrow[(2) \text{H}_3\text{O}^+]{(1) \text{ClCH}_2\text{OCH}_3}$? ;

(e) β-四氢萘酮 $\xrightarrow{\text{NH, H}^+}$? $\xrightarrow[(2) \text{H}_3\text{O}^+]{(1) \text{BrCH}_2\text{COCH}_3}$? ;

(f) CH$_3$COCH(CH$_3$)CH$_3$ $\xrightarrow{\text{NH, H}^+}$? $\xrightarrow[(2) \text{H}_3\text{O}^+]{(1) \text{CH}_3\text{COCl, Et}_3\text{N}}$? ;

(g) 环己酮 $\xrightarrow{\text{NH, H}^+}$? $\xrightarrow{\text{CH}_2=\text{CHCO}_2\text{Et}}$ 2-(吡咯烷基)环己烯基-CH$_2$CH$_2$CO$_2$Et $\xrightarrow{\text{CH}_2=\text{CHCO}_2\text{Et}}$? $\xrightarrow{\text{H}_3\text{O}^+}$? 。

解答 按题意要求回答如下：

(a) 1-(哌啶基)环己烯, 2-乙酰基环己酮 ;

(b) 1-(哌啶基)环己烯, 2-(乙氧羰基甲基)环己酮 ;

(c) $(CH_3)_2C=CHN(CH_3)_2$, $(CH_3)_2\overset{CHO}{C}CH_2CH=CHCH_3$; (d) [cyclohexenyl-pyrrolidine], [2-(methoxymethyl)cyclohexanone];

(e) [3,4-dihydronaphthalen-2-yl piperidine], [1-(2-oxo-1,2,3,4-tetrahydronaphthalen-1-yl)acetone CH₂COCH₃]; (f) [pyrrolidine enamine of 3-pentanone], [3-methylpentane-2,4-dione CH₃];

(g) [1-pyrrolidinylcyclohexene], $EtO_2CCH_2CH_2$—[2-(2-ethoxycarbonylethyl)-1-pyrrolidinyl cyclohexene]—$CH_2CH_2CO_2Et$, [2,6-bis(2-ethoxycarbonylethyl)cyclohexanone with CO_2Et groups].

【练习 16.20】 完成下列反应。

(a) $(CH_3)_3CCH_2\overset{+}{N}(CH_3)_3\ OH^-\xrightarrow{\Delta}$; (b) $(CH_3)_3C$—[cyclohexyl]—$\overset{+}{N}(CH_3)_3\ OH^-\xrightarrow{\Delta}$;

(c) $(CH_3)_3C$—$\overset{CH_2CH_3}{\underset{|}{\overset{+}{N}}}(CH_3)_2\ OH^-\xrightarrow{\Delta}$; (d) CH_3CH_2—$\overset{CH_2CH_2CH=CH_2}{\underset{|}{\overset{+}{N}}}(CH_3)_2\ OH^-\xrightarrow{\Delta}$;

(e) H_3C—[cyclohexyl]—$\overset{\overset{+}{N}(CH_3)_3\ OH^-}{\underset{|}{C}}(CH_3)_2\xrightarrow{\Delta}$; (f) $(CH_3)_3C$—[cyclohexyl]—$\overset{+}{N}(CH_3)_3\ OH^-\xrightarrow{\Delta}$;

(g) [1-methyl-1-(trimethylammonio)cyclohexane] $OH^-\xrightarrow{\Delta}$; (h) $CH_3O\overset{O}{\overset{\|}{C}}CH_2CH_2$—$\overset{CH_2CH_3}{\underset{|}{\overset{+}{N}}}(CH_3)_2\ OH^-\xrightarrow{\Delta}$;

(i) [2,6-dimethyl-1-methyl-1-ethyl piperidinium] $OH^-\xrightarrow{\Delta}$; (j) [trans-2-methyl-6-D-cyclohexyl trimethylammonium hydroxide] $\xrightarrow{\Delta}$; (k) [spiro cyclohexane-aziridine N-Me] $\xrightarrow[\Delta]{NaOEt\ EtOH}$。

解答 各反应的产物如下：

(a) $(CH_3)_3CCH_2N(CH_3)_2 + CH_3OH$; (b) $(CH_3)_3C$—[cyclohexyl]—$N(CH_3)_2 + CH_3OH$;

(c) $(CH_3)_2C=CH_2 + CH_3CH_2N(CH_3)_2 + H_2O$; (d) $CH_2=CHCH=CH_2 + CH_3CH_2N(CH_3)_2 + H_2O$;

(e) H_3C—[cyclohexyl]—$\overset{CH_3}{\underset{|}{C}}=CH_2 + N(CH_3)_3 + H_2O$; (f) $(CH_3)_3C$—[cyclohexene] $+ N(CH_3)_3 + H_2O$;

(g) [cyclohexylidene]$=CH_2 + N(CH_3)_3 + H_2O$; (h) $CH_3O_2CCH=CH_2 + CH_3CH_2N(CH_3)_2 + H_2O$;

(i) [structure: H₂C=CH-CH₂CH₂CH₂-CH(N(CH₃)₂)-CH₂CH₃] + H₂O ;   (j) [3-methylcyclohexenyl-D] + N(CH₃)₃ + H₂O ;   (k) [cyclohexenyl-CH₂-NHMe] + [cyclohexyl with CH₂OEt and NHMe] 。

【练习 16.21】 完成下列转化。

(a) [quinolizidine] $\xrightarrow{CH_3I}$? $\xrightarrow{Ag_2O, H_2O}$? $\xrightarrow{\Delta}$? $\xrightarrow[(3) \Delta]{(1) CH_3I \quad (2) Ag_2O, H_2O}$? ;

(b) [decalin structure with OMe, OSiMe₃] $\xrightarrow{CH_2=\overset{+}{N}(CH_3)_2 F^-}$? $\xrightarrow{CH_3I}$? $\xrightarrow{NaOH}$ [decalinone with OMe, exo-methylene] $\longrightarrow$ (+)-picrasin 。

解答 按题意要求回答如下:

(a) [quinolizidinium methiodide], [quinolizidinium hydroxide], [2-(3-butenyl)-N-methylpiperidine], [open-chain diene with N(CH₃)₂] ;

(b) [intermediate with CH₂N(CH₃)₂], [intermediate with CH₂N⁺(CH₃)₃ I⁻] 。

【练习 16.22】 根据以下过程，给出化合物 A、B、C 和 D 的结构式。

A (C₈H₁₇N) $\xrightarrow{CH_3I}$ B (C₉H₂₀NI) $\xrightarrow[(2) \Delta]{(1) Ag_2O, H_2O}$ C (C₉H₁₉N) $\xrightarrow[(3) \Delta]{(1) CH_3I \quad (2) Ag_2O, H_2O}$ D (C₇H₁₂) + (CH₃)₃N

D $\xrightarrow{KMnO_4}$ H₃C-CO-CH₂-CO-CH₃

解答

A (C₈H₁₇N): [1,3,5-trimethylpiperidine] 或 [1,2,2,4-tetramethylpyrrolidine]

B (C₉H₂₀NI): [N,N-dimethyl piperidinium iodide] 或 [tetramethyl pyrrolidinium iodide]

C (C₉H₁₉N): [open chain with =CH₂ and NMe₂]

D (C₇H₁₂): [2,4-dimethyl-1,4-pentadiene]

【练习 16.23】 分子式为 C₈H₁₇N 的某胺 A，与过量碘甲烷反应转化成碘化季铵盐；接着用湿的氧化银处理，转变成季铵碱；最后加热季铵碱，转变成化合物 B（一种气体）和 C（分子式为 C₇H₁₅N）；重复上述步骤处理 C，转变成化合物 D（分子式为 C₈H₁₇N）；重复上述步骤处理 D，转变成三甲胺和化合物 E（分子式为 C₆H₁₀）；用镍催化氢化 E，转变成化合物 F（分子式为 C_6H_{14}）；F 分子中的氢只有两种。请推测出化合物 A、B、C、D、E 和 F 的结构式。

解答

A ($C_8H_{17}N$)　　B　　C ($C_7H_{15}N$)　　D ($C_8H_{17}N$)　　E (C_6H_{10})　　F (C_6H_{14})

【练习 16.24】 完成下列反应。

(a) [四氢萘胺] $\xrightarrow{(1)\ NaNO_2,\ HCl}{(2)\ CuCl}$；

(b) 3-氨基苯丁酮 $\xrightarrow{(1)\ NaNO_2,\ HCl}{(2)\ KI}$；

(c) 4-硝基-1,2-苯二胺 $\xrightarrow{(1)\ NaNO_2,\ HCl}{(2)\ KCN,\ CuCN}$；

(d) 5-氨基-2-乙基苯甲酸 $\xrightarrow{(1)\ NaNO_2,\ HCl}{(2)\ H_3PO_2}$；

(e) 2-甲氧基-1,3-苯二胺 $\xrightarrow{(1)\ NaNO_2,\ HBF_4}{(2)\ HBF_4,\ \Delta}$；

(f) 3-硝基苯胺 $\xrightarrow{(1)\ NaNO_2,\ H_2SO_4,\ H_2O,\ 0\sim 5\ ^\circ C}{(2)\ H_2SO_4,\ H_2O,\ 60\ ^\circ C}$；

(g) 2-氯苯胺 $\xrightarrow{(1)\ NaNO_2,\ HBr,\ 0\ ^\circ C}{(2)\ CuBr,\ 100\ ^\circ C}$；

(h) 2-氨基二苯甲烷 $\xrightarrow{(1)\ NaNO_2,\ HCl}{(2)\ NaOH,\ 5\ ^\circ C}$。

解答 各反应的产物如下：

(a) 1-氯四氢萘； (b) 3-碘苯丁酮； (c) 4-硝基苯甲腈； (d) 2-乙基苯甲酸；

(e) 2,3-二氟苯甲醚； (f) 3-硝基苯酚； (g) 1-溴-2-氯苯； (h) 芴。

【练习 16.25】 请用合适的原料合成偶氮化合物：(a) 对位红，(b) 茜素黄，(c) 甲基橙。

解答 按题意要求回答如下：

(a) O_2N-苯-NH_2 $\xrightarrow{NaNO_2,\ HCl}$ 2-萘酚 $\xrightarrow{NaOH,\ H_2O,\ pH=8\sim 9,\ 0\ ^\circ C}$ 对位红 (para red)；

(b) 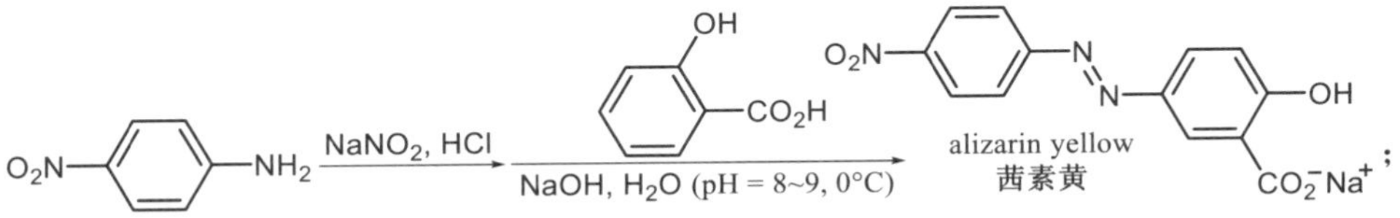 结构式反应：$O_2N-C_6H_4-NH_2$ $\xrightarrow{NaNO_2, HCl}$ 与水杨酸在 NaOH, H_2O (pH = 8~9, 0°C) 条件下反应，生成 alizarin yellow 茜素黄。

(c) 结构式反应：$H_2N-C_6H_4-SO_3Na$ $\xrightarrow{NaNO_2, HCl}$ 与 $C_6H_5-N(CH_3)_2$ 在 NaOAc/HOAc (pH = 5~6, 0°C) 条件下反应，生成 methyl orange 甲基橙。

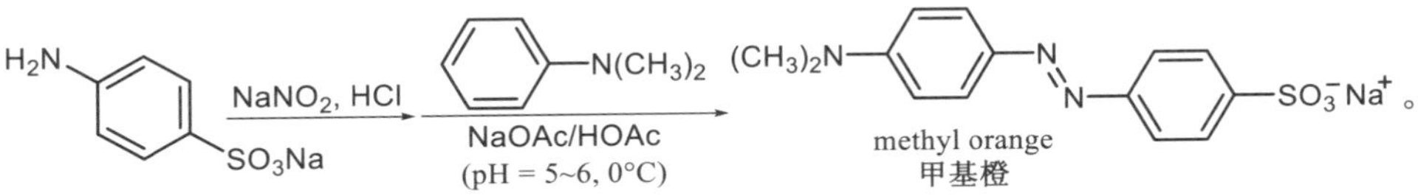

【练习 16.26】 芳基重氮盐与酚的反应要在弱碱性（pH = 8～9）条件下进行，芳基重氮盐与芳胺的反应要在弱酸性（pH = 5～6）条件下进行。为什么要控制该偶联反应的酸碱性？

解答 芳基重氮盐在低温下于强酸性溶液中较稳定，能保存数小时；在中性或碱性介质中不稳定，可转化成重氮酸或重氮酸盐：

$$Ar-\overset{+}{N}\equiv N \xrightarrow{OH^-} Ar-N=N-OH \xrightarrow{OH^-} Ar-N=N-O^- + H_2O$$
（重氮酸）

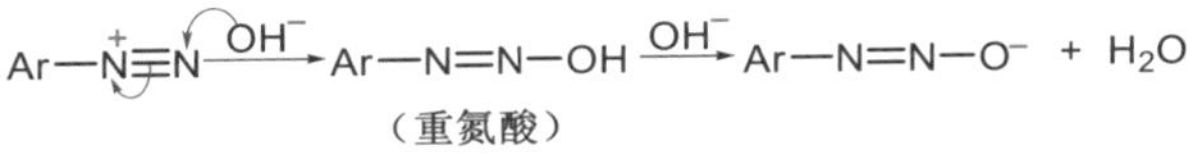

酚在弱碱性条件下较易电离，酚氧负离子更易与亲电性较弱的芳基重氮盐反应，但碱性较强可使芳基重氮盐转化成重氮酸或重氮酸盐；

芳胺的反应要在弱酸性条件下进行，酸性较强可使芳胺成盐，原来给电子的氨基转变为强吸电子的氨基正离子，大大降低芳环的亲核性。

【练习 16.27】 以下是从甲苯（toluene）出发合成 5-氨基-2,4-二羟基苯甲酸（5-amino-2,4-dihydroxybenzoic acid）的两条路线，请给出 A、B、C、D、E 和 A′、B′、C′、D′、E′ 的结构式。

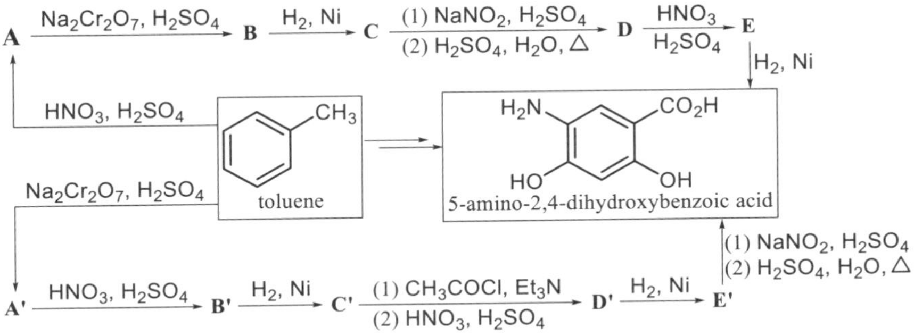

路线图：
toluene $\xrightarrow{HNO_3, H_2SO_4}$ A $\xrightarrow{Na_2Cr_2O_7, H_2SO_4}$ B $\xrightarrow{H_2, Ni}$ C $\xrightarrow{(1) NaNO_2, H_2SO_4 \quad (2) H_2SO_4, H_2O, \Delta}$ D $\xrightarrow{HNO_3, H_2SO_4}$ E $\xrightarrow{H_2, Ni}$ 5-amino-2,4-dihydroxybenzoic acid

toluene $\xrightarrow{Na_2Cr_2O_7, H_2SO_4}$ A′ $\xrightarrow{HNO_3, H_2SO_4}$ B′ $\xrightarrow{H_2, Ni}$ C′ $\xrightarrow{(1) CH_3COCl, Et_3N \quad (2) HNO_3, H_2SO_4}$ D′ $\xrightarrow{H_2, Ni}$ E′ $\xrightarrow{(1) NaNO_2, H_2SO_4 \quad (2) H_2SO_4, H_2O, \Delta}$ 5-amino-2,4-dihydroxybenzoic acid

解答 按题意要求回答如下：

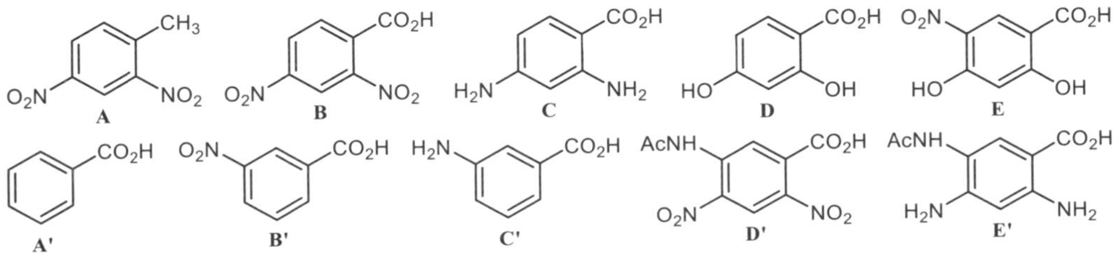

A: 2,4-二硝基甲苯（O_2N-, NO_2-, CH_3）
B: 2,4-二硝基苯甲酸（O_2N-, NO_2-, CO_2H）
C: 2,4-二氨基苯甲酸（H_2N-, NH_2-, CO_2H）
D: 2,4-二羟基苯甲酸（HO-, OH-, CO_2H）
E: 5-硝基-2,4-二羟基苯甲酸（O_2N-, HO-, OH-, CO_2H）

A′: 苯甲酸（CO_2H）
B′: 3-硝基苯甲酸（O_2N-, CO_2H）
C′: 3-氨基苯甲酸（H_2N-, CO_2H）
D′: （AcNH-, O_2N-, NO_2-, CO_2H）
E′: （AcNH-, H_2N-, NH_2-, CO_2H）

【练习 16.28】 以苯为原料合成下列化合物。

(a) 1,3-二溴苯; (b) 2,4,6-三溴苯甲酸; (c) 3-氰基苯甲酸; (d) 间苯二甲腈;

(e) 1,3,5-三溴苯; (f) 对羟基苯甲腈; (g) 对碘苯甲酸; (h) 3-氯苯乙酮;

(i) 1,2-二氯-4,5-二溴苯; (j) 2-氯-4,5-二硝基-苯酚。

解答 按题意要求回答如下:

(a) 苯 $\xrightarrow{HNO_3, H_2SO_4}$ 硝基苯 $\xrightarrow{Br_2, FeBr_3}$ 间溴硝基苯 $\xrightarrow{H_2, Pd/C}$ 间溴苯胺 $\xrightarrow[\text{(2) HBr, CuBr}]{\text{(1) NaNO}_2\text{, HBr}}$ 1,3-二溴苯;

(b) 苯 $\xrightarrow{HNO_3, H_2SO_4}$ 硝基苯 $\xrightarrow{Fe, HCl}$ 苯胺 $\xrightarrow{Br_2/H_2O}$ 2,4,6-三溴苯胺 $\xrightarrow[\text{(3) H}_2\text{SO}_4\text{/H}_2\text{O}]{\text{(1) NaNO}_2\text{, HCl; (2) KCN, CuCN}}$ 2,4,6-三溴苯甲酸;

(c) 苯 $\xrightarrow{Br_2, FeBr_3}$ 溴苯 $\xrightarrow[\text{(3) H}_3\text{O}^+]{\text{(1) Mg, 无水乙醚; (2) CO}_2}$ 苯甲酸 $\xrightarrow{HNO_3, H_2SO_4}$ 3-硝基苯甲酸 $\xrightarrow{Fe, HCl}$ 3-氨基苯甲酸 $\xrightarrow[\text{(2) KCN, CuCN}]{\text{(1) NaNO}_2\text{, HCl}}$ 3-氰基苯甲酸;

(d) 苯 $\xrightarrow{HNO_3, H_2SO_4}$ 间二硝基苯 $\xrightarrow{Fe, HCl}$ 间苯二胺 $\xrightarrow[\text{(2) KCN, CuCN}]{\text{(1) NaNO}_2\text{, HCl}}$ 间苯二甲腈;

(e) 苯 $\xrightarrow{HNO_3, H_2SO_4}$ 硝基苯 $\xrightarrow{Fe, HCl}$ 苯胺 $\xrightarrow{Br_2/H_2O}$ 2,4,6-三溴苯胺 $\xrightarrow[\text{(2) H}_3\text{PO}_2]{\text{(1) NaNO}_2\text{, HCl}}$ 1,3,5-三溴苯;

【练习 16.29】 完成下列反应。

(d) 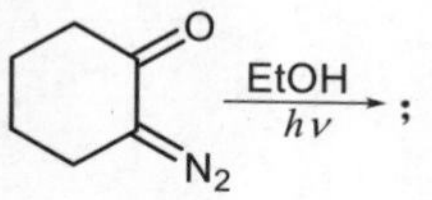 [cyclohexanone with =N₂ group] $\xrightarrow[h\nu]{\text{EtOH}}$; (e) 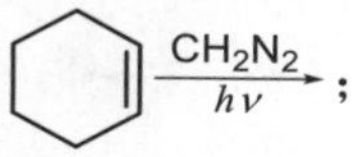 [cyclohexene] $\xrightarrow[h\nu]{\text{CH}_2\text{N}_2}$; (f) 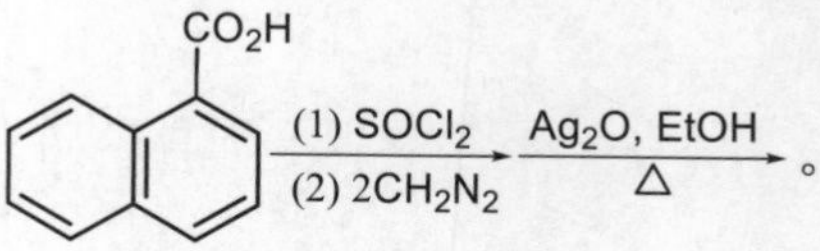 [naphthalene-1-CO₂H] $\xrightarrow[(2)\ 2\text{CH}_2\text{N}_2]{(1)\ \text{SOCl}_2}$ $\xrightarrow{\text{Ag}_2\text{O, EtOH}, \triangle}$ 。

解答 各反应的产物如下：

(a) 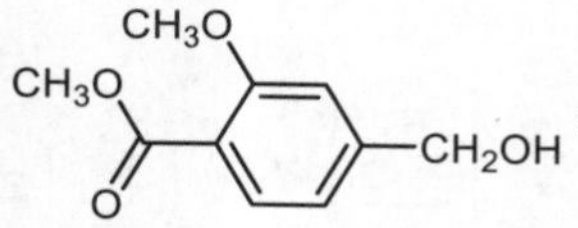 [methyl 2-methoxy-4-(hydroxymethyl)benzoate] ; (b) 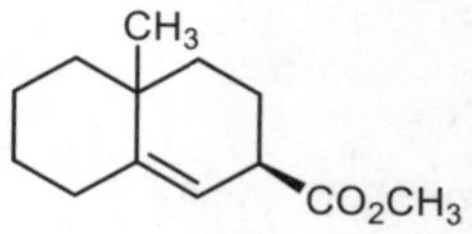 [decalin derivative with CH₃ and CO₂CH₃] ; (c) 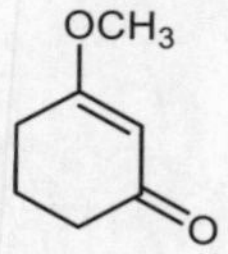 [3-methoxycyclohex-2-enone] ;

(d) 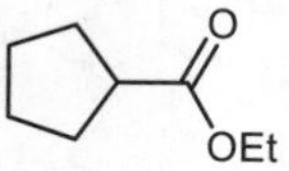 [ethyl cyclopentanecarboxylate] ; (e) 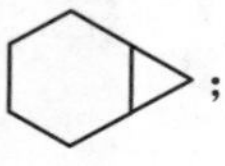 [bicyclo[4.1.0]heptane] ; (f) 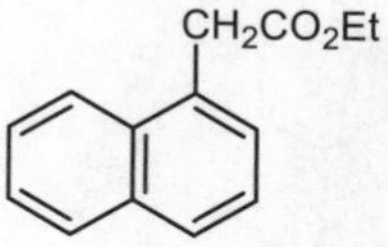 [ethyl naphthalen-1-ylacetate] 。

【练习 16.30】 建议下列反应的机理。

[cyclohexanone] $\xrightarrow{\text{CH}_2\text{N}_2}$ [cycloheptanone] + [1-oxaspiro[2.5]octane]

解答 [mechanism scheme showing nucleophilic addition of CH₂N₂ to cyclohexanone, then −N₂ with ring expansion to cycloheptanone; alternative pathway through alkoxide intermediate losing N₂ to form the spiro epoxide]

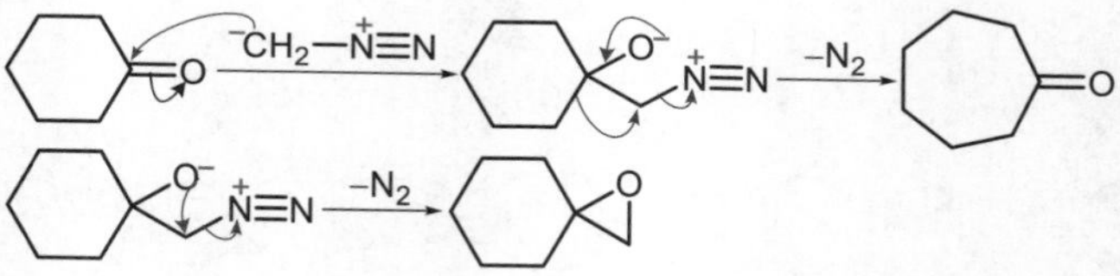

【练习 16.31】 请按要求回答下列问题。
(a) 按偶极矩由大到小的顺序排列：

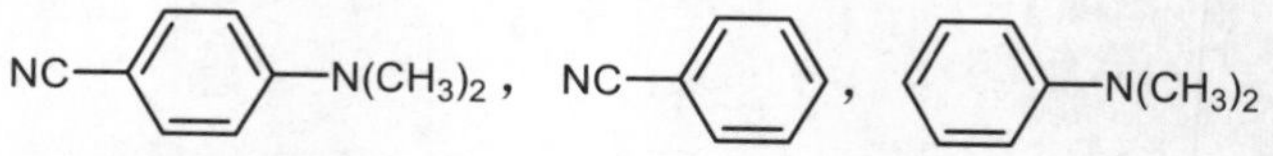

NC—C₆H₄—N(CH₃)₂ ， NC—C₆H₅ ， C₆H₅—N(CH₃)₂

(b) 下列化合物中碱性最强的是哪个？

[2,6-dimethylaniline] ， [N,N-dimethylaniline] ， [2,6-dimethyl-N,N-dimethylaniline] ， [julolidine]

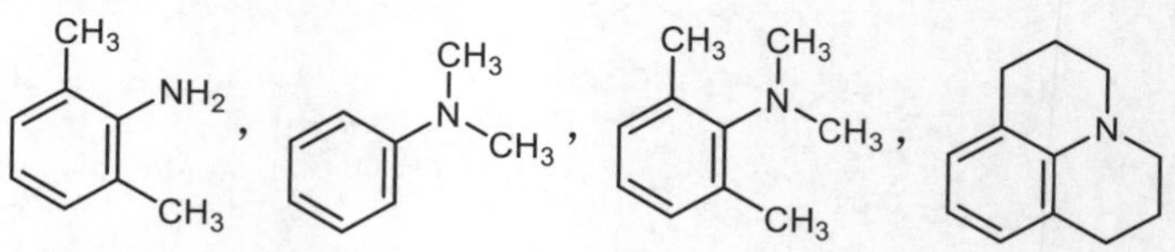

(c) 按碱性由强到弱的顺序排列下列含氮化合物：

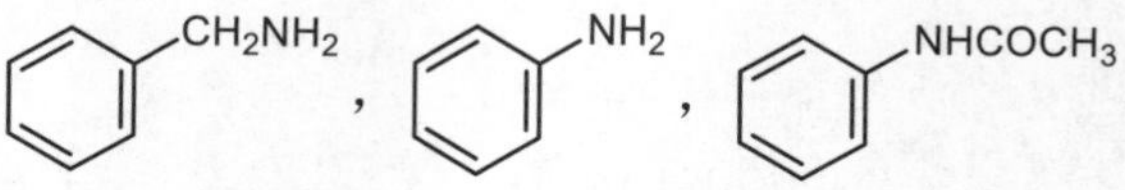

[benzylamine PhCH₂NH₂] ， [aniline PhNH₂] ， [acetanilide PhNHCOCH₃] ， $(\text{CH}_3)_4\text{N}^+\text{OH}^-$

(d) 用简单的化学方法鉴别：

· 240 ·

第 16 章　含氮有机化合物

(e) 用化学方法分离下列混合物：

(f) 互为异构体的 cylindricine A 和 B，是于 1993 年从澳大利亚海洋植物 *Clavelina cylindrica* 的提取物中分离得到的两种主要生物碱。两者可在室温下相互转化，达到平衡时，两者的比例为 3∶2。请给出 cylindricine A 和 B 相互转化的中间体的立体结构式。

解答　按题意要求回答如下：

(a) 按偶极矩由大到小的顺序为 NC—C₆H₄—N(CH₃)₂ > NC—C₆H₅ > C₆H₅—N(CH₃)₂；

(b) 碱性最强的是 2,6-二甲基-N,N-二甲基苯胺；

(c) 碱性由强到弱：$(CH_3)_4N^+OH^-$ > 苄胺 > 苯胺 > 乙酰苯胺；

(d)

	苄胺	苯胺	N,N-二甲基苯胺	N,N-二甲基苄胺
NaNO₂/HCl：	(+)N₂↑	(+)N₂↑	(+)绿色结晶	(−)无色溶液
Br₂/H₂O：	(−)	(+)白色↓	/	/

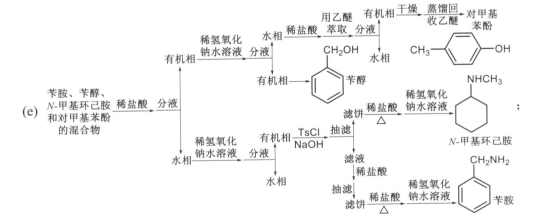

· 241 ·

(f) cylindricine A ⇌ [中间体的立体结构式] ⇌ cylindricine B

【练习 16.32】 以甲苯为原料合成下列化合物。

(a) PhCH$_2$N(CH$_3$)$_2$；
(b) 4-H$_2$N-C$_6$H$_4$-CO$_2$Et；
(c) 4-HO$_2$C-C$_6$H$_4$-CH$_2$NH$_2$；
(d) 2,6-二溴-4-甲基苯甲腈；
(e) 间氟苯胺；
(f) 3,3'-二甲基-4,4'-二氰基联苯。

解答 按题意要求回答如下：

(a) PhCH$_3$ $\xrightarrow{\text{NBS}, (\text{PhCOO})_2, h\nu}$ PhCH$_2$Br $\xrightarrow{\text{HN(CH}_3)_2}$ PhCH$_2$N(CH$_3$)$_2$；

(b) PhCH$_3$ $\xrightarrow{\text{HNO}_3/\text{H}_2\text{SO}_4}$ 4-O$_2$N-C$_6$H$_4$-CH$_3$ $\xrightarrow[\text{(2) EtOH, H}_2\text{SO}_4, \Delta]{\text{(1) KMnO}_4, \text{H}_2\text{SO}_4}$ 4-O$_2$N-C$_6$H$_4$-CO$_2$Et $\xrightarrow{\text{H}_2, \text{Pd/C}}$ 4-H$_2$N-C$_6$H$_4$-CO$_2$Et；

(c) PhCH$_3$ $\xrightarrow{\text{HNO}_3/\text{H}_2\text{SO}_4}$ 4-O$_2$N-C$_6$H$_4$-CH$_3$ $\xrightarrow{\text{KMnO}_4, \text{H}_2\text{SO}_4}$ 4-O$_2$N-C$_6$H$_4$-CO$_2$H $\xrightarrow{\text{H}_2, \text{Pd/C}}$ 4-H$_2$N-C$_6$H$_4$-CO$_2$H $\xrightarrow[\text{(2) KCN, CuCN}]{\text{(1) NaNO}_2, \text{HCl}}$ 4-NC-C$_6$H$_4$-CO$_2$H $\xrightarrow{\text{H}_2, \text{Pd/C}}$ 4-H$_2$NCH$_2$-C$_6$H$_4$-CO$_2$H；

(d) PhCH$_3$ $\xrightarrow{\text{HNO}_3/\text{H}_2\text{SO}_4}$ 4-O$_2$N-C$_6$H$_4$-CH$_3$ $\xrightarrow{\text{Fe, HCl}}$ 4-H$_2$N-C$_6$H$_4$-CH$_3$ $\xrightarrow{\text{Br}_2, \text{H}_2\text{O}}$ 2,6-二溴-4-甲基苯胺 $\xrightarrow{\text{NaNO}_2, \text{HCl}}$ $\xrightarrow{\text{KCN, CuCN}}$ 2,6-二溴-4-甲基苯甲腈；

(e) PhCH$_3$ $\xrightarrow{\text{KMnO}_4/\text{H}_2\text{SO}_4}$ PhCO$_2$H $\xrightarrow{\text{HNO}_3/\text{H}_2\text{SO}_4}$ 3-O$_2$N-C$_6$H$_4$-CO$_2$H $\xrightarrow{\text{Fe, HCl}}$ 3-H$_2$N-C$_6$H$_4$-CO$_2$H $\xrightarrow[\text{(2) }\Delta]{\text{(1) NaNO}_2, \text{HBF}_4}$ 3-F-C$_6$H$_4$-CO$_2$H $\xrightarrow{\text{SOCl}_2, \Delta}$ 3-F-C$_6$H$_4$-COCl $\xrightarrow{\text{NH}_3}$ 3-F-C$_6$H$_4$-CONH$_2$ $\xrightarrow{\text{Br}_2, \text{NaOH}, \Delta}$ 3-F-C$_6$H$_4$-NH$_2$；

(f) 反应路线图：甲苯经 (1) H₂SO₄(浓) (2) HNO₃, H₂SO₄ (3) H₂SO₄(稀),Δ 生成邻硝基甲苯，再经 Zn, NaOH/EtOH,Δ 生成 2,2'-二甲基氢化偶氮苯，经 H⁺/Δ 重排得到 3,3'-二甲基联苯胺；再经 (1) NaNO₂, HCl (2) KCN, CuCN 得到二腈化合物。

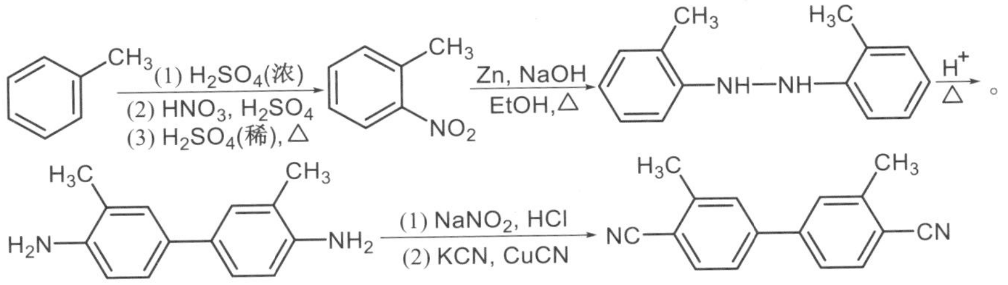

【练习 16.33】 化合物 A 的分子式为 $C_6H_{13}N$，核磁共振测试表明其分子中有两个甲基；A 与过量的 CH_3I 反应得 B（$C_8H_{18}NI$），B 用湿 Ag_2O 处理后加热得 C（$C_8H_{17}N$），C 与 CH_3I 反应得 D（$C_9H_{20}NI$），D 用湿 Ag_2O 处理后加热得 E（C_6H_{10}）和 $(CH_3)_3N$，E 经高锰酸钾酸性水溶液氧化得到乙酰乙酸，试推测出化合物 A、B、C、D、E 的可能结构。

解答 按题意要求回答如下：

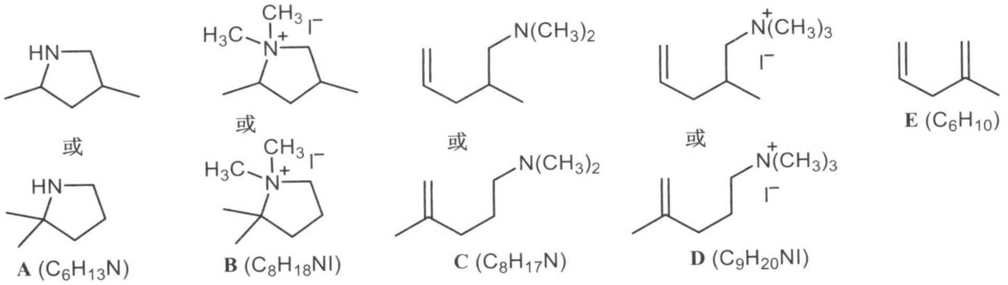

A（$C_6H_{13}N$）：2,4-二甲基吡咯烷 或 2,2-二甲基吡咯烷

B（$C_8H_{18}NI$）：对应的 N-甲基季铵碘

C（$C_8H_{17}N$）：4-(二甲氨基)-2-甲基-1-丁烯 或 5-(二甲氨基)-2-甲基-1-戊烯

D（$C_9H_{20}NI$）：对应的三甲基季铵碘

E（C_6H_{10}）：2-甲基-1,4-戊二烯

【练习 16.34】 2,4-二硝基氯苯（1-chloro-2,4-dinitrobenzene）与正丁胺（$n\text{-}C_4H_9NH_2$）在室温下、体积比为 1:9 的二氧六环和水的混合溶剂中反应，生成两个产物 D 和 E，产率分别为 74.3% 和 25.7%。请回答：（a）产物 D 和 E 的结构简式；（b）反应的类型；（c）D 产率较高的原因；（d）二氧六环的作用。

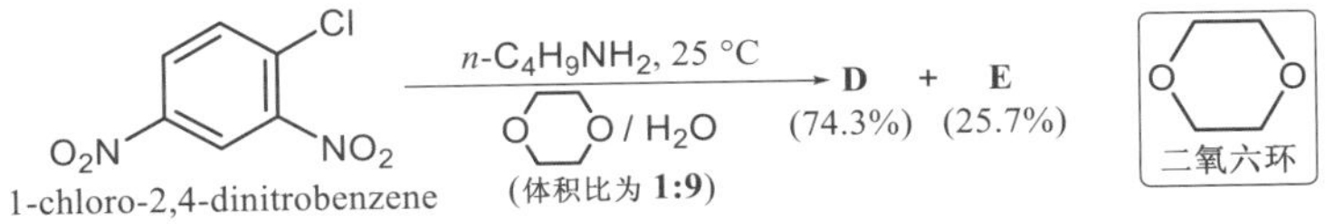

$$\text{1-chloro-2,4-dinitrobenzene} \xrightarrow[\text{二氧六环/H}_2\text{O (体积比为 1:9)}]{n\text{-}C_4H_9NH_2, 25\,^\circ\text{C}} D(74.3\%) + E(25.7\%)$$

解答 （a）产物 D 和 E 的结构简式如下图；（b）反应的类型为芳香亲核取代；（c）D 产率较高的原因是正丁胺（$n\text{-}C_4H_9NH_2$）分子中氮原子的亲核能力比水（H_2O）分子中氧原子的强，而且产物 D 为芳香仲胺，D 分子中氮原子的亲核能力比水分子中氧原子的弱；（d）二氧六环的作用是增加有机反应物在水中的溶解度。

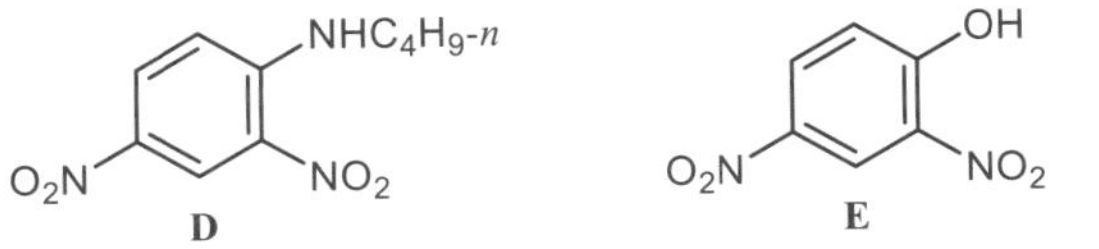

D：2,4-二硝基-N-正丁基苯胺（$NHC_4H_9\text{-}n$ 取代，邻、对位为 NO_2）

E：2,4-二硝基苯酚（OH 取代，邻、对位为 NO_2）

【练习 16.35】 Tropinone 和溴苄反应，生成两个产物 A 和 B。

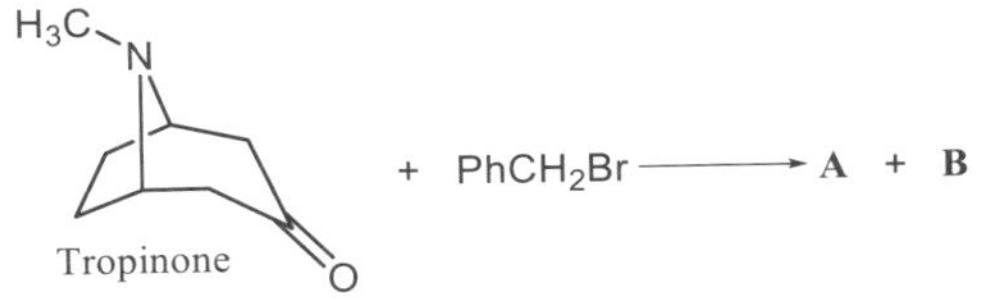

$$\text{Tropinone} + PhCH_2Br \longrightarrow A + B$$

纯净的 A 或 B 在碱性条件下均会变成 A 和 B 的混合物。请回答：

（a）给出 A 和 B 的结构式；（b）指出 A 和 B 间的异构关系；（c）说明形成 A 和 B 的原因；（d）给出 A 与 B 在碱性条件下相互转换的中间体的结构式。

解答 （a）A 和 B 的结构式如下图；（b）A 和 B 互为顺反异构；（c）Tropinone 环状叔胺结构的翻转；（d）A 与 B 在碱性条件下相互转换的中间体的结构式如下图。

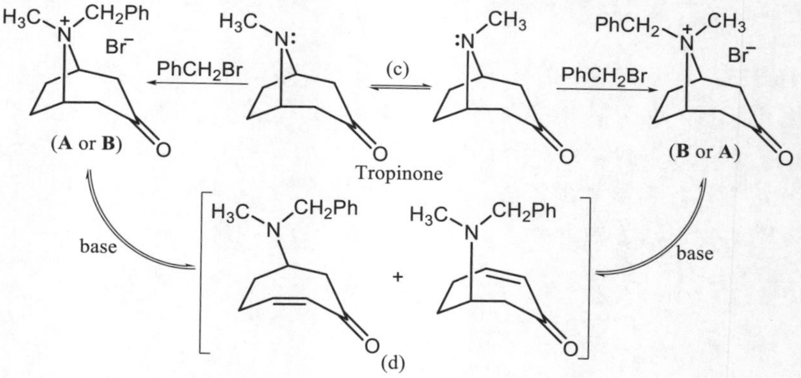

【练习 16.36】 分子式为 $C_6H_{13}NO_2$ 的某旋光性化合物 A，不溶于水和稀酸，但能溶于氢氧化钠水溶液；A 的氢氧化钠水溶液酸化后回收的 A 没有旋光性。A 的催化氢化产物 B 的分子式为 $C_6H_{15}N$，有旋光性；用亚硝酸处理 B，生成 4-甲基戊-2-醇。请回答：

（a）给出化合物 A 和 B 的结构式；（b）说明 A 在碱作用下发生消旋化的原因；（c）所得 3-甲基戊-2-醇有没有旋光性？

解答 按题意要求回答如下：

(a) 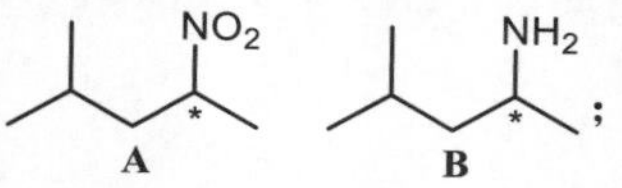 A、B 结构式

(b) 机理图（平面结构，外消旋化）

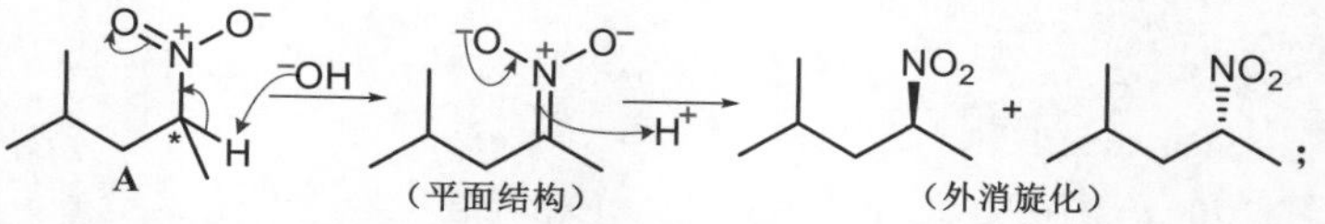

(c) 所得 3-甲基戊-2-醇没有旋光性。原因如下：

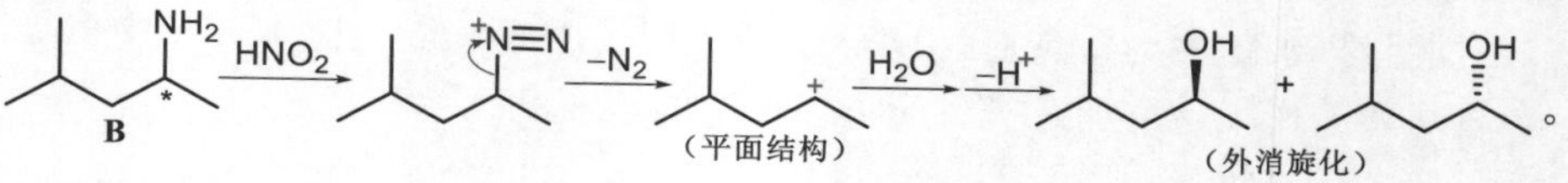

B → HNO$_2$ → 重氮盐 → −N$_2$ → 碳正离子（平面结构）→ H$_2$O, −H$^+$ → 醇（外消旋化）

【练习 16.37】 请给出中间产物 A、B、C 和产物 D 的结构简式。

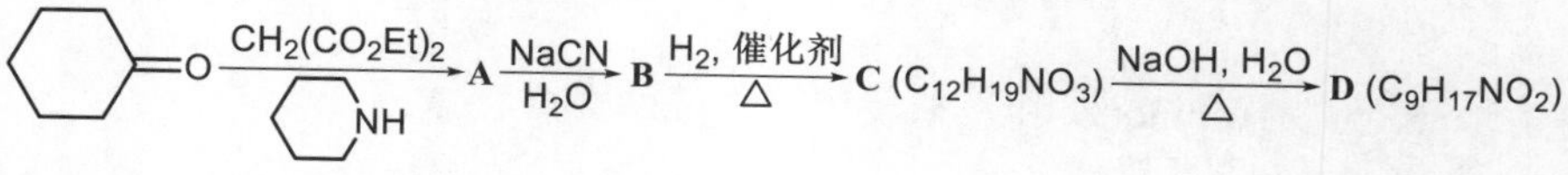

环己酮 + $CH_2(CO_2Et)_2$ / 哌啶 → A; A + NaCN/H$_2$O → B; B + H$_2$, 催化剂, Δ → C ($C_{12}H_{19}NO_3$); C + NaOH, H$_2$O, Δ → D ($C_9H_{17}NO_2$)

解答 按题意要求回答如下：

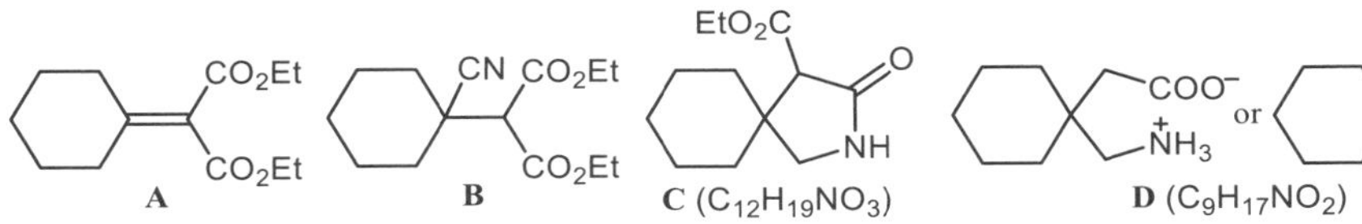

A (structure), B (structure), C (C₁₂H₁₉NO₃), D (C₉H₁₇NO₂)

【练习 16.38】 用亚硝酸处理以下四个化合物分别得到什么产物？用构象解释这些产物是如何形成的。

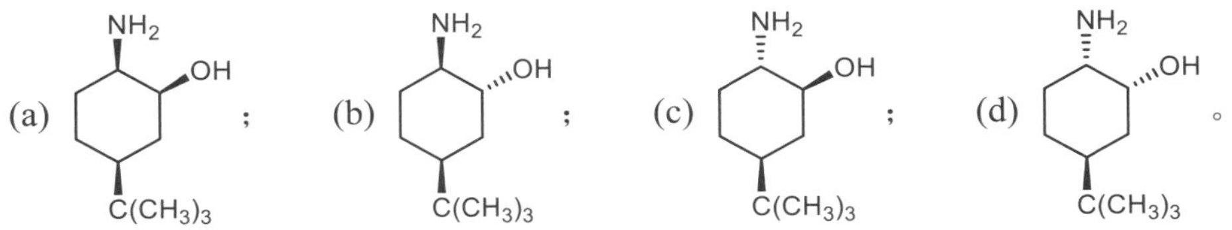

(a), (b), (c), (d) 四个氨基醇结构

解答 按题意要求回答如下：

(a) 经 HNO₂ 生成环己酮（带 C(CH₃)₃ 取代基）；

(b) 经 HNO₂ 生成环氧化物；

(c) 经 HNO₂ 生成环戊烷甲醛（带 C(CH₃)₃ 取代基）；

(d) 经 HNO₂ 生成环戊烷甲醛（带 C(CH₃)₃ 取代基）。

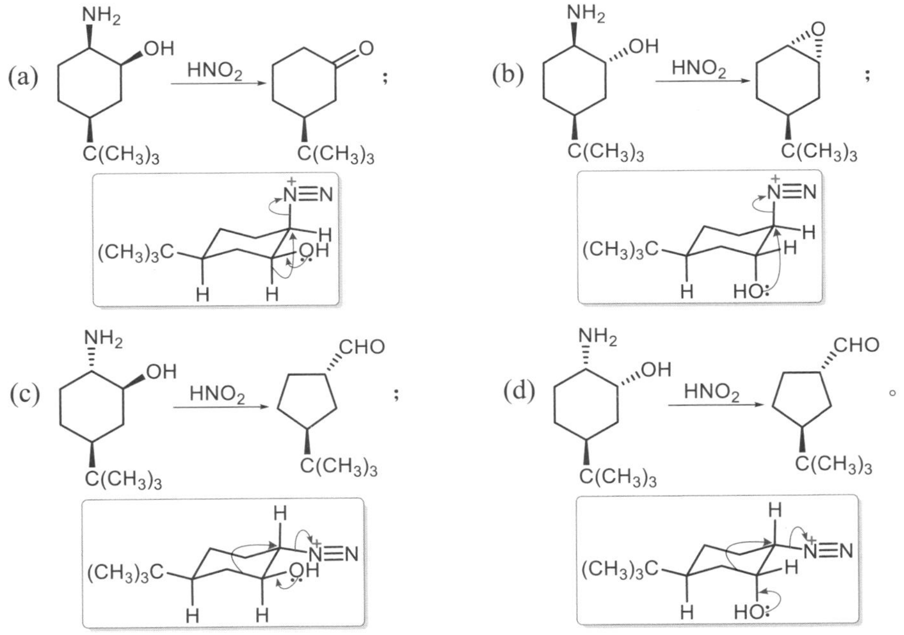

【练习 16.39】 完成下列反应，并予以机理解释。

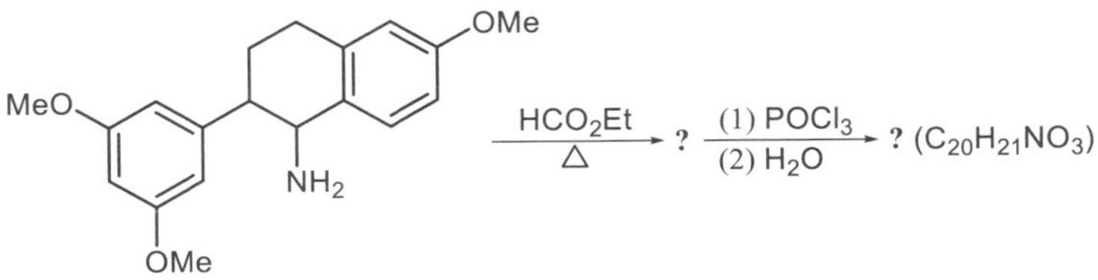

结构式 $\xrightarrow{HCO_2Et, \triangle}$? $\xrightarrow{(1) POCl_3}{(2) H_2O}$? ($C_{20}H_{21}NO_3$)

解答 按题意要求回答如下：

· 245 ·

【练习 16.40】 我国化学家以天然脯氨酸（proline）为原料，经以下路线合成得到手性配体 **L-PrPr$_2$**。请给出中间产物或试剂 A～F 的结构。

解答 按题意要求回答如下：

【练习 16.41】 请建议下列反应的机理。

(a) 苄基氨基乙醇 + BrCH₂CH=CHCO₂CH₃ —(C₂H₅)₃N, Δ→ 生成 N-苄基吗啉乙酸甲酯；

(b) 2-(氰乙基)环己酮 —H₂, Pt, H⁺→ 十氢喹啉；

(c) 螺环丙烷-丙二酸丙酮缩酮 —PhNH₂→ 1-苯基-5-氧代吡咯烷-2-羧酸；

(d) 3-苄氧基-4-甲氧基苄氯 + 氮丙啶 + 对甲氧基苄溴 —K₂CO₃→ 叔胺产物；

(e) N-叔丁基-2-(烯丙氧基甲基)氮丙啶 —Br₂, CH₂Cl₂→ 3,5-二(溴甲基)-4-叔丁基吗啉；

(f) 3-溴苯氧乙基甲胺 —PhLi→ 4-甲基-3,4-二氢-2H-1,4-苯并噁嗪。

解答 各反应的机理如下：

(d) 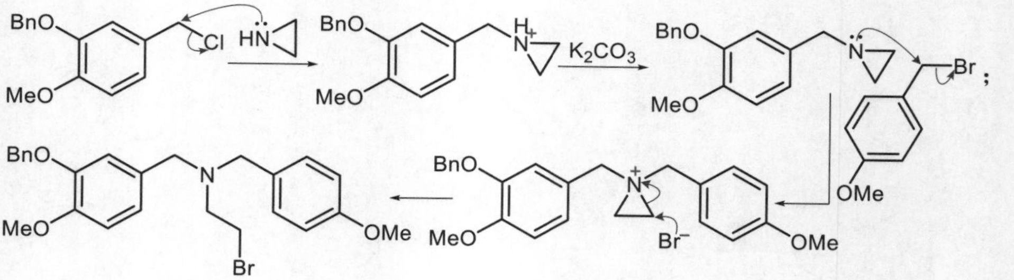 [反应机理图示：BnO/MeO-取代苄基氯 + 氮丙啶 HN → 季铵盐中间体 → K₂CO₃ → 与对甲氧基苄基溴反应 → 氮丙啶鎓盐 Br⁻ → 开环得 BnO/MeO-苄基-N(CH₂CH₂Br)-CH₂-对甲氧基苯基]

(e) 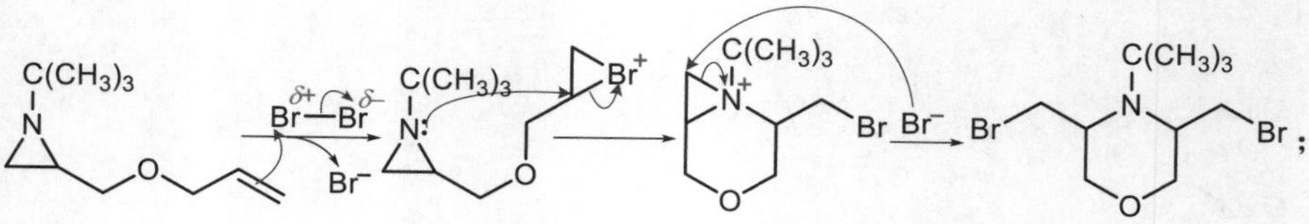 [N-叔丁基氮丙啶甲基烯丙基醚 + Br-Br → 氮丙啶鎓溴中间体 → 分子内环化 → 吗啉环 带 CH₂Br 取代]

(f) 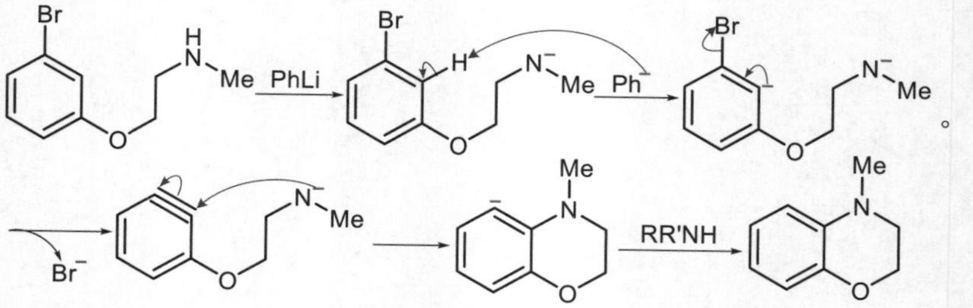 [3-溴苯氧乙基-N-甲胺 + PhLi → 苯炔中间体 → 分子内胺加成 → 苯并吗啉骨架 → RR'NH → N-甲基苯并吗啉胺产物]

【练习 16.42】 Dofetilide 是一种新的抗心律失常药物，自 2000 年上市以来，其合成一直受到人们的重视。在已报道的诸多合成路线中，大多是经过化合物 A 进一步转化得到的：

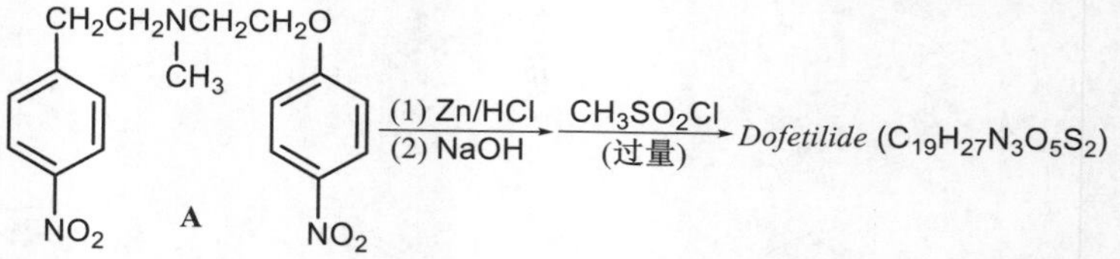

$$A \xrightarrow[(2)\ NaOH]{(1)\ Zn/HCl} \xrightarrow[(过量)]{CH_3SO_2Cl} Dofetilide\ (C_{19}H_{27}N_3O_5S_2)$$

A: 4-O_2N-C_6H_4-$CH_2CH_2N(CH_3)CH_2CH_2O$-C_6H_4-NO_2-4

合成 Dofetilide 的关键中间体是化合物 A。文献报道的合成化合物 A 的部分路线如下：

合成路线一：

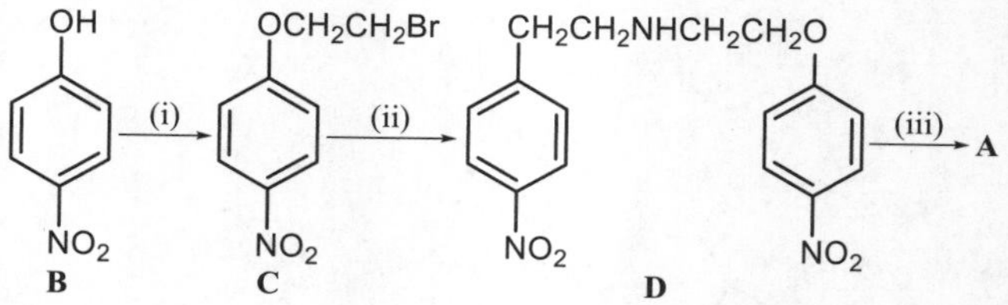

B (4-硝基苯酚) $\xrightarrow{(i)}$ C (4-O_2N-C_6H_4-OCH_2CH_2Br) $\xrightarrow{(ii)}$ D (4-O_2N-C_6H_4-$CH_2CH_2NHCH_2CH_2O$-C_6H_4-NO_2-4) $\xrightarrow{(iii)}$ A

合成路线二：

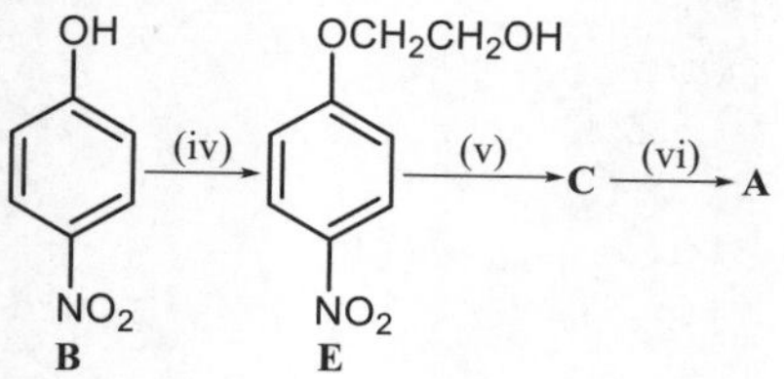

B $\xrightarrow{(iv)}$ E (4-O_2N-C_6H_4-OCH_2CH_2OH) $\xrightarrow{(v)}$ C $\xrightarrow{(vi)}$ A

合成路线三：

F (4-O_2N-C_6H_4-$CH_2CH_2N(CH_3)CH_2CH_2OH$) + G $\xrightarrow{碱}$ A

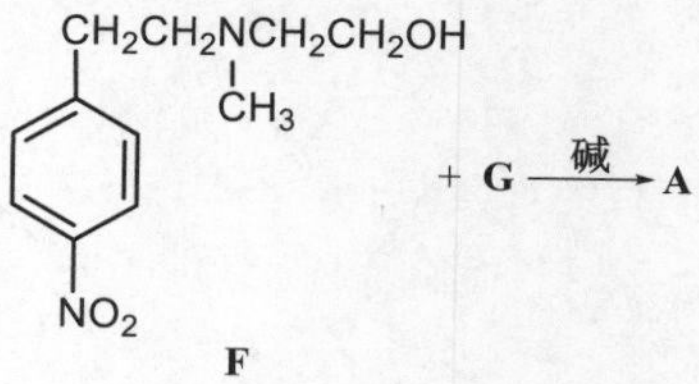

合成路线四：

H (4-硝基甲苯) —(vii)→ I —(viii)→ J —(ix)→ K (CH₂CO₂H-C₆H₄-NO₂) —(x)→ L —(xi)→ M (CH₂CONHCH₃-C₆H₄-NO₂) —NaBH₄→ N (CH₂CH₂NHCH₃-C₆H₄-NO₂) —(xii)→ A

(a) 画出 *Dofetilide* 及上述合成路线中化合物 G, I, J, L 的结构式；
(b) 请写出上述各合成路线中步骤 (i)～(xii) 所需的试剂及必要的反应条件；
(c) 用系统命名法命名化合物 C 和 M；
(d) 以 2-(4-硝基苯基)乙醛为起始原料，使用不超过 2 个碳原子的有机物和必要的无机试剂，用不超过 5 步反应的方法合成化合物 F。

解答 按题意要求回答如下：

(a) Dofetilide ($C_{19}H_{27}N_3O_5S_2$): 4-CH₃SO₂NH-C₆H₄-CH₂CH₂N(CH₃)CH₂CH₂O-C₆H₄-NHSO₂CH₃；
G: 4-氯硝基苯；I: 4-O₂N-C₆H₄-CH₂Br；J: 4-O₂N-C₆H₄-CH₂CN；L: 4-O₂N-C₆H₄-CH₂COCl

(b) (i) BrCH₂CH₂Br/NaOH；(ii) 4-O₂NC₆H₄CH₂CH₂NH₂；(iii) CH₃I 或 HCHO/HCO₂H；(iv) 环氧乙烷/NaOH；(v) PBr₃；(vi) 4-O₂NC₆H₄CH₂CH₂NHCH₃；(vii) Br₂/$h\nu$；(viii) NaCN；(ix) H₃O⁺/△；(x) SOCl₂；(xi) CH₃NH₂；(xii) 4-O₂NC₆H₄OCH₂CH₂Br。

(c) C：1-(2-溴乙氧基)-4-硝基苯或(2-溴乙基)(4-硝基苯基)醚；M：*N*-甲基-2-(4-硝基苯基)乙酰胺。

(d) 4-O₂N-C₆H₄-CH₂CHO —CH₃NH₂, H₂, Raney Ni→ 4-O₂N-C₆H₄-CH₂CH₂NHCH₃ —环氧乙烷→ 4-O₂N-C₆H₄-CH₂CH₂N(CH₃)CH₂CH₂OH (F)。

第 17 章 芳香杂环化合物

学习目标

通过本章学习，了解芳香杂环化合物与人类生产和生活的关系；掌握杂环化合物的分类和命名；掌握呋喃、噻吩、吡咯、吡啶等芳香杂环母体的结构特征及性质特征；学习并掌握芳香杂环上的取代、加成、还原等反应及其用途；掌握芳香杂环上的亲电取代反应机理和定位规律；学习并掌握呋喃、噻吩和吡咯的 Paal-Knorr 合成法，Fischer 吲哚合成法，Skraup 喹啉合成法等芳香杂环的构建方法。

主要内容

芳香杂环化合物是指分子中含有芳香杂环的有机化合物。本章学习芳香杂环化合物的结构、命名、化学性质和制法。

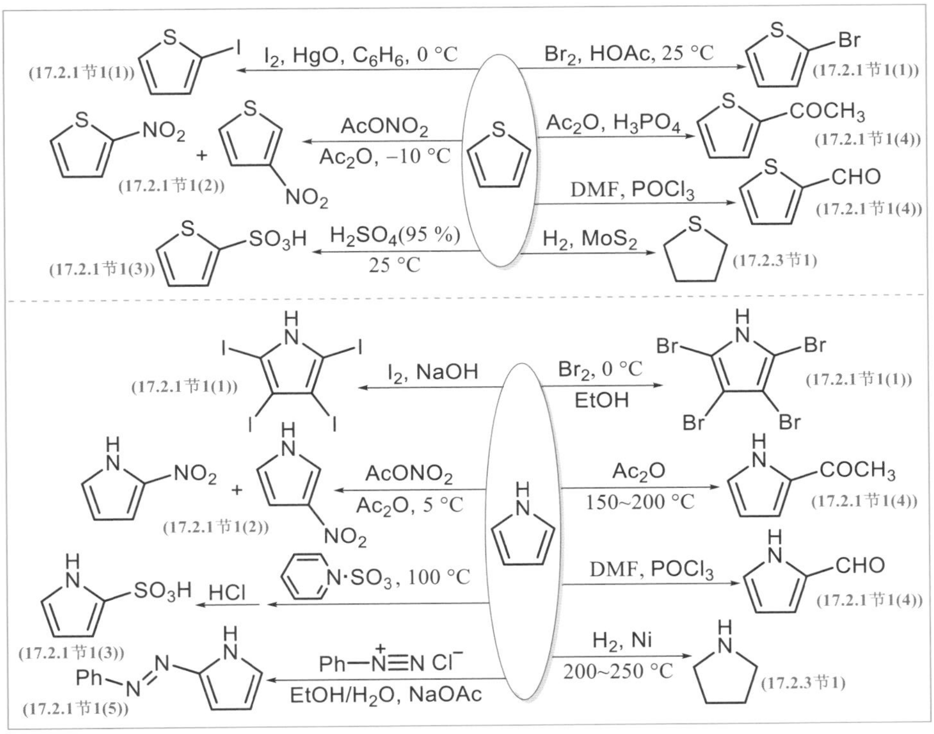

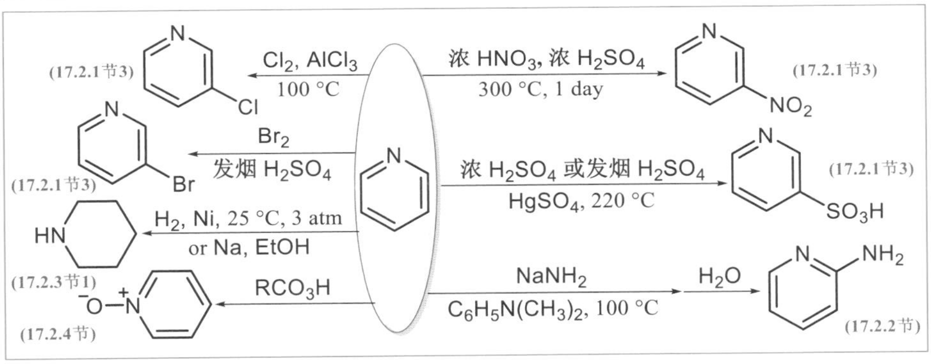

芳香杂环上亲电取代反应的机理

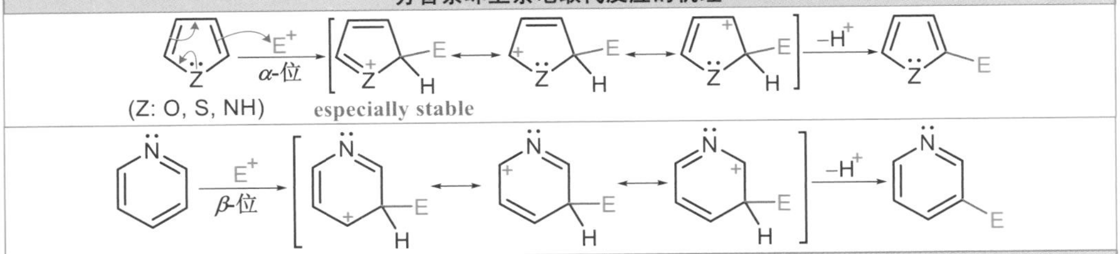

吡啶环上亲核取代反应的机理

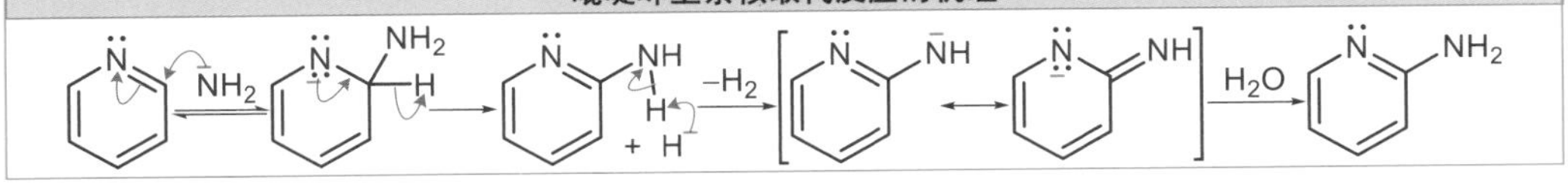

重点难点

芳香杂环化合物的结构和命名；芳香杂环化合物的亲电取代反应；芳香杂环上的亲电取代反应机理和定位规律、Fischer 吲哚合成反应机理、Skraup 喹啉合成反应机理。

练习及参考解答

【练习 17.1】 命名下列杂环化合物。

(a) [2-methylthiophene structure]; (b) [5-chlorofuran-2-carbaldehyde structure]; (c) [pyridine-3-sulfonic acid structure]; (d) [2-methylimidazole structure];

(e) [pyridine-2,3-dicarboxylic acid structure]; (f) [4-bromoindole structure]; (g) [8-hydroxyquinoline structure]; (h) [4,5-dimethylpyrimidine structure]。

解答 题给各杂环化合物的命名如下：

(a) 2-甲基噻吩（2-methylthiophene）；
(b) 5-氯呋喃-2-甲醛（5-chlorofuran-2-carbaldehyde）；
(c) 吡啶-3-磺酸（pyridine-3-sulfonic acid）；
(d) 2-甲基咪唑（2-methylimidazole）；
(e) 吡啶-2,3-二甲酸（pyridine-2,3-dicarboxylic acid）；
(f) 4-溴吲哚（4-bromoindole）；
(g) 喹啉-8-酚（quinolin-8-ol）；
(h) 4,5-二甲基嘧啶（4,5-dimethylpyrimidine）。

【**练习 17.2**】 写出下列化合物的结构。

(a) 2,5-dimethylfuran； (b) thiophene-2-sulfonic acid；
(c) 6-methylquinoline； (d) β-nitropyridine；
(e) 1,3-dimethylpyrrole； (f) 2-(吡咯-3-基)乙-1-醇；
(g) 4-甲基吡咯-2-甲酸； (h) 2,2'-联吡啶；
(i) 喹啉-6-甲酸； (j) 嘌呤-6-酚。

解答 各化合物的结构式如下：

(a) [2,5-dimethylfuran structure]; (b) [thiophene-2-sulfonic acid structure]; (c) [6-methylquinoline structure]; (d) [3-nitropyridine structure];

(e) [1,3-dimethylpyrrole structure]; (f) [2-(pyrrol-3-yl)ethanol structure]; (g) [4-methylpyrrole-2-carboxylic acid structure];

(h) [2,2'-bipyridine structure]; (i) [quinoline-6-carboxylic acid structure]; (j) [6-hydroxypurine structure]。

【**练习 17.3**】 判断下列杂环化合物是否具有芳香性。

(a) [2H-pyran structure]; (b) [oxepine structure]; (c) [1,4-dioxin structure]; (d) [N-methylpyridinium iodide structure]; (e) [4H-pyran-4-one structure]; (f) [3-methyl-2H-1,4-thiazine structure]。

解答 (a)、(b)、(c)、(e)、(f) 没有芳香性，(d) 有芳香性。

【练习 17.4】 完成下列反应。

(a) 3-硝基噻吩 + Br₂, AcOH；
(b) 呋喃-2-甲酸 + Br₂ / 100 °C；
(c) 2-硝基-5-甲基噻吩 + HNO₃ / H₂SO₄；
(d) 3-甲基噻吩 + HNO₃ / H₂SO₄；
(e) 3-羟基吡啶 + Cl₂ / NaOH；
(f) 2,4-二甲基吡啶 + KNO₃, H₂SO₄ / 100 °C, 5 h；
(g) 吲哚 + NBS / H₂O；
(h) 苯并噻吩 + (CH₃CO)₂O / AlCl₃。

解答 按题意要求回答如下：

(a) 2-溴-4-硝基噻吩；
(b) 5-溴呋喃-2-甲酸；
(c) 2-硝基-3-硝基-5-甲基噻吩；
(d) 3-甲基-2-硝基噻吩；
(e) 2-氯-3-羟基吡啶；
(f) 5-硝基-2,4-二甲基吡啶；
(g) 3-溴吲哚；
(h) 3-乙酰基苯并噻吩。

【练习 17.5】 用箭头标出下列化合物发生指定反应的位置（主要产物）。

(a) 2-苯基噻吩 溴化；
(b) 3-甲基吲哚 溴化；
(c) 喹啉 N-氧化物 硝化。

解答 (a) （主）2-苯基噻吩5位；(b) 3-甲基吲哚2位；(c) 喹啉 N-氧化物5位。

【练习 17.6】 完成下列反应。

(a) 4-氯吡啶 $\xrightarrow{\text{NaOMe/MeOH}}$ ？；

(b) 呋喃-2-甲醛 $\xrightarrow{\text{Cl}_2}$ ？ $\xrightarrow{\text{NaOH (浓)}}$ ？；

(c) 2,3-二甲基吡啶 + 苯甲醛 $\xrightarrow{\text{ZnCl}_2, \triangle}$ ？；

(d) 苯并呋喃 + 马来酸酐 $\xrightarrow{\triangle}$ ？；

(e) 2-甲基吡啶 $\xrightarrow{\text{PhLi}}$ ？ $\xrightarrow[\text{(2) H}_3\text{O}^+]{\text{(1) CO}_2}$ ？；

(f) 3-甲基吡啶 $\xrightarrow[\text{H}_2\text{SO}_4]{\text{H}_2\text{O}_2, \text{AcOH}}$ ？ $\xrightarrow[\text{H}_2\text{SO}_4]{\text{HNO}_3}$ ？ $\xrightarrow[\text{CHCl}_3]{\text{PCl}_3}$ ？；

(g) 2-甲基吡啶 + 呋喃-2-甲醛 $\xrightarrow{\text{NaOH}}$ ？；

(h) 2-乙烯基吡啶 $\xrightarrow[\text{NaOEt, EtOH}]{\text{CH}_2(\text{CO}_2\text{Et})_2}$ ？。

解答 按题意要求回答如下：

(a) 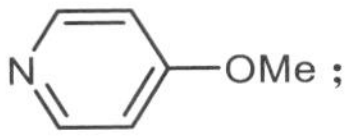 3-甲氧基-4-吡啶 OMe；
(b) 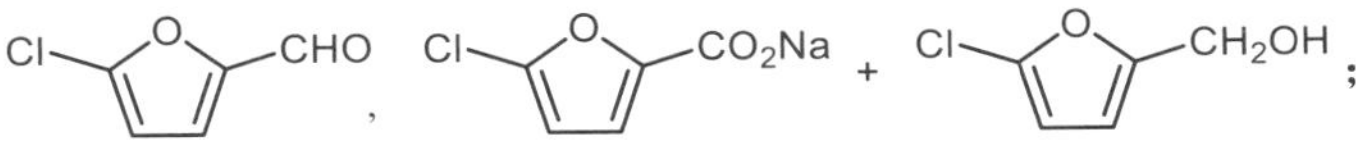 5-氯呋喃-2-甲醛, 5-氯呋喃-2-甲酸钠 + 5-氯呋喃-2-甲醇；
(c) 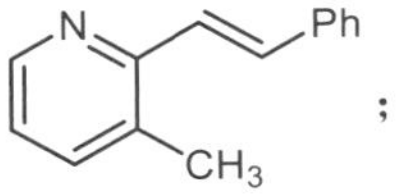 2-(2-苯乙烯基)-3-甲基吡啶；
(d) 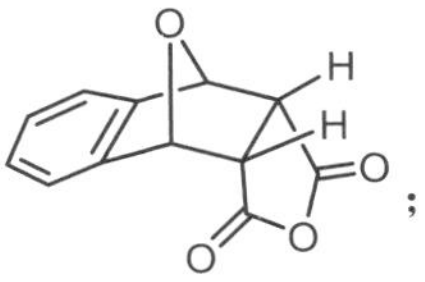 双环内酯产物；
(e) 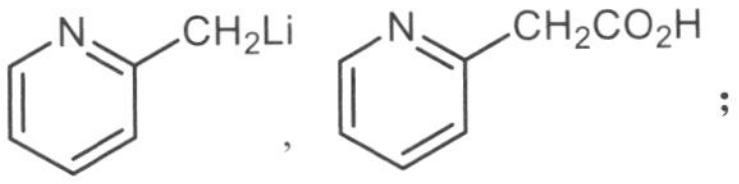 2-吡啶甲基锂, 2-吡啶乙酸；
(f) 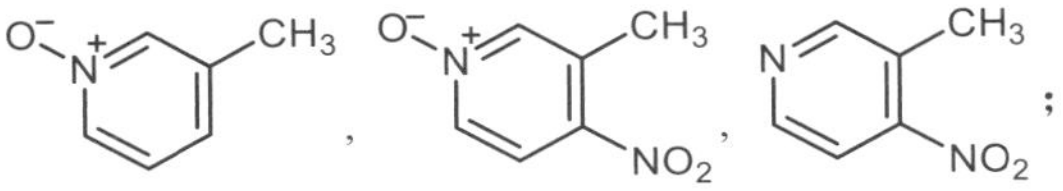 3-甲基吡啶-N-氧化物, 4-硝基-3-甲基吡啶-N-氧化物, 4-硝基-3-甲基吡啶；
(g) 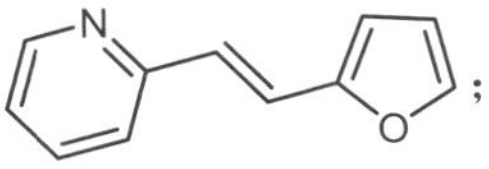 2-(2-呋喃基乙烯基)吡啶；
(h) 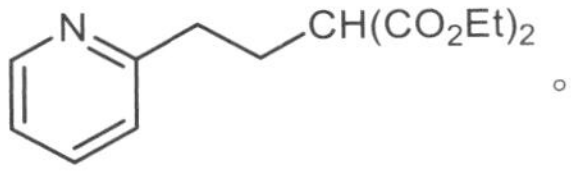 2-吡啶基-CH₂CH₂CH(CO₂Et)₂。

【练习 17.7】 完成下列反应。

(a)  2,2'-联环己酮 + CH₃NH₂ / HOAc, Δ → ?；

(b) 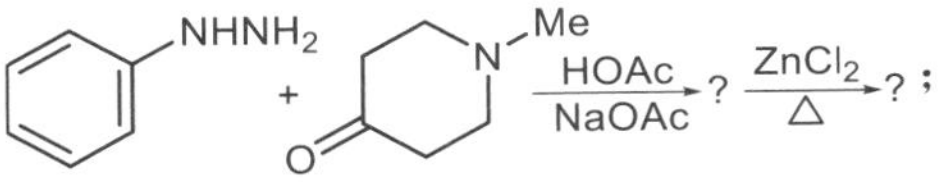 苯肼 + 1-甲基-4-哌啶酮 HOAc/NaOAc → ? ZnCl₂/Δ → ?；

(c) 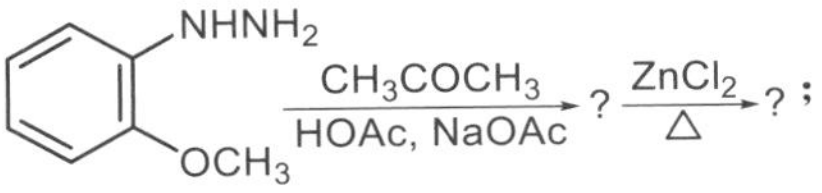 2-甲氧基苯肼 + CH₃COCH₃ HOAc, NaOAc → ? ZnCl₂/Δ → ?；

(d) 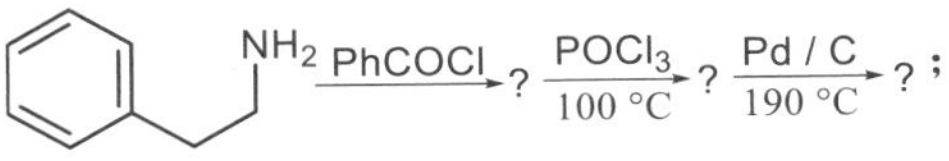 苯乙胺 + PhCOCl → ? POCl₃/100°C → ? Pd/C, 190°C → ?；

(e) 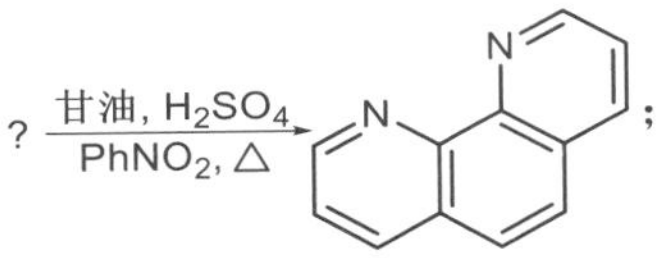 ? 甘油, H₂SO₄/PhNO₂, Δ → 1,10-菲咯啉；

(f) 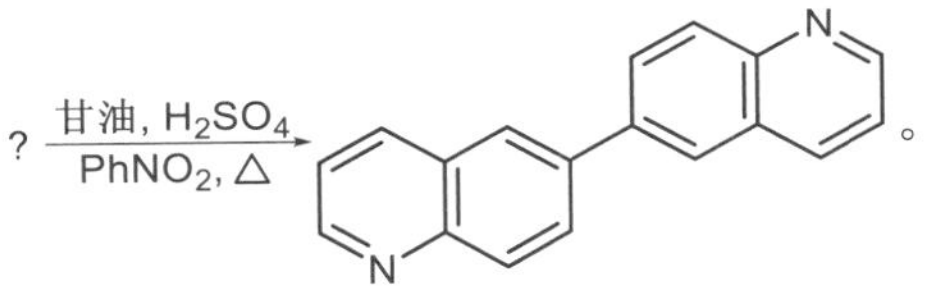 ? 甘油, H₂SO₄/PhNO₂, Δ → 6,6'-联喹啉。

解答 按题意要求回答如下：

(a) 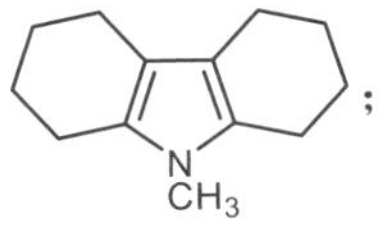 1-甲基-2,3,4,9-四氢-1H-咔唑；

(b) 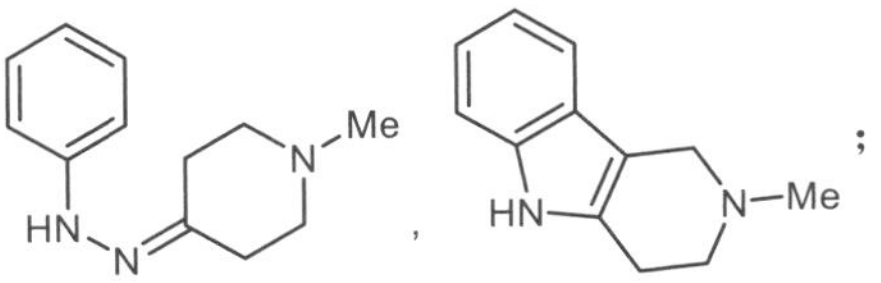 苯基腙中间体, 2-甲基-2,3,4,9-四氢-β-咔啉；

(c) 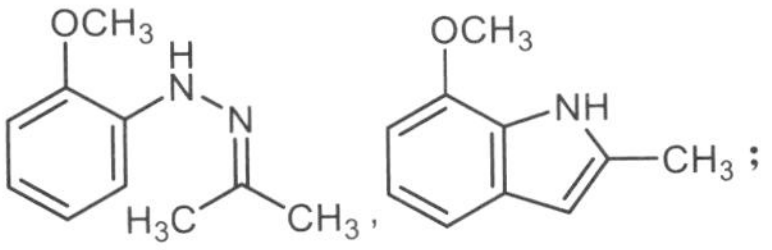 2-甲氧基苯基(丙酮)腙, 7-甲氧基-2-甲基吲哚；

(d) 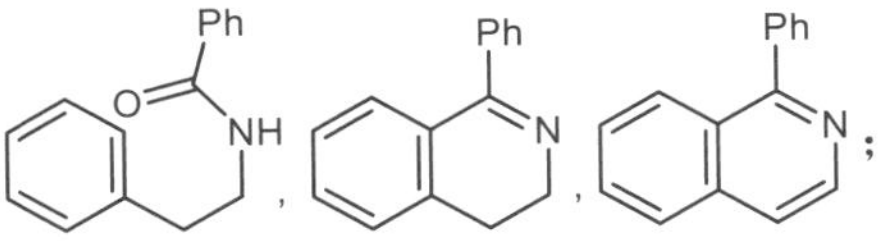 N-苯乙基苯甲酰胺, 1-苯基-3,4-二氢异喹啉, 1-苯基异喹啉；

(e) 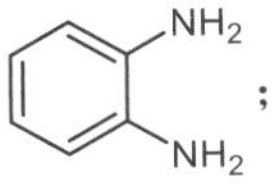 邻苯二胺；

(f) 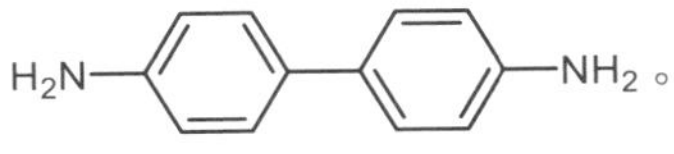 4,4'-二氨基联苯。

【练习 17.8】 请以庚二酸二乙酯、苯、甲苯及不超过三个碳原子的有机原料完成下列合成。

(a) 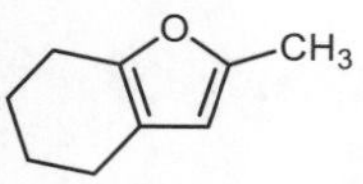 [结构式：2-甲基-4,5,6,7-四氢苯并呋喃]； (b) [结构式：6-甲基-4-苯基喹啉]； (c) [结构式：8-硝基喹啉-6-甲酸]； (d) [结构式：8-溴-6-甲基喹啉]。

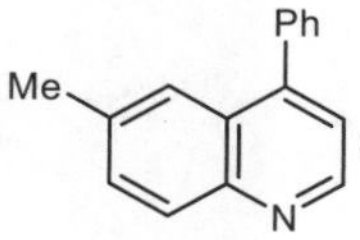

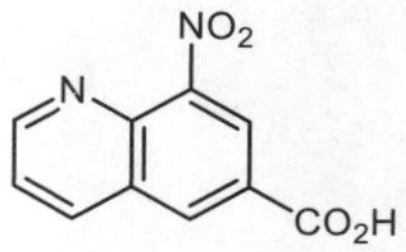

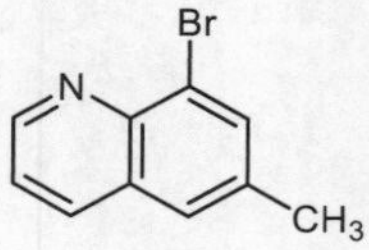

解答 按题意要求回答如下：

(a) 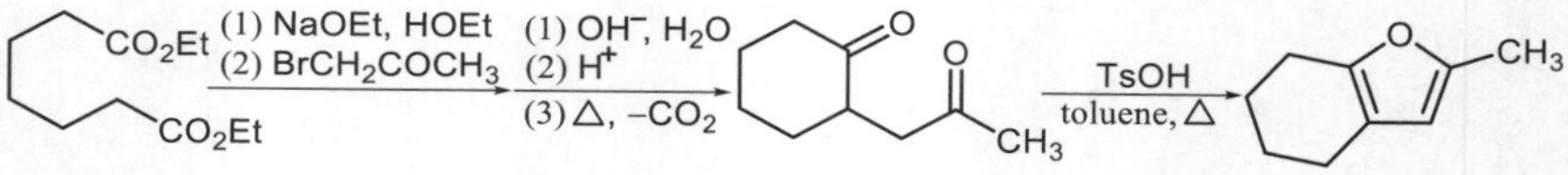 二乙酯 → (1) NaOEt, HOEt; (2) BrCH₂COCH₃ → (1) OH⁻, H₂O; (2) H⁺; (3) Δ, −CO₂ → 2-(2-氧丙基)环己酮 → TsOH, toluene, Δ → 2-甲基-4,5,6,7-四氢苯并呋喃；

(b) 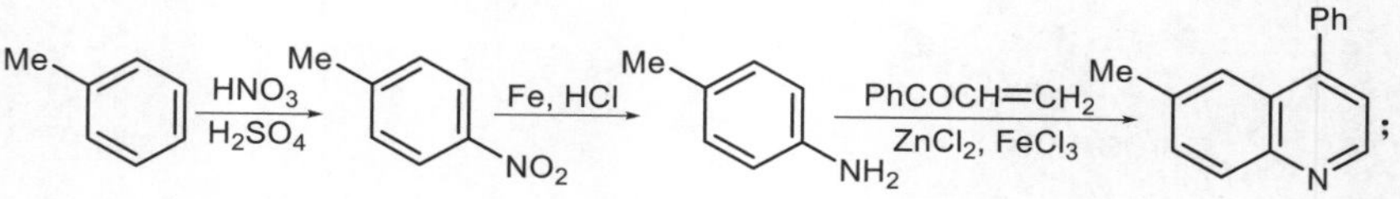 甲苯 → HNO₃/H₂SO₄ → 对硝基甲苯 → Fe, HCl → 对甲基苯胺 → PhCOCH=CH₂, ZnCl₂, FeCl₃ → 6-甲基-4-苯基喹啉；

(c) 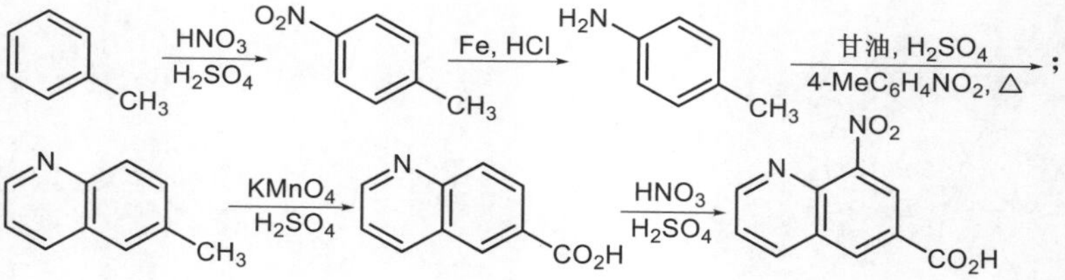 甲苯 → HNO₃/H₂SO₄ → 对硝基甲苯 → Fe, HCl → 对甲基苯胺 → 甘油, H₂SO₄, 4-MeC₆H₄NO₂, Δ → 6-甲基喹啉 → KMnO₄/H₂SO₄ → 喹啉-6-甲酸 → HNO₃/H₂SO₄ → 8-硝基喹啉-6-甲酸；

(d) 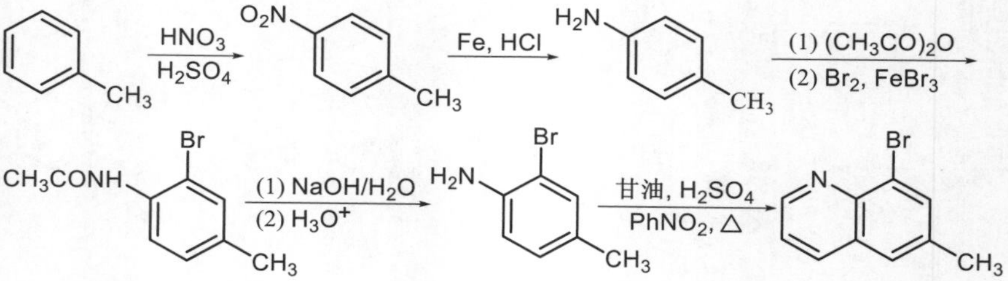 甲苯 → HNO₃/H₂SO₄ → 对硝基甲苯 → Fe, HCl → 对甲基苯胺 → (1)(CH₃CO)₂O; (2) Br₂, FeBr₃ → 2-溴-4-甲基乙酰苯胺 → (1) NaOH/H₂O; (2) H₃O⁺ → 2-溴-4-甲基苯胺 → 甘油, H₂SO₄, PhNO₂, Δ → 8-溴-6-甲基喹啉。

【练习 17.9】 请按要求回答下列问题。

(a) 用简单的化学方法鉴别吡啶、4-甲基吡啶、苯和甲苯；
(b) 除去苯中的少量噻吩；除去吡啶中的少量六氢吡啶；
(c) 下列含氮杂环化合物均存在互变异构，请给出其互变异构体的结构简式：

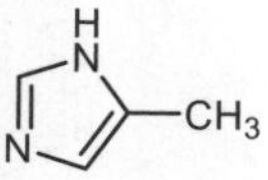

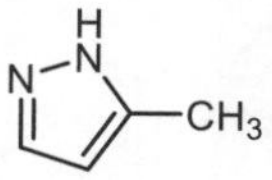

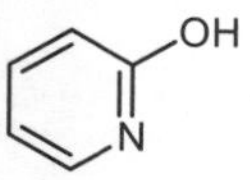

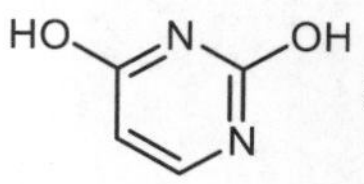

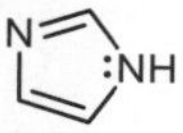

[结构式：2-甲基咪唑]、[结构式：3-甲基吡唑]、[结构式：2-羟基吡啶]、[结构式：2,6-二羟基嘧啶] 和 [结构式：4-氨基-2-羟基嘧啶]

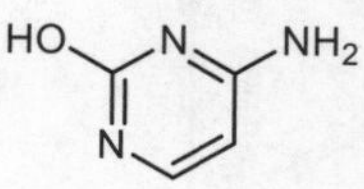

(d) 请解释下列含氮杂环化合物的酸性顺序：

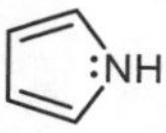

吡咯:NH（pK_a 17.5）、咪唑:NH（pK_a 14.5）、三唑:NH（pK_a 10.3）

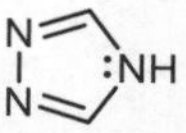

(e) 请用 Friedel-Crafts 酰基化反应制备 3-苯甲酰基吡啶，并就你的选择给出解释。

· 256 ·

解答 按题意要求回答如下：

(a)

	吡啶	4-甲基吡啶	苯	甲苯
稀盐酸	(+)互溶	(+)互溶	(−)不溶	(−)不溶
KMnO$_4$/H$_2$SO$_4$	(−)	(+)紫色褪去	(−)	(+)紫色褪去

(b) 苯(含少量噻吩) —用浓硫酸洗涤→ 分液 → 苯层 —水洗→ 分液 → 苯层 —干燥→ 蒸馏 → 苯；水层；硫酸层(下层，含噻吩磺酸）

吡啶(含少量六氢吡啶) —TsCl/NaOH→ 过滤 → 滤液 —干燥→ 蒸馏 → 吡啶；滤饼(六氢吡啶对甲苯磺酰胺)；

(c) 咪唑-5-甲基 ⇌ 咪唑-4-甲基、吡唑-5-甲基 ⇌ 吡唑-3-甲基、2-羟基吡啶 ⇌ 2-吡啶酮、4,6-二羟基嘧啶 ⇌ 4-羟基-2-嘧啶酮 ⇌ 尿嘧啶 和 2-羟基-4-氨基嘧啶 ⇌ 胞嘧啶；

(d) 吡咯 NH (pK_a 17.5)、咪唑 NH (pK_a 14.5)、三唑 NH (pK_a 10.3) 的原因为 ‑N= 是吸电子的，‑N= 越多越有利于 N–H 键的极化，酸性越强；

(e) 烟酰氯 + 苯 —AlCl$_3$→ 3-苯甲酰基吡啶 + 苯 —AlCl$_3$(×)→ 吡啶环为贫电子芳环，不能发生酰基化；

【练习 17.10】 某重要的喹啉衍生物 B，可以通过喹啉的磺化、碱熔处理得到，也可以由邻氨基苯酚经 Skraup 合成法制备。请给出 A 和 B 的结构简式。

喹啉 —浓 H$_2$SO$_4$ 220~230 ℃→ A —(1) NaOH 熔融 (2) 稀 H$_2$SO$_4$→ B ←Skraup合成法— 邻氨基苯酚

解答 A：喹啉-8-磺酸； B：8-羟基喹啉。

【练习 17.11】 褪黑素（melatonin）的化学名是 N-乙酰基-5-甲氧基色胺，一种吲哚衍生物，是人类和哺乳动物的脑松果体（大脑腺体）分泌的一种神经内分泌激素，1953 年被发现。褪黑素的主要功能是调节人的生物节律，可以改善睡眠。褪黑素还具有强大的神经内分泌免疫调节活性和清除自由基抗氧化能力。褪黑素可以化学合成，以 4-甲氧基苯胺为原料合成褪黑素的反应过程如下：

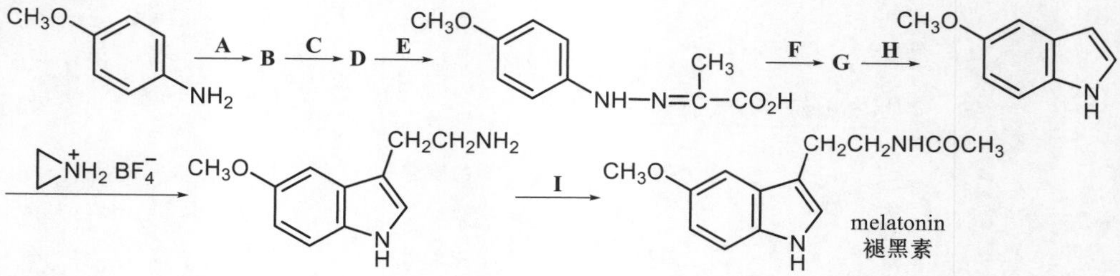

请写出 A、B、C、D、E、F、G、H、I 所代表的化合物的结构式或反应条件。

解答

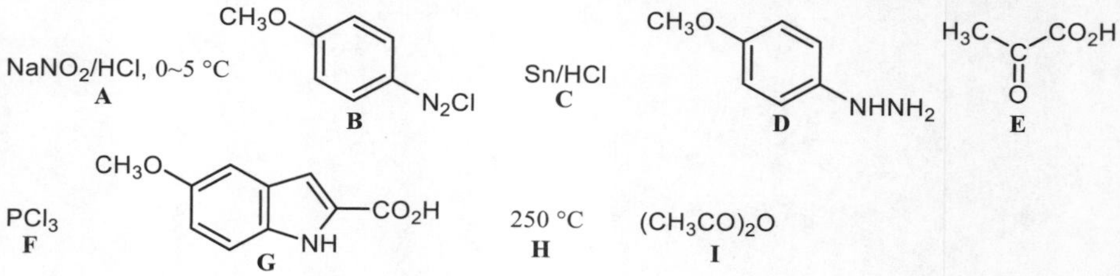

A: NaNO₂/HCl, 0~5 °C
B: 4-甲氧基苯重氮盐 (MeO-C₆H₄-N₂Cl)
C: Sn/HCl
D: 4-甲氧基苯肼 (MeO-C₆H₄-NHNH₂)
E: CH₃COCO₂H (丙酮酸)
F: PCl₃
G: 5-甲氧基吲哚-2-甲酸
H: 250 °C
I: (CH₃CO)₂O

【练习 17.12】 以下是一种天然生物碱的合成路线，请给出 C、D、E、F、G、H、I 和产物 J 的结构简式。

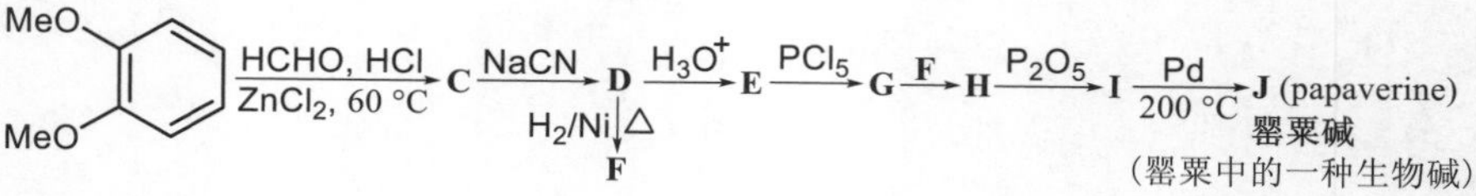

解答

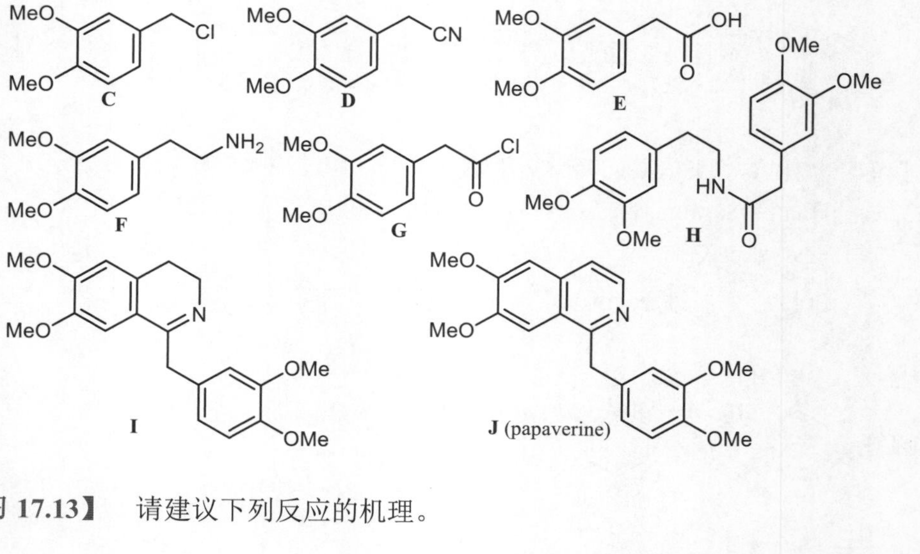

C: 3,4-二甲氧基苄氯
D: 3,4-二甲氧基苄腈
E: 3,4-二甲氧基苯乙酸
F: 3,4-二甲氧基苯乙胺
G: 3,4-二甲氧基苯乙酰氯
H: N-[2-(3,4-二甲氧基苯基)乙基]-2-(3,4-二甲氧基苯基)乙酰胺
I: 3,4-二氢-6,7-二甲氧基-1-(3,4-二甲氧基苄基)异喹啉
J (papaverine): 6,7-二甲氧基-1-(3,4-二甲氧基苄基)异喹啉（罂粟碱）

【练习 17.13】 请建议下列反应的机理。

第 17 章 芳香杂环化合物

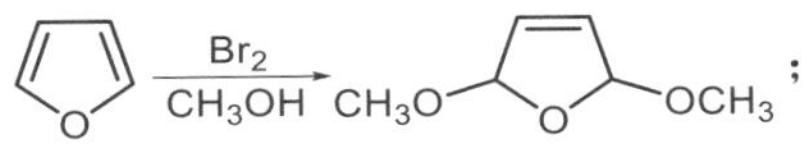

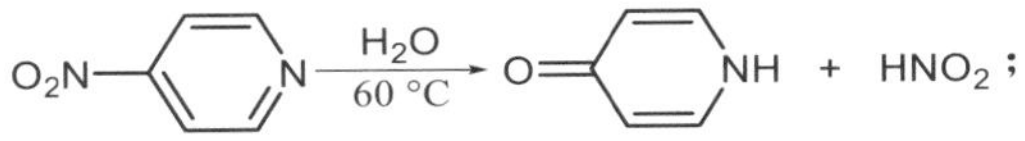

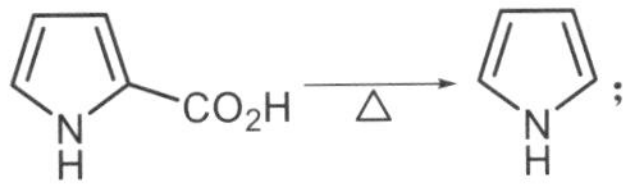

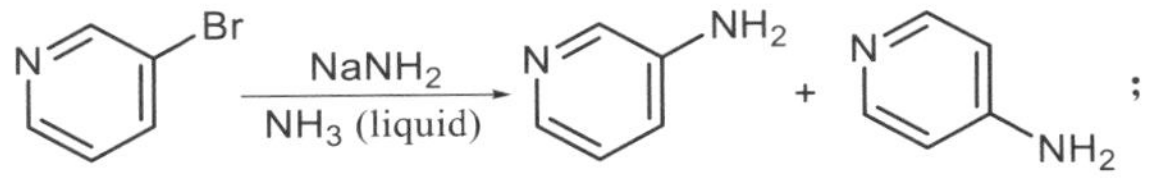

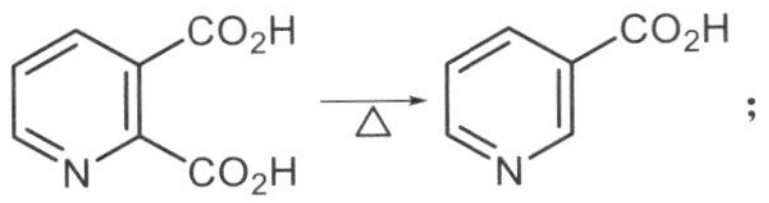

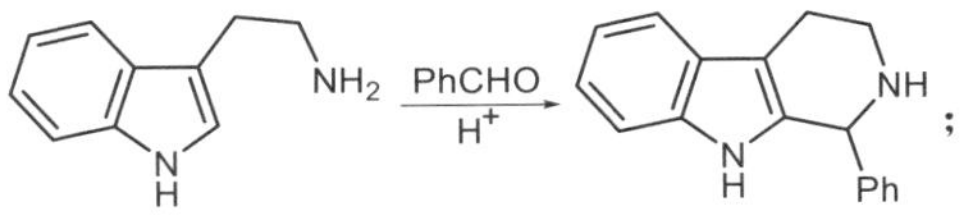

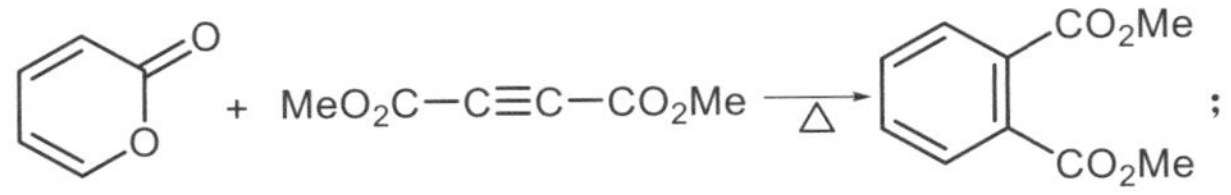

(a)-(k) 反应式（见图）

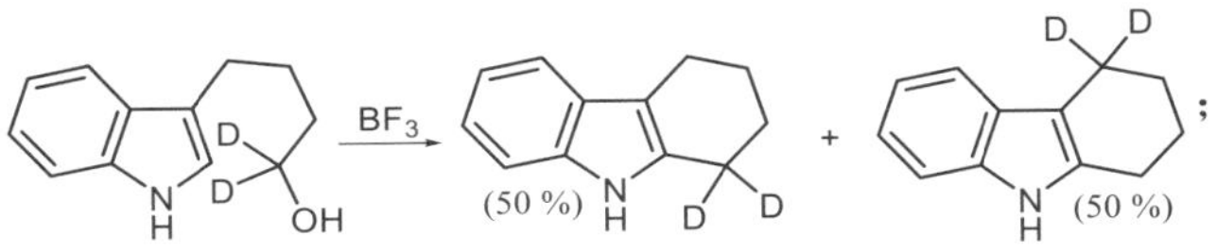

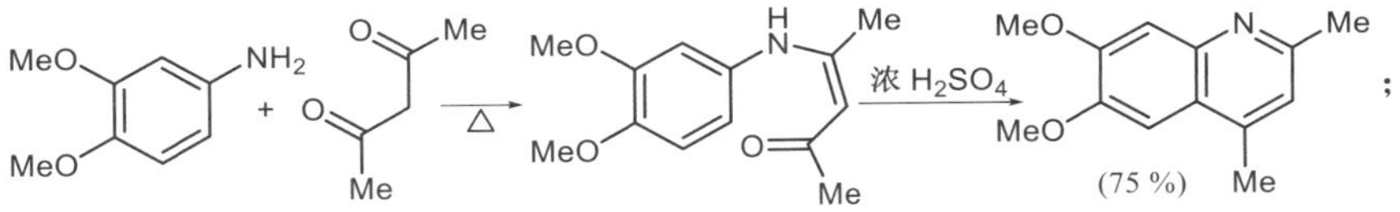

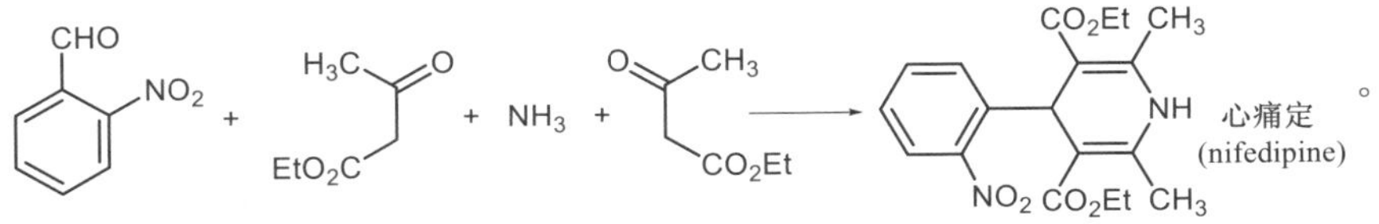

解答 各反应的机理如下：

(a)-(c) 机理（见图）

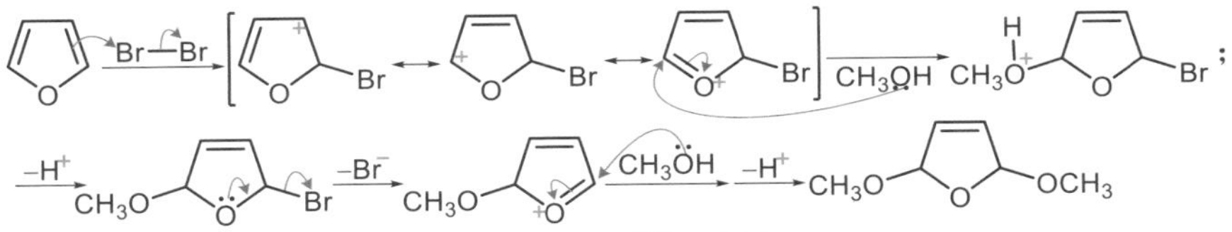

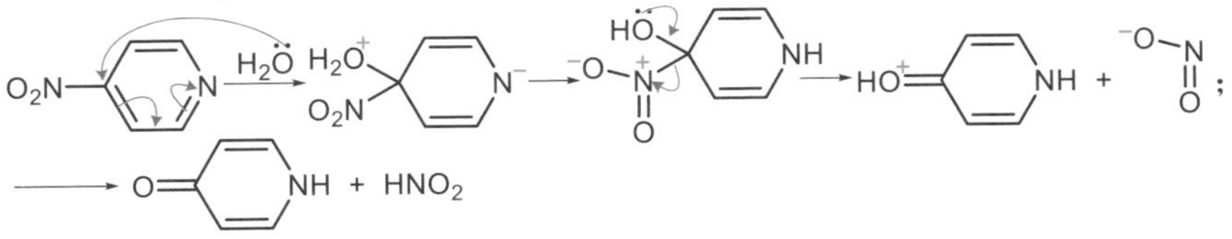

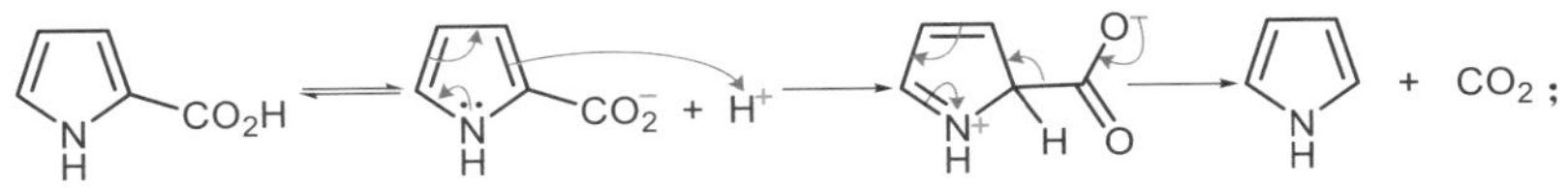

(d) [Reaction mechanism showing nucleophilic substitution of 3-bromopyridine with NH₃/NH₂⁻ via benzyne-type intermediate giving 3-aminopyridine; and similar reaction of 3-bromo-4-substituted pyridine giving 3-aminopyridine isomer]

(e) [Decarboxylation mechanism of pyridine-2,3-dicarboxylic acid: protonation at N, loss of CO₂ from 2-position stabilized by electron-withdrawing effect of pyridinium (吸电子作用利于稳定碳负离子), giving nicotinic acid]

(f) [Pictet–Spengler reaction of tryptamine with PhCHO/H⁺: formation of carbinolamine, loss of H₂O to give iminium, cyclization onto indole, and −H⁺ to give 1-phenyl-tetrahydro-β-carboline]

(g) [2H-pyran-2-one + dimethyl acetylenedicarboxylate →[4+2] 环加成, Δ→ bicyclic adduct →[4+2] 环分解, Δ→ dimethyl phthalate + CO₂]

(h) [Deprotonation of 2-methylquinoline by ⁻OEt (EtOH), addition to diethyl oxalate (EtO-CO-CO₂Et), then loss of ⁻OEt to give quinolin-2-yl-CH₂-C(O)-CO₂Et]

(i) [BF₃-promoted reaction of 2-(2-hydroxyethyl-d₂)indole: ionization to give spiroindoleninium intermediate, then two equally probable rearrangement pathways a and b, each giving 50% of D-labeled tetrahydrocarbazole products]

a 与 b 两种重排的机会相等，所以两产物等量 (50%) (50%)

· 260 ·

(j), (k) Reaction mechanism schemes.

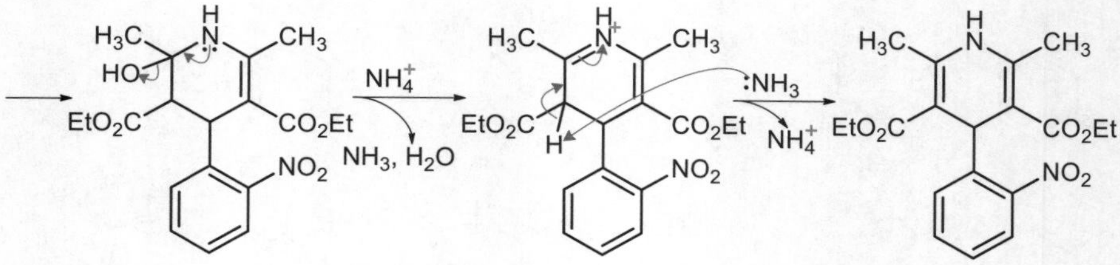

有机化学学习参考

（反应机理图：HO-取代的二氢吡啶中间体 → 经 NH_4^+、失去 NH_3、H_2O 得到二氢吡啶产物）

【练习 17.14】 根据以下反应路线推导 A、B、C、D 的结构式。

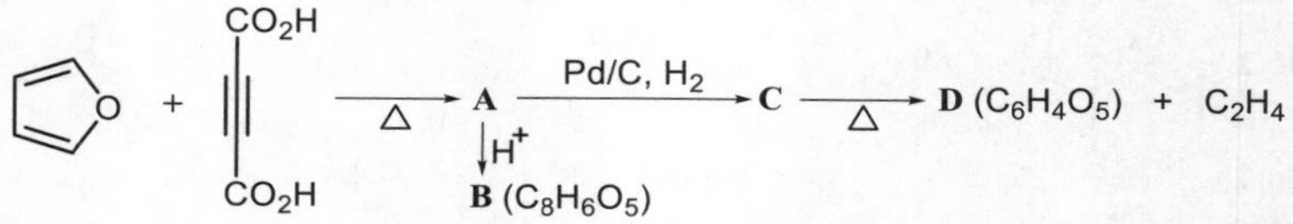

呋喃 + 丁炔二酸 $\xrightarrow{\Delta}$ A $\xrightarrow{H^+}$ B ($C_8H_6O_5$)

A $\xrightarrow{Pd/C, H_2}$ C $\xrightarrow{\Delta}$ D ($C_6H_4O_5$) + C_2H_4

解答

A：7-氧杂双环[2.2.1]庚-2,5-二烯-2,3-二甲酸

B ($C_8H_6O_5$)：3-羟基邻苯二甲酸

C：7-氧杂双环[2.2.1]庚-2-烯-2,3-二甲酸

D ($C_6H_4O_5$)：呋喃-3,4-二甲酸

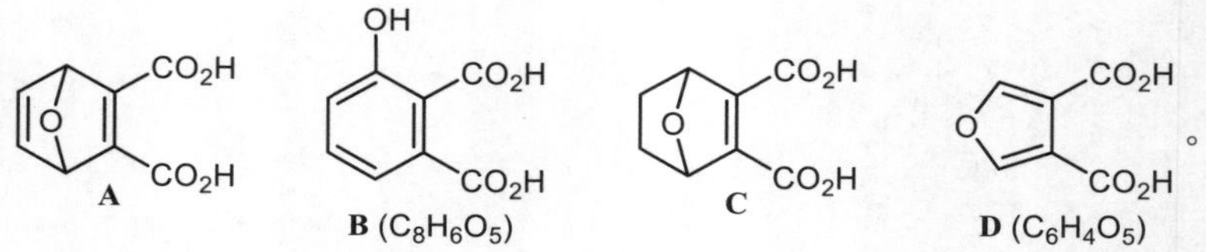

【练习 17.15】 喹啉、苯甲酰氯和氰化钾间的三组分反应，生成产物 A，A 在一定条件下与水反应生成喹啉衍生物 B、另一个有机化合物 C 和无机化合物 D。

喹啉 + 苯甲酰氯 + KCN ⟶ A $\xrightarrow{2H_2O}$ B + C + D

(a) 请写出 A、B 和 C 的结构简式，写出 D 的分子式；

(b) 建议该三组分反应的机理；

(c) 在 DABCO（一种有机碱）作用下，A 与 E 反应生成 F、另一个有机化合物 G 和无机化合物 H。F 在四丁基氰化铵（TBACN，$(CH_3CH_2CH_2CH_2)_4N^+CN^-$）催化下发生重排反应生成 I。请写出 F 和 G 的结构简式、H 的分子式；

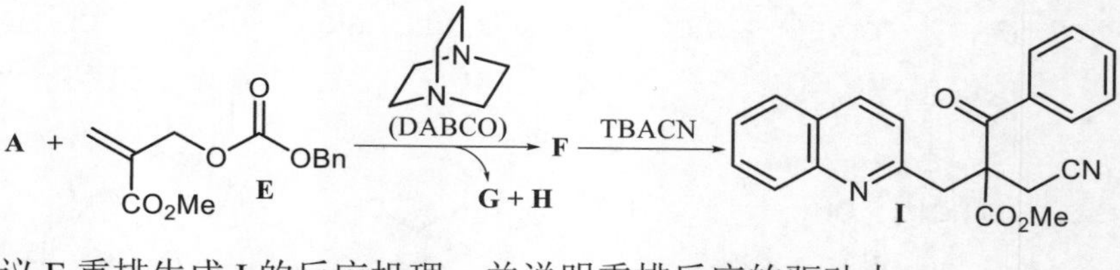

A + E $\xrightarrow{(DABCO)}$ F + G + H $\xrightarrow{TBACN}$ I

(d) 建议 F 重排生成 I 的反应机理，并说明重排反应的驱动力。

解答 按题意要求回答如下：

(a) A：1-苯甲酰基-2-氰基-1,2-二氢喹啉
   B：喹啉-2-甲酸
   C：苯甲醛
   D：NH_3

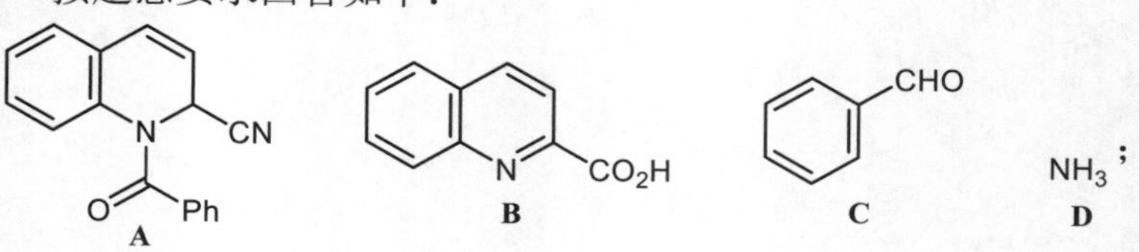

(b) [reaction scheme showing quinoline + benzoyl chloride forming acylated intermediate, then addition of CN⁻, then intramolecular cyclization through oxazoline intermediates, hydrolysis with H₂O/OH⁻ to give quinoline-2-carboxamide, then hydrolysis to quinoline-2-carboxylic acid + NH₃ + PhCHO]

(c) [structures labeled F (N-benzoyl-2-cyano-2-(methacrylate-methyl)-1,2-dihydroquinoline), G (PhCH₂OH), H (CO₂)]

(d) [mechanism showing rearrangement of F through anionic intermediates to give 2-substituted quinoline product; 该重排反应的驱动力喹啉芳环结构的恢复]

【练习 17.16】 *Pallescensin A* ($C_{15}H_{22}O$)是从海产海绵中分离得到的一种天然有机化合物，Smith 和 Mewshaw 报道了如下全合成方法：

[Synthesis scheme: A (ketal with decalin system, Me groups) →① B →② C (diketone) → [(CH₃)₂CH]₂NLi → D →③ E (Me₃SiO-enol ether); then CH₂=CHCH₂Br / PhCH₂N(CH₃)₃F / K₂CO₃ / CH₃OH → F (allyl-substituted decalone) →④ G (aldehyde intermediate) → BF₃, Δ → *Pallescensin A*]

(a) 请写出步骤①～④所需的试剂及必要的反应条件；

(b) 画出化合物 B 和 D 的立体结构式；

(c) 化合物 G 分子中含有几个不对称碳原子？画出 G 的椅式构象表达式并标出各不对称碳原子的构型；

(d) *Pallescensin A* 的红外光谱表明没有羰基的吸收峰，请画出 *Pallescensin A* 的立体结构式，并用反应机理解释由 G 转化为 *Pallescensin A* 的反应。

解答 按题意要求回答如下：

(a) ① H_2NNH_2, NaOH, $(HOCH_2CH_2)_2O$, △; ② 稀 HCl; ③ Me_3SiCl; ④ (1) O_3, (2) Zn/H_2O;

(b) 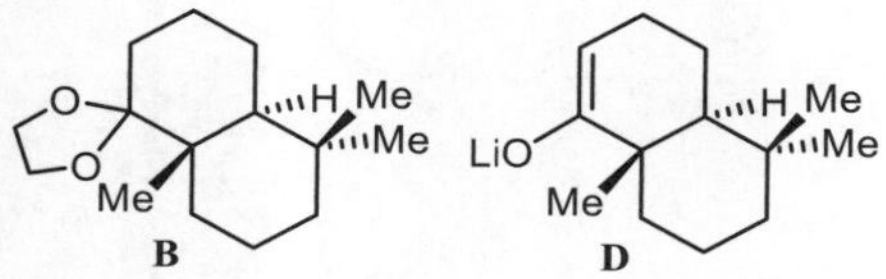 [结构式 B 和 D]

(c) 有三个不对称碳原子
[G 的椅式构象表达式，三个不对称碳原子均为 S 构型]

(d) 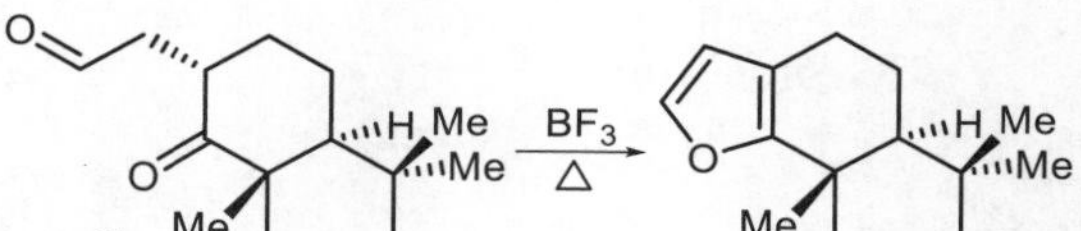 [G 经 $BF_3/\triangle$ 转化为 Pallescensin A 的反应机理图示]

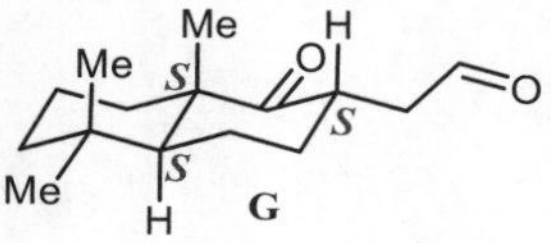

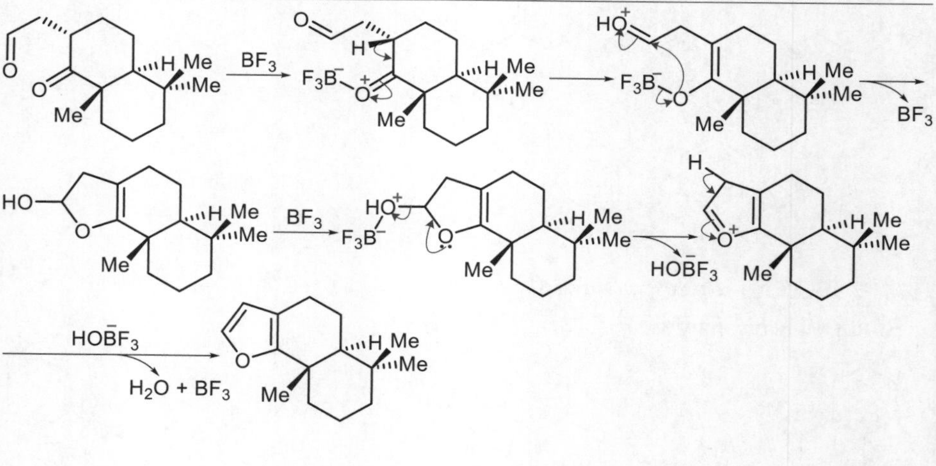

第 18 章　有机高分子化合物

学习目标

通过本章学习，了解有机高分子化合物与人类生产和生活的关系；掌握淀粉、纤维素的单体葡萄糖等单糖的结构和主要性质、葡萄糖结构的测定，掌握构成蛋白质的基本结构单元 α-氨基酸的结构和主要性质；了解淀粉、纤维素、蛋白质、核酸等天然有机高分子的基本结构；掌握 α-氨基酸的制备方法，了解多肽的合成，了解合成有机高分子的结构、基本概念和聚合反应。

主要内容

相对分子质量高达几千到几百万的化合物统称为高分子化合物，分子中的原子通过共价键以简单的结构单元和重复的方式连接。本章学习有机高分子的基本概念，天然有机高分子基本结构单元：单糖及 α-氨基酸的结构、性质和制法。

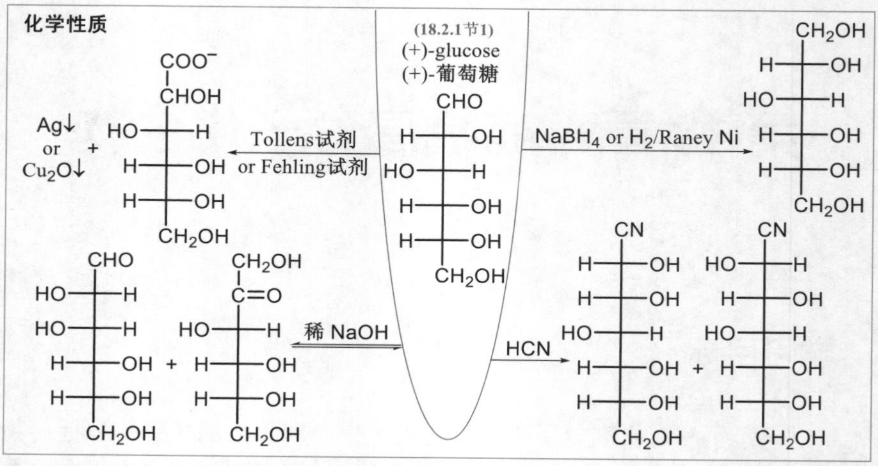

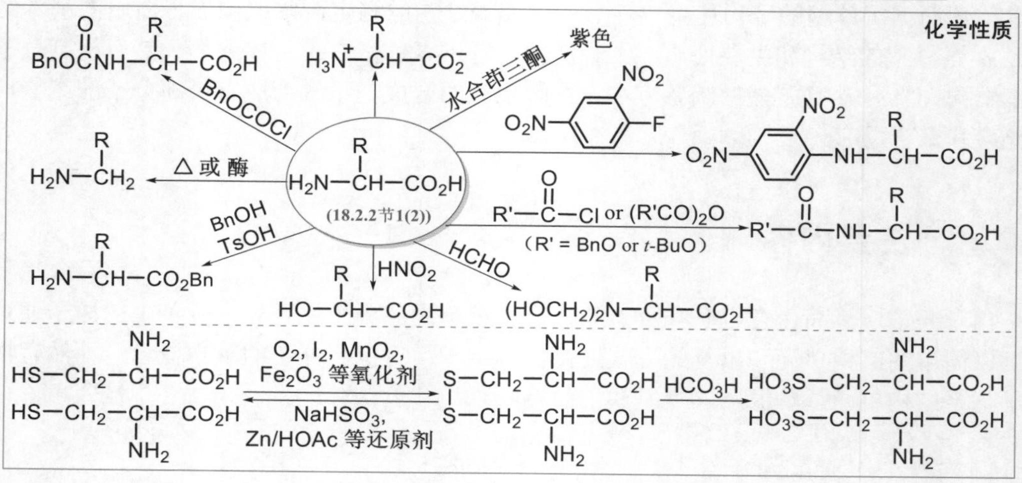

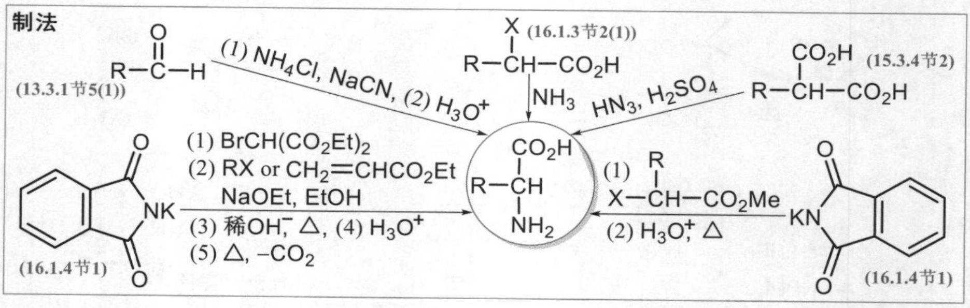

重点难点

有机高分子的分类、结构，葡萄糖结构的测定；α-氨基酸的主要化学性质和制备方法，聚合反应。

练习及参考解答

【练习 18.1】 用简单的化学方法区别下列各组化合物。

(a) 葡萄糖和蔗糖；　　　　　　　　(b) D-葡萄糖和 D-果糖；

(c) 葡萄糖和淀粉；　　　　　　　　(d) D-葡萄糖和 D-甲基吡喃葡萄糖苷。

解答 (a)　　葡萄糖 和 蔗糖；　　(b)　　D-葡萄糖 和 D-果糖；

Tollens 试剂：(+)生成银镜　　(−)　‖　溴水：　(+)红棕色褪去　　(−)

　　　　　(c)　　葡萄糖 和 淀粉；　　(d)　　D-葡萄糖 和 D-甲基吡喃葡萄糖苷。

Tollens 试剂：(+)生成银镜　　(−)　‖　Tollens 试剂：(+)生成银镜　　(−)

【练习 18.2】 一个 D-型非还原性糖类化合物 A，分子式为 $C_7H_{14}O_6$，无变旋现象。A 经稀盐酸水解得到还原性糖 B（$C_6H_{12}O_6$）；B 经稀硝酸氧化得到非光学活性的二元酸 C（$C_6H_{10}O_8$）；B 经 Ruff 降解得到还原性糖 D（$C_5H_{10}O_5$）；D 经稀硝酸氧化得到光学活性的二元酸 E（$C_5H_8O_7$）。用 $(CH_3O)_2SO_2$/NaOH 处理 A 后，再用稀盐酸处理，然后用浓硝酸加热处理，得到 2,3-二甲氧基丁二酸、2-甲氧基丙二酸等产物。请写出化合物 A、B、C、D 和 E 的结构。

解答

【练习 18.3】 柳树皮中存在一种糖苷叫作水杨苷，可被苦杏仁酶水解，生成 D-葡萄糖和水杨醇（邻羟基苯甲醇）；用 $(CH_3O)_2SO_2$/NaOH 处理水杨苷，得五-O-甲基水杨苷，再经稀盐酸水解得到 2,3,4,6-四-O-甲基-D-葡萄糖和邻甲氧甲基苯酚。请写出水杨苷的结构。

解答 水杨苷的结构为

【练习 18.4】 关于糖链的递降还有一种方法，由 A. Wohl 于 1893 年发现，称为 Wohl 递降。先将醛糖转化成糖肟，再在足量醋酸钠存在下与醋酸酐反应，最后与甲醇钠的甲醇溶液反应，得到少一个碳的醛糖。例如，D-葡萄糖（D-glucose）先与羟胺反应，生成 D-葡萄糖肟（D-glucose oxime），再经两步转化，递降成 D-阿拉伯糖（D-arabiinose）。

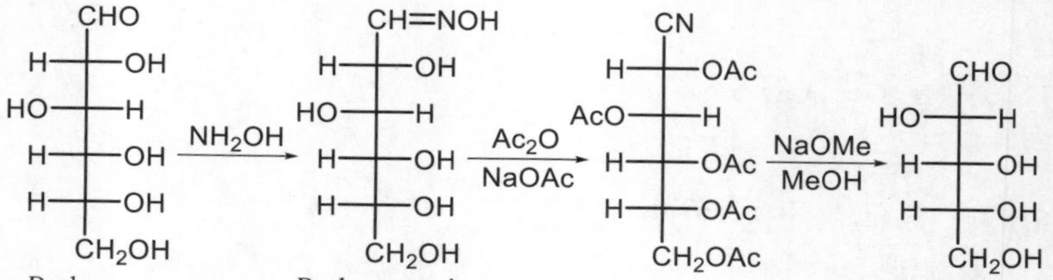

(a) 请给出醛肟在醋酸钠存在下与醋酸酐反应，生成腈的机理；

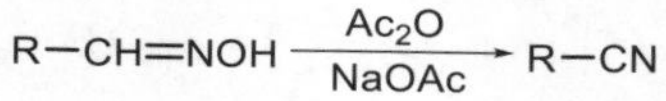

$$R-CH=NOH \xrightarrow[NaOAc]{Ac_2O} R-CN$$

(b) 请建议下列转化的机理。

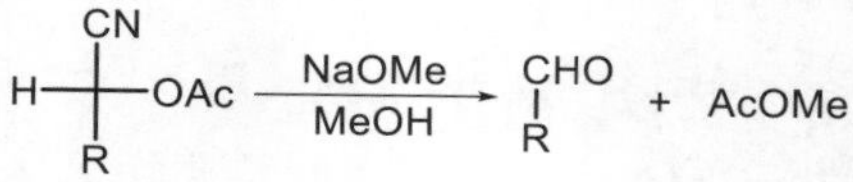

解答 按题意要求回答如下：

(a) 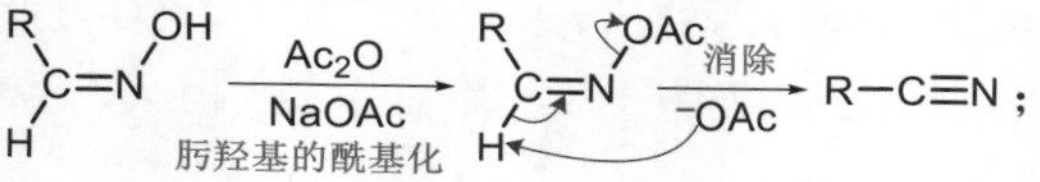 肟羟基的酰基化 → 消除 → R—C≡N；

(b) 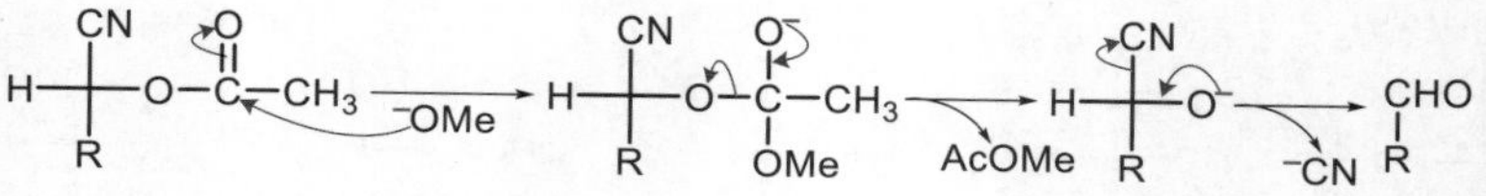 反应机理如图所示。

【练习 18.5】 某 D-型戊醛糖 A（分子式为 $C_5H_{10}O_5$）与 HCN 反应得两种异构体 B 和 C（分子式为 $C_6H_{11}NO_5$）。用氢氧化钡处理 B，然后酸化得 D（$C_6H_{12}O_7$），用稀硝酸处理 D 生成 E（$C_6H_{10}O_8$），E 受热转化为 F，其结构式如下图所示。请写出化合物 A、B、C、D 和 E 的结构式。

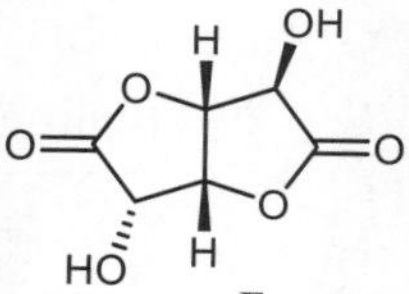

解答

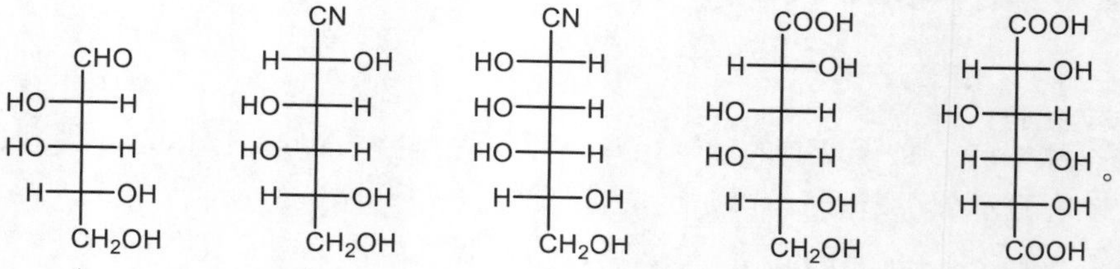

【练习 18.6】 维生素 C（vitamin C），又称抗坏血酸（ascorbic acid），是六碳糖的重要衍生物，普遍存在于植物和动物王国，人类只能从食物中获得或在实验室合成。维生素 C 的结构测定及合成是糖化学的一项重大成就。以下维生素 C 的合成路线中借助了细菌

Gluconobacter oxydans 的作用。1974 年，我国科学家筛选出有效菌种，能将 *L*-山梨糖一步转化成 B，缩短了合成路线，将维生素 C 的总收率大大提高到 47 %，是现在生产维生素 C 的主要方法。请回答：

(a) A 的 Fischer 投影式（开链结构）；
(b) *L*-山梨糖的 Fischer 投影式（开链结构）；
(c) *L*-呋喃山梨糖的 Haworth 式（环状结构）；
(d) B 的 Fischer 投影式（开链结构）；
(e) 标记为①的反应主要特征；
(f) 标记为②的反应在合成上的意义；
(g) 标记为③的转化名称；
(h) 抗坏血酸的相对构型。

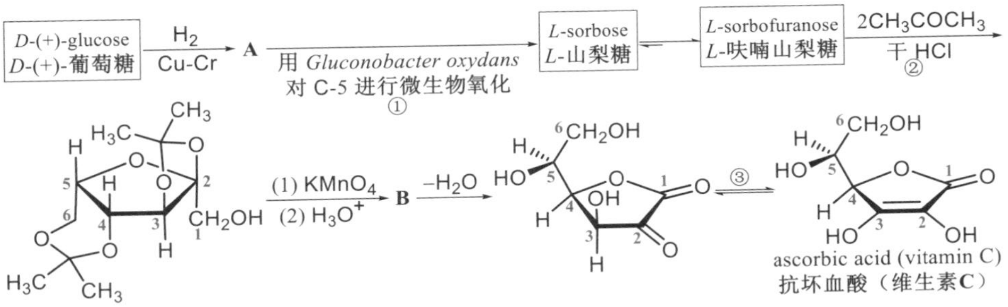

解答　按题意要求回答如下：

(a) 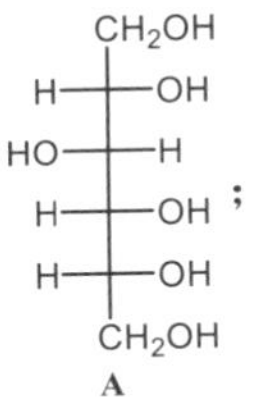
A ；

(b) 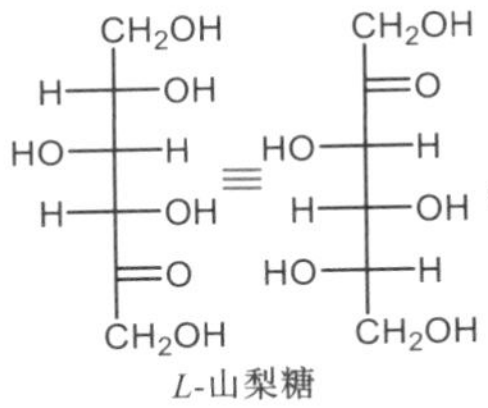
L-山梨糖 ；

(c) 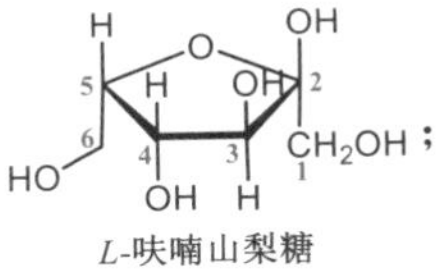
L-呋喃山梨糖 ；

(d) 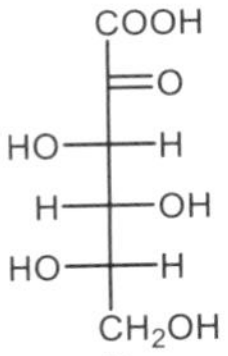
B ；

(e) 标记为①的反应主要特征是高区域选择性；
(f) 标记为②的反应在合成上的意义是官能团保护；
(g) 标记为③的转化为酮的烯醇化；
(h) 抗坏血酸为 *L*-构型。

【练习 18.7】　简要回答下列问题：
(a) 某氨基酸水溶液的 pH 大于 7，则该氨基酸的等电点是大于 7、等于 7 还是小于 7？
(b) 丙氨酸的 pI = 6.0。丙氨酸在 pH 为 3 的水溶液中主要以何种形式存在？

解答　按题意要求回答如下：
(a) 该氨基酸的等电点大于 7。需要加碱抑制其碱性电离；
(b) 丙氨酸在 pH 为 3 的水溶液中的主要存在形式为 $H_3N^+CH(CH_3)COOH$。

【练习 18.8】 用简单的化学方法区别下列各组化合物。

(a) CH$_3$CH(NH$_2$)CO$_2$H 和 CH$_2$(NH$_2$)CH$_2$CO$_2$H；

(b) HO$_2$CCH(NH$_2$)CO$_2$H 和 H$_2$NCH$_2$CH$_2$CH(NH$_2$)CO$_2$H；

(c) PhCH$_2$CH(NH$_2$)CO$_2$H 和 PhCH$_2$CH(NHCH$_3$)CO$_2$H；

(d) CH$_2$(OH)CH(NH$_2$)CO$_2$H 和 CH$_3$CH(OH)CH(NH$_2$)CO$_2$H。

解答
(a) CH$_3$CH(NH$_2$)CO$_2$H 和 CH$_2$(NH$_2$)CH$_2$CO$_2$H； 水和茚三酮：(+)显紫色 (−) ‖ NaHCO$_3$/H$_2$O：(+) CO$_2$↑ (−)

(b) HO$_2$CCH(NH$_2$)CO$_2$H 和 H$_2$NCH$_2$CH$_2$CH(NH$_2$)CO$_2$H；

(c) PhCH$_2$CH(NH$_2$)CO$_2$H 和 PhCH$_2$CH(NHCH$_3$)CO$_2$H； HNO$_2$: (+) N$_2$↑ (+)黄色油状 ‖ I$_2$/NaOH: (−) (+)黄色结晶 CHI$_3$↑

(d) CH$_2$(OH)CH(NH$_2$)CO$_2$H 和 CH$_3$CH(OH)CH(NH$_2$)CO$_2$H。

【练习 18.9】 下列反应过程为(−)-丝氨酸、(+)-半胱氨酸与 L-(+)丙氨酸间的构型联系，依此确定了(−)-丝氨酸和(+)-半胱氨酸的相对构型。请给出中间体 A、B、C、D 和 E 的 Fischer 投影式。

(−)-丝氨酸 $\xrightarrow[CH_3OH]{HCl(g)}$ C$_4$H$_{10}$ClNO$_3$ (A) $\xrightarrow{PCl_5}$ C$_4$H$_9$Cl$_2$NO$_2$ (B) $\xrightarrow[(2) OH^-]{(1) H_3O^+, \Delta}$ C$_3$H$_6$ClNO$_2$ (C) $\xrightarrow[H_2O]{Na-Hg}$ L-(+)-丙氨酸

(B) $\xrightarrow{OH^-}$ C$_4$H$_8$ClNO$_2$ (D) $\xrightarrow{NaSH}$ C$_4$H$_9$NO$_2$S (E) $\xrightarrow[(2) OH^-]{(1) H_3O^+, \Delta}$ (+)-半胱氨酸

解答 A: Cl$^-$, H$_3$N$^+$—H, CH$_2$OH, CO$_2$CH$_3$；B: Cl$^-$, H$_3$N$^+$—H, CH$_2$Cl, CO$_2$CH$_3$；C: H$_2$N—H, CH$_2$Cl, CO$_2$H；D: H$_2$N—H, CH$_2$Cl, CO$_2$CH$_3$；E: H$_2$N—H, CH$_2$SH, CO$_2$CH$_3$。

【练习 18.10】 以甲硫醇和丙烯醛为有机原料合成外消旋蛋氨酸。

解答 CH$_2$=CH—CHO $\xrightarrow[K_2CO_3]{CH_3SH}$ CH$_3$SCH$_2$CH$_2$CHO $\xrightarrow[(2) H_2O, H^+]{(1) NH_4Cl, NaCN}$ CH$_3$SCH$_2$CH$_2$CH(NH$_2$)CO$_2$H (±)

【练习 18.11】 请建议下列反应的机理。

(CH$_3$CO)$_2$O + CH$_3$CH(NH$_2$)CO$_2$H $\xrightarrow{CH_3COONa}$ [2-甲基-4-甲基-恶唑啉-5-酮]

解答 CH$_3$CH(NH$_2$)CO$_2$H $\xrightarrow[CH_3COOH]{CH_3COONa}$ CH$_3$CH(NH$_2$)COO$^-$ $\xrightarrow{2(CH_3CO)_2O}$ [酰基化中间体] (酰基化过程，机理参见羧酸衍生物一章) → [环化中间体] $\xrightarrow{CH_3COO^-}$ [四面体中间体] → [恶唑啉酮中间体] $\xrightarrow{CH_3COOH}$ 产物恶唑啉酮

【练习 18.12】 某五肽完全水解得到缬氨酸、蛋氨酸、组氨酸、苯丙氨酸和天冬氨酸，端基分析得知其部分水解产物为苯丙-缬、天冬-蛋、缬-天冬、蛋-组四种二肽。请推测该五肽的结构。

解答 该五肽的结构为苯丙-缬-天冬-蛋-组。

【练习 18.13】 简要回答下列问题：

(a) 分子量为 4000 的聚乙二醇有良好的水溶性，是一种缓泻剂，它不会被消化道吸收，也不会在体内转化，却能使肠道保持水分。请给出聚乙二醇的结构式及其制备反应；

(b) L-精氨酸分子中侧链上的官能团称为胍基（guanidyl），请给出以下手性胍类聚合物的单体的结构；

(c) 结构式为 [结构图] 的聚合物是某单体在 300~500 ℃ 高温下聚合形成的，请给出该单体的结构；

(d) 单官能团的单体一般不能参与聚合反应中的链增长，但单体 A 却可以与单体 B 反应形成聚合物。请画出该聚合物的结构式；

(e) 据统计，约有 40% 的飞机失事时机舱内壁和座椅的塑料会着火冒烟，导致舱内人员窒息死亡。阻燃聚合物材料是高分子化学研究的重要领域之一。有人合成了一种叫 PHA 的高分子。温度达 180~200 ℃ 时，PHA 就会释放水变成 PBO，后者着火点高达 600 ℃，使舱内人员逃离机舱的时间比通常增大 10 倍。请给出 PHA 的结构式及其制备反应；

(f) 对苯二甲酸与对苯二胺高温失水形成的聚芳酰胺合成纤维，商品名叫芳纶（Kevlar），是超高强度的结构材料，其强度比钢丝高五倍，可用于制造防弹衣。芳纶材料的高强度源于其高分子链间强的分子间作用力，请给出这些分子间作用力的名称。

解答 按题意要求回答如下：

(a) [反应式图]

(b) [structure: decahydroquinoxaline-type bicyclic diamine with two NH groups]

Ar–N=N=N–C₆H₄–N=N=N–Ar (Ar = naphth-1-yl)

(c) N≡C–N=C=N–C≡N (dicyanamide-type structure)

(d) [polymer structure with hydrogen-bonded urea/pyrimidine units]

(e)
COCl–C₆H₄–COCl + HO–C₆H₃(NH₂)–C₆H₃(NH₂)(OH) →(碱) [–NH–C₆H₃(OH)–C₆H₄(OH)–NH–CO–C₆H₄–CO–]ₙ (PHA) + 2n HCl

(f) 芳纶材料的分子间作用力为酰胺键之间的氢键和 π-π 堆积作用。

【练习 18.14】 芳香族聚酰亚胺具有优良的耐辐射、耐高温、耐低温等性能，嫦娥四号月球探测器上的五星红旗由该材料制成。以下为某种芳香族聚酰亚胺的合成路线，请给出化合物 A、B 和 C 的结构式。

A ($C_{10}H_{14}$) →[O_2 / V_2O_5]→ B →[C]→ [polyimide structure]ₙ + 2n H_2O

解答

A ($C_{10}H_{14}$): 1,2,4,5-四甲基苯 (durene)

B: 均苯四甲酸二酐 (pyromellitic dianhydride)

C: H_2N–C₆H₄–NH_2 (对苯二胺)。

【练习 18.15】 我国化学家以天然脯氨酸为原料，将制得的有机小分子手性催化剂接在聚苯乙烯树脂上，得到的高分子负载手性催化剂 P，该催化剂可以高选择性催化还原芳香酮，而且很容易回收，重复使用数次，活性不变。

O_2N–C₆H₄–CO–CH_3 →[P (15 mol%), $BH_3·SMe_2$, THF, 回流]→ O_2N–C₆H₄–C*H(OH)–CH_3
99% yield, 96% ee

该高分子负载手性催化剂 P 的合成过程如下，请给出中间产物或试剂 A～E 的结构。

解答

A: 吡咯烷-2-羧酸甲酯 (proline methyl ester)
B: N-Boc proline methyl ester
C: 噁唑烷酮产物（含两个Ph）
D: 二苯基(吡咯烷-2-基)甲醇
E: ClSO₂-OH (氯磺酸)

【练习 18.16】 近年来，可再生资源——生物质及其衍生物的研究愈来愈受到人们的重视，尤其是 D-葡萄糖的加氢产物山梨醇 A，已经成为重要的生物质转化平台化合物。如下式所示，A 经分子内脱水生成手性化合物 B，B 经多步转化生成化合物 F，F 是一种治疗心绞痛的药物。请回答：

(a) 写出 A 的 Fisher 投影式；(b) 写出 B、C、D 和 E 的立体结构式；(c) D 是 C 的非对映异构体，说明 B 的转化主要生成 C 的原因。

$$D\text{-葡萄糖} (C_6H_{12}O_6) \xrightarrow[H_2]{\text{cat.}} A\ (C_6H_{14}O_6) \xrightarrow[-2H_2O]{H_2SO_4} B\ (C_6H_{10}O_4) \xrightarrow[C_5H_5N]{(CH_3CO)_2O} C + D\ (少量)\ (C_8H_{12}O_5)$$

$$C \xrightarrow{HNO_3} E\ (C_8H_{11}O_7N) \xrightarrow{NaOH} F$$

解答　按题意要求回答如下：

(a) A (C₆H₁₄O₆): 山梨醇 Fisher 投影式 (CH₂OH—H/OH—HO/H—H/OH—H/OH—CH₂OH)

(b) B (C₆H₁₀O₄)；C (C₈H₁₂O₅)；D (C₈H₁₂O₅)；E (C₈H₁₁O₇N)

(c) B (C₆H₁₀O₄) 中一个 OH 位阻较大 → 与 (CH₃CO)₂O/C₅H₅N 反应主要乙酰化位阻较小的羟基，生成 C (C₈H₁₂O₅)，少量生成 D (C₈H₁₂O₅)。

【练习 18.17】 同时拥有亲水链段和疏水链段的嵌段共聚物，在水中可以形成内部为疏水链段、外部为亲水链段的核-壳结构组装体并包载药物分子。有人合成了以下嵌段共聚物，成功实现药物分子的包载和药物在生物体内的可控释放。

$$CH_3\text{-}(OCH_2CH_2)_n\text{-}O\text{-}C(O)NH\text{-}C_6H_4\text{-}CH_2\text{-}C_6H_4\text{-}NHC(O)\text{-}O\text{-}[(CH_2)_6\text{-}S\text{-}S\text{-}(CH_2)_6\text{-}O\text{-}C(O)NH\text{-}C_6H_4\text{-}CH_2\text{-}C_6H_4\text{-}NHC(O)\text{-}O]_m\text{-}(CH_2CH_2O)_n\text{-}CH_3$$

(a) 该嵌段共聚物所形成的组装体可以包载下图中的哪种抗癌药物？请简述理由；

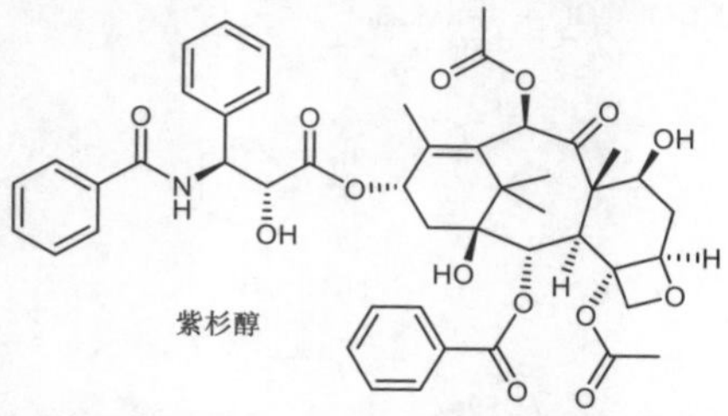

紫杉醇 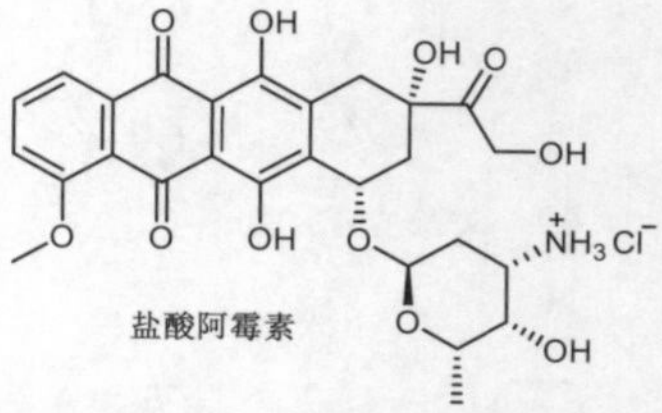　　盐酸阿霉素

(b) 该嵌段共聚物中的二硫键（RS–SR）在体内氧化或还原条件下可发生断裂，写出其断键后的氧化产物和还原产物（以通式表示）；

(c) 该共聚物的合成方法如下：先使单体 A 与稍过量的单体 B 在无水溶剂中反应，形成中部的聚氨酯链段，然后加入过量聚乙二醇单甲醚 $CH_3(OCH_2CH_2)_nOH$ 封端。请写出单体 A 和 B 的结构式。

解答　按题意要求回答如下：

(a) 该嵌段共聚物所形成的组装体可以包载紫杉醇。紫杉醇为疏水分子，而盐酸阿霉素是盐（为亲水分子）；

(b) 该嵌段共聚物中的二硫键的氧化产物为 RSO_3H，其还原产物为 RSH；

(c) A: $HO-(CH_2)_6-S-S-(CH_2)_6-OH$；B: $O=C=N-C_6H_4-CH_2-C_6H_4-N=C=O$。

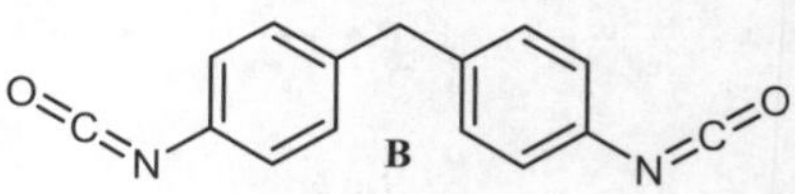

【练习 18.18】　具有大共轭 π 电子体系的聚乙炔导电聚合物的合成使高分子材料进入"合成金属"和塑料电子学时代，用碘蒸气掺杂后的聚乙炔高分子的导电性与金属铜相当，在光导材料、非线性光学材料、电致发光材料、光电池材料等领域有广阔的应用前景。但聚乙炔难溶于有机溶剂，加热不熔化，在空气中不稳定，限制了它的实际应用。对聚乙炔分子结构进行改造成为该领域一项重要工作。以下是带有液晶结构单元的聚乙炔高分子材料的合成路线，请写出 A~I 代表的化学试剂。

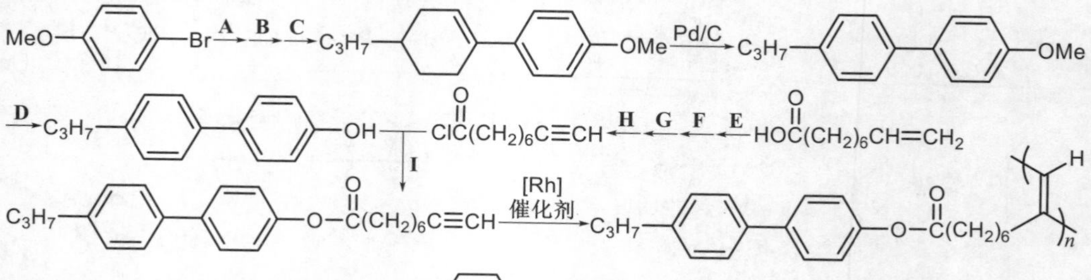

解答　A: Mg, THF；B: 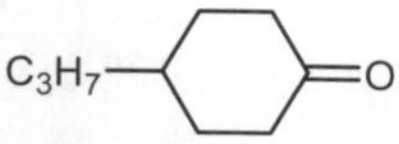 C_3H_7-环己酮；C: H_2SO_4；D: HI or HBr；E: Br_2；F: KOH；G: HCl；H: $SOCl_2$；I: Et_3N。